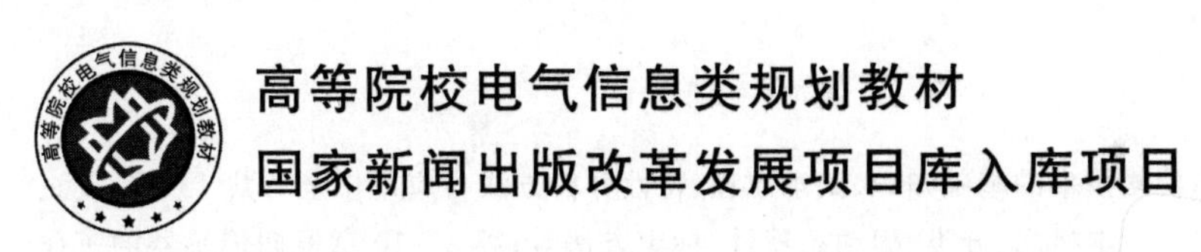

传感器技术及其工程应用

吕晓玲　宋　丹　郭丹伟　付艳清　等编著

北京邮电大学出版社
www.buptpress.com

内容简介

本书系统地介绍了传感器与检测技术的基础知识、基本原理、特性分析方法与应用。全书共13章，第1、第2章介绍了传感器和检测装置的基本概念、分类、静动态特性、标定方法等；第3～10章根据传感器的工作原理分类，介绍了各类型传感器的工作原理、性能、测量电路及应用；第11章针对传感与检测技术的发展，介绍了当前一些最新技术，如虚拟仪器技术、无线传感器网络技术、智能化和网络化检测技术；第12章介绍了传感器在工程检测中的应用；第13章介绍了传感器实验。

本书层次分明，重点突出，理论与应用相结合，适合“新工科”背景下高校培养创新型人才的要求。书中每章附有课后习题，第1～11章附有课程思政元素，每章都配有PPT课件。

本书可作为自动化、电子科学与技术、信息工程、测控技术与仪器、机电工程、电气工程及其自动化等专业的教材，也可供相关领域的科技工作者和工程技术人员参考。

图书在版编目(CIP)数据

传感器技术及其工程应用 / 吕晓玲等编著. -- 北京：北京邮电大学出版社，2023.11

ISBN 978-7-5635-7051-5

Ⅰ.①传… Ⅱ.①吕… Ⅲ.①传感器 Ⅳ.①TP212

中国国家版本馆CIP数据核字(2023)第210271号

策划编辑：刘纳新 姚 顺 **责任编辑：**刘 颖 **责任校对：**张会良 **封面设计：**七星博纳

出版发行：北京邮电大学出版社
社 址：北京市海淀区西土城路10号
邮政编码：100876
发 行 部：电话：010-62282185 传真：010-62283578
E-mail：publish@bupt.edu.cn
经 销：各地新华书店
印 刷：保定市中画美凯印刷有限公司
开 本：787 mm×1 092 mm 1/16
印 张：18
字 数：468千字
版 次：2023年11月第1版
印 次：2023年11月第1次印刷

ISBN 978-7-5635-7051-5 定价：54.00元

前　言

现代科学技术迅速发展，人们在研究自然现象和规律及生产活动时，必然从外界获得大量信息。要及时正确地获取这些信息，就必须合理地选择和应用各种传感和检测技术。21世纪是信息化时代，其特征是人类社会活动和生产活动的信息化，传感和检测技术的重要性更为突出。现代信息科学技术的三大支柱是传感器技术、通信技术和计算机技术。传感器既是现代信息系统的源头，又是信息社会赖以存在和发展的物质与技术基础。

本书结合"新工科"背景下对人才培养的目标，即以培养具有工程实践能力、创新能力、国际竞争力的高素质复合型人才为中心，围绕新时期传感器与检测技术知识领域的系统构架，在透彻讲解基本概念、基本理论的基础上，注重理论与工程应用实际的结合，强调工程创新的概念，把能体现传感器和检测技术发展水平的新技术、新方法编入本书中，力求做到取材广泛、结构清晰、概念明确、内容新颖、应用性强。本书共有13章：第1章介绍了传感器与检测技术的基本知识；第2章介绍检测装置的基本特性，包括静态特性和动态特性；第3章介绍电阻式传感器的原理及应用；第4章介绍电感式传感器的原理及应用；第5章介绍电容式传感器的原理及应用；第6章介绍热电式传感器的原理及应用；第7章介绍磁电式传感器的原理及应用；第8章介绍压电式传感器的原理及应用；第9章介绍光电式传感器的原理及应用；第10章介绍其他几种传感器的原理及应用；第11章介绍虚拟仪器技术、无线传感器网络技术、检测系统的智能化和网络化测控技术等；第12章介绍传感器在工程检测中的应用；第13章介绍传感器实验。

本书在内容上注重经典知识与前沿技术的结合，基本原理与工程应用的结合；在目标上强调新工科背景下的创新思维和工程实践。本书还融入了课程思政元素，在对学生进行专业能力培养的同时，更重视对学生品德素质的培养。

本书作者进行了广泛调研和科学合理规划，对本书的内容及体系结构进行了细致认真的审定和推敲，在确定编写大纲的基础上，由吕晓玲副教授、宋丹副教授、郭丹伟副教授、付艳清教授、薛丹讲师、刘玉桥副教授、孙静讲师、赵希副教授等编著，另在第11～13章工程应用与实验编写中，长春一汽富晟李尔汽车座椅系统有限公司的企业教师王保东（高级工程师）提供了很多内容案例和编写建议。全书由吕晓玲副教授统稿，刘春艳教授主审。

本书参考了大量文献，在此对相关文献作者致以诚挚的谢意，对关怀和支持本书编写的领导和同事表示感谢。教材的编写和出版得到了北京邮电大学出版社的鼎力支持，在此表示衷心感谢。

由于编者水平有限，书中难免存在不妥或错误之处，敬请广大读者批评指正。

作　者

目 录

第1章 绪 论

1.1 现代检测技术概述

课件 PPT

现代检测技术是将电子技术、光机电技术、计算机、信息处理、自动化、控制工程等多学科融为一体并综合运用的复合技术，被广泛应用于交通、电力、冶金、化工、建材、机加工等各领域中的自动化装备及生产自动化测控系统。学习这门技术，就是要以现代检测系统的研发和自动化系统中的应用为主要目的，围绕参数检测和测量信号分析处理等问题进行学习研究与开发，并将该技术应用于国民生产的各个领域中。

为了监督和控制生产或实验过程中某个对象的运动变化状态，掌握其发展变化规律，使它们处于所选工况的最佳状态，就必须掌握描述它们特性的各种参数，这就要求检测这些参数的大小、变化趋势、变化速度等。通常把这种含有检查、测量和测试等比较宽广意义的参数测量称作检测，围绕这方面的工作都需要以检测技术为基础。为实现参数检测的目的而组建的系统和装置以及采用的设备等被称为检测系统、检测装置或仪器仪表，它们位于测控系统的最前端，通过获取被测对象信号并进行处理，将有用信息输出给自动控制系统或操作者。另外，为了测量物理、化学或生物等学科领域的各种微观或宏观参数的量值，为了检验产品质量，为了进行计量标准的传递和控制，也需要检测技术作为基础。

科学技术的迅速发展，尤其是微电子、计算机和通信技术的发展，以及新材料、新工艺的不断涌现，使得检测技术在建立检测理论的基础上不断向着数字化、网络化和智能化方向发展。如何提高检测装置的精度、分辨率、稳定性和可靠性，以及如何开发现代化的检测系统和研究新的检测方法，是现代检测技术的主要课题和研究方向。

目前，有关的学科和研究方向包括检测技术与自动化装置、测试计量技术及仪器，前者侧重自动化学科，后者侧重测试计量学科，所对应的本科专业为测控技术与仪器专业。作为本科教学的参考书，考虑到拓宽基础，兼顾上述自动化和测试计量两个方面，将检测控制(测控)技术与测试计量技术与仪器(计量与仪器仪表)在基础课方面加以整合，目的是在本科阶段能够较好地掌握该领域的知识体系，为进一步学习深造，为从事应用开发和研究工作打好基础。

检测系统也被称为测试系统，包含测量和试验两个方面的内容。检测系统的基本任务是获取有用信息，尤其是要从干扰中提取出有用信息，因此需要将传感器获取的信号进行有针对性的计算、分析和处理，最后将有用信息输出。检测技术以研究信息的获取、信息的转换及信息的处理等理论和技术为主要内容，不但涉及其他许多技术领域的知识，而且它也同时在为这些领域提供信息服务产品，涉及的应用领域广泛且众多。在信息技术研究与应用中，检测技术属于信息科学范畴，是信息技术三大支柱(传感器技术、计算机技术和通信技术)之一。

检测系统的设计过程采用专门的传感器、测量仪器或测量系统，通过合适的实验与信号分析及处理方法，由测得的信号求取与研究对象有关的信息量值，并将结果输出显示。在现代化装备或系统的设计、制造和使用中，检测及测量测试工作的内容已经占据首要位置，检测系统的成本已达到测控系统总成本的50%～70%，它是保证整个自动化系统达到性能指标和正常工作的重要手段，是设备先进性和高水平的重要标志。在科学技术和社会生产力高度发达的今天，要求有与之相适应的检测技术、仪器仪表及检测系统，人们不仅需要学会用好这些先进的仪器仪表，而且还要能开发出更新一代的产品。

追溯检测技术的发展历史，可以从仪器仪表的发展水平得到如下结论：

- 第一代检测技术是以物理学基本原理为基础，如力学、热力学或电磁学等，代表性的仪器仪表有很多，有的至今仍然在使用，如千分尺、天平、水银温度计或指针式仪表等；
- 第二代是以20世纪50年代的电子管和60年代的晶体管为基础的分立元件式仪表；
- 第三代是以20世纪70年代的数字集成电路和模拟运算放大器为基础的具有信号处理和数字显示的仪器仪表；
- 第四代是以20世纪80年代的微处理器为核心的信号处理能力更强的并配有智能化处理软件的仪器仪表。

新一代检测技术是将上述传统的检测技术和计算机技术深层次结合后的产物，正引起该领域的一场新技术革命，产生出一种全新的仪器结构——虚拟仪器，进而向集成仪器和多仪器组成的网络化大测试系统方向发展，由此构成了现代检测技术的基础。

虽然被测对象所在领域广，检测系统多种多样，但归纳起来，检测系统的要求主要如下：

- 能够测量多种参量(电参量或非电参量)；
- 能够测量多参数，具有多测量通道；
- 能够测量动态参数，测量系统的频带宽；
- 能够实时快速地进行信号处理，包括排除干扰信号、处理误差、量程转换和信息传送等。

这些要求在不同的领域可能侧重点不同，能够全面实现上述要求的唯有新一代检测技术。

检测技术主要是利用物理、化学或生物效应(如光电效应、热电效应、电磁效应、红外光谱、紫外光谱、心电、脑电和肌电等)，选择合适的方法与装置，给出定性或定量的测量结果。能够自动地完成整个检测过程的技术被称为自动检测技术。自动检测技术以信息的获取、转换、显示和处理过程的自动化为主要研究内容，现已经发展成为一门完整的综合性技术学科。

学习检测技术，要对传感器给予充分的重视，因为传感器是检测系统的最前端。

1.2 传感器概述

1. 传感器的概念

传感器(Sensor)是指能够感受规定的被测量并按一定规律转换成可用输出信号的器件或装置。这里传感器的定义包含三层含义:①传感器是一个测量装置,能完成检测任务;②在规定的条件下感受被测量,如物理量、化学量或生物量等;③按一定规律将感受的被测量转换成易于传输与处理的电信号。

关于传感器,在不同的学科领域曾出现过多种名称,如感受器、发送器、变送器、换能器或探头等,这些提法反映了在不同的技术领域中,根据器件的用途不同使用不同的术语,它们的内涵是相同或相近的。

2. 传感器的组成

传感器一般由敏感元件、转换元件及转换电路三个部分组成,如图 1.1 所示。

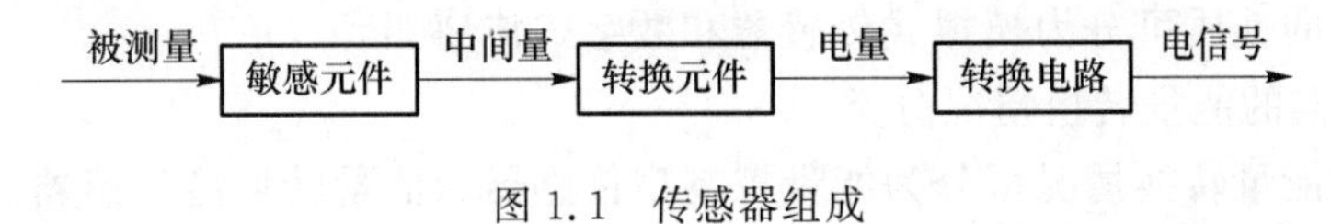

图 1.1 传感器组成

(1) 敏感元件

敏感元件是能直接感受被测量,并将被测非电量信号按一定对应关系转换为易于转换成电信号的另一种非电量的元件。例如,应变式压力传感器中的弹性元件(如膜盒等)就是敏感元件之一。

(2) 转换元件

转换元件是将敏感元件输出的非电信号转换成电量信号(包括电参量和电能量信号)的元件。例如,应变式压力传感器中的应变片是转换元件,它的作用是将弹性元件的输出应变转换为电阻的变化。

(3) 转换电路

转换电路是将转换元件输出的电量信号转换为便于显示、处理、传输的电信号的电路,它的作用主要是转换信号,常用的转换电路有电桥、放大器、振荡器等。转换电路输出的电信号有电压、电流或频率等。

不同类型的传感器组成也不同,最简单的传感器由一个转换元件(兼敏感元件)组成,它将感受到的被测量直接转换为电量输出,如热电偶、光电池等。有些传感器由敏感元件和转换元件组成,不需要转换电路就有较大信号输出,如压电式传感器、磁电式传感器等。有些传感器由敏感元件、转换元件和转换电路组成,如电阻应变式传感器、电感式传感器、电容式传感器等。

3. 传感器的分类

在测量和控制的应用中可以选用的传感器种类非常多。一个被测量可以用不同种类的传感器测量,如温度既可以用热电偶测量,又可以用热电阻测量,还可以用光纤传感器测量;而同一原理的传感器,通常又可以测量多种非电量,如电阻应变传感器既可以测量重量,又可以测量压力,还可以测量加速度等。因此,传感器的分类方法很多,主要可按以下几种方法分类。

(1) 按输入被测量分类

按输入被测量分类是按输入量的性质分类,如表 1.1 所示。

表 1.1　按输入被测量分类

基本被测量	包含被测量
热工量	温度、压力、压差、流量、流速、热量、比热、真空度等
机械量	位移、尺寸、形状、力、应力、力矩、加速度等
物理量	湿度、密度、黏度、电场强度、磁场强度等
化学量	液体、气体的化学成分以及浓度、酸碱度等
生物医学量	血压、体温、心电图、气流量、血流量、脑电信号、肌电信号等

这种分类方法的优点是明确了传感器的用途,便于使读者根据用途有针对性地查阅所需的传感器。一般工程书籍及参考书、手册按此类方法分类。

(2) 按输出信号的性质分类

按输出信号的性质可分为模拟式传感器和数字式传感器。

(3) 按传感器的能量转换情况分类

按传感器的能量转换情况可分为能量控制型传感器和能量转换型传感器。

能量控制型传感器在信息转换过程中其能量需要外电源供给。电阻、电感、电容等电参量传感器属于这一类传感器。

能量转换型传感器又被称为发电型传感器,其输出端的能量是由被测对象取出的能量转换而来。它无须外加电源就将被测非电量转换成电量输出。

热电偶、光电池、压电传感器、磁电传感器等属于能量转换型传感器。

(4) 按工作原理分类

这是一种按传感器的工作原理分类的方法,如表 1.2 所示。这种分类方法的优点是能够清楚地表达各种传感器的工作原理。

表 1.2　按传感器的工作原理分类

<table>
<tr><th colspan="2">传感器分类</th><th rowspan="2">转换原理</th><th rowspan="2">传感器名称</th><th rowspan="2">典型应用</th></tr>
<tr><th>转换形式</th><th>中间结果参量</th></tr>
<tr><td rowspan="10">电参数</td><td rowspan="6">电阻</td><td>金属的应变效应或
半导体的压阻效应</td><td>电阻应变传感器压阻传感器</td><td>微应变、力、负荷</td></tr>
<tr><td>电阻的温度效应</td><td>热电阻传感器</td><td>温度、温差</td></tr>
<tr><td>电阻的光电效应</td><td>光敏电阻</td><td>光强</td></tr>
<tr><td>电阻磁敏效应</td><td>磁敏电阻</td><td>磁场强度</td></tr>
<tr><td>电阻湿敏效应</td><td>湿敏电阻</td><td>湿度</td></tr>
<tr><td>电阻的气体吸附效应</td><td>气敏电阻</td><td>气体浓度</td></tr>
<tr><td rowspan="4">电感</td><td>被测量引起线圈自感变化</td><td>自感传感器</td><td>位移</td></tr>
<tr><td>被测量引起线圈互感变化</td><td>互感传感器</td><td>位移</td></tr>
<tr><td>涡流的去磁效应</td><td>涡流传感器</td><td>位移、厚度</td></tr>
<tr><td>压磁效应</td><td>压磁传感器</td><td>力、压力</td></tr>
</table>

续表

传感器分类		转换原理	传感器名称	典型应用
转换形式	中间结果参量			
电参数	电容	改变电容的间隙	电容传感器	位移、力
		改变电容的极板面积		
		改变电容的介电常数		料位、湿度
	计数	利用莫尔条纹	光栅传感器	线位移、角位移
		互感	感应同步器	
		磁信号	磁栅	
	数字	数字编码	角度编码器	角位移
电能量	电动势	热电效应	热电偶	温度、热流
		电磁效应	磁电传感器	速度、加速度
		霍尔效应	霍尔传感器	磁通、电流
		光电效应	光电池	光强
	电荷	压电效应	压电传感器	动态力、加速度
		光生电子空穴对	CCD传感器	图像传感

4. 传感器的发展趋势

现代信息技术的三大基础是信号的获取、传输和处理技术，即传感技术、通信技术和计算机技术，它们分别构成了信息系统的“感官”“神经”和“大脑”。没有“感官”感受信息，或者“感官”反应迟钝，都不可能组建准确度高、反应速度快的自动控制系统，所以世界各国都优先发展传感器技术。

传感器的发展趋势主要表现在以下几个方面。

(1) 开发新材料

制造传感器的材料是传感技术的基础。许多传感器是利用某些材料的物理效应、化学反应和生物功能等达到测量目的的，所以研究具有新功能、新效应的新材料，对敏感元件和转换元件的研制有着十分重要的意义。目前，半导体敏感材料在传感器技术中占有主导地位，用半导体材料制成的力敏、光敏、磁敏、热敏、气敏、离子敏等敏感元件性能优良，得到越来越广泛的应用。传感器材料的发展趋势为：从单晶体到多晶体、非晶体，从单一型材料到复合型材料、原子(分子)型材料的人工合成。另外，陶瓷材料、智能材料的研究探索也在不断地深入。

(2) 研制集成化、多功能化传感器

所谓集成化，就是在同一芯片上，将众多同一类型的单个传感器通过集成技术构成一维、二维或三维阵列形式的传感器，使传感器的参数检测实现“点—线—面—体”的多维化(如CCD)，实现单参数检测到多参数检测的转变。例如，由一个传感芯片同时实现流量、温度、压力的检测；或者在同一芯片上，将传感器与测量电路等处理电路集成一体化，使传感器由单一信号转换功能扩展为兼有放大、运算、补偿等多种功能(如集成温度传感器)。

(3) 实现传感器的数字化和智能化

数字技术是信息技术的基础，数字化是智能化的前提。传感器的智能化就是把传感器与微处理器相结合，使之不仅具有检测、转换和处理功能，同时还具有存储、记忆、诊断、补偿等功能。智能化传感器按构成分为组合一体式和集成一体式两种。

组合一体式,就是把传感器与其配套的转换电路、微处理器、输出电路和显示电路等模块组装在同一壳体内,从而减小体积,增强可靠性和抗干扰能力。这是传统传感器实现小型化、智能化的主要发展途径。

随着微机械加工工艺、集成电路工艺等技术的日益成熟,以及微米、纳米加工技术的问世,可开发出微型传感器、微型执行器等,它们与微处理器结合可以组成闭环控制传感系统,进一步将它们集成在一个芯片上,可构成集成一体式的高级智能传感器。

(4) 研制开发仿生传感器

大自然是生物传感器的优秀设计师和工艺师。通过漫长的进化过程不仅造就了集多种生物传感器(感官)于一身的人类,而且还进化出了诸多功能奇特、性能超强的生物传感器。例如,狗的嗅觉灵敏度是人的一百多倍,鸟的视力是人的50～80倍,蝙蝠、海豚的听觉系统是一种生物雷达(超声波传感器)等。研究这些动物的感官性能,是今后开发仿生传感器的努力方向。

智能传感器、仿生传感器、生物传感器、微机械传感器等的研制开发,极大地推进了人类了解未知世界的步伐,从而进一步促进生产、生活和科研水平的提高。

1.3 检测系统

1.3.1 检测系统的基本结构

检测技术的一个明显特点是传感器采用电参量、电能量或数字传感器以及微型集成传感器,信号处理采用集成电路和微处理器。所以本书主要介绍的检测系统就是指电测量系统,除特别声明外,本书后续章节中的某些词语亦应按此理解。检测系统可以理解成由多个环节组成的能实现对某一物理量进行测量的完整系统。

下面介绍检测系统的一般组成。

检测系统在测量过程中,首先由传感器将被测物理量从研究对象中检测出来并转换成电量,然后输出。现代检测技术包含了更多的后续处理技术,例如,根据需要对第一次变换后的电信号进行时域或频域处理,最后以适当的形式输出。信号的这种变换、处理和传输过程决定了检测系统的基本组成和它们之间的相互关系,如图1.2所示。

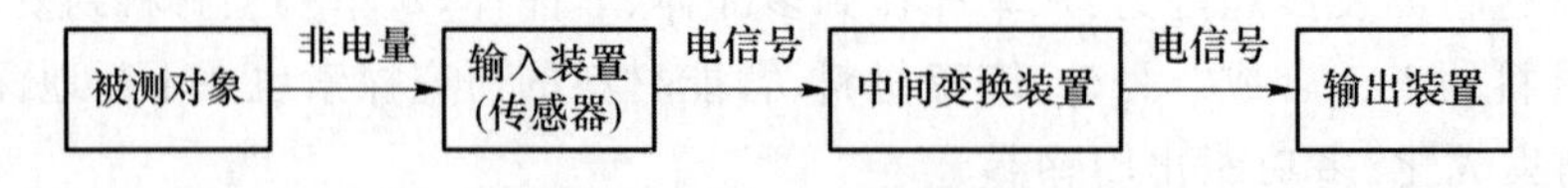

图1.2 检测系统及其组成

一般来说,输入装置、中间变换装置和输出装置是一个测量系统的三个基本组成部分。

组成输入装置的关键部件是传感器。传感器是将力、加速度、压力、流量、温度、噪声等非电量转换成电量的装置。简单的传感器可能只由一个敏感元件组成,如测量温度的热电偶传感器。复杂的传感器可能包括敏感元件、弹性元件,甚至变换电路,有些智能传感器还包括微处理器。传感器与被测对象相互接触,负责采集信号,由于传感器位于整个检测系统的最前端,因此,其性能对测量结果具有决定性的影响。

中间变换装置根据不同情况有很大的伸缩性。简单的测量系统可能完全省略中间变换装置,将传感器的输出直接进行显示或记录。例如,在由热电偶(传感器)和毫伏计(指示仪表)构成的测温系统中，没有中间变换装置。就大多数测量系统而言，信号的变换包括放大(或衰减)、滤波、激励、补偿、调制和解调等。功能强大的测量系统往往还要将计算机或微处理器等作为一个中间变换(装置)环节，以实现诸如波形存储、数据采集、非线性校正等信号处理和消除系统误差或对随机误差处理等功能。远距离测量时，要有数据传输通信等装置。在强电磁环境中，还要有隔离电路等。

输出装置各式各样，常见的有指示仪表、记录仪、显示器等。按输入这些仪器仪表的信号，可分为模拟的或数字的输出装置。

在实际测量中，由于被测信号的大小、随时间变化的快慢不同，相对测量结果的要求不同，组成的测量系统的繁简程度和中间环节的多少差别很大。按被测参量，检测系统可分为压力、振动、噪声等检测系统；按信号的传输形式，检测系统又可分为模拟检测系统和数字检测系统，其组成分别如图 1.3 和图 1.4 所示。以测量某一容器内的压力为例，说明这两种系统的基本组成。

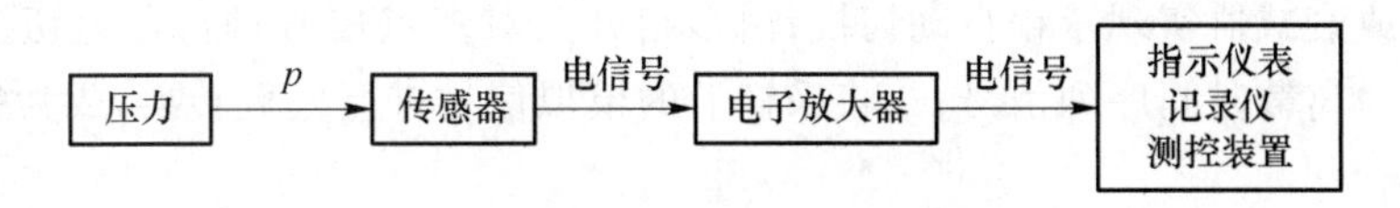

图 1.3 模拟检测系统组成

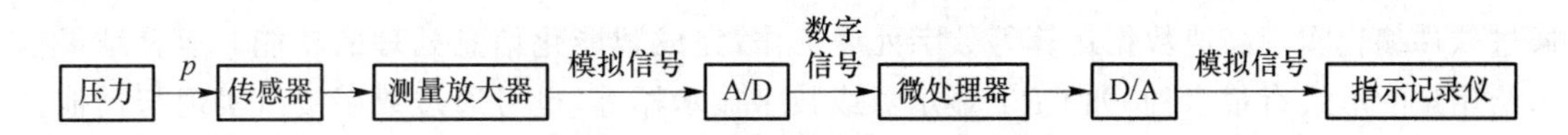

图 1.4 带微处理器的数字检测系统组成

比较这两个系统可以看出，前两个环节和最后的输出环节基本上是相同的。目前，数字系统主要是带有微处理器或计算机的系统，它的主要特点是通过 A/D 接口将模拟量转换为数字量，经过数字处理后，尤其是各种功能强大的软件处理后，由 D/A 接口再将数字量转换为模拟量输出。

1.3.2 检测系统的应用类型

检测系统的应用类型大致可分为检测型和测控型两类，检测型按不同的分类方法可分为基本型、标准接口型等。检测型是完成对被测参量的测量任务，对测量准确度要求较高；测控型一般应用于闭环控制系统中，对快速、实时和可靠性要求较高。

1. 检测型

(1) 基本型

基本型一般由传感器、信号调理电路、数据采集(采样保持和模数转换)、数字信号处理、数模转换电路等组成，完成对多点多种参量的动态或静态测量的任务。如果测量快速变化的参量，对系统各个部分的动态特性要求将会更高，对数字处理器的运算速度也提出了更高要求。基本型各组成部分的功能介绍如下。

① 传感器

传感器完成信号的获取任务。它将被测参量(一般为模拟量)转换成相应的便于处理的电信号输出。被测参量范围很广，可以是电参量或非电参量，如各种物理量或化学量等。传感器的分类方法很多，根据被测参量分为温度传感器、压力传感器、速度传感器等；根据传感器的输出信号分为电参量型传感器、电能量型传感器、数字型传感器等。本书在传感器的介绍中根据后者的分类进行阐述，也便于与后续章节信号调理衔接。

② 信号调理电路

来自传感器的输出信号通常含有干扰噪声，而且信号比较微弱。因此，紧接其后的是信号调理电路，其基本作用是：放大功能，将微弱信号放大到与数据采集板中 A/D 转换器的转换电压范围相适配；低通滤波功能，抑制干扰噪声信号的高频分量，将信号频带压缩，以降低采样频率，避免在模数转换中产生混叠；隔离功能，利用磁性变压器、光电或电容性器件等，耦合传输有用信号，阻隔高电压浪涌及较高的共模电压，既保护了操作人员，也保护了昂贵的测量设备；其他功能，如激励、冷端补偿、衰减等多种特殊功能，可根据需要选用。若信号调理电路同时输出规范化的标准传输信号，如 4～20 mA 电流信号，则称其为变送器。

③ 数据采集

数据采集环节的作用是采样保持和模数转换，具有采集板或采集卡等，主要功能是：由可控增益放大器或衰减器实现量程自动切换；由多路开关对多点信号进行通道切换，分时采样，将模拟信号变为离散时间序列信号；③将采样后的模拟信号进行模数转换，成为幅值离散的数字信号。

④ 数字信号处理

数字信号处理以计算机、单片机、单片系统机、DSP、ARM 或 FPGA 等微处理器为核心，通过软件编程实现高速数据运算等数字处理工作，完成智能化信息处理的功能。运算结果输出给用户的形式有很多种，如 CRT 显示器或数字显示器等，也可通过数字接口实现与其他计算机的数据交换，或通过网络进行远程数据交换。

⑤ 数模转换电路

将数字形式的处理结果以模拟量输出，便于其他模拟系统或模拟接口的设备接收信号。

随着微电子技术的发展，将传感器与信号调理电路集成为一体化的芯片已经问世，甚至将传感器、信号调理电路、数据采集和微处理器等全部集成在一块芯片上，组成单片检测系统的产品也已经面世。因此，传感器与仪器仪表的明显分界正在消失。

(2) 标准接口型

检测系统由各个功能模块组合在一起，模块之间的信号传输形式有专门接口型和标准接口型。专门接口型的接口由于其电气参数、接口形式和通信协议等不统一，各个模块之间的信息传输互连十分困难，系统设计缺乏灵活性，所以一般只用在特殊场合或专用测量系统中，应用面较窄。标准接口都是按规定标准设计的，组建系统时非常方便，只要将对应的接插连接件连接就可实现信息交换，可以灵活组建各类检测系统，也可以方便组建大、中型检测系统，应用面很广。以下就标准接口型检测系统作简要介绍。

① GPIB 测试系统

通用接口总线(General-Purpose Interface Bus，GPIB)测试系统在接口的功能、电气和机械等设计上都按国际标准要求设计，内含 16 条信号线，每条线都有特定的意义。由一台计算机安装一块 GPIB 接口卡与若干台具有 GPIB 接口的仪器构成检测系统。不同厂家的仪器产品可以方便地通过 GPIB 接口互连，组建多参数、多功能检测系统非常方便，拆开后各仪器又可以单独使用。

② VXI 总线系统

VXI 总线系统是机箱式结构，多个模块式插件共存于一个机箱中组成一个系统。VXI 总线(VME Bus Extension for Instrumentation)是 VME 计算机总线在仪器领域中的扩展。它的数据高速率传输,模块式插件的结构不仅组建系统灵活,而且系统结构紧凑、体积小、轻便。

③ PXI 总线系统

PXI 总线(PXKPCI Bus Extensions for Instrumentation)是 PCI 计算机总线在仪器领域中的扩展。PXI 系统在结构上类似于 VXI 系统,但它的设备成本更低,运行速度更快,结构更紧凑。基于 PCI 总线的软硬件均可应用于 PXI 系统中,从而使 PXI 系统具有良好的兼容性。因此,基于 PXI 总线的测量系统将成为主流测试平台之一。

④ 其他总线系统

基于串行数据传输的标准接口型仪器,如基于 RS232C. RS485 或 USB 接口的仪器,称为基于现场总线技术的测试仪器,简称串口仪器。

标准接口型仪器集多种功能于一体,是计算机技术、仪器技术高度发展和深层次结合的必然结果,并产生了全新概念的仪器——虚拟仪器,这使得设计高度自动化和智能化的现代检测系统成为现实。

2. 测控型

测控型是指应用于闭环控制系统或实时测控系统中的检测系统。测控型的应用范围很广泛,包括生产过程自动化、楼宇家电控制、交通运输工程控制、航空航天测控、导弹制导和武器自动控制、电力电子控制系统、生物电子控制系统等领域。

例如,在许多生产工艺中要对容器中的液位(L)进行定值控制(C),使得被控参数保持在设定值上下的一个较小的范围内。图 1.5 是一个定值控制系统的示例。因为被控参数只有一个,也被称为单回路控制系统。它由控制器(包括设定单元、比较单元、比例积分微分运算单元和控制量输出单元等)、测量变送器和执行器组成。在这个控制系统中,液位检测装置(LT)担任对容器中液位测量的任务,直接获取被控制参数的信息,然后将测量值以标准的信号形式传送至控制器(LC)中的比较单元。因此,在控制系统中称这个检测装置为变送器,并担任负反馈的角色,位于控制系统的反馈回路中,如图 1.6 所示。

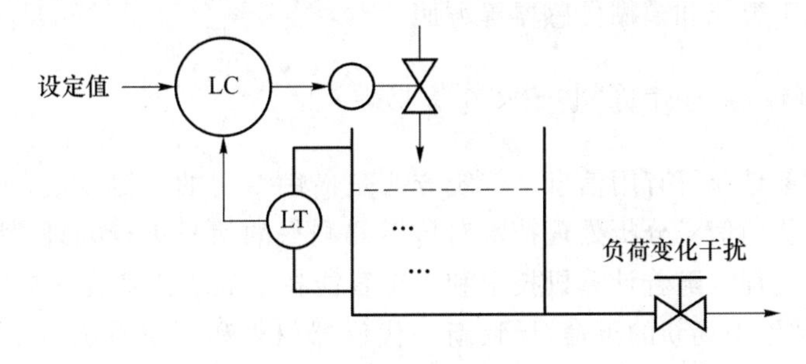

图 1.5 液位定值控制系统的应用示例

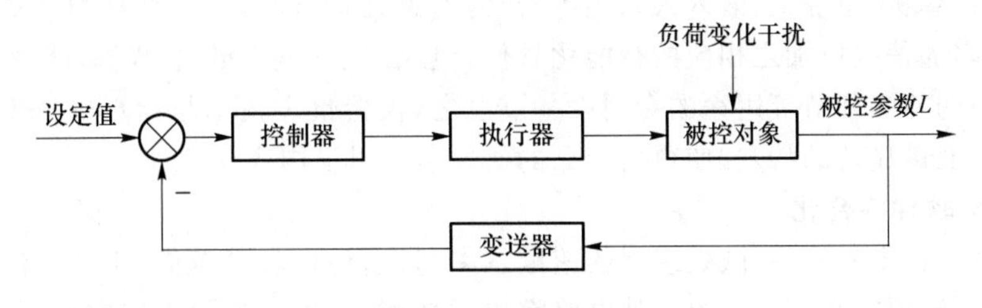

图 1.6 定值控制系统

为上述应用领域设计的检测系统要完成对被控制参数在线实时检测的任务，具体就是准确获取参数变化的定量数值，为控制器及时提供反馈信息，使得控制器可以及时有效地发出控制信号，使被控参数保持在希望的设定值或按照预定的规律变化。对于生产过程控制来说，达到上述目标才能保证生产的正常进行并达到高产优质的目的。对于航空航天测控领域来说，达到上述目标才能保证飞行器的安全。检测系统在整个测控系统获取信息的最前端，因此，人们对测控型应用的可靠性很重视；否则，控制器失去可靠的反馈信息，导致无法做出正确的控制决策，整个系统将不稳定，严重的会造成重大事故。

总之，对被控制对象实现自动控制是人们长期探索的目标，只有在计算机技术和现代检测技术高速发展的今天，才能达到高水平的控制质量。前述的基本型和标准接口型正在与测控型结合，发展成为以现场总线(Fieldbus)为代表的分布式测控系统中的仪器仪表及智能化仪表装置和设备。

1.4 检测技术的发展趋势

进入21世纪，科学技术的发展更加快速，为检测技术的发展创造了有利的条件；同时，也向检测技术提出了更新更高的要求。尤其是随着计算机技术和微电子技术的发展，以及计算机软件技术和数据处理技术水平的不断提高，检测技术及仪器仪表得到了空前的发展和进步。小型化、数字化、智能化、网络化、软件多功能化成为仪器仪表研发的主导方向，一种被称为微仪器的微型集成智能传感器技术已初露锋芒，目前已经诞生了芯片式微轮廓仪、芯片式微血液分析仪等。同时，在传统仪器仪表的基础上产生了革命性的新一代虚拟仪器，正以全新的面貌占领仪器仪表市场。今后，检测技术的发展总趋势将更高、更新、更快，对各行业的影响更深，涉及的应用领域更加广阔，这必然将传统检测技术推向现代检测技术的快车道。伴随着现代科学技术的进步，现代检测技术的发展趋势将侧重于检测仪器与微处理器或计算机技术的集成、软测量技术、人工智能和模糊传感器等方面。

1.4.1 检测仪器与计算机技术的集成

检测的基本任务是获得有用信息。传统方法是借助专门的仪器仪表及测量装置，通过适当的实验方法与必要的信号分析处理技术对传感器测得的信号进行处理，然后求取与研究对象有关信息量值的过程。随着计算机技术和人工智能技术的快速发展并与检测技术的深层次结合，正引起该领域里一场新的革命，导致新一代仪器仪表和测量系统——虚拟仪器、现场总线仪表和智能检测系统的出现。新一代检测系统是以数字计算机(如微处理机、PC、工控机、工作站、网络计算机、单片机、嵌入式系统等)作为信息处理核心，与各种检测装置和辅助应用设备以及并/串通信接口加之相应的智能化软件，组成用于检验、测试、测量、计量、探测以及用于闭环控制中的检测环节等用途的专门设备。总之，仪器仪表技术与计算机技术的集成是当今仪器仪表发展最显著的特点，使得新产品的研发包括以下内容。

1. 硬件与软件综合化

随着微电子技术的发展，微处理器的速度越来越快，价格越来越低，正被广泛应用于仪器仪表中，原本由模拟或数字器件等硬件电路完成的功能，可以通过软件来实现，甚至原来用硬件电路难以解决的许多问题，用软件就可以很好地解决。另外，数字信号处理技术的发展和高速数字信号处理器的广泛采用,极大地增强了仪器的信号处理能力,使得一些由软件进行的数字信号处理算法,尤其是对于实时性要求很高的一些复杂算法,可以通过高速数字电路等硬件来完成。这样当遇到诸如数字滤波、FFT、相关或卷积计算等数字信号处理中的常用方法时,这些算法的共同特点是主要运算都由迭代式的乘和加组成,如果在通用微机上用软件完成其优点是系统硬件成本低,但缺点是运算时间较长,而在数字信号处理器上完成乘、加运算,就解决了实时性的问题。随着可编程逻辑器件与模拟运算器件实现了超大规模集成,更进一步的发展是软件实现硬件化、硬件设计软件化的阶段,使得仪器仪表的研发过程更注重硬件与软件的综合化,需要更多地考虑软硬件的优化设计问题。

2. 仪器仪表集成化、模块化

大规模集成电路(LSI)技术发展到今天,集成电路的密度越来越高,体积越来越小,内部结构越来越复杂,功能也越来越强大,从而大大提高了每个模块及整个仪器系统的集成度。设计模块化功能硬件是现代仪器仪表一个强有力的支持,它使得仪器更加灵活,仪器的硬件组成更加简洁。比如在需要增加某种测试功能时,只需增加少量的硬件模块,再调用相应的软件来驱动该硬件即可实现添加仪器功能的目的。

3. 参数整定与结构修改在线实时化

随着各种现场可编程器件和在线编程技术的发展,仪器仪表的参数甚至结构不必在设计时就确定,而是可以在仪器仪表使用的现场在线实时置入或动态修改。这为仪器仪表在使用过程中能够适应现场动态变化的需要和用户更新需求奠定了良好的基础。

4. 硬件平台通用化

现代仪器仪表更加强调软件的灵活性对仪器仪表的作用,当选配一个或几个带共性的基本仪器硬件组成一个通用硬件平台后,通过研发或调用不同的软件来扩展或组成各种功能的仪器或系统。一台仪器大致可分解为三个部分:数据的采集,数据的分析与处理,存储、显示或输出。传统的仪器是由厂家将上述三项功能部件根据仪器功能按固定的方式组建,一般一种类型的仪器只有一种或数种功能。而现代仪器则是将具有上述一种或多种功能的通用硬件模块组合起来,通过编制不同的软件来构成各种仪器的功能,可以完成多种复杂的测试任务。

综上所述,以现代检测技术为设计基础的仪器仪表不再是功能单一和固定不变的结构,而是越来越表现出柔性化和智能化,适应性越来越强,功能越来越丰富。可以肯定地说:仪器与计算机技术的集成最终要取代大量的传统仪器成为仪器领域的主流产品,成为测量、分析、控制、自动化仪表的核心,并成为机器人的核心技术。相应地,仪器仪表和检测系统的设计需要更宽的知识面,因而也更富于挑战性。

1.4.2 软测量技术

随着技术的进步和生产规模的不断扩大以及工艺的日益复杂,人们对自动检测和自动控制技术提出了新的更高要求,以确保生产能够更安全、更环保。为此,人们提出了对系统的稳定性指标和产品质量指标及排放物性质和量值进行实时检测和优化控制。但上述指标和参数由于技术和经济方面的原因,多数很难通过传感器或仪器仪表进行直接测量。为了解决此类测量问题,以前通常采用两种方法:一是采用间接的测量方法,但效果不够理想;二是采用昂贵的在线分析仪,往往投资较大,维护成本高,并且信号滞后大,对生产的指导作用不大,有的即使采用了分析仪表,但还是有很多参数指标无法进行在线分析。因此人们迫切需要找到一种新的技术来满足生产过程的检测和优化控制的需要。

软测量技术(Soft Sensing Techniques)被认为是目前最具吸引力和卓有成效的新方法。该技术就是选择与被测变量(无法直接测量)相关的一组可测变量,构造某种以可测变量为输入,被测变量为输出的数学模型,使用计算机来进行模型的数值运算,从而得到被测变量估计值的过程。被测变量被称为主导变量(Primary Variable),可测变量被称为二次变量或辅助变量(Secondary Variable)。开发的软测量数学模型及相应的计算机软件也被称为软测量估计器或软测量仪表。将软测量的估计值作为控制系统的被控变量或反映过程特征的工艺参数,可以为优化控制与决策提供重要的信息。软测量技术主要包括三部分内容:①根据某种最优化原则研究建立软测量数学模型的方法,这是软测量技术的核心。主要的方法有机理建模法(Modelling by Mechanism)和辨识建模法(Modelling by Identification)。机理建模首先要根据特定目的和对象的内在物理化学规律(如热平衡、质量平衡、化学反应平衡等)做必要的简化假设,然后运用适当的数学工具,得到一个数学结构。辨识建模方法包括动态模型的间接辨识,静态模型的回归分析法辨识,以及采用模糊逻辑和神经网络以及二者结合的非线性辨识建模等。②模型实时运算的工程化实施技术,是软测量技术的关键,包括二次变量的选择,现场数据的采集和处理,软测量模型结构选择,模型参数的估计,软测量模型的现场实施技术等。③模型自校正(模型维护)技术,是提高软测量准确度的有效方法,包括在线自校正和模型的离线更新技术等。

软测量技术为生产的优化控制提供了新的有用信息,在理论研究和实践中已经取得了丰富的成果,其理论体系也在逐渐形成。由于生产过程的复杂性,不能说有了软测量技术就不再需要研究开发其他新的传感器了,而是两者相互结合才能不断发展。因此将各种检测技术有机结合起来将成为检测技术的主流发展方向。

1.4.3 模糊传感器

在现代控制理论中,模糊逻辑控制(Fuzzy Logic Control,FLC)作为一种新颖的高级控制方式,成为智能控制的一个重要分支。模糊控制技术的理论基础是模糊数学和模糊逻辑理论,由 L. A. Zadeh 教授于 1965 年在 *Information and Control* 杂志上发表了"Fuzzy Sets"一文,首次提出模糊集合的概念。模糊理论是建立在人类思维方式的基础上,能很好地表达事物的模糊性质,从而开拓了模糊控制、模糊线性规划和模糊聚类分析等研究面的原因,多数很难通过传感器或仪器仪表进行直接测量。为了解决此类测量问题,以前常采用两种方法:一是间接测量法,但效果不够理想;二是使用在线分析仪做分析,此方法往往投资较大,维护成本高,并且信号滞后严重,对生产的指导作用不大,有的即使采用了分析仪表,还是有很多参数指标无法进行在线分析。因此人们迫切需要找到一种新的技术来满足生产过程的检测和优化控制的需要。

传统的传感器是一种数值测量装置,它将被测量映射到实数集合中,以数值的形式来描述被测量状态,因此也被称为数值传感器。传统传感器虽然具有精度高、无冗余的优点;但是也存在提供的信息简单,难以描述涉及人类感觉信息和某些高层逻辑信息的问题。因此需要一种新的检测理论和方法来加以拓展和完善。上述模糊传感器正适应了这个需要,可以认为模糊传感器是一种宏观传感器,能够对模糊事物进行识别和判断,可以应用在传统传感器无法处理的测量场合。

模糊传感器目前没有严格统一的定义,一般认为模糊传感器是以数值测量为基础,并能产生和处理与其相关的符号信息的装置。因此可以说模糊传感器是在经典传感器数值测量的基础上经过模糊推理与知识集成,以自然语言符号的描述形式输出的传感器。信息的符号表示与符号信息系统是研究模糊传感器的基础。在模糊传感器的实现方法上,国内外研究者各有不同的特点。例如,有的讨论了使用符号信息系统时,首先要确定符号语义与被测量信息在特定任务环境中的关系,同时应将概念作为先验知识提供给模糊传感器,其余的信息可由运算生成;还有的学者从物理量到符号信息的转换即数值/符号转换出发,提出了模糊传感器的概念,并指出模糊传感器是一种能在线实现符号处理的智能传感器,它集成了数值/符号转换器、知识库和决策系统,输出的信号可直接用于模糊控制器。

模糊传感器虽然有一些成功的应用实例,但在此领域远远未形成完整的理论体系和技术框架。实现模糊传感器的关键技术,如传感器的训练问题、人类知识和经验的表示与存储问题以及由被测量向自然语言符号的映射过程中的多值性等问题还没有解决。另外,对获取的信处理的过程中在考虑模糊问题的同时,也应对随机问题和非线性问题给予重视。因此,需要进一步开展更多的研究工作,使模糊传感器在测控系统中发挥重要的作用。

1.5 检测理论发展展望

检测理论是指把通信、宇航和卫星测控等领域发展起来的行之有效的信号处理理论和技术移植、更新、补充并发展运用到工业生产过程检测中的一整套理论和技术。就目前来说,其内容涉及生产过程参数(变量)检测系统与检测对象模型的建立与研究,检测系统中的信息理论研究,检测系统中的随机信号与噪声研究,相关理论与谱分析的应用研究,模式识别与图像处理理论与应用研究,模糊信息处理理论与应用研究,仿人与仿生测量理论与应用研究等。可以毫不夸张地说,检测理论的建立与发展对整个生产过程参数测量仪表的生产水平以及仪器仪表专业的发展,起着积极的主导作用。

现代的生产过程参数检测已从传统的单一变量向多变量,从确定性变量向随机性变量方向发展,测量(检测)的观念也从传统的“被测量与测量装置的对比”发展到“从物理和化学以及生物过程获取信息”这样一种宽广的观念。这就使得工业生产过程参数检测问题已不仅仅局限于获取被测参数的“定量信息”,而已扩展到包括获取生产过程“状态信息”的状态监测,进而对生产过程(或对象)的状态进行“状态诊断”等。一方面,在获取被测参数定量信息这一传统的领域中,已开始大量地采用随机信号处理理论、模式识别与图像处理理论、模糊信息处理理论等现代信号处理的理论与方法;另一方面,在新扩展的获取生产过程“状态信息”领域,除了进行生产过程的“状态诊断”外,也出现了通过状态信息反推过程参数“定量信息”的情况。

以目前流动参数检测技术领域为例,近年来,为了解决流场中流体流动参数的测量问题,特别是“两相流”以及“多相流”流体的流动参数测量问题,英国、美国、德国、日本以及中国等国的一些研究工作者已越来越多地将随机过程相关理论、信息理论、模式识别与图像处理理论等应用到这样一些特殊的测量领域中。

早在1977年,英国学者L. Fnkelstein就提出了检测理论,并提出了建立这一理论(Measurement and Instrumentation Science)体系对生产过程参数检测领域的重要意义和作用。1982年澳大利亚学者P. H. Sydenham支持并编辑出版了第一部反映检测理论与应用的专著——*Handbook of Measurement Science Q*。随着科学技术的不断进步,检测理论自身的体系也不断完善,为适应这一发展形势,国内许多院校也纷纷开始着手这方面的研究工作。

建立和研究检测理论，可以从以下两个方面对仪器仪表专业的发展起到积极的作用：

① 改善和提高由现有传感元件和检测方法所构成的测量系统或检测仪表的工作性能，即实际使用性能；

② 为研制现代检测系统和新型仪器仪表提供理论指导。

按常规意义，传感器是测量系统的第一个环节，它的作用在于将被测参数转换成便于处理的信号。于是，对不同性质的被测参量，人们设计了不同性质的传感器与之对应，现在已发现"一一对应"的设计在实际应用中是难以实现的，甚至是不能实现的，这种常规的思维方式显然阻碍了检测技术的发展。

从信息论的角度来看，检测系统是生产过程或被测对象这个信源发出的状态信息的接收者，即"信宿"。只要系统中的第一个环节具有能保证状态信息不变的特性，即忠实的"信息转换元件"，那么利用信息处理的理论和方法是可以得到便于人们利用的生产过程或被测对象的信息表达形式。从这个意义上讲，检测系统中的第一个环节应该被称为"信息转换器"或"信息检测器"。

按照这样的思想，在相关流量测量系统中所用的信息转换器，如电容检测器或超声检测器等，它直接"感受"的并非常规意义下的流量信号，而是反映流动状态信息的流动噪声信号，在对流动噪声信号进行相关处理后，得到人们所需要的流体流量大小的信息。

又如，在用流动成像技术构成的多相流流动参数(密度、流量等)测量系统中所采用的信息检测器，如超声检测器或核辐射检测器等，也并非常规意义下的密度和流量传感器。此时，系统中检测器的作用是将反映流体流动状况的信息(密度、流量等)转换成电信号形式，在系统中利用图像重建和识别技术等一系列信息处理的理论与方法得出所需的流动参数信息。

课程思政

由此可见，建立和研究检测理论，不仅对改善现有检测系统和仪器仪表的工作性能具有意义，而且给出了一种设计构思新型仪器仪表和测量系统的思想，这个意义更为深远。

解决生产过程参数检测问题，除了应对生产过程具有比较深入的认识和了解外，对自身领域中客观存在的理论与方法更应做积极深入的研究。随着对检测理论的不断深入研究与开发应用，目前生产过程中存在的许多参数测量难题将逐步得以解决。

检测理论的建立与研究对解决目前生产过程中存在的许多参数测量问题提供了一条重要途径，但必须指出的是，这并不排除通过其他途径，如改善结构、研制新型传感器等，解决这类问题的可能性和可行性；同时，也应看到，这些不同途径之间是不可截然划分的，而应采用优化整合等综合方法研究最优化的解决方案。

第2章 检测装置的基本特性

检测装置既可以理解为一个复杂的测量系统，由多个环节组成，是对被测量进行检测、调理、变换、分析处理、显示或记录等完整的信号获取和处理系统，也可以理解为某一个仪器、仪表，某一简单测量环节或测量装置，如一个传感器或隔离放大器等。本书为读者参考其他书籍时方便，在侧重应用时称之为检测装置，简称装置；在理论分析时称之为检测系统，简称系统。

对检测装置或检测系统的特性分析主要应用在以下 3 个方面。

(1) 已知装置或系统的特性和输出信号，推断输入信号。这就是通常所说的测量过程，即应用检测装置来测量未知量的过程。

(2) 已知检测装置的特性和输入信号，推断估计输出信号。这通常应用于组建多个环节的检测装置。

(3) 由观测的输入、输出信号，采用系统辨识参数估计方法，推断装置的特性。通常应用于检测装置的分析、设计和研究。

根据输入信号是否随时间变化，检测装置的基本特性可分为静态特性和动态特性。若被测量是不变的，或者变化相当缓慢，则只考虑装置的静态性能指标。当对迅速变化的参数进行测量时，必须考虑检测装置的动态特性。只有动态性能指标满足一定的快速性要求，输出的测量值才能正确反映输入被测量的变化，保证动态测量时不失真。

课件 PPT

检测装置的最基本特性是线性特性，一般要求检测装置的输入、输出特性为线性特性。但是，实际的装置总是存在非线性因素，如许多电子器件严格来说都是非线性的，至于间隙、迟滞这些非线性环节在检测装置中也是很常见的。如果非线性程度比较严重，影响到测量的准确性，就要进行校正。

描述检测装置的特性可以用数学表达式(数学模型)来描述，也可以用输入、输出特性曲线以及对应输入、输出序列的数据表格等形式来表示。对于模拟检测装置(如连续时间域)在时间域中的输入、输出关系由微分方程确立。对于离散时间域，由差分方程描述。本章只讨论前者。

2.1 线性检测系统概述

通常，研究检测系统时，在保证准确度足够的前提下将系统作为线性时不变系统来处理，以便抓住主要方面，将问题简化。

线性系统通常用式(2-1)的线性微分方程来描述，即：

$$a_n \frac{d^n y(t)}{dt^n} + a_{n-1} \frac{d^{n-1} y(t)}{dt^{n-1}} + \cdots + a_1 \frac{dy(t)}{dt} + a_0 y(t)$$

$$= b_m \frac{d^m x(t)}{dt^m} + b_{m-1} \frac{d^{m-1} x(t)}{dt^{m-1}} + \cdots + b_1 \frac{dx(t)}{dt} + b_0 x(t) \tag{2-1}$$

方程中，自变量 t 通常指时间；系数 $a_1, a_2, \cdots, a_n$ 和 $b_1, b_2, \cdots, b_n$ 可能是 t 的函数。在这种情况下，式(2-1)为变系数微分方程，所描述的是时变系统。若这些系数不随时间变化，则系统是时不变或定常系统。时不变系统的内部参数不随时间变化，是个常数，其系统输出就只与输入的量值有关。若系统的输入延迟某一时间，则其输出也延迟相同的时间。

既是线性的，又是时不变的系统称为线性时不变系统。以下讨论线性时不变系统的一些主要性质。在描述中以

$$x(t) \to y(t) \tag{2-2}$$

表示系统的输入、输出关系。

1. 叠加性

输入之和的输出等于各单个输入所得输出的和。即：

$$x_1(t) \to y_1(t), \quad x_2(t) \to y_2(t)$$

则有

$$x_1(t) + x_2(t) \to y_1(t) + y_2(t) \tag{2-3}$$

2. 齐次性

齐次性是常数倍输入的输出等于原输入所得输出的常数倍。即，若存在式(2-2)，对于任意常数 C 有

$$Cx(t) \to Cy(t) \tag{2-4}$$

综合以上两个性质，线性时不变系统遵从式(2-5)的关系。

$$C_1 x_1(t) + C_2 x_2(t) + \cdots \to C_1 y_1(t) + C_2 y_2(t) + \cdots \tag{2-5}$$

这意味着一个输入所引起的输出并不因为其他输入的存在而受影响。也就是说，虽然系统有多个输入，但它们之间互不干扰，每个输入各自产生相应的输出。因此，要分析多个输入共同作用所引起的总的输出结果，可先分析单个输入产生的结果，然后再进行线性叠加。

3. 微分特性

系统对原输入微分的响应等于原输出的微分。即，若存在式(2-2)，则

$$\frac{dx(t)}{dt} \to \frac{dy(t)}{dt} \tag{2-6}$$

4. 积分特性

在初始条件为零的情况下，系统对原输入积分的响应等于原输出的积分。即，若存在式(2-2)，则

$$\int_0^t x(t)\,dt \to \int_0^t y(t)\,dt \tag{2-7}$$

5. 频率保持特性

若系统的输入是某一频率的正弦函数，则系统的稳态输出为同一频率的正弦函数，而且输出、输入振幅之比以及输出、输入的相位差都是确定的。频率保持特性是线性系统的一个很重要的特性。用实验的方法研究系统的响应特性就是基于这个性质。

依据频率保持特性可以对系统进行分析，例如输入是一个很好的单一频率正弦函数，其输

出却包含其他频率成分或发生了畸变，那么可以断定这些其他频率成分或畸变绝不是输入引起的。一般来说，或是由外界干扰引起，或是由系统内部噪声引起，或是输入信号太大使系统进入非线性区，或是系统中有明显的非线性环节等。

2.2 检测系统的静态特性

若检测系统的输入和输出不随时间而变化，则微分方程式(2-1)中输入和输出的各阶导数均为零，于是有

$$y(t)=\frac{b_0}{a_0}x(t) \tag{2-8}$$

例如，将一支温度计作为温度检测装置，输入是环境温度，输出是温度计液柱高度(示值)，输入、输出之间的关系就可由式(2-8)描述。为了更具普遍性，将时间变量 t 去掉后，写成线性方程的形式：

$$H=f(T)=\frac{b_0}{a_0}T=kT \tag{2-9}$$

式中：H 为液柱高度；T 为温度；k 为斜率。

若温度 $T=0$ 时，H 不为 0，则式(2-9)应添加一个初始值，写成：

$$H=f(T)=kT+H_0 \tag{2-10}$$

初始值 H_0 在直角坐标系中被称为截距，在检测装置静态特性中被称为零点。把由式(2-9)和式(2-10)确定的输入、输出关系的数学表达式用直角坐标系来表示，称为检测装置的工作曲线或静态特性曲线，如图 2.1 所示。在这一关系的基础上所确定的检测装置的性能参数，被称为静态特性。

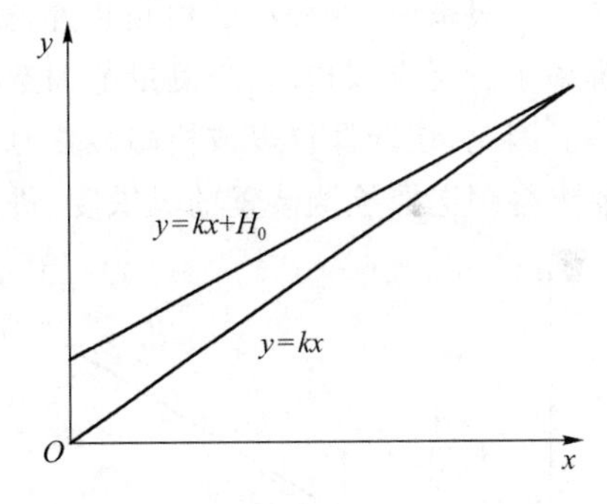

图 2.1 检测装置的静态特性曲线

对于实际的检测装置，输入、输出往往不是理想直线，故其静态特性的表达式可由式(2-11)的多项式表示：

$$y=C_0+C_1x+C_2x^2+\cdots+C_nx^n \tag{2-11}$$

式中：$C_0,C_1,C_2,\cdots,C_n$ 为常量；y 为输出量；x 为输入量。

2.2.1 静态特性参数

表示静态特性的参数主要有零点(或称零点位置)、测量范围(或称量程)、灵敏度和分辨率等。

1. 零点

当输入量为零($x=0$)时，检测装置的输出量可能不为零，由式(2-11)可得输出值为 C_0，称该 C_0 值为零点。一般可以采用“迁移”或“设置”等方法，将零点调整为零或某个常量。例如，Ⅲ型仪表变送器的标准输出信号就是将电流值 4 mA 定为零点，表示输入量为零时，输出电流值为 4 mA。

2. 测量范围

测量范围，也称量程，是表征检测装置能够测量或检测被测量的有效范围。一般是一个具

有上、下界限的区间，其量程就是检测装置示值范围上、下限之差的模。若被测输入量在量程范围以内，则检测装置可以按照给定的性能指标正常工作；输入量超越了量程范围，则装置的输出就可能出现异常。

3. 灵敏度

灵敏度是描述检测装置输出量对于输入量变化的反应能力。由输出变化量与输入变化量之比来表示：

$$k=\frac{\Delta y}{\Delta x}=\frac{\mathrm{d}y}{\mathrm{d}x} \tag{2-12}$$

当静态特性是线性特性时，其斜率即为灵敏度，且为常数，由输出量与输入量之比来表示：

$$k=\frac{y}{x} \tag{2-13}$$

若输入与输出量纲相同，则灵敏度无量纲，这时可用“放大倍数”代替灵敏度一词。当静态特性是非线性特性时，灵敏度不是常数。

4. 分辨率

分辨率是表征检测装置能够有效分辨的最小被测量（绝对分辨率），或仪器仪表的量程内可以划分或者估计读出（估读）的最小细分数（相对分辨率）。通常，还用分辨力一词来表示仪器仪表的分辨率能够实际达到的极限分辨能力，一般为仪器仪表最小分度值的 1/5～1/2。对于由数字显示的检测装置，其分辨率是指当显示的最小有效数字增加一个数字值时，对应输入被测量的变化量。数字仪表能够稳定显示的位数越多，它的分辨率就越高。

一般来讲，量程小的检测装置，其灵敏度高，分辨率大；量程大的检测装置，其灵敏度低，分辨率小。还应该指出，当测量范围选择的越窄，灵敏度选择的越高时，检测装置的稳定性就越差。因此，在选择仪表或检测装置时，并不是灵敏度越高就越好，而应该根据测量任务的具体要求合理选择检测装置的灵敏度，进而选择合适的静态特性参数。

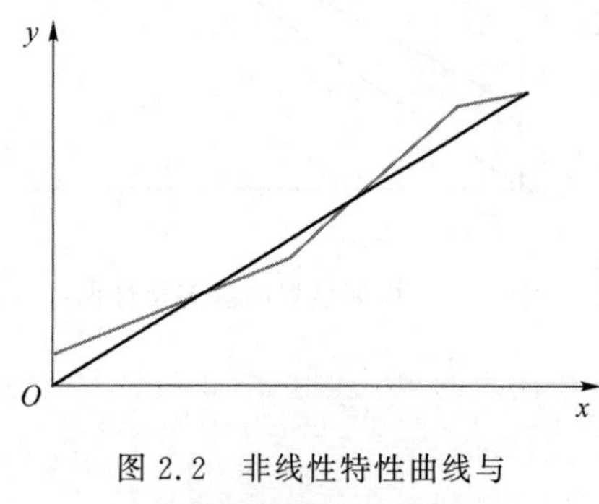

图 2.2　非线性特性曲线与线性特性曲线对比

这里应注意到，检测装置的输出不仅取决于输入量，还取决于环境的影响。环境温度、大气压力、相对湿度以及电源电压等都可能对装置的输出造成影响。环境变化将或多或少地影响某些静态特性参数，例如改变检测装置的灵敏度或使装置产生零点漂移，这将影响检测装置在实际工作中的特性曲线。非线性特性曲线与线性特性曲线对比如图 2.2 所示。图中直线为原装置特性，曲线为产生零点漂移和灵敏度非线性变化后的非线性。因此，为了提高测量精度，减小测量误差，有必要采取一定的措施来降低或消除环境因素的影响。通常采用隔离法、补偿法、高增益负反馈以及计算机软件修正和补偿等方法。

2.2.2 静态特性的性能指标

检测装置静态特性的性能指标（质量指标）有滞差、重复性、线性度、精度、稳定性、可靠性、影响系数和输入/输出电阻等。

1. 滞差

滞后误差，简称滞差，也称“滞后量”或“滞环”，反映了装置的输出对于输入的某种滞后现象。即当输入由小变大再由大变小时，对应同一输入值会得到大小不同的输出值。其输出值的最大差值就被称为滞差，其值用引用误差形式表示，即输出最大差值除以量程的百分数。

$$\delta_{H} = \frac{|\Delta y_{HM}|}{Y_{FS}} \times 100\% \tag{2-14}$$

式中：$|\Delta y_{HM}|$为同一输入量按正反两个方向（正反行程）变化所对应输出量的最大差值；Y_{FS}为检测装置的量程。

产生滞差的原因可归纳为装置内部各种类型的摩擦、间隙以及某些机械材料（如弹性元件）和电磁材料（如磁性元件）的滞后特性。检测装置的滞差如图2.3所示，其值由实验测试确定。

2. 重复性

重复性反映了检测装置的输入量按同一方向做全量程多次变化时，静态特性不一致的程度。用引用误差形式表示：

$$\delta_{R} = \frac{|\Delta y_{RM}|}{Y_{FS}} \times 100\% \tag{2-15}$$

式中，$|\Delta y_{RM}|$为同一输入量按同一方向（正或反行程）变化所对应输出量的最大差值。检测装置的重复性如图2.4所示，其值由实验测试确定。

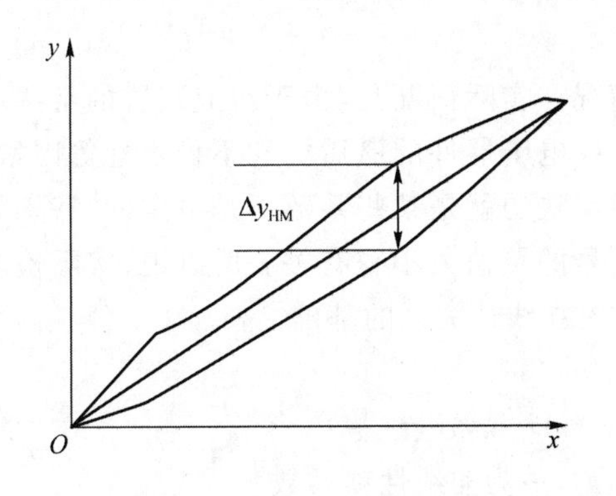

图2.3 检测装置的滞差

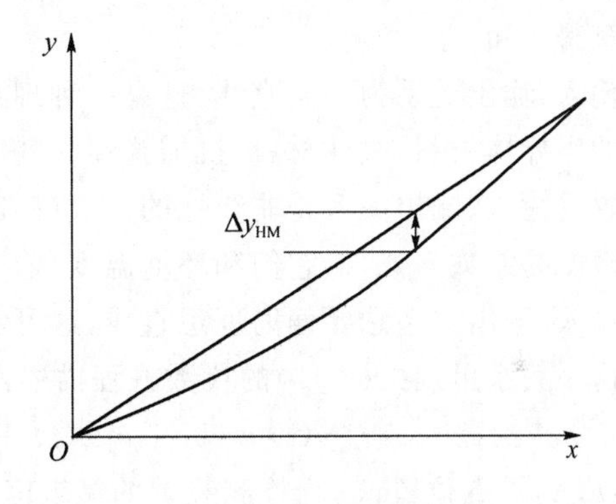

图2.4 检测装置的重复性

3. 线性度

线性度又称“直线性”，表示检测装置静态特性对选定的拟合直线 $y=b+kx$ 的接近程度，如图2.5所示。实际测量曲线为校准曲线，校准曲线与拟合直线的最大偏差用非线性引用误差形式表示：

$$\delta_{L} = \frac{|\Delta y_{LM}|}{Y_{FS}} \times 100\% \tag{2-16}$$

式中，$|\Delta y_{LM}|$为静态特性与选定的拟合直线的最大拟合偏差。由于拟合直线确定的方法不同，非线性引用误差表示的线性度就会不同。目前常用的有理论线性度、平均选点线性度、最小二乘法线性度等，其中以理论线性度和最小二乘法线性度的应用最为普遍。

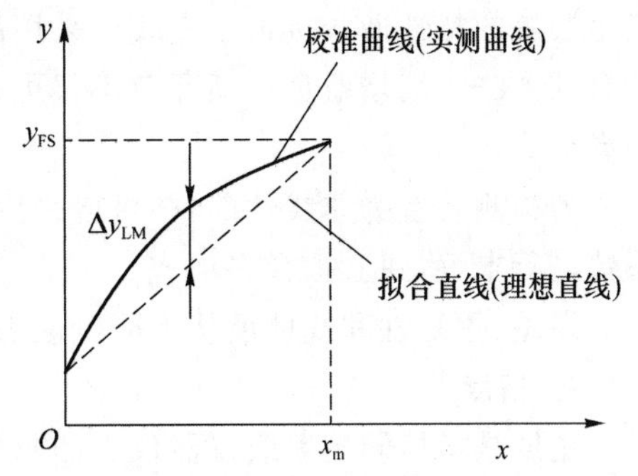

图2.5 检测装置的线性度

理论线性度：又称“绝对线性度”拟合直线的起

始点为坐标原点($x=0,y=0$),终止点为满量程(x_{FS},y_{FS})。

最小二乘法线性度:设拟合直线方程通式为 $y=kx+b$,则 j 个标定点的标定值 y_j 与拟合直线上相应的偏差为 $\Delta y_j=(b+kx_j)-y_j$,最小二乘法拟合直线的原则是使得 N 个标定点的均方差为最小值,均方差为:

$$\frac{1}{N}\sum_{j=1}^{N}(\Delta y_j)^2=\frac{1}{N}\sum_{j=1}^{N}[(b+kx_j)-y_j]^2=f(b,k)$$

由一阶偏导等于零 $\frac{\partial f(b,k)}{\partial b}=0,\frac{\partial f(b,k)}{\partial k}=0$ 可得到两个方程式:

$$b=\frac{(\sum_{j=1}^{N}x_j^2)(\sum_{j=1}^{N}y_j)-(\sum_{j=1}^{N}x_j)(\sum_{j=1}^{N}x_jy_j)}{N(\sum_{j=1}^{N}x_j^2)-(\sum_{j=1}^{N}x_j)^2}$$

$$k=\frac{N\sum_{j=1}^{N}x_iy_i-(\sum_{j=1}^{N}x_j)(\sum_{j=1}^{N}y_j)}{N(\sum_{j=1}^{N}x_j^2)-(\sum_{j=1}^{N}x_j)^2}$$

并可解得 b 和 k。

输入、输出关系为一条直线,这是一种理想情况。实际情况是,由于组成装置的某些环节采用的半导体材料、磁性材料、机械弹性材料或某些电子器件的滞后性和不稳定性等因素,检测装置的输入、输出关系是非线性的。式(2-1)中反映的就是某些系数不是恒定的,特别是反应灵敏度的系数 b_0/a_0。它们和环境温度、输入信号的量值大小等有关。所以说,实际检测装置的输入、输出关系总要偏离理想直线,这可看成是在线性关系的基础上叠加了非线性高次分量。这一关系可用式(2-17)的代数方程描述:

$$y(t)=k_0+k_1x(t)+k_2x^2(t)+k_3x^3(t)+\cdots \tag{2-17}$$

式中:k_0 为零点位置;k_1 为检测装置的灵敏度;k_2,k_3,…为非线性项系数。

通常,总希望检测装置具有比较好的线性特性,为此,总要设法消除或减小式(2-17)中的非线性项。例如,对于电感传感器可以通过改变气隙厚度,对于电容传感器可以通过改变极板距离等方法来消除或减小由于输出与输入成双曲线关系而造成的比较大的非线性误差。在实际应用中,通常将检测装置做成差动式以消除偶次非线性项,从而使其非线性得到改善。又如,为了减小非线性误差,在非线性元件后面引入另一个互补式非线性元件,用补偿的方法使整个装置的特性曲线接近于直线。采用高增益负反馈环节消除非线性误差也是经常采用的一种有效方法。高增益负反馈环节不仅可以消除非线性误差,而且还可以用来减弱或消除环境的影响。

若检测装置为非线性的,则可以采用多项式拟合方式和系统辨识参数估计方法,对多项式系数进行求解,建立拟合多项式。

滞差、重复性和线性度从不同侧面表征了检测装置对应于理想特性的分散性。

4. 精度

精度是指检测装置或仪器仪表的测量精度,是反映实际测量结果与被测量真实值之间接近程度的综合性技术指标,是衡量仪器仪表质量优劣的重要指标之一。精度也称精确度,包括精密度(precision)和准确度(accuracy)两方面的含义,反映随机误差与系统误差对测量结果的综合影响程度。在定性描述时人们常说,这台仪器的精度高(精确度高)或那台仪表的精度低(精确度低)。定量描述精度的方法有以下几种。

(1) 精度等级表征方法

精度等级表征方法即测量误差表征方法,是采用最大引用误差去掉百分号。我国工业仪表的精度等级分为7个等级0.1,0.2,0.5,1.0,1.5,2.5和5.0。经常使用的精度等级为1.5或2.5级,如果是0.5或1.0级的属于高精度等级仪器。凡是国家标准规定有精度等级的正式产品都应有精度等级的标志。在仪器或仪表的面板刻度标尺或铭牌上应该有明确的精度等级标志,且在说明书中的性能指标部分明确表达精度等级。

(2) 测量不确定度表征方法

测量不确定度表征方法是另外一种较新的测量精度表达方法。该方法于1993年由国际标准组织颁布,其中阐明了不确定度评定方法分为A类和B类。A类评定是由统计分析方法获得标准差,然后获得标准不确定度。B类评定是先通过概率分布或概率分布假设等方法来获得标准差,然后获得标准不确定度。评定过程一般要考虑以下各项。

① 测量方法:包括测量装置、方法和过程。

② 数学模型:建立被测量和各个影响变量的数学关系。

③ 方差和传播系数:建立合成标准不确定度与各个方差及其传播系数的关系式。

④ 标准不确定度一览表:将各分量标准不确定度符号、来源、数值、传播系数、合成标准不确定度分量和置信概率等列成表。

⑤ 计算各个分量:计算并说明获得每个分量数值所使用的方法和依据。

⑥ 合成标准不确定度:确定概率并计算扩展不确定度,定量表达为U。

用测量不确定度表征方法对实际测量结果的表达应该包括两部分:一部分表示测量值的大小;另一部分表示在该数值附近的不确定度。例如,含有测量不确定度的测量结果表达为$y \pm U(99.5\%)$,通常括号及其中内容省略。其含义就是,假设某被测量的真值为Y,本次测量值为y,而真值Y分布在以y为中心,$\pm U$之间的概率为99.5%。

(3) 测量误差表征方法

对于一些国家标准未规定精度等级的产品,在说明书中常用量程范围出现最大绝对误差或相对误差两种方法来表示。绝对误差是与被测量具有相同单位的量纲,而相对误差则是无量纲的纯数学量。因此,测量精度也分为绝对精度或相对精度。还有另一种常用的测量精度表征方法就是引用误差表征方法。引用误差是指仪器仪表某刻度点的绝对误差与测量范围(量程)的比值,它常以百分数表示。引用误差是相对误差的一种特殊形式,是用满量程值代替真值,便于实际使用。然而,实践证明,在仪表测量范围内每个示值的绝对误差都是不同的,并有正负号。为此,又引入最大引用误差的概念,即在仪表全量程内所测得各示值绝对误差(取绝对值)的最大者与满量程值比值的百分数,从而更好地表达了测量精度,所以被用来确定仪表的精度等级。

5. 稳定性和可靠性

稳定性是指在规定工作条件下,在规定时间内测量装置的性能保持不变的能力,可表示为0.25 mV/24 h,是指输入保持不变情况下24 h装置输出的变化不超过0.25 mV。

可靠性是指在保持使用环境和运行指标不超过极限的情况下,装置特性保持不变的能力。这个性能对生产过程中的检测仪表是极为重要的,表示方法有平均无故障时间MTBF(mean time between failure)和故障率等。前者表示在标准工作条件下不间断地工作,取若干次(或若干台仪器)无故障工作间隔的平均值;后者用 MTBF 的倒数表示。例如,某台仪器的 MTBF 为 500 kh,则故障率为 0.2% kh,表示若有 1 000 台这种仪器在工作 1 000 h,这段时间可能只有 2 台仪器会出现故障。

6. 影响系数和输入、输出电阻

工作环境影响包括温度、大气压、振动、电源电压及频率等外部状态变化。一般测量仪器都有给定的标准工作条件,例如环境温度 20 ℃、相对湿度 65%、大气压力 101.26 kPa、电源电压 220 V 等。由于在实际工作中难以达到这个要求,故又规定一个标准工作条件的允许变化范围,如环境温度(20±5)℃、相对湿度 65%±10%、电源电压(220±10)V 等。实际工作条件偏离标准工作条件时,对检测装置或仪器指示值的影响用影响系数来表示,即指示值变化与影响量变化的比值,例如,2.2×10^{-2}/℃表示温度变化 1 ℃引起指示值变化 2.2×10^{-2}(引用误差)。

对于输入、输出电阻的要求:当检测装置作为中间环节,前级是传感器,后级是其他装置时,其输入和输出电阻要分别与前后环节的输入、输出阻抗相匹配。要求前一级的输出阻抗远小于后一级的输入阻抗,保证输出信号不衰减。

2.2.3 检测装置的标定

对于检测装置来说,在使用前必须确定检测装置的参数和质量指标,使用一段时间以后,输入、输出关系也可能发生变化,为了确保测量的准确性,需要重新确定其输入、输出关系。这一过程被称为对检测装置进行标定或校准。即在规定的标准工作条件下(如水平放置、温度范围、大气压力和湿度等),由更高一级精度等级的输入量发生器给出一系列数值已知的、准确的、不随时间变化的输入量,或用比被校验的检测装置更高一级精度等级的检测装置与被校验的检测装置一同测得一系列输入、输出量。将记录的数值经过误差处理后,列表、绘制曲线或求得输入、输出关系的表达式表示输入与输出的关系,即为静态特性。若被校验检测装置的特性偏离了标准特性,则发生附加误差,必要时需要对读数进行修正。各个标定点的数值被称为校准值或标定值。标定值的测试详见 2.5.2 小节静态特性的测试。

2.3 检测装置的动态特性

在实际工程测量中,多数被测量是随时间变化的信号,表示为 $x(t)$,即 x 是时间 t 的函数,被称为动态信号。因此,对测量动态信号的检测装置就有动态特性指标的要求,并以动态特性的描述来反映其测量动态信号的能力。

一个理想的检测装置,其输出量 $y(t)$ 与输入量 $x(t)$ 随时间变化的规律应该相同。但实际上,它们只能在一定的频率范围内、一定的动态误差范围内保持一致。本节主要讨论频率范围、动态误差与装置动态特性的关系。

检测装置的动态特性是由其装置本身的固有属性决定的,用数学模型来描述主要有三种形式:时间域中的微分方程,复频域中的传递函数,频率域中的频率(响应)特性。可以说三者分别是对装置动态特性的不同描述方法,或者说是从不同角度表达检测装置的动态特性。三者之间既有联系,又各有其特点,根据这三种表达形式之间的关系和已知条件,可以在已知其一后推导出另两种形式的模型。

2.3.1 传递函数

检测装置的输入、输出关系可用式(2-1)所示的微分方程描述。式(2-1)初始条件为零时,即 $x(0)$、$y(0)$以及各阶导数的初始值均为零的情况下,对式(2-1)进行拉普拉斯变换(简称拉氏变换),得

$$(a_n s^n + a_{n-1} s^{n-1} + \cdots + a_1 s + a_0) Y(S) = (b_m s^m + b_{m-1} s^{m-1} + \cdots + b_1 s + b_0) X(S) \quad (2\text{-}18)$$

整理后得

$$H(S) = \frac{Y(S)}{X(S)} = \frac{b_m s^m + b_{m-1} s^{m-1} + \cdots + b_1 s + b_0}{a_n s^n + a_{n-1} s^{n-1} + \cdots + a_1 s + a_0} \quad (2\text{-}19)$$

$H(s)$是输出拉氏变换和输入拉氏变换之比,即传递函数,是一个经常用到的很重要的数学模型。知道了描述装置的微分方程,只要把方程中的各阶导数用相应的 s 变量代替,便可直接得到它的传递函数。在传递函数的表达式中,s 只是一种算符,而 $a_n, a_{n-1}, \cdots, a_0$ 和 b_m, $b_{m-1}, \cdots, b_0$ 是检测装置本身唯一确定的常数,与输入无关。可见,传递函数只表示装置本身的特性。

传递函数作为一种数学模型,和其他数学模型一样,不能确定装置的物理结构,只用于描述装置的传输、转换特性。传递函数以装置本身的参数表示出输入与输出之间的关系,所以传递函数包含联系输入量与输出量所必需的单位。需要再一次说明,装置的传递函数与测量信号无关,只表示检测装置本身在传输和转换测量信号中的特性或行为方式。

2.3.2 频率(响应)特性

在对检测装置进行的实验研究中,经常以正弦信号作为输入求解装置的稳态响应,采用这种方法的前提是装置必须是完全稳定的。假设输入为 $x(t)=X_0\sin(\omega t)$正弦信号,根据线性装置的频率保持特性,输出信号的频率仍为 ω。但幅值和相角可能会有所变化,所以输出信号 $y(t)=Y_0\sin(\omega t+\varphi)$。用指数形式 $x(t)=X_0 e^{j\omega t}$,$y(t)=Y_0 e^{j(\omega t+\varphi)}$ 表示,将它们代入式(2-1)得

$$\begin{aligned}&[a_n(j\omega)^n + a_{n-1}(j\omega)^{n-1} + \cdots + a_1(j\omega) + a_0] Y_0 e^{j(\omega t+\varphi)} \\ &= [b_m(j\omega)^m + b_{m-1}(j\omega)^{m-1} + \cdots + b_1(j\omega) + b_0] X_0 e^{j\omega t}\end{aligned} \quad (2\text{-}20)$$

式(2-20)反映了信号频率为 ω 时的输入、输出关系,被称为频率响应函数,记为 $H(j\omega)$或 $H(\omega)$。其定义为输出的傅氏变换和输入的傅氏变换之比,即

$$H(j\omega) = \frac{Y(j\omega)}{X(j\omega)} = \frac{Y_0}{X_0} e^{j\varphi} = \frac{b_m(j\omega)^m + b_{m-1}(j\omega)^{m-1} + \cdots + b_1(j\omega) + b_0}{a_n(j\omega)^n + a_{n-1}(j\omega)^{n-1} + \cdots + a_1(j\omega) + a_0} \quad (2\text{-}21)$$

对比式(2-21)与式(2-19)可以看出,形式上将传递函数中的 s 换成 $j\omega$ 便得到了装置的频率响应函数,但必须注意两者含义上的不同。传递函数是输出与输入拉氏变换之比,其输入并不限于正弦激励,而且传递函数不仅描述了检测装置的稳态特性,也描述了它的瞬态特性。频率响应函数是在正弦信号激励下,装置达到稳态后输出与输入之间的关系。

线性装置在正弦信号激励下,其稳态输出是与输入同频的正弦信号,但是幅值和相位通常要发生变化,其变化量随频率的不同而异。当输入正弦信号的频率沿频率轴滑动时,输出与输入正弦信号振幅之比随频率的变化叫作装置的幅频特性,用 $A(\omega)$表示;输出与输入正弦信号的相位差随频率的变化叫作检测装置的相频特性,用 $\varphi(\omega)$表示。幅频特性和相频特性全面地描述了检测装置的频率响应特性,这就是 $H(\omega)$。可见,频率响应特性具有明确的物理意义和重要的实际意义。

频率响应函数的模和相角的自变量可以是 ω,也可以是频率 f,换算关系为 $\omega=2\pi f$。

2.4 不失真测量条件和装置组建

检测装置的输出应该如实反映输入的变化,只有这样测量的结果才是可信的,对于获取振动或波动等信号的检测装置来说就是不失真测量。由于检测装置存在非线性、静态特性变化以及动态特性的影响等问题,会使得输出与输入之间的信号波形产生一定的差异,当这差异超过允许的范围就是测量失真。当测量失真超过一定范围时,就会导致测量结果无效。所以了解产生失真的原因和明确不失真测量的条件是十分必要的。

2.4.1 输出信号的失真

输出信号的失真按其产生的原因不同,可分为以下几种。

1. 非线性失真

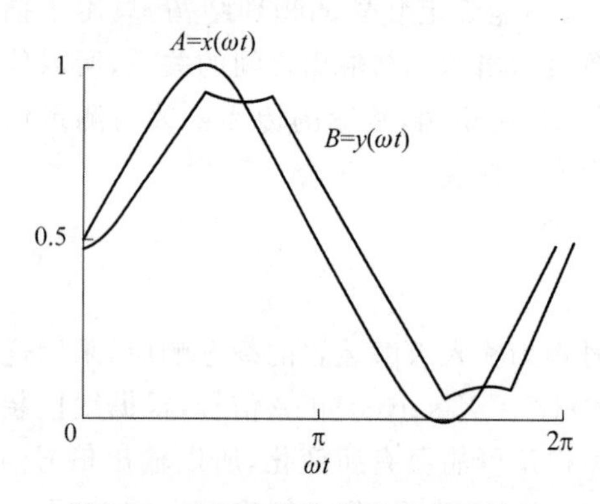

图 2.6 检测装置非线性失真情况下输入与输出波形之间的关系

非线性失真是由于检测装置中某个环节的工作曲线非线性引起的。检测装置非线性失真情况下输入与输出波形之间的关系如图 2.6 所示。显然,输出波形 B 发生了畸变,不再像输入信号 A 那样是单一频率的正弦信号,而是复杂的周期信号。由频谱分析理论可知,输出是由许多不同频率成分的谐波叠加而成的信号。

这个例子说明,检测装置存在非线性环节就不能保证输入信号频率成分的不变性,从而引起非线性失真。因此,要使输出不产生非线性失真,就要求检测装置工作特性曲线是线性的,即线性检测装置。若检测装置由多个环节组成,则要求装置各环节的工作特性或装置综合特性具有良好的线性特性。

2. 幅频失真

幅频失真是由于测量环节对于输入 $x(t)$ 所包含的各谐波分量具有不同的幅值比或放大倍数而引起的一种失真。例如,对于周期方波信号输入,假定由于环节的幅频特性不是一条水平直线,使得二次谐波被放大了两倍,而其他各次谐波都被放大一倍。不难想象,叠加后的波形,即输出绝不再与输入方波信号 $x(t)$ 保持不失真了。

3. 相频失真

相频失真是由于检测装置对于输入信号 $x(t)$ 所包含的各谐波分量产生不同的相位移而引起的失真。同样,对于周期方波信号,假定由于装置相频特性不是一条直线,仅使二次谐波的相位移位为 $-\frac{\pi}{2}$,而其余各次谐波的相位移都是零。不难想象,由于二次谐波在水平方向和其他谐波发生了位置上的相对变化,所以叠加后的波形,即输出 $y(t)$ 也就不再与输入信号 $x(t)$ 保持不失真了。

2.4.2 不失真测量的条件

不失真测量的充分必要条件为

$$条件1：K=C_1$$

$$条件2：A(\omega)=C_2$$

$$条件3：\varphi(\omega)=-\tau_0\omega$$

条件1意味着检测装置的工作曲线是一条斜直线，是不产生非线性失真的必要条件；条件2和条件3是保证不发生幅频失真和相频失真的条件。不失真测量条件如图2.7所示。

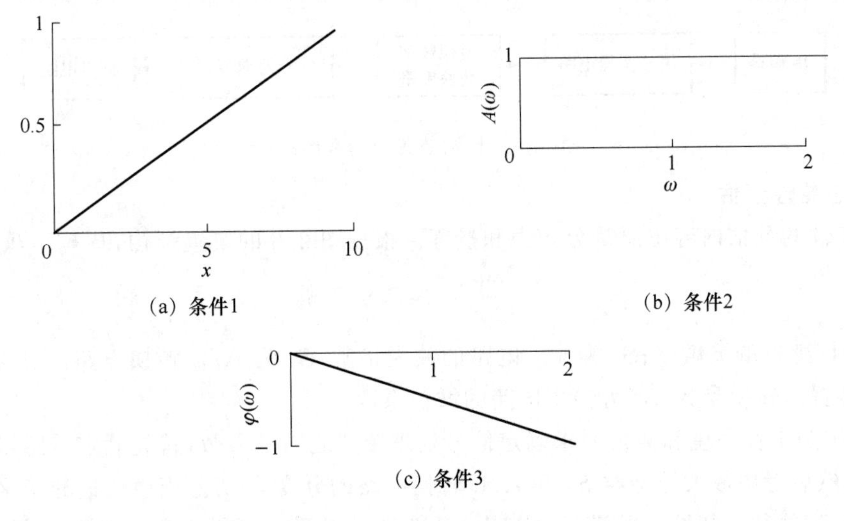

图2.7 不失真测量条件

要实现理论上的不失真测量是不可能的，因为任何一个检测装置都不可能完全满足以上3个不失真测量条件所要求的静、动态特性。但是，应该弄清楚所设计或选用的检测装置在什么条件下，例如输入信号在多大的幅值、多宽的频率范围内，可以基本满足以上3个条件。因为只有了解所使用装置的静态和动态特性，才有把握完成具有足够精度的测量工作或工程意义上的不失真测量。

一个检测装置只能对某个频率范围内的信号进行不失真测量，这一频率范围被称为装置的工作频带。对于一阶装置，它的工作频带可以是 $1\sim\frac{1}{\tau}$ 或 ω_n；对于二阶装置，它的工作频带一般是 $0\sim0.4\omega_n$，ω_n 为装置的固有频率。

应该指出，上述的不失真测量条件只适用于一般的测量目的。对用于闭环控制传感系统中的检测装置，时间滞后可能会造成整个控制系统工作的不稳定。在这种情况下 $\varphi(\omega)$ 越小越好。

2.4.3 检测装置的组建

本节讨论如何将传感器、信号调理电路、标准接口板卡与个人计算机结合，组建一个检测装置完成具体的测量任务。

组建检测装置的基本原则是使得检测装置的基本特性，即静态特性和动态特性均能达到期望的指标要求。

组建过程中，预估工作是第一步，即根据预先对检测装置的要求，选择与确定装置中的各个环节，包括传感器、信号调理电路、信号转换接口模板、信号处理软硬件以及输出显示装置等。这个工作需要在低成本和高性能之间作折中，是一个反复设计和调整、权衡利弊、优化选择，直至确定设计方案的过程。然后进行实际装置的搭建、测试及调整等工作。

检测装置的基本形式如图 2.8 所示，传感器提取非电量信号并将其转换为电信号，通过信号调理电路对传感器输出的弱信号进行滤波放大等处理，去除干扰信号，输出满足转换器要求的标准信号。经过具有采样保持的模拟数字转换电路转换为数字信号送信号处理装置进行标度变换等信号处理，计算结果经输出电路输出。输出包括模拟量输出、数字信号输出、模拟显示、数字显示或图形显示等。

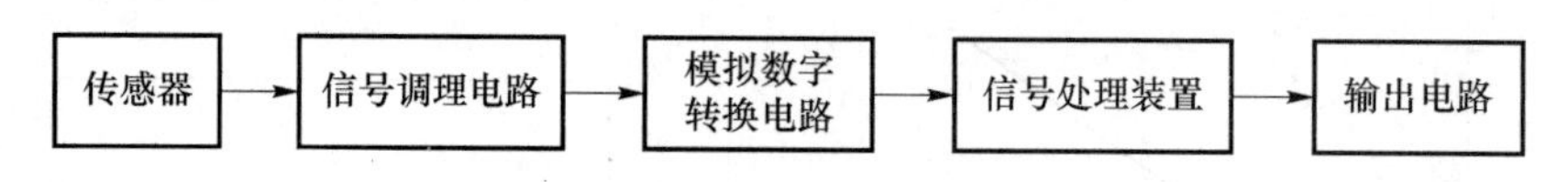

图 2.8　检测装置的基本形式

1. 静态特性预估

静态特性的预估内容主要是分辨力和量程。根据图 2.8 的装置结构，基本计算公式为：

$$S = \frac{\Delta y}{\Delta x} = S_1 S_2 S_3 S_4 S_5 \tag{2-22}$$

式中：S_1 为传感器的灵敏度；S_2 为放大电路的放大倍数；S_3 为 A/D 转换电路的分度值；S_4 为信号处理装置的转换参数；S_5 为输出电路的增益系数。

通常，按照工作环境和测量要求确定信号处理装置之前的参数，首先确定传感器类型及灵敏度值 S_1，然后考虑放大器增益 S_2 和 A/D 转换电路的分度值 S_3。当被测量的变化范围比较大时，S_2 和 S_3 往往不能同时既满足分辨力，又满足量程两方面的要求。解决方案有两种：一是将放大电路的放大倍数设置为多挡，在被测量值较小时，采用增益大的挡，当被测量值大时，自动切换为增益小的挡；二是固定一种增益值，选用不同的 A/D 转换电路得到不同的分度值，针对信号的量值合理地选择上述方案，在保证满足分辨力和量程的前提下获取信号，从而尽量使获取的信号是被测对象状态的真实反应。最后是数字信号处理装置，考虑的主要问题是存放数据单元的位数及运算结果的有效数字位数。对于环节 S_5 输出电路来说，设计中考虑满足显示要求，对于模拟信号输出应考虑数模转换器的位数和模拟信号输出的驱动能力。

2. 动态特性预估

因为在实际工程测量中，90％以上的信号都是随时间变化的动态信号，所以动态误差的估算是检测装置组建中的重要内容之一。

检测装置的动态误差与检测装置本身的动态特性参数和被测信号的频率有关。如果被测信号的频率较高，就要选择动态特性更好的检测装置，或采取频率补偿措施改善原有检测装置的动态特性。所以，组建检测装置首先要了解被测信号的最高频率，然后以检测装置的期望频率特性为基础，确定并评估待建检测装置的动态特性。一般将模拟部分（传感器、信号调理电路和放大电路的频率特性）和数字部分（A/D 转换电路和数字信号处理装置的运算速度等）分别进行预估。

(1) 模拟部分

模拟部分以两个环节为例，各自的频率特性分别为 $S_1(\mathrm{j}\omega)$ 和 $S_2(\mathrm{j}\omega)$。总的频率特性为：

$$S_{12}(\mathrm{j}\omega) = S_1(\mathrm{j}\omega)S_2(\mathrm{j}\omega) \tag{2-23}$$

根据广义动态(幅值)误差表达式：

$$\gamma = \frac{|S_{12}(\mathrm{j}\omega)| - |S_N(\mathrm{j}\omega)|}{|S_N(\mathrm{j}\omega)|} \times 100\% \tag{2-24}$$

式中，S_N 为期望频率特性。两个环节均为一阶装置时的动态误差表达式如式(2-25)～式(2-27)所示。

频率特性：

$$S(\mathrm{j}\omega) = \frac{1}{1 + \mathrm{j}\omega\tau} \tag{2-25}$$

幅频特性：

$$|S(\mathrm{j}\omega)| = \frac{1}{\sqrt{1 + (\omega\tau)^2}} \tag{2-26}$$

相频特性：

$$\varphi = -\arctan(\omega\tau) \tag{2-27}$$

设 τ_1 为第一个环节的时间常数，τ_2 为第二个环节的时间常数，若给出的是放大器的带宽 f_b，则

$$\tau_2 = \frac{1}{2\pi f_\mathrm{b}} \tag{2-28}$$

将选定的 τ_1 和 τ_2 的值(令 $\omega = 2\pi f_\mathrm{m}$)代入，计算出动态幅值误差：

$$\gamma = \frac{1}{\sqrt{1 + (\omega\tau_1)^2}} \frac{1}{\sqrt{1 + (\omega\tau_2)^2}} - 1 \tag{2-29}$$

满足：

$$\gamma < 5\% \tag{2-30}$$

一个环节为二阶装置，另一个环节为一阶装置时的动态误差表达式：

$$\gamma = \frac{1}{\sqrt{\left[1 - \left(\frac{\omega}{\omega_0}\right)^2\right]^2 + \left(2\zeta\frac{\omega}{\omega_0}\right)^2}} \frac{1}{\sqrt{1 + (\omega\tau_2)^2}} - 1 \tag{2-31}$$

式中：ω_0 为第一个环节的固有角频率；ξ 为第一个环节的阻尼比。

将选定的 ω_0、ξ 和 τ_2 的值(令 $\omega = 2\pi f_\mathrm{m}$)代入，计算出动态幅值误差满足式(2-30)。

(2) 数字部分

与动态误差有关的 A/D 转换器件指标有：转换时间 T_c、采样保持器的孔径时间 T_Ap、孔径抖动时间 T_AJ 等。

转换时间的选取应在保证 A/D 转换器的转换误差不大于量化误差的条件下，被测信号的频率最大值与转换时间的关系为：

$$f_\mathrm{H} \leqslant \frac{1}{\pi \times 2^{n+1} \times T_C} \tag{2-32}$$

式中：n 为 A/D 转换器的位数；f_H 为被测信号的频率最大值。采样保持器的孔径时间和孔径抖动时间的选取也应满足：

$$f_\mathrm{H} \leqslant \frac{1}{\pi \times 2^{n+1} \times T_\mathrm{AJ}} \tag{2-33}$$

2.5 检测装置基本特性测试和性能评价

要实现不失真测量，不仅要了解被测信号的幅值和频率范围等参数，也要掌握检测装置的特性。也就说要对组建成的检测装置进行测试，才能真正掌握实际装置的特性。本节首先给出检测装置的理论描述方法，阐明基本特性参数和单元零部件物理特性参数之间的关系，然后讨论检测装置基本特性测试方法并对其进行性能评价。

2.5.1 常见装置的数学模型

通常，组成检测装置的各功能部件多为一阶或二阶装置，而且由于高阶装置可理解或近似为由多个一阶和二阶环节组合而成的装置，因此熟悉一阶、二阶装置的数学模型及其特性十分重要。下面以建立基本环节微分方程为基础，分别讨论一阶、二阶装置的传递函数和频率响应函数。

1. 一阶装置传递函数

图 2.9 给出了常见的 3 个一阶环节实例。这里以一阶力学模型为对象进行讨论，并导出它的传递函数。图 2.9(a)为由弹簧和阻尼器组成的一阶装置。当输入为压强 $x(t)$时，输出为位移 $y(t)$。根据力平衡条件，可列出描述这一力学模型的运动微分方程为：

$$c\frac{\mathrm{d}y(t)}{\mathrm{d}t}+ky(t)=Ax(t) \tag{2-34}$$

通常，可写为：

$$\tau\frac{\mathrm{d}y(t)}{\mathrm{d}t}+y(t)=Kx(t) \tag{2-35}$$

式中：$K=A/c$ 为静态灵敏度；$\tau=\dfrac{C}{K}$为装置的时间常数。按传递函数的定义得到一阶环节传递函数的一般形式为：

$$H(S)=\frac{Y(S)}{X(S)}=\frac{K}{\tau s+1} \tag{2-36}$$

图 2.9(b)为一个无源积分电路，其输出电压 $v(t)$和输入电压 $u(t)$之间的关系为：

$$RC\frac{\mathrm{d}v(t)}{\mathrm{d}t}+v(t)=u(t) \tag{2-37}$$

在图 2.9(c)的液柱式温度计中，设 $T_i(t)$为被测温度，$T_0(t)$为示值温度，C 为温度计温包(包括液柱介质)的热容，R 为传导介质的热阻，它们之间的关系为：

$$RC\frac{\mathrm{d}T_0(t)}{\mathrm{d}t}+T_0(t)=T_i(t) \tag{2-38}$$

如果统一用 $x(t)$表示输入，$y(t)$表示输出，可以看出，在预定的工作范围内，输入、输出关系可用一阶微分方程式描述，图 2.9 所示装置被称为一阶装置或一阶环节，其微分方程具有完全相同的数学形式。因此，对于物理结构完全不同的一阶环节，其传递函数的形式是完全相同的，标准形式如式(2-35)，只是参数 τ 和 K 的值因物理结构的不同而异。

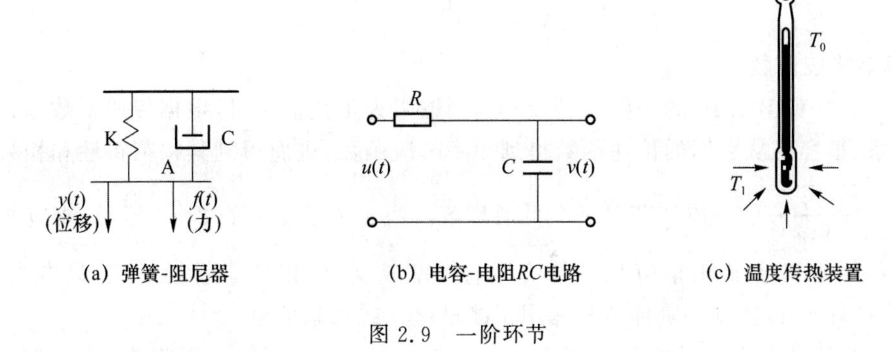

(a) 弹簧-阻尼器　(b) 电容-电阻RC电路　(c) 温度传热装置

图 2.9　一阶环节

2. 二阶装置传递函数

图 2.10 为 3 个常见的二阶环节实例。

若式(2-1)中的系数除 a_2,a_1,a_0 和 b_0 外,其他系数均为零,则方程为二阶微分方程式。

$$a_2 \frac{\mathrm{d}^2 y(t)}{\mathrm{d}t^2} + a_1 \frac{\mathrm{d}y(t)}{\mathrm{d}t} + a_0 y(t) = b_0 x(t) \tag{2-39}$$

对于图 2.10(a)所示的质量-弹簧-阻尼器装置和图 2.10(b)所示的电感-电容-电阻组成的 RLC 振荡电路以及图 2.10(c)所示的电磁动圈式指针仪表,在工作范围内其输入、输出关系均可用式(2-39)的二阶微分方程式描述,图 2.10 所示装置被称为二阶装置或二阶环节。

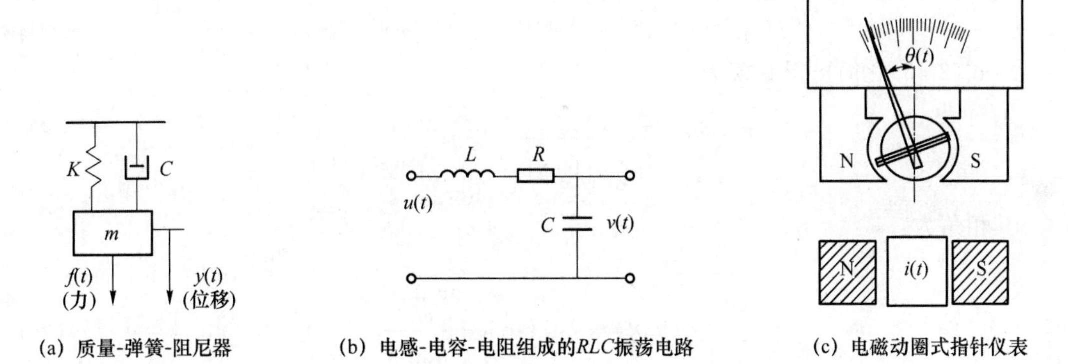

(a) 质量-弹簧-阻尼器　(b) 电感-电容-电阻组成的RLC振荡电路　(c) 电磁动圈式指针仪表

图 2.10　二阶环节

上述 3 个装置分别由运动方程、电路方程和电磁动圈运动方程描述为:

$$m \frac{\mathrm{d}^2 y(t)}{\mathrm{d}t^2} + c \frac{\mathrm{d}y(t)}{\mathrm{d}t} + ky(t) = f(t) \tag{2-40}$$

$$LC \frac{\mathrm{d}^2 v(t)}{\mathrm{d}t^2} + RC \frac{\mathrm{d}v(t)}{\mathrm{d}t} + v(t) = u(t) \tag{2-41}$$

$$J \frac{\mathrm{d}^2 \theta(t)}{\mathrm{d}t^2} + \mu \frac{\mathrm{d}\theta(t)}{\mathrm{d}t} + G\theta(t) = k_i i(t) \tag{2-42}$$

若对式(2-40)～式(2-42)做不同形式的变量代换,可得到描述二阶环节统一形式的微分方程:

$$\frac{\mathrm{d}^2 y(t)}{\mathrm{d}t^2} + 2\xi\omega \frac{\mathrm{d}y(t)}{\mathrm{d}t} + \omega_n^2 y(t) = K\omega_n^2 x(t) \tag{2-43}$$

对于方程式(2-43)的两边同时作拉氏变换,得二阶环节统一形式的传递函数为:

$$H(s)=\frac{Y(s)}{X(s)}=K\frac{\omega_n^2}{s^2+2\xi\omega s+\omega_n^2} \tag{2-44}$$

3. 频率响应函数

对于图 2.9 和图 2.10 的一阶、二阶环节，当输入为正弦信号时，根据传递函数和频率响应函数的关系，很容易从它们的传递函数得到频率响应函数，进而得到其幅频特性和相频特性。

$A=\sqrt{\dfrac{1}{1+(\tau\omega)^2}}$ 的一阶环节是一个低通环节。当 ω 大于 $1/\tau$ 的 2～3 倍时，相应的特性接近于一个积分环节，其输出幅值几乎与信号的频率成反比，相位滞后近 90°。只有当 $\omega \ll 1/\tau$ 时，幅值才接近于 1，所以一阶环节只能用于测量缓变或低频信号。

一阶环节的动态特性参数是时间常数 τ。在 $\omega=1/\tau$ 处，幅值比下降为 $\omega=0$ 时的 0.707 倍或 −2 dB，相角滞后 45°，时间常数 τ 决定了检测装置所适用的频率范围，τ 越小，装置适用的频率范围就越大。

4. 二阶环节的频率响应函数及特性

将 $s=\mathrm{j}\omega$ 代入式(2-44)，得二阶环节的频率响应函数为：

$$H(\mathrm{j}\omega)=\frac{Y(\mathrm{j}\omega)}{X(\mathrm{j}\omega)}=K\frac{\omega_n^2}{(\omega_n^2-\omega^2)+2\mathrm{j}\xi\omega_n\omega}=\frac{K}{1-\left(\dfrac{\omega}{\omega_n}\right)^2+\mathrm{j}2\xi\dfrac{\omega}{\omega_n}} \tag{2-45}$$

式中：K 为环节的静态灵敏度（装置分析时可令 $K=1$）；ξ 为阻尼比；ω_n 为环节的固有频率。由于 $H(\mathrm{j}\omega)$ 是复数，故也可写成指数形式：

$$H(\mathrm{j}\omega)=|H(\mathrm{j}\omega)|\mathrm{e}^{\mathrm{j}\varphi(\omega)}=|H(\mathrm{j}\omega)|\angle\varphi(\omega) \tag{2-46}$$

对式(2-45)化简可得其模为：

$$|H(\mathrm{j}\omega)|=\frac{K}{\sqrt{\left[1-\left(\dfrac{\omega}{\omega_n}\right)^2\right]^2+4\xi^2\left(\dfrac{\omega}{\omega_n}\right)^2}} \tag{2-47}$$

其相角为：

$$\varphi(\mathrm{j}\omega)=-\arctan\frac{2\xi\dfrac{\omega}{\omega_n}}{1-\left(\dfrac{\omega}{\omega_n}\right)^2} \tag{2-48}$$

由式(2-47)确定的关系曲线被称为幅频特性曲线，由式(2-48)确定的关系曲线被称为相频特性曲线，两者合称为二阶环节的频率特性曲线。与一阶环节不同的是，由于反映二阶环节幅频特性的 $A(\omega)$ 是频率 ω 和阻尼比 ξ 的二元函数，因此在二阶环节频率特性曲线簇中看到的是不同阻尼比的一组特性曲线，如图 2.11 所示。

幅值坐标可以用分贝数 $20\lg A(\omega)$ 表示，频率坐标用对数表示，相位坐标用度或弧度表示，所得到的二阶环节的伯德曲线簇如图 2.12 所示。

下面讨论二阶环节的特性。

当输入信号的频率 ω 等于环节的固有频率时，即 $\omega/\omega_n=1$ 处是环节的共振点时，二阶环节是一个振荡环节。根据式(2-47)有 $A(\omega)=1/2\xi$，所以当阻尼比 ξ 很小时，将产生很高的共振峰；二阶环节是一个低通环节，从幅频特性曲线上看，当输入信号的频率 ω 小于检测装置固有频率的二分之一（$\omega<0.5$）时，$A(\omega)\approx 1$，曲线基本呈水平状态。随着 ω 的增大，$A(\omega)$ 先进入共振区而后进入衰减区。当 $\omega_n \ll \omega$ 时，$A(\omega)\rightarrow 0$。

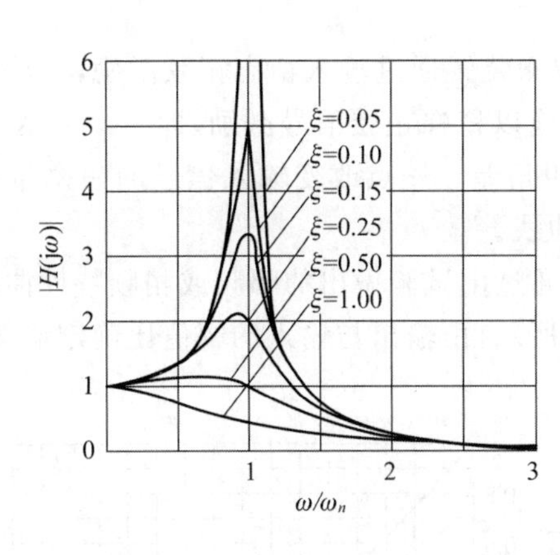

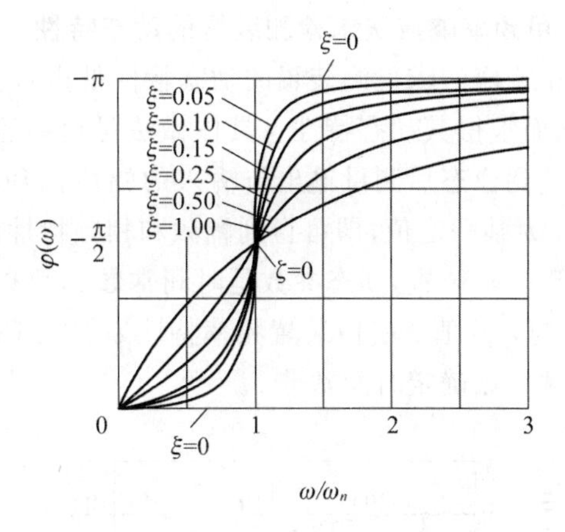

图 2.11 二阶装置幅频相频特性曲线簇

值得注意的是，当阻尼比 ξ 为 0.7 左右时，从幅频特性曲线看，几乎无共振现象，而且其水平段最长。这意味着检测装置对这段频率范围内任意频率的信号，包括 $\omega=0$ 的直流信号的缩放能力是相同的，输出幅值不会因为信号频率的变化而有较大的变化。相频特性曲线几乎是一条斜直线，即各输出信号的滞后相角与其相应的频率成正比。

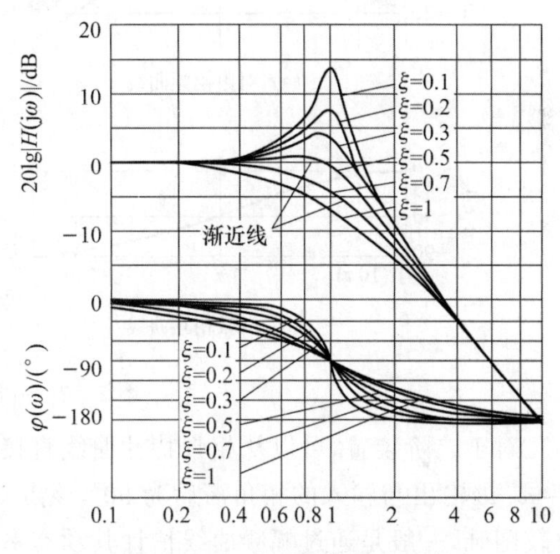

图 2.12 二阶装置伯德曲线簇

这两点直接反映了检测装置动态特性的好坏，均为直线是一个检测装置所希望的。鉴于以上原因，为了获得尽可能宽的工作频率范围并兼顾具有良好的相频特性，在实际的检测装置中，一般取阻尼比 ξ 为 0.65 左右，并称之为最佳阻尼比。

2.5.2 静态特性的测试

对于大多数检测装置来说，根据理论进行推导是很难准确给出检测装置的特性参数和性能指标的。在实践中，常通过试验测试的方法来获得实际装置的特性参数和性能指标，主要是在检测装置的输入端输入一系列已知的标准量记录对应的输出量。输入的标准量值一般应考虑均分并达到检测装置的量程范围，点数视具体装置和精度等实际应用情况的要求而定，一般最少需要 5 点以上，每点应该重复多次试验并取平均值。根据记录的数据作装置的静态特性曲线，由这条曲线可以获得零点、灵敏度、非线性度等重要的静态特性参数以及性能指标。这种方法简便易行，使用也最多，以后将通过实验来熟练地掌握这种方法。

然而，当检测装置用于测量动态信号时，只了解静态特性就不够了。

2.5.3 动态特性的测试

用于确定动态特性参数的方法较多，现将两种常用的方法分述如下。

1. 用频率响应法求检测装置的动态特性

频率响应法求检测装置的动态特性是指对被测装置通过输入稳态正弦激励，对输出进行测试，从而求得其动态特性。具体做法是对装置施以稳幅正弦信号激励，即 $x(t)=X_0\sin\omega t$，在输出达到稳态后测量输出与输入的幅值比和相角差。逐点改变输入信号的频率 ω 并始终保持 X_0 为某一定值，即可得到幅频和相频特性曲线。

对于一阶装置，动态参数是时间常数 τ，可以通过由试验做出的幅频或相频特性曲线直接确定 K 与 τ 的值。一阶装置频率特性如图 2.13 所示，由输出与输入的幅值比确定静态增益，由转折频率点确定时间常数 τ。

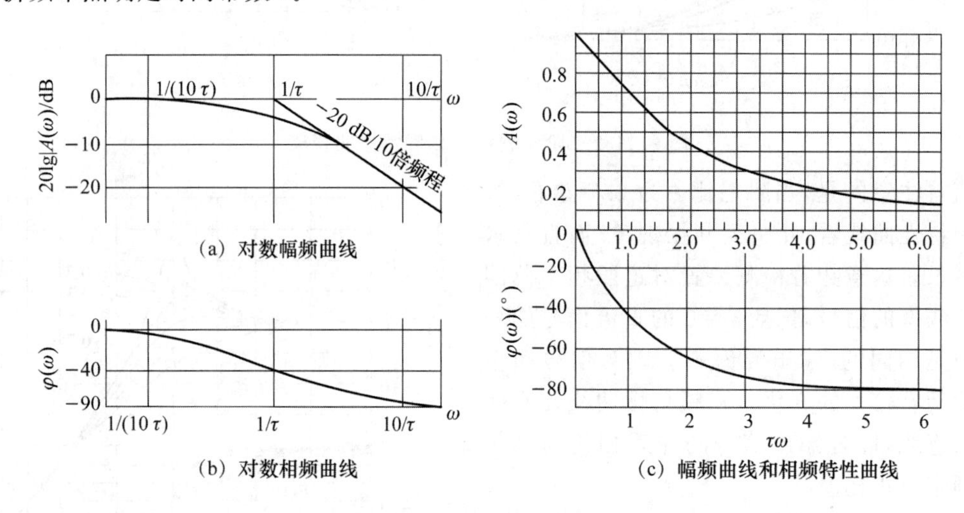

(a) 对数幅频曲线

(b) 对数相频曲线

(c) 幅频曲线和相频特性曲线

图 2.13　一阶装置频率特性

对于二阶装置，可以从相频特性曲线直接估计其动态参数——固有频率 ω_n 和阻尼比 ξ 在 $\omega=\omega_n$ 处输出与输入的相角滞后为 90°，该点斜率直接反映了阻尼比的大小。准确的相角测量比较困难，一般是通过幅频曲线估计其动态参数。对于大多数检测装置来说都是欠阻尼装置（$\xi<0.707$）。根据理论分析有：

$$\omega_1=\omega_n\sqrt{1-\xi^2} \tag{2-49}$$

这表明对于有阻尼装置，幅频响应的峰值不在固有频率 ω_n 处，而是在稍微偏离 ω_n 和 ω_1 处，如图 2.14 所示。而且最大共振峰值为：

$$A(\omega_1)=\frac{1}{2\xi\sqrt{1-2\xi^2}} \tag{2-50}$$

$A(\omega_1)$是阻尼比的单值函数。

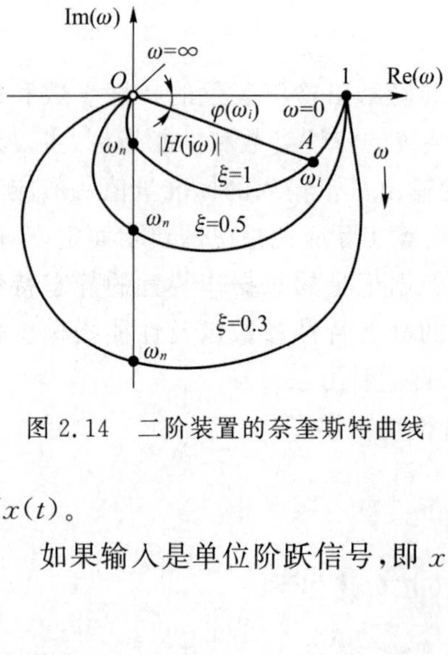

图 2.14　二阶装置的奈奎斯特曲线

2. 用阶跃响应法求检测装置的动态特性

对于式(2-35)一阶环节的微分方程，其解为：

$$y(t)=Kx(t)(1-\mathrm{e}^{-\frac{t}{\tau}}) \tag{2-51}$$

当 $t=\tau$ 时，$y(t)=0.632Kx(t)$；当 $t=\infty$ 时，$y(t)=Kx(t)$。

如果输入是单位阶跃信号，即 $x(t)=1$，且令放大倍数 $K=1$，则：

$$y(t)=(1-\mathrm{e}^{-\frac{t}{\tau}}) \tag{2-52}$$

只要测得一阶环节的阶跃响应曲线，就可以取该输出值 $y(t)$ 达到最终稳态值的 63.2%所经过的时间作为时间常数 τ，该方法即 0.632 法。一阶环节的阶跃响应曲线如图 2.15 所示。这样求取的时间常数值因未涉及响应的全过程，而仅取决于个别的瞬时值，所以结果的可靠性不高。

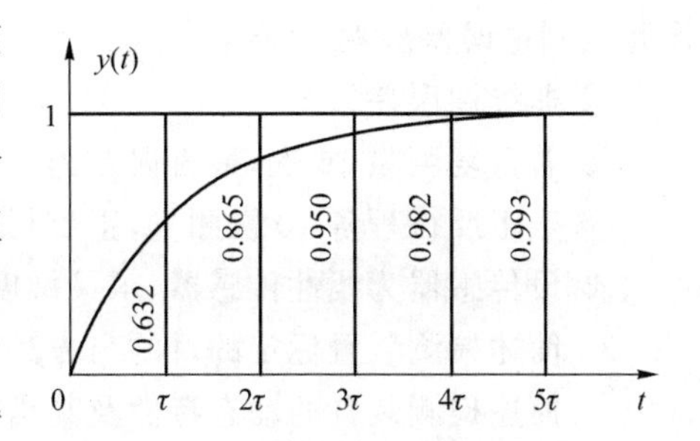

图 2.15　一阶环节的阶跃响应曲线

若改用下述的直线法确定时间常数，则可以获得较可靠的结果。现以一阶装置的单位阶跃响应函数为例说明如下，将式(2-52)改写后得：

$$1-y(t)=\mathrm{e}^{-\frac{t}{\tau}} \tag{2-53}$$

两边取对数，就有

$$-\frac{t}{\tau}=\ln[1-y(t)] \tag{2-54}$$

令

$$z=\ln[1-y(t)] \tag{2-55}$$

则有 $z=-\frac{t}{\tau}$，进而求得时间常数 $\tau=-\frac{t}{z}$。 (2-56)

式(2-55)表明 z 和 t 呈线性关系，因此可以根据测得的响应曲线上不同的 t 所对应的 $y(t)$ 值以及式(2-56)做出 z-t 曲线，并根据其斜率求取时间常数 τ。一阶装置的时间常数曲线如图 2.16 所示。由于这种方法考虑了瞬态响应的全过程，获得的 τ 值准确度有了明显的提高。另外，根据所作曲线和直线的偏离情况，也可判定所研究的实际环节和标准一阶环节的符合程度。

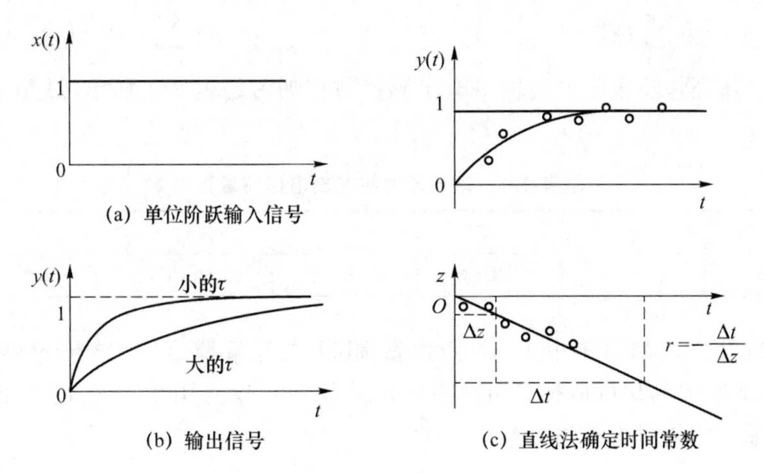

图 2.16　一阶装置的时间常数曲线

本 章 习 题

课程思政

1. 什么是检测装置的静态特性？它的质量指标有哪些？

2. 某一压力传感器，测量压力范围为 0～100 kPa，输出电压范围为 0～1 000 mV，当实际测量某压力时，得到传感器的输出电压为 512 mV，而采用标准传感器输出电压为 510 mV，假设此点测量误差最大，计算：

① 非线性误差；

② 若重复测量 10 次，最大误差为 3 mV，计算重复性误差；

③ 若正反行程各 10 次测量，正反行程间的最大误差为 4 mV，求滞差；

④ 设传感器为线性传感器，求灵敏度。

3. 简述检测装置标定的目的与方法。

4. 简述检测装置的动态特性及其描述方法。

5. 某一检装置，其一阶动态特性用微分方程表示为 $30\dfrac{\mathrm{d}y}{\mathrm{d}t}+3y=0.15x$，如果 y 为输出电压（单位为 mV），x 为输入温度（单位为℃），求该检测装置的时间常数和静态灵敏度。

6. 总结一阶、二阶检测装置动态特性的研究方法，说明一阶检测装置为什么只能用于测量慢变或低频信号？

7. 压电加速度传感器的动态特性用微分方程描述为

$$\frac{\mathrm{d}^2q}{\mathrm{d}t^2}+3.0\times10^3\frac{\mathrm{d}q}{\mathrm{d}t}+2.25\times10^{10}q=11.0\times10^{10}a$$

式中，q 为输出电荷（单位为 pC），a 为输入加速度（单位为 $\mathrm{m/s^2}$）。求静态灵敏度、阻尼比和固有振荡频率。

8. 传感器校准时，对于每一组输入 x_i，都测得一组输出 $y_i(i=1,2,\cdots,n)$。试证明按照最小二乘法求其拟合直线方程 $y=kx+b$ 时，结果为：

$$b=\frac{\left(\sum_{j=1}^{N}x_j^2\right)\left(\sum_{j=1}^{N}y_j\right)-\left(\sum_{j=1}^{N}x_j\right)\left(\sum_{j=1}^{N}x_jy_j\right)}{n\left(\sum_{j=1}^{N}x_j^2\right)-\left(\sum_{j=1}^{N}x_j\right)^2},\quad k=\frac{N\sum_{j=1}^{N}x_iy_i-\left(\sum_{j=1}^{N}x_j\right)\left(\sum_{j=1}^{N}y_j\right)}{n\left(\sum_{j=1}^{N}x_j^2\right)-\left(\sum_{j=1}^{N}x_j\right)^2}$$

9. 一压力传感器，输入压力与输出电压测量数据如习题表 2.1 所示，试用最小二乘法建立拟合直线。

习题表 2.1　输入压力与输出电压测量数据

输入压力 $x/10^5$ Pa	0	0.5	1.0	1.5	2.0	2.5
输出电压 y/V	0.003 1	0.202 3	0.401 4	0.600 6	0.800 0	0.999 5

10. 一只测力传感器可简化成质量-弹簧-阻尼二阶系统，已知该传感器固有频率为 1 000 Hz，阻尼比为 0.7，用该传感器测量频率分别为 600 Hz 与 400 Hz 的正弦交变力时，分别计算其输出与输入的幅值比与相位差。

第3章 电阻式传感器

电阻式传感器的工作原理是通过转换元件将被测非电量转变为电阻值，通过转换电路将电阻值转换为电信号，通过测量电信号达到测量非电量的目的。这类传感器的种类较多，大致可分为电阻应变式、压阻式、热电阻式、磁电式、光敏电阻式传感器。利用电阻式传感器可以测量应变、压力、位移、加速度和温度等非电量参数。本书介绍电阻应变式传感器、压阻式传感器、热电阻式传感器、光敏电阻式传感器的结构、原理、特性、测量电路和应用。

3.1 电阻应变式传感器

课件 PPT

电阻应变式传感器是一种应用广泛的传感器，它由弹性元件、电阻应变片和测量电路构成。当弹性元件感受被测物理量（力、荷重、扭力等）时，其表面产生应变，粘贴在弹性元件表面的电阻应变片的阻值将随着弹性元件的应变而发生相应变化。通过电桥进一步将电阻变化转换为电压或电流变化。

目前，应用广泛的电阻应变片有两种：电阻丝应变片和半导体应变片。它们的工作原理是基于电阻丝材料的应变效应或半导体材料的压阻效应。

3.1.1 电阻丝的应变效应

电阻丝应变片是用直径为 0.025 mm 左右的具有高电阻率的电阻丝制成的，它是基于金属的应变效应工作的。金属丝的电阻随着它所受的机械变形（拉伸或压缩）的大小而发生相应变化的现象被称为金属的电阻应变效应。

截面为圆形的单根金属电阻丝如图 3.1 所示，其阻值为 R，电阻率为 ρ，截面积为 S，长度为 l，则电阻值为：

$$R=\frac{\rho l}{S} \tag{3-1}$$

当电阻丝受到拉力 F 作用时，将伸长 Δl，横截面积相应减小 ΔS，电阻率将因晶格发生变形等因素而改变 $\Delta\rho$，引起电阻 R 的变化，对式(3-1)进行全微分得：

$$\mathrm{d}R=\frac{\rho}{S}\mathrm{d}l-\frac{\rho l}{S^2}\mathrm{d}S+\frac{l}{S}\mathrm{d}\rho \tag{3-2}$$

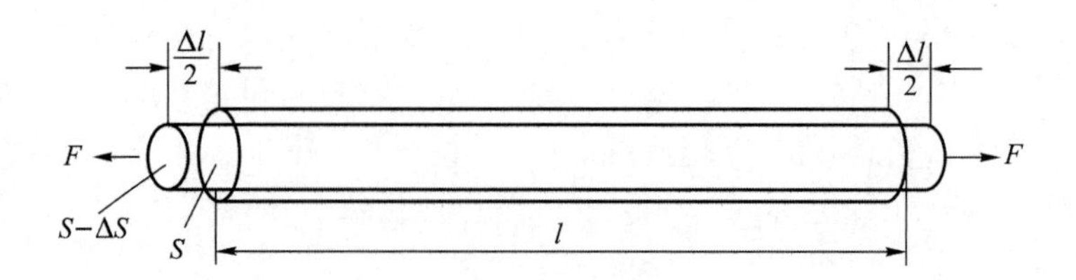

图 3.1 截面为圆形的单根金属电阻丝

用相对变化量表示得：

$$\frac{dR}{R}=\frac{dl}{l}-\frac{dS}{S}+\frac{d\rho}{\rho} \quad 或 \quad \frac{\Delta R}{R}=\frac{\Delta l}{l}-\frac{\Delta S}{S}+\frac{\Delta\rho}{\rho} \tag{3-3}$$

式中，$\Delta l/l$ 是应变片的轴向应变，用公式表示为 $\varepsilon=\Delta l/l$。

拉应变 $\varepsilon>0$，压应变 $\varepsilon<0$。

对于半径为 r 的圆导体：

$$\frac{\Delta S}{S}=\frac{2\Delta r}{r} \tag{3-4}$$

由材料力学可知，在弹性范围内，径向应变与轴向应变关系为：

$$\frac{\Delta r}{r}=-\mu\frac{\Delta l}{l}=-\mu\varepsilon \tag{3-5}$$

式中，μ 为材料的泊松比，一般金属 μ 为 0.3～0.5。

结合式(3-4)、式(3-5)代入式(3-3)得

$$\frac{\Delta R}{R}=(1+2\mu)\varepsilon+\frac{\Delta\rho}{\rho}=\left[(1+2\mu)+\frac{\Delta\rho/\rho}{\varepsilon}\right]\varepsilon \tag{3-6}$$

单位应变所引起的电阻相对变化被称为电阻丝的灵敏系数，用 K_0 表示。

$$K_0=(1+2\mu)+\frac{\Delta\rho/\rho}{\varepsilon} \tag{3-7}$$

灵敏系数一方面受材料几何尺寸变化的影响，即 $(1+2\mu)$；另一方面受电阻率变化的影响，即 $(\Delta\rho/\rho)/\varepsilon$。对金属电阻应变片，材料的电阻率随应变产生的变化很小，可忽略。

$$\frac{\Delta R}{R}\approx(1+2\mu)\varepsilon=K_0\varepsilon \tag{3-8}$$

实验表明，在电阻丝拉伸极限范围内，同一电阻丝材料的灵敏系数为常数。

3.1.2 应变片的结构与类型

1. 应变片的结构

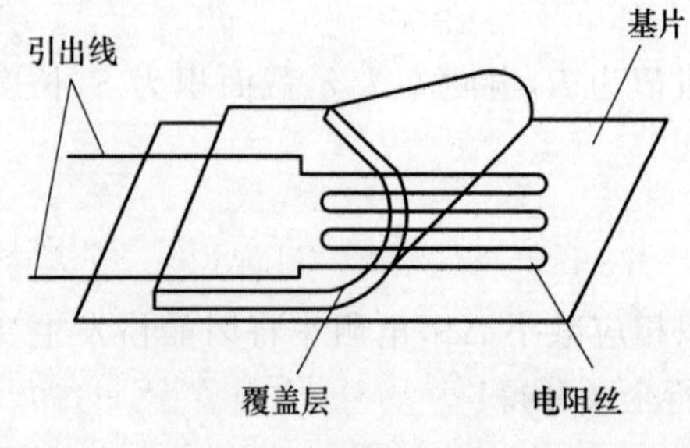

图 3.2 金属应变片的结构

金属应变片的结构如图 3.2 所示。应变片主要由四部分组成：电阻丝(敏感栅)，它以直径为 0.02 mm 左右的合金电阻丝绕成栅栏形状，它是应变片的转换元件，将应变转换为电阻的变化；基片用 0.05 mm 左右的薄纸(纸基)，或用黏合剂和有机树脂基膜(胶基)制成，它是将传感器弹性体的应变传递到敏感栅的中间介质，并起到电阻丝与弹性体之间的绝缘作用；覆盖层起着保护电阻丝的作用，防蚀

防潮;黏合剂将电阻丝与基底粘贴在一起;引出线用 0.13～0.30 mm 直径的镀锡铜线与敏感栅相连,将应变片与测量电路相连。L 为应变片的工作基长,b 为应变片的基宽,Lb 被称为应变片的使用面积。应变片的规格以使用面积和电阻值表示,如$(3\times10)\ mm^2$,120 Ω。

2. 应变片的类型

金属应变片分为丝式、箔式和薄膜式应变片 3 种。

箔式电阻应变片是利用照相制版或光刻腐蚀技术,将电阻箔材(1～10 μm)制作在绝缘基底上,制成各种形状,如图 3.3 所示。它具有传递应变性能好,横向效应小,散热性能好,允许通过电流大,易于批量生产等优点,应用广泛。

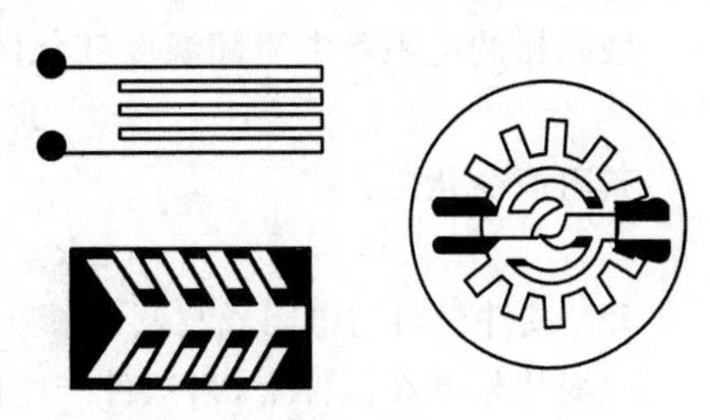

图 3.3　箔式电阻应变片

薄膜应变片采用真空蒸镀、沉积或溅射的方法,将金属材料在绝缘基底上制成一定形状的厚度在 0.1 μm 以下的薄膜而形成的敏感栅。它具有灵敏系数高,允许电流大,易实现工业化生产等特点。

3.1.3　电阻应变片的特性

1. 应变片的灵敏系数

实际应变片与单丝是不同的,应变片 K 值必须通过实验重新测定。测定时将电阻应变片粘贴在一维应力作用下的试件上,试件材料为泊松比 $\mu=0.285$ 的钢件。用精密电阻电桥等仪器测出应变片的电阻变化,得到应变片的电阻与其所受的轴向应变特性。实践表明:应变片的电阻相对变化与电阻应变片所受的轴向应变成线性关系,即:

$$\frac{\Delta R}{R}=K\varepsilon_x,\quad K=\frac{\Delta R/R}{\varepsilon_x} \tag{3-9}$$

对比测试结果表明实际应变片的灵敏系数恒小于电阻丝的灵敏系数,其原因是在应变片中存在着横向效应。

2. 应变片的横向效应

应变片的敏感栅除了有纵向丝栅外,还有圆弧型或直线型横栅,如图 3.4 所示。

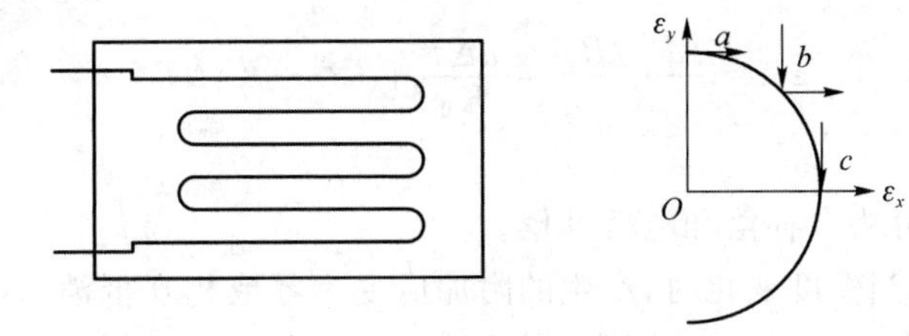

图 3.4　应变片的横向效应

横栅既对轴向应变敏感,又对横向应变敏感。当电阻应变片粘贴在一维拉力状态下的试件上,应变片的纵向丝栅因纵向拉应变 ε_x 使其电阻增加,而应变片的横向丝栅因感受纵向拉应变 ε_x 和横向压应变 ε_y(b,c 点)。由于电阻丝收缩使其电阻值减小,因此应变片的横向丝栅部分的电阻变化将纵向丝栅部分的电阻变化抵消了一部分,使总阻值变化减小,从而降低了整个应变片的灵敏度,这就是应变片的横向效应。横向效应给测量带来误差,其大小与敏感栅的结构尺寸有关。敏感栅纵向越窄、越长,横栅越宽、越短,则横向效应越小。应变片采用箔式应变片或将横向部分做成直线型，以减小横向效应的影响。

3. 温度误差

金属丝栅有一定的温度系数，温度改变使其阻值发生变化，由此产生的附加误差被称为应变片的温度误差。导致温度误差产生的主要因素有两个。

(1) 电阻温度系数的影响

敏感栅的电阻丝电阻随温度变化的关系为：

$$R_T = R_0(1+\alpha\Delta T) \tag{3-10}$$

其阻值变化为：

$$\Delta R_{T\alpha} = R_T - R_0 = R_0\alpha\Delta T \tag{3-11}$$

(2) 试件材料与电阻丝材料线膨胀系数的影响

应变片粘贴在试件上，当试件与电阻丝材料的线膨胀系数不同时，由于环境温度的变化，电阻丝会产生附加变形，产生附加电阻。

设应变片和试件原长均为 l_0，应变片电阻丝与试件的线膨胀系数分别为 β_s 与 β_g。

当温度变化 ΔT 时，应变丝的长度为：

$$l_{T\beta 1} = l_0(1+\beta_s\Delta T) \tag{3-12}$$

试件的长度为：

$$l_{T\beta 2} = l_0(1+\beta_g\Delta T) \tag{3-13}$$

电阻丝的附加长度变形为：

$$\Delta l_{T\beta} = l_{T\beta 2} - l_{T\beta 1} = l_0(\beta_g-\beta_s)\Delta T \tag{3-14}$$

热应变为：

$$\varepsilon_{T\beta} = \frac{\Delta l_{T\beta}}{l_0} = (\beta_g-\beta_s)\Delta T \tag{3-15}$$

电阻丝电阻变化值为：

$$\Delta R_{T\beta} = R_0K_0\varepsilon_{T\beta} = R_0K_0(\beta_g-\beta_s)\Delta T \tag{3-16}$$

由于温度变化引起总电阻变化为：

$$\Delta R_T = \Delta R_{T\alpha} + \Delta R_{T\beta} = R_0\alpha\Delta T + R_0K_0(\beta_g-\beta_s)\Delta T \tag{3-17}$$

总的热应变为：

$$\varepsilon_T = \frac{\Delta R_T/R_0}{K_0} = \frac{\alpha\Delta T}{K_0} + (\beta_g-\beta_s)\Delta T \tag{3-18}$$

4. 温度补偿

应变片温度补偿分为自补偿和电桥补偿。

采用特殊应变片，当温度变化时，产生的附加应变为零或相互抵消，这种应变片为自补偿应变片。利用这种应变片实现温度补偿的方法被称为应变片自补偿。

(1) 单金属敏感栅自补偿

实现温度补偿的条件是：

$$\varepsilon_T = \frac{\Delta R_T/R_0}{K_0} = \frac{\alpha\Delta T}{K_0} + (\beta_g-\beta_s)\Delta T = 0,\quad \alpha = -K_0(\beta_g-\beta_s) \tag{3-19}$$

合理选择试件和应变片的材料，使温度引起的附加误差为 0。试件一定，β_g 一定，选择敏感栅材料，确定 β_s 与 α 使等式成立。

这种方法的缺点是一种应变片只能应用在一种确定材料的试件上，局限性较大。

(2) 双金属敏感栅自补偿

采用正、副温度系数的两段电阻丝串联组成敏感栅，如图 3.5 所示。两段敏感栅的电阻为 R_1、R_2，温度变化，阻值变化为 ΔR_{T1}、ΔR_{T2}，且 $\Delta R_{T1} \approx -\Delta R_{T2}$，即可实现温度自补偿。

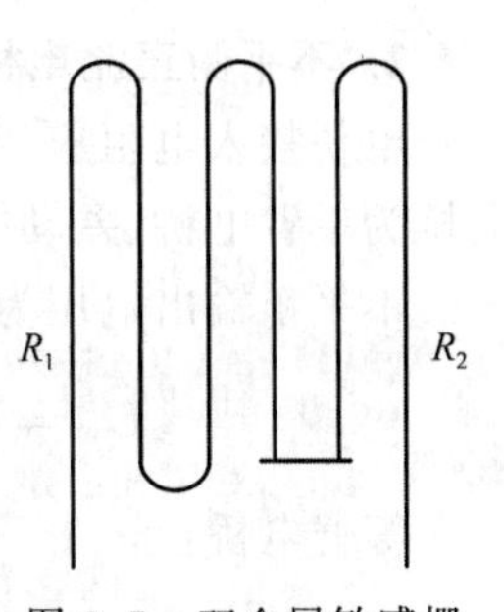

图 3.5 双金属敏感栅自补偿桥路补偿法

两段敏感栅的电阻大小选择如下：

$$\frac{R_1}{R_2} = -\frac{\Delta R_{T2}/R_2}{\Delta R_{T1}/R_1} = -\frac{\alpha_2 + K_2(\beta_g - \beta_2)}{\alpha_1 + K_1(\beta_g - \beta_1)} \tag{3-20}$$

(3) 桥路补偿

电桥补偿电路如图 3.6 所示。电桥输出电压为：

$$U_0 = \left(\frac{R_1}{R_1 + R_B} - \frac{R_3}{R_3 + R_4}\right)U = \frac{R_1R_4 - R_BR_3}{(R_1 + R_B)(R_3 + R_4)}U \tag{3-21}$$

$$U_0 = A(R_1R_4 - R_BR_3) \tag{3-22}$$

式中：A 为由桥臂电阻和电源电压决定的常数；R_1 与 R_B 为特性一致的应变片，R_1 为工作应变片，R_B 为补偿应变片，它们处于同一温度场，且仅工作应变片 R_1 承受应变。

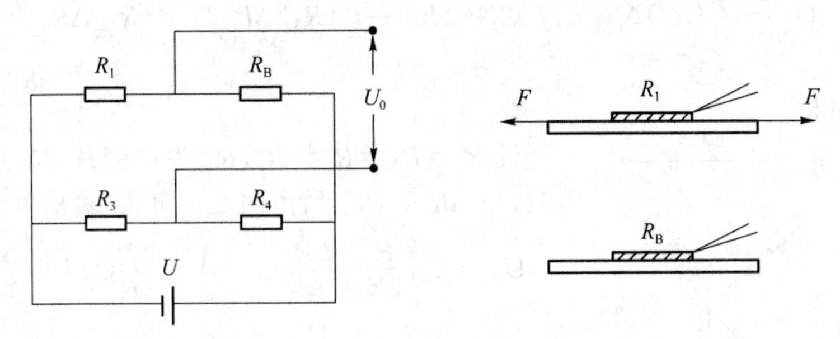

图 3.6 电桥补偿法

当温度升高或降低 ΔT 时，两个应变片因温度变化而引起的阻值变化相同，电桥仍处于平衡状态。即：

$$U_0 = A[(R_1 + \Delta R_{1T})R_4 - (R_B + \Delta R_{BT})R_3] = 0 \tag{3-23}$$

若此时被测试件有应变 ε 的作用，则工作应变片电阻 R_1 又有新的增量 $\Delta R_1 = R_1K\varepsilon$，而补偿片因不承受应变，故不产生新的增量，此时电桥输出电压为：

$$U_0 = AR_1R_4K\varepsilon \tag{3-24}$$

式中，U_0 与 ε 成单值函数关系，与温度变化无关。

3.1.4 电阻应变片的测量电路

应变片将应变转换为电阻的变化，为了测量与显示应变的大小，还要将电阻的变化转换为电压或电流的变化，通常采用直流电桥电路或交流电桥电路。本小节主要介绍直流电桥。

1. 直流电桥平衡条件

由于应变片电桥输出信号较微弱，其输出须接差动放大器，放大器输入电阻远远大于电桥电阻，因此可将电桥输出端看成开路，即输出空载。

$$U_0 = U\left(\frac{R_1}{R_1 + R_2} - \frac{R_3}{R_3 + R_4}\right) = \frac{R_1R_4 - R_2R_3}{(R_1 + R_2)(R_3 + R_4)}U \tag{3-25}$$

当 $R_1R_4 = R_2R_3$ 或 $\frac{R_1}{R_2} = \frac{R_3}{R_4}$ 时，电桥处于平衡，$U_0 = 0$。

2. 不平衡直流电桥的工作原理及输出电压

电桥接入电阻应变片时，即为应变桥。当一个、两个乃至四个桥臂接入应变片时，相应的电桥为单臂电桥、差动电桥和全臂电桥。设电桥各臂电阻均有增量。

不平衡输出电压为：

$$U_0 = U\frac{(R_1+\Delta R_1)(R_4+\Delta R_4)-(R_2+\Delta R_2)(R_3+\Delta R_3)}{(R_1+\Delta R_1+R_2+\Delta R_2)(R_3+\Delta R_3+R_4+\Delta R_4)} \tag{3-26}$$

等臂电桥：

$$R_1=R_2=R_3=R_4=R$$

$$U_0 = U\frac{R(\Delta R_1-\Delta R_2-\Delta R_3+\Delta R_4)+\Delta R_1\Delta R_4-\Delta R_2\Delta R_3}{(2R+\Delta R_1+\Delta R_2)(2R+\Delta R_3+\Delta R_4)} \tag{3-27}$$

当 $\Delta R_i \ll R_i$ 时，略去高阶增量，得：

$$U_0 = \frac{U}{4}\left(\frac{\Delta R_1}{R_1}-\frac{\Delta R_2}{R_2}-\frac{\Delta R_3}{R_3}+\frac{\Delta R_4}{R_4}\right)=\frac{UK}{4}(\varepsilon_1-\varepsilon_2-\varepsilon_3+\varepsilon_4) \tag{3-28}$$

式(3-28)也可根据全微分方程由

$$U_0 = f'(R_1)\Delta R_1+f'(R_2)\Delta R_2+f'(R_3)\Delta R_3+f'(R_4)\Delta R_4 \tag{3-29}$$

推导得出。

(1) 单臂电桥

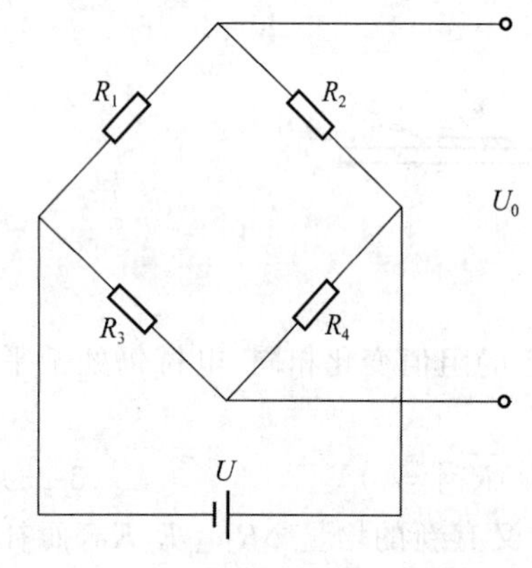

图 3.7 空载输出的直流电桥电路

设 $R_1=R_2=R_3=R_4$，R_1 为应变片，R_2、R_3、R_4 为固定电阻，当 $\Delta R_1 \ll R_1$ 时，由图 3.7 可得，输出电压为：

$$U_0 = U\left(\frac{R+\Delta R}{2R+\Delta R}-\frac{1}{2}\right)=\frac{\Delta R}{4R}U\left(1+\frac{\Delta R}{2R}\right)^{-1}$$

$$\approx \frac{\Delta R}{4R}U=\frac{U}{4}K\varepsilon \tag{3-30}$$

也可由式(3-28)得到输出电压为：

$$U_0=\frac{U}{4}\frac{\Delta R}{R}=\frac{U}{4}K\varepsilon$$

(2) 差动电桥电路

R_1、R_2 为应变片，R_1 受拉，R_2 受压，R_3、R_4 为固定电阻，电桥输出为：

$$U_0 = U\left(\frac{R+\Delta R}{2R}-\frac{1}{2}\right)=\frac{\Delta R}{2R}U=\frac{U}{2}K\varepsilon \tag{3-31}$$

(3) 差动全桥电路

R_1、R_2、R_3、R_4 均为应变片，R_1、R_4 受拉，R_2、R_3 受压，电桥输出为：

$$U_0 = U\left(\frac{R+\Delta R}{2R}-\frac{R-\Delta R}{2R}\right)=\frac{\Delta R}{R}U=UK\varepsilon \tag{3-32}$$

分析表明，当 $\Delta R_i \ll R_i$ 时，电桥的输出电压与应变成正比关系。

提高电桥的供电电压，增大应变片的灵敏系数，可提高电桥的输出电压。

差动电桥灵敏度为单臂电桥的 1 倍，全等臂电桥灵敏度为单臂电桥的 4 倍。

相对两桥臂应变极性一致，输出电压为两者之和；反之为两者之差。

相邻两桥臂应变极性一致，输出电压为两者之差；反之为两者之和。

3. 非线性误差及其补偿

当 $\Delta R_i \ll R_i$ 时，电桥的输出电压与应变成正比关系；但当应变片承受应变很大，或用半导体应变片测量应变时，电阻的相对变化较大，上述假设不成立。按线性关系刻度仪表测量将带来误差。

考虑单臂电桥，4个电阻均相等，理想输出为：

$$U_0 = \frac{U}{4}\frac{\Delta R}{R} \tag{3-33}$$

电桥的实际输出为：

$$U_0' = U\frac{(R_1+\Delta R_1)R_4 - R_2R_3}{(R_1+\Delta R_1+R_2)(R_3+R_4)} = U\frac{\Delta R}{4R+2\Delta R} = \frac{U}{4}\frac{\Delta R}{R}\left(1+\frac{1}{2}\frac{\Delta R}{R}\right)^{-1} \tag{3-34}$$

电桥的非线性误差为：

$$e_f = \frac{U_0' - U_0}{U_0} = \left(1+\frac{1}{2}\frac{\Delta R}{R}\right)^{-1} - 1 \approx -\frac{1}{2}\frac{\Delta R}{R} = -\frac{1}{2}K\varepsilon \tag{3-35}$$

电阻丝应变片K值较小，单臂桥非线性误差较小，半导体应变片由于K值较大，非线性误差较大。在实际应用中常采用差动半桥电路或差动全桥电路消除非线性，提高输出灵敏度，同时起到温度补偿作用。

差动电桥电路：

$$|\Delta R_1| = |-\Delta R_2| = \Delta R$$

$$U_0 = \frac{U}{2}\frac{\Delta R}{R} \tag{3-36}$$

全臂桥电路：

$$|\Delta R_1| = |-\Delta R_2| = |-\Delta R_3| = |\Delta R_4| = \Delta R$$

$$U_0 = U\frac{\Delta R}{R} = UK\varepsilon \tag{3-37}$$

读者可根据差动电桥电路与全臂桥电路自行推导出输出电压。

3.1.5　电阻应变式传感器的应用

电阻应变式传感器是一种结构型传感器，测量力、位移、加速度、扭矩等。它由弹性元件和粘贴在其表面的应变片组成，结构形式有柱（筒）式、悬臂梁式、环式和轮辐式。本小节主要介绍柱（筒）式和悬臂梁式。

1. 柱（筒）式力传感器

柱（筒）式力传感器，贴在圆柱面上的位置及在桥路中的连接如图3.8所示。纵向和横向各贴4片应变片，纵向对称的R_1和R_3串接，R_2和R_4串接，横向的R_5和R_7串接，R_6和R_8串接，并置于桥路相对桥臂上。纵向对称两两串接是为了减小偏心载荷及弯矩的影响，横向贴片用作温度补偿。

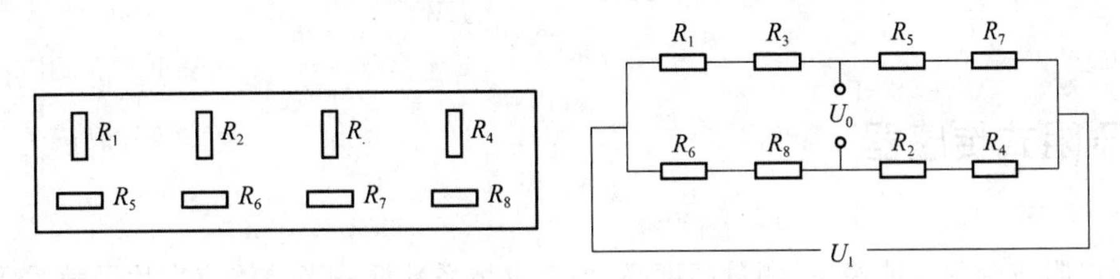

图3.8　柱（筒）式应变弹性体布片桥路连线

纵向应变片的应变为：

$$\varepsilon_1 = \frac{\sigma}{E} = \frac{F}{SE} \tag{3-38}$$

式中：E 为弹性模量(N/m^2)；S 为圆柱的横截面积。

横向应变片的应变为：

$$\varepsilon_2 = -\mu\varepsilon_1 \tag{3-39}$$

接成差动全等臂电桥，设 8 个应变片起始阻值均相等，设阻值为 R。正载荷 R_1、R_2、R_3、R_4 的阻值变化为 ΔR_1，R_5、R_6、R_7、R_8 的阻值变化为 $-\Delta R_2$。

电桥输出为：

$$\begin{aligned} U_0 &= \left(\frac{2R+2\Delta R_1}{4R+2\Delta R_1-2\Delta R_2} - \frac{2R-2\Delta R_2}{4R+2\Delta R_1-2\Delta R_2}\right)U_i \\ &= U_i\left(\frac{\Delta R_1-\Delta R_2}{2R}\right)\left(1+\frac{\Delta R_1}{2R}-\frac{\Delta R_1}{2R}\right)^{-1} \approx U_i\left(\frac{\Delta R_1-\Delta R_2}{2R}\right) \end{aligned} \tag{3-40}$$

根据应变效应表达式：

$$\frac{\Delta R_1}{R} = K\varepsilon_1, \quad \frac{\Delta R_2}{R} = K\varepsilon_2 = -\mu K\varepsilon_1$$

电桥输出为：

$$U_0 = \frac{U_i}{2}K(1+\mu)\varepsilon_1 \tag{3-41}$$

2. 悬臂梁式力传感器

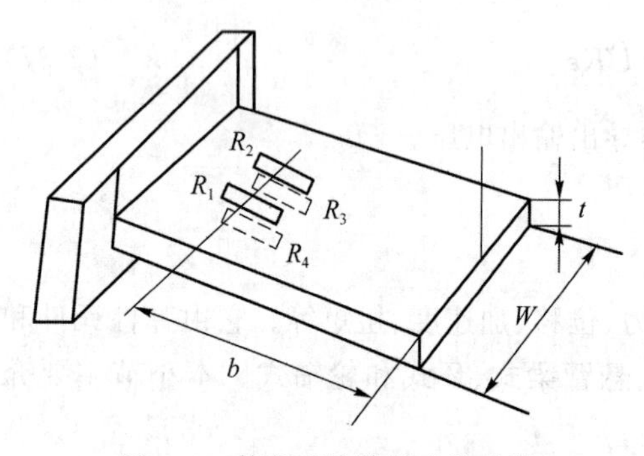

图 3.9　等截面悬臂梁式传感器

等截面悬臂梁式传感器如图 3.9 所示。悬臂梁端部受质量块惯性力作用，距端部距离为 b 处产生的应变为：

$$\varepsilon_b = \frac{6Fb}{EWt^2} \tag{3-42}$$

R_1、R_2 接在悬臂梁的上表面，受到拉应力，R_3、R_4 接在悬臂梁的下表面，受到压应力，连接成全臂桥，输出电压为：

$$U_0 = U\frac{\Delta R}{R} \tag{3-43}$$

由应变效应表达式得：

$$\frac{\Delta R}{R} = K\varepsilon_b$$

$$U_0 = UK\varepsilon_b = UK\frac{6Fb}{EWt^2} \tag{3-44}$$

3.2　压阻式传感器

金属电阻应变片性能稳定，测量精度高，但其灵敏系数低。半导体应变片灵敏系数是金属应变片的几十倍，在微应变测量中有广泛应用。半导体应变片有体型半导体应变片和扩散型半导体应变片，其工作原理是基于半导体的压阻效应。

3.2.1 半导体的压阻效应

半导体压阻效应是指单晶半导体材料沿某一轴向受到作用力时，其电阻率发生变化的现象。

长度为 L，截面积为 S，电阻率为 ρ 的均匀条形半导体受到沿纵向的应力时，其电阻变化为：

$$\frac{\Delta R}{R}=(1+2\mu)\varepsilon+\frac{\Delta\rho}{\rho} \tag{3-45}$$

电阻率的相对变化为：

$$\frac{\Delta\rho}{\rho}=\pi_L\sigma=\pi_L E\varepsilon \tag{3-46}$$

式中，π_L 为半导体压阻系数，它与半导体材料种类、应力与晶轴方向的夹角有关。

$$\frac{\Delta R}{R}=(1+2\mu+\pi_L E)\varepsilon\approx\pi_L E\varepsilon=\pi_L\sigma \tag{3-47}$$

对半导体材料 $\pi_L E\gg(1+2\mu)$。

3.2.2 半导体电阻应变片的结构

体型半导体应变片是从单晶硅或锗上切下薄片制作而成，结构如图 3.10 所示。其优点是灵敏系数大，横向效应和机械滞后小；缺点是温度稳定性较差，非线性较大。

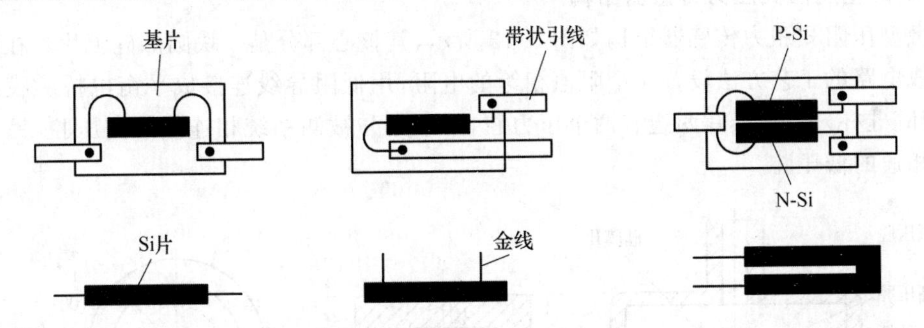

图 3.10 体型半导体应变片的结构形式

扩散型半导体应变片是在 N 型单晶硅(弹性元件)上，蒸镀半导体电阻应变薄膜，制作成的扩散型压阻式传感器工作原理与体型半导体应变片相同。它们的不同之处在于前者采用扩散工艺制作，后者采用粘贴方法制作。

3.2.3 测量电路与温度补偿

无论是体型半导体还是扩散型半导体应变片，均采用 4 个应变片组成全桥电路，其中一对对角线电阻受拉，另外一对对角线电阻受压，以使电桥输出电压最大，如图 3.11 所示。

电桥供电电源可采用恒压源或恒流源。对于恒压源，设 4 个桥臂由于应变电阻变化为 ΔR，4 个臂的电阻由于温度变化引起的电阻值增量为 ΔR_t，则电桥的输出电压为：

$$U_0=\left(\frac{R+\Delta R+\Delta R_t}{2R+2\Delta R_t}-\frac{R-\Delta R+\Delta R_t}{2R+2\Delta R_t}\right)U_i=\frac{\Delta R}{R+\Delta R_t}U_i \tag{3-48}$$

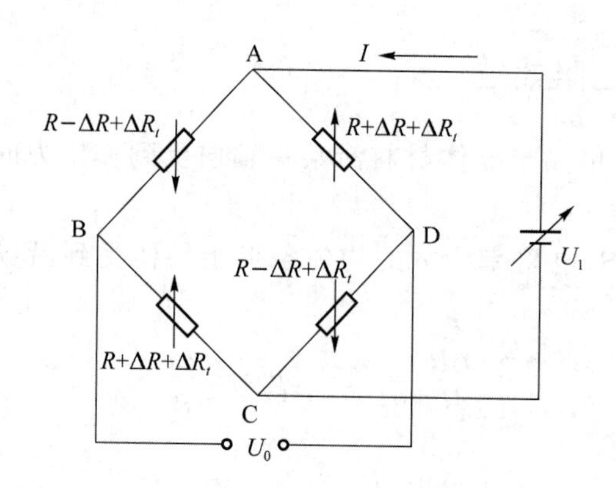

图 3.11 恒流(压)源供电电桥

桥路输出受到环境温度变化的影响,但影响甚微。若电桥采用恒流源供电,则桥路的输出为:

$$U_0 = U_{BD} = \frac{1}{2}I(R + \Delta R + \Delta R_t) - \frac{1}{2}I(R - \Delta R + \Delta R_t) = I\Delta R \tag{3-49}$$

电桥的输出电压与电阻的变化成正比,与恒流源的电流成正比,与温度无关,消除了环境温度的影响。

3.2.4 半导体压阻式传感器应用

1. 扩散型压阻式压力传感器结构

扩散型压阻式压力传感器结构如图 3.12 所示,其核心部分是一块圆形硅膜片。在膜片上利用集成电路的工艺方法设置 4 个阻值相等的电阻,用低阻导线连接成平衡电桥。膜片四周用一圆环(硅杯)固定,膜片两边有两个压力腔,一个是与被测系统相连接的高压腔,另一个是与大气相通的低压腔。

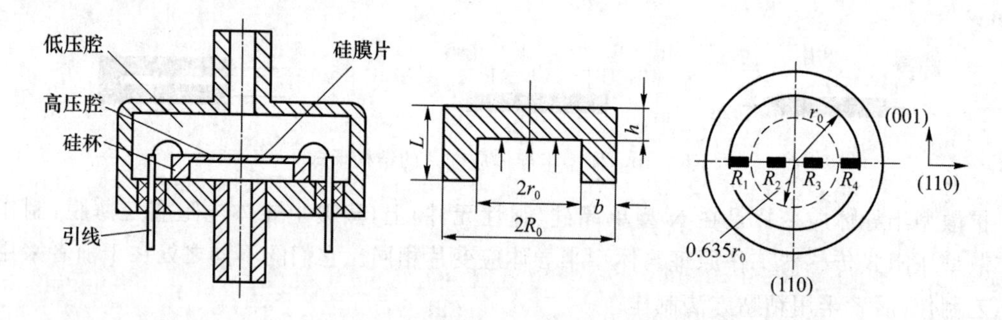

图 3.12 扩散型压阻式压力传感器结构

当膜片两边存在压力差时,膜片产生变形,膜片上各点产生应力。

受均匀压力的圆形硅膜片上各点的径向应力和切向应力可分别由式(3-50)及式(3-51)计算:

$$\sigma_r = \frac{3p}{8h^2}[(1+\mu)r_0^2 - (3+\mu)r^2] \tag{3-50}$$

$$\sigma_t = \frac{3p}{8h^2}[(1+\mu)r_0^2 - (1+3\mu)r^2] \tag{3-51}$$

式中：p 为压力；r_0、r、h 为硅膜片的有效半径、计算点半径、厚度；μ 为硅材料的泊松比。

4 个电阻的配置位置按膜片上的径向应力和切向应力的分布情况确定。

当 $r=0.635r_0$ 时，$\sigma_r=0$；当 $r<0.635r_0$ 时，$\sigma_r>0$ 为拉应力；当 $r>0.635r_0$ 时，$\sigma_r<0$ 为压应力；当 $r=0.812r_0$ 时，$\sigma_t=0$，仅有 σ_r 存在，且 $\sigma_r<0$。

2. 应变片的粘贴

设计时，根据应力的分布情况，合理安排电阻位置，组成差动电桥，输出较高的电压。

可沿径向对称于 $0.635r_0$ 两侧，采用扩散工艺制作 4 个电阻，其中 R_1、R_4 接于电桥的一条对角线上，R_2、R_3 接于电桥的另外一条对角线上。当膜片两边存在压力差时，膜片上各点产生应力，4 个电阻在应力的作用下阻值发生变化，电桥失去平衡，输出相应的电压。此电压与膜片两边的压力差成正比，测得不平衡电桥的输出电压就能求得膜片所受的压力差大小。

3. 电桥输出电压放大

应变电桥输出电压较弱，一般为 mV 级电压，需要经过放大器将其放大到 A/D 转换器所需的标准电压。对于应变电桥输出的电压，一般采用仪表放大器放大。

本章习题

课程思政

1. 什么叫金属丝的电阻应变效应？怎样利用这种应变效应制成应变片？

2. 什么叫半导体的压阻效应？怎样利用这种应变效应制成半导体应变片？

3. 金属电阻应变片与半导体应变片的工作原理有何区别？各自有什么优缺点？

4. 什么是电阻应变片的横向效应？为什么箔式应变片能减小或消除横向效应？

5. 等截面悬臂梁测力电阻应变传感器，应变片的灵敏系数 $K=2$，未受应变时，应变片的阻值为 120 Ω，当试件受力 F 作用时，应变片的平均应变 $\varepsilon=1\,000\ \mu\text{m/m}$。

① 若放一个应变片，求应变片的电阻变化量 ΔR 和电阻相对变化量 $\Delta R/R$；

② 若在悬臂梁上放置 4 个应变片，组成全臂桥电路，画出传感器布片图，画出对应的电桥电路；

③ 若电桥的电源电压为 3 V，求电桥的输出电压。

第4章 电感式传感器

电感式传感器是利用电磁感应原理，将被测量的变化转换为线圈的自感或互感变化的装置，它常用来检测位移、压力、振动、应变、流量、比重等参数。

电感式传感器种类较多，根据转换原理的不同，可分为自感式、互感式、电涡流式等。按照结构形式不同，自感式传感器有变气隙式、变截面积式和螺管式；互感式传感器有变气隙式和螺管式；电涡流传感器有高频反射式和低频透射式。

电感式传感器具有以下优点：结构简单，工作可靠，灵敏度高，分辨率高；测量精度高，线性好，性能稳定，输出阻抗小，输出功率大；抗干扰能力强，适于在恶劣的环境下工作。电感式传感器的缺点是：频率响应较低，不宜做快速动态测量；存在交流零位信号，传感器的灵敏度、分辨率、线性度和测量范围相互制约，测量范围越大，灵敏度、分辨率越低。

课件 PPT

4.1 自感式传感器

4.1.1 自感式传感器的结构与工作原理

自感式传感器的结构如图 4.1 所示，其中铁芯和活动衔铁由导磁材料，如硅钢片或坡莫合金制成。铁芯上绕有线圈，并加交流激励。铁芯与衔铁之间有空气隙，当衔铁上下移动时，气隙改变，磁路磁阻发生变化，从而引起线圈自感的变化。这种自感量的变化与衔铁位置有关。因此只要测出自感量的变化，就能获得衔铁位移量的大小，这就是自感式传感器变换原理。

匝数为 W 的电感线圈通以有效值为 I 的交流电，产生磁通为 Φ，电感线圈的电感量为：

$$L = \frac{W\Phi}{I} \tag{4-1}$$

式中，Φ 为单匝线圈中的磁通。

由磁路欧姆定律得：

$$\Phi = \frac{WI}{R_m} = \frac{WI}{\sum_{i=1}^{n} R_{mi}} \tag{4-2}$$

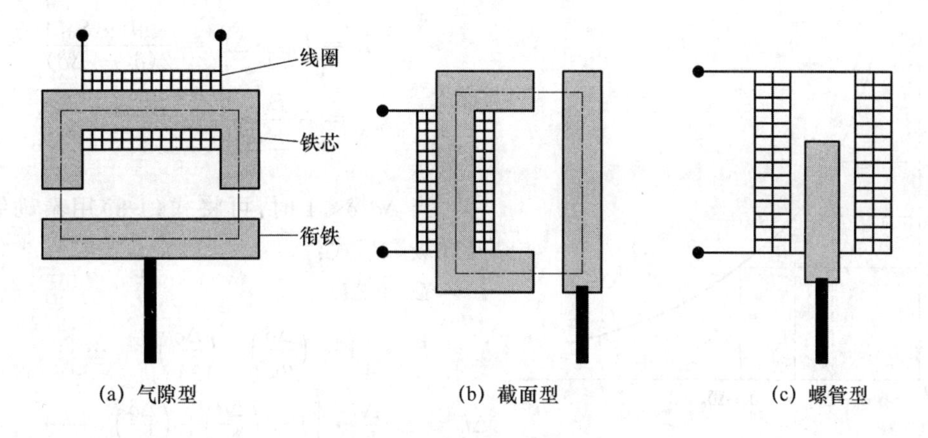

图 4.1 自感式传感器结构

电感值为：

$$L=\frac{W^2}{\sum_{i=1}^{n} R_{mi}} \tag{4-3}$$

铁芯、衔铁和空气隙的总磁阻为：

$$\sum_{i=1}^{3} R_{mi}=\sum_{i=1}^{3}\frac{l_i}{\mu_i S_i}=\frac{l_1}{\mu_1 S_1}+\frac{l_2}{\mu_2 S_2}+\frac{2\delta}{\mu_0 S_0} \tag{4-4}$$

式中：μ_0、δ、S_0 分别为气隙的磁导率(H/m)、气隙(m)和截面积(m^2)；μ_1、l_1、S_1 分别为铁芯的磁导率、气隙和截面积；μ_2、l_2、S_2 分别为衔铁的磁导率、气隙和截面积。

忽略铁芯、衔铁磁阻，总磁阻为：

$$R_m \approx \frac{2\delta}{\mu_0 S_0} \tag{4-5}$$

电感值为：

$$L=\frac{N^2}{\sum_{i=1}^{3} R_{mi}} \approx \frac{W^2 \mu_0 S_0}{2\delta} \tag{4-6}$$

式(4-6)为电感式传感器的基本特性方程。当线圈匝数确定后，只要气隙或气隙截面积发生变化，电感就会发生变化，即 $L=f(\delta,S)$，因此电感式传感器结构形式上有变气隙式和变面积式。

在圆筒型线圈中放圆柱形衔铁，当衔铁上下移动时，电感量也发生变化，可构成螺管型电感传感器。

4.1.2 变气隙式自感传感器灵敏度及特性

1. 简单变气隙式自感传感器灵敏度及特性

变气隙式自感传感器 L-δ 特性曲线如图 4.2 所示。当衔铁处于初始位置时，初始电感量为：

$$L_0=\frac{W^2 \mu_0 S_0}{2\delta_0} \tag{4-7}$$

当衔铁上移 $\Delta\delta$ 时，传感器气隙减小 $\Delta\delta$，即 $\delta=\delta_0-\Delta\delta$，则此时输出电感量为：

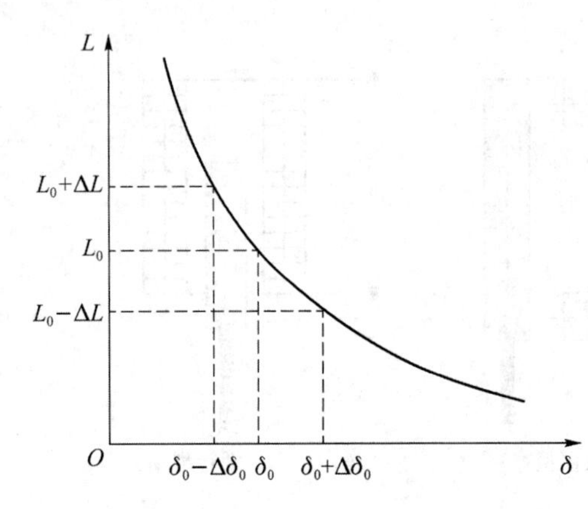

图 4.2 变气隙式自感传感器 L-δ 特性曲线

$$L = L_0 + \Delta L = \frac{N^2\mu_0 S_0}{2(\delta_0 - \Delta\delta)} = \frac{L_0}{1-\dfrac{\Delta\delta}{\delta_0}} \tag{4-8}$$

当 $\Delta\delta/\delta \ll 1$ 时，可将式(4-8)用泰勒级数展开成级数形式：

$$L = L_0 + \Delta L = L_0 \cdot \left[1+\left(\frac{\Delta\delta}{\delta_0}\right)+\left(\frac{\Delta\delta}{\delta_0}\right)^2+\cdots\right] \tag{4-9}$$

$$\Delta L = L_0\frac{\Delta\delta}{\delta_0} \cdot \left[1+\left(\frac{\Delta\delta}{\delta_0}\right)+\left(\frac{\Delta\delta}{\delta_0}\right)^2+\cdots\right] \tag{4-10}$$

$$\frac{\Delta L}{L_0} = \frac{\Delta\delta}{\delta_0} \cdot \left[1+\left(\frac{\Delta\delta}{\delta_0}\right)+\left(\frac{\Delta\delta}{\delta_0}\right)^2+\cdots\right] \tag{4-11}$$

当衔铁下移 $\Delta\delta$ 时，传感器气隙增大 $\Delta\delta$，即 $\delta=\delta_0+\Delta\delta$，此时输出电感为：

$$L = L_0 - \Delta L$$

$$\Delta L = L_0\frac{\Delta\delta}{\delta_0} \cdot \left[1-\left(\frac{\Delta\delta}{\delta_0}\right)+\left(\frac{\Delta\delta}{\delta_0}\right)^2-\left(\frac{\Delta\delta}{\delta_0}\right)^3+\cdots\right] \tag{4-12}$$

$$\frac{\Delta L}{L_0} = \frac{\Delta\delta}{\delta_0} \cdot \left[1-\left(\frac{\Delta\delta}{\delta_0}\right)+\left(\frac{\Delta\delta}{\delta_0}\right)^2-\left(\frac{\Delta\delta}{\delta_0}\right)^3+\cdots\right] \tag{4-13}$$

忽略二次项以上的高次项，得：

$$\frac{\Delta L}{L_0} = \frac{\Delta\delta}{\delta_0} \tag{4-14}$$

灵敏度为：

$$K = \frac{\Delta L}{\Delta\delta} = \frac{L_0}{\delta_0} \tag{4-15}$$

由上述分析可见，变气隙式电感传感器的测量范围与灵敏度及线性度是相互矛盾的。它适合微小位移测量，一般 $\frac{\Delta\delta}{\delta_0} \leqslant 0.1$。为了减少非线性误差，提高传感器的灵敏度，实际应用中广泛采用差动变气隙式传感器。

2. 差动变气隙式自感传感器灵敏度及特性

差动式电感传感器的结构特点是两个完全对称的简单电感传感元件合用一个活动衔铁。测量时，衔铁通过导杆与被测位移量相连，当被测体上下移动时，导杆带动衔铁也以相同的位移上下移动，使两个磁回路中磁阻发生大小相等、方向相反的变化，导致一个线圈的电感量增加，另一个线圈的电感量减小，形成差动形式。差动变气隙式自感传感器的原理结构如图 4.3 所示。

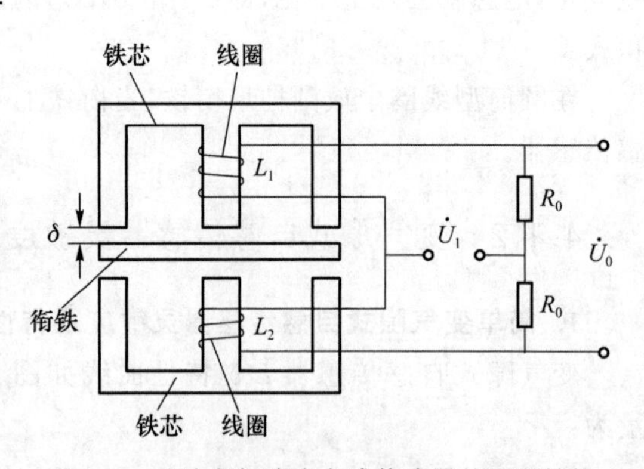

图 4.3 差动变气隙式自感传感器的原理结构

衔铁处于初始位置时，有：

$$L_1 = L_2 = L_0 = \frac{W^2\mu_0 S_0}{2\delta_0} \tag{4-16}$$

衔铁向上移动 $\Delta\delta$ 时，有：

$$\Delta L_1 = L_0 \frac{\Delta\delta}{\delta_0} \cdot \left[1 + \left(\frac{\Delta\delta}{\delta_0}\right) + \left(\frac{\Delta\delta}{\delta_0}\right)^2 + \left(\frac{\Delta\delta}{\delta_0}\right)^3 + \cdots\right] \tag{4-17}$$

$$\Delta L_2 = L_0 \frac{\Delta\delta}{\delta_0} \cdot \left[1 - \left(\frac{\Delta\delta}{\delta_0}\right) + \left(\frac{\Delta\delta}{\delta_0}\right)^2 - \left(\frac{\Delta\delta}{\delta_0}\right)^3 + \cdots\right] \tag{4-18}$$

差动自感传感器总变化量为：

$$\Delta L_1 + \Delta L_2 = 2L_0 \frac{\Delta\delta}{\delta_0} \cdot \left[1 + \left(\frac{\Delta\delta}{\delta_0}\right)^2 + \left(\frac{\Delta\delta}{\delta_0}\right)^4 + \cdots\right] \tag{4-19}$$

忽略二次项以上的高次项，得：

$$\frac{\Delta L}{L_0} = 2\frac{\Delta\delta}{\delta_0} \tag{4-20}$$

灵敏度为：

$$K = \frac{\Delta L}{\Delta\delta} = 2\frac{L_0}{\delta_0} \tag{4-21}$$

结论：

① 差动式为简单式自感传感器灵敏度的 2 倍；

② 简单式自感传感器非线性误差为 $\Delta\delta/\delta_0$，差动式自感传感器非线性误差为$(\Delta\delta/\delta_0)^2$；

③ 克服温度等外界共模信号干扰。

4.1.3 变面积式电感传感器

若铁芯和衔铁材料的磁导率相同，磁路通过截面积为 S，变面积电感传感器磁阻为：

$$\Sigma R_m = \frac{l}{\mu_0\mu_r S} + \frac{l_\delta}{\mu_0 S} \tag{4-22}$$

电感为：

$$L = \frac{W^2}{\dfrac{l}{\mu_0\mu_r S} + \dfrac{l_\delta}{\mu_0 S}} = \frac{W^2\mu_0}{\dfrac{l}{\mu_r} + l_\delta} S = K_S S \tag{4-23}$$

式中：l_δ 为气隙的总长度；l 为铁芯与衔铁的总长度；μ_r 为铁芯和衔铁的磁导率；S 为气隙磁通的截面积。在忽略传感器气隙磁通边缘效应的条件下，输入与输出呈线性关系；缺点是灵敏度较低。

4.1.4 电感式传感器测量电路

自感式传感器将被测非电量转换为电感的变化，接入相应的测量电路，将电感的变化转换为电压的幅值、频率或相位的变化。常用的测量电路有变压器电桥电路、相敏检波电路、谐振电路等。

1. 变压器电桥电路

变压器电桥电路如图 4.4 所示。Z_1、Z_2 为自感传感器两个线圈的阻抗，另外两臂为电源变压器副边线圈两半，输出空载电压为：

$$u_0 = \frac{u}{Z_1 + Z_2} Z_1 - \frac{U}{2} = \frac{U}{2} \frac{Z_1 - Z_2}{Z_1 + Z_2} \tag{4-24}$$

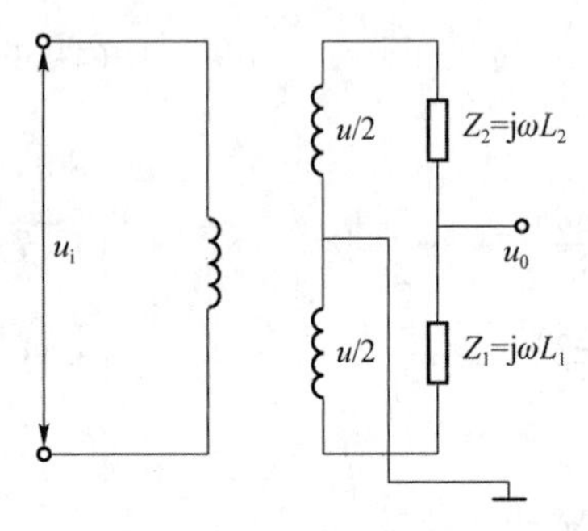

图 4.4　变压器电桥电路

初始平衡状态时，$Z_1=Z_2=Z$，$u_0=0$。

衔铁偏离中间零点时，设 $Z_1=Z+\Delta Z$，$Z_2=Z-\Delta Z$，代入式(4-24)得：

$$u_0=(u/2)\times(\Delta Z/Z) \tag{4-25}$$

传感器衔铁移动方向相反时，$Z_1=Z-\Delta Z$，$Z_2=Z+\Delta Z$，代入式(4-24)得：

$$u_0=-(u/2)\times(\Delta Z/Z) \tag{4-26}$$

传感器线圈的阻抗 $Z=R+\mathrm{j}\omega L$，其变化量 $\Delta Z=\Delta R+\mathrm{j}\omega\Delta L$，通常线圈的品质因数很高，即 $Q=\omega L/R$，$R\ll\omega L$，$\Delta R\ll\omega\Delta L$，所以

$$u_0=\pm(u/2)\times(\Delta L/L) \tag{4-27}$$

即输出空载电压与电感的变化呈线性关系。

由于输出为交流电压，所以电路只能确定衔铁位移的大小，不能判断位移的方向。为了判断位移的方向，要在后续电路中配置相敏检波电路。

2. 带相敏检波的电桥电路

带相敏检波的电桥电路如图 4.5 所示。

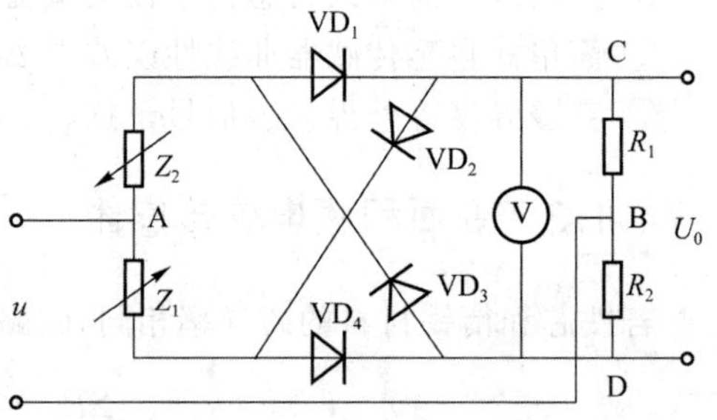

电路作用：辨别衔铁位移方向，即 U_0 的大小反映位移的大小，U_0 的极性反映位移的方向；消除零点残余电压，使 $x=0$ 时，$U_0=0$。

电桥由差动电感传感器线圈 Z_1 和 Z_2 及平衡电阻 R_1 和 R_2 组成，$R_1=R_2$，$VD_1\sim VD_4$ 构成了相敏整流器，电桥的一条对角线接交流激励电压，另外一个对角线输出电压，接电压表。

图 4.5　相敏检波电路

设衔铁下移使 $Z_1=Z+\Delta Z$，$Z_2=Z-\Delta Z$，当电源 u 正半周时(A 正，B 负)，VD_1、VD_4 导通，VD_2、VD_3 截止，电阻 R_1 上电压大于 R_2 上的电压，$U_0>0$。

当电源 u 为负半周时(A 负，B 正)，VD_1、VD_4 截止，VD_2、VD_3 导通，电阻 R_1 上电压小于 R_2 上的电压，$U_0=U_{CD}>0$。在电源一个周期内，电压表的输出始终为上正下负。

同理，设衔铁上移使 $Z_1=Z-\Delta Z$，$Z_2=Z+\Delta Z$，当电源 u 正半周时(A 正，B 负)，VD_1、VD_4 导通，VD_2、VD_3 截止，电阻 R_1 上电压小于 R_2 上的电压，$U_0<0$。

当电源 u 为负半周时(A 负，B 正)，VD_1、VD_4 截止，VD_2、VD_3 导通，电阻 R_1 上电压大于 R_2 上的电压，$U_0=U_{CD}<0$。在电源一个周期内，电压表的输出始终为上负下正。

综上，输出电压的幅值反映了位移的大小，输出电压的极性反映了衔铁位移的方向。

非相敏整流电路与相敏整流电路输出电压特性曲线如图 4.6 所示。可以看出，使用相敏整流电路输出电压极性不仅能够反映衔铁位移的大小和方向，而且由于二极管的整流作用，还能够消除零点残余电压的影响。

3. 调频电路

传感器自感变化将引起输出电压频率的变化。将传感器的电感线圈 L 与一个固定电容 C 接到一个振荡电路 G 中，如图 4.7 所示，图 4.7(a)中调频电路的振荡频率 $f=1/2\pi\sqrt{LC}$。

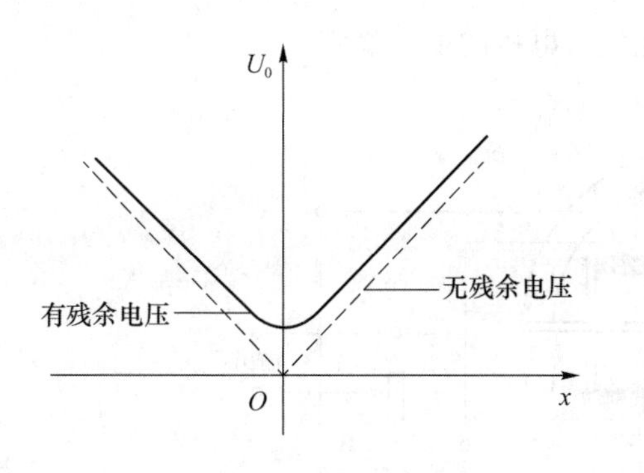

(a) 非相敏整流电路输出电压曲线

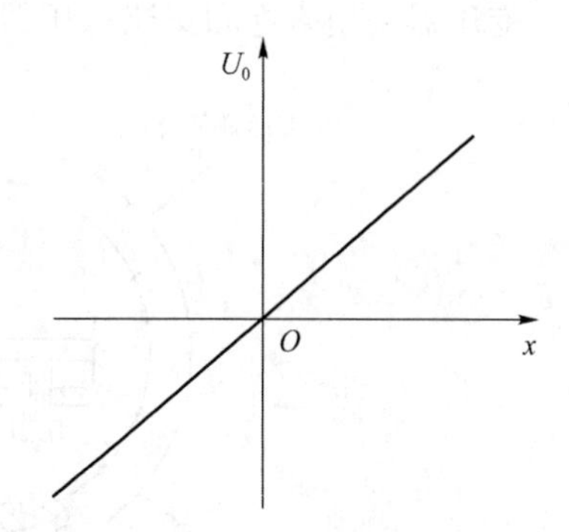

(b) 相敏整流电路输出电压曲线

图 4.6 非相敏整流电路与相敏整流电路输出电压特性曲线

图 4.7(b)为频率 f 与电感 L 的关系。L 变化，振荡频率 f 随之变化，根据 f 的大小可测出被测量的值。当 L 有微小变化 ΔL 时，频率变化为：

$$\Delta f = -(LC)^{-3/2} C\Delta L/4\pi = -(f/2)\times(\Delta L/L) \tag{4-28}$$

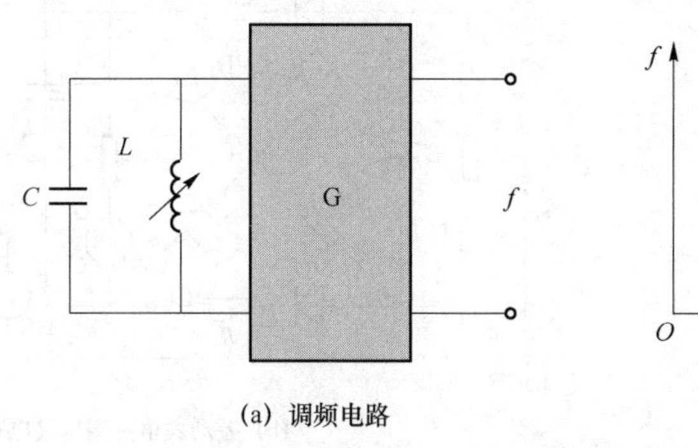

(a) 调频电路

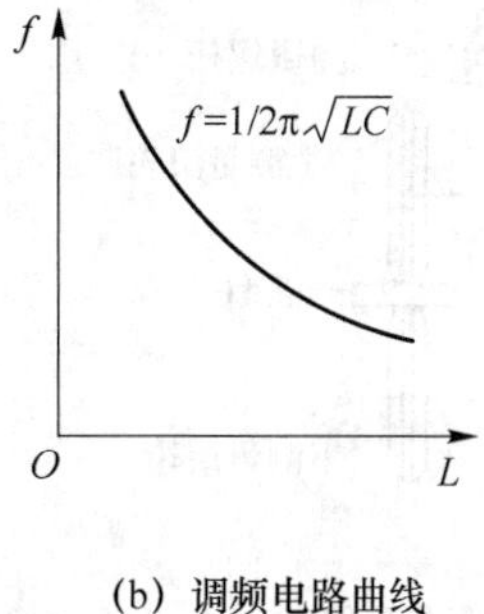

(b) 调频电路曲线

图 4.7 调频电路

4.1.5 自感式传感器应用

1. 压力测量

C 形管压力传感器如图 4.8 所示，它采用变气隙差动式传感器。当被测压力 P 变化时，弹簧管的自由端产生位移，带动与自由端刚性相连的自感传感器的衔铁发生移动，使差动式自感传感器电感值一个增加，一个减小。传感器采用变压器电桥供电，输出信号的大小决定位移的大小，输出信号的相位决定位移的方向。

2. 差动式电感测厚仪

差动式电感测厚仪如图 4.9 所示。图 4.9(a)为其原理图，被测带材在上下测量滚轮之间通过。开始测量之前，先调节测微螺杆至给定厚度(由度盘读出)。当钢带厚度偏离给定厚度时，上测量滚轮将带动测微螺杆上下，通过杠杆将位移传递给衔铁，使 L_1、L_2 变化。图 4.9(b)为差动式电感测厚仪电路，将差动电感接于电路中，L_1、L_2 为电感传感器的两个线圈，由 L_1、L_2 构成电桥的两个桥臂，另外两个桥臂是 C_1、C_2，中间对角线输出端由四个二极管 VD_1 ~ VD_4 和四个电阻 R_1 ~ R_4 组成相敏检波电路，输出电流由电流表指示。R_5 是调零电位器，R_6 用于调节电流表的满刻度值。电桥的电压由变压器提供，R_7、C_3、C_4 起滤波作用，HL 为工作指示灯。变压器采用磁饱和交流稳压器,保证供给电桥的电压稳定。

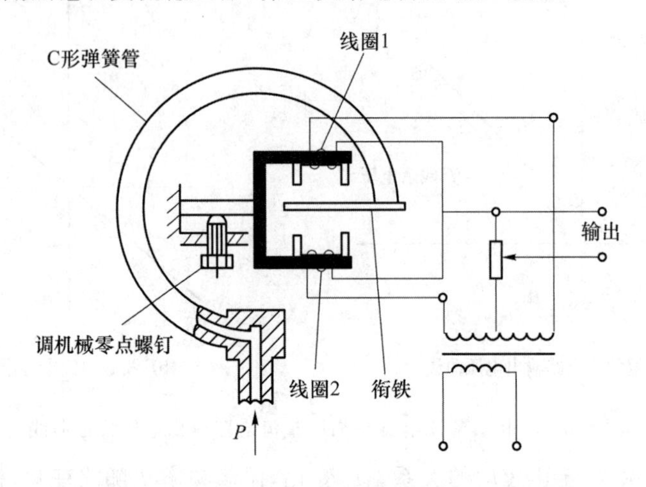

图 4.8 C 形管压力传感器

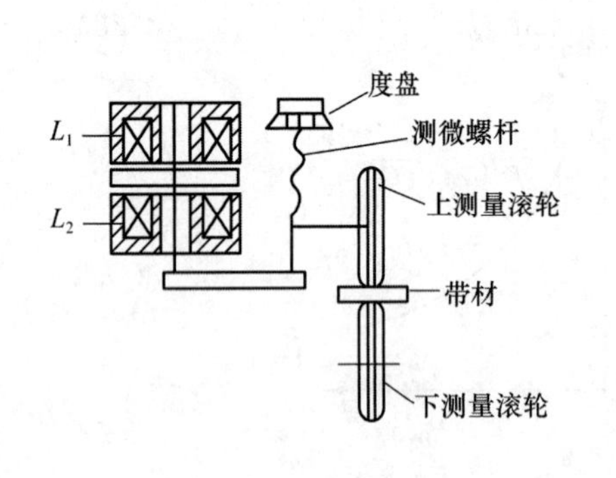

(a) 测厚仪原理

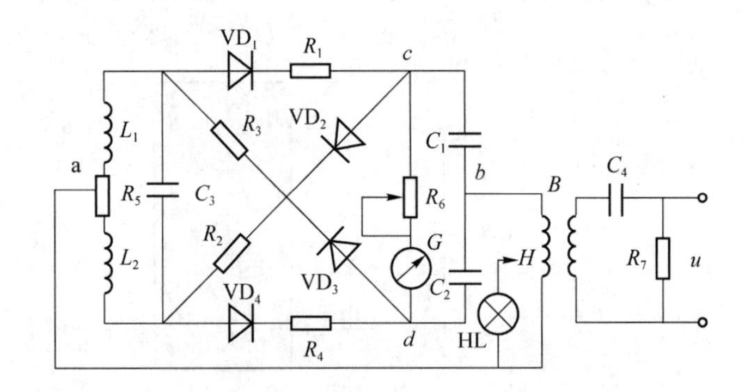

(b) 差动式电感测厚仪电路

图 4.9 差动式电感测厚仪

当传感器衔铁处于中间位置时,$L_1=L_2$,电桥平衡,$U_c=U_d$,电流表 G 无电流流过。

试件厚度发生变化,$L_1\neq L_2$。

当 $L_1>L_2$ 时,不论电源 u 是 a 点为正,b 点为负(VD_1、VD_4 导通),还是 a 点为负,b 点为正(VD_2、VD_3 导通),d 点的电位高于 c 点的电位,G 向一个方向偏转。

当 $L_1<L_2$ 时,不论电源 u 是 a 点为正,b 点为负(VD_1、VD_4 导通),还是 a 点为负,b 点为正(VD_2、VD_3 导通),c 点的电位高于 d 点的电位,G 向另一个方向偏转。

根据电流表指针的偏转方向和刻度值可以判断衔铁位移的方向,同时知道被测厚度的变化大小。

4.2 互感式传感器

互感式传感器是把被测非电量的变化转换为互感量的变化。由于这种传感器是根据变压器原理制成的,也被称为差动变压器。差动变压器的结构形式主要有变间隙式、变面积式和螺线管式。虽然结构不同,但工作原理基本相同。在非电量测量中,应用较多的是螺线管式,它可测量 1～100 mm 的位移，具有测量精度高、灵敏度高、结构简单、性能可靠等优点，广泛应用于位移、压力等非电量测量中。

下面对三段式螺线管式差动变压器进行分析。

4.2.1 互感式传感器的结构与工作原理

螺线管式差动变压器如图 4.10 所示，它由绝缘骨架、绕在骨架上的一次侧线圈、对称于一次侧线圈的两个二次侧线圈和插在线框中央的活动衔铁组成。

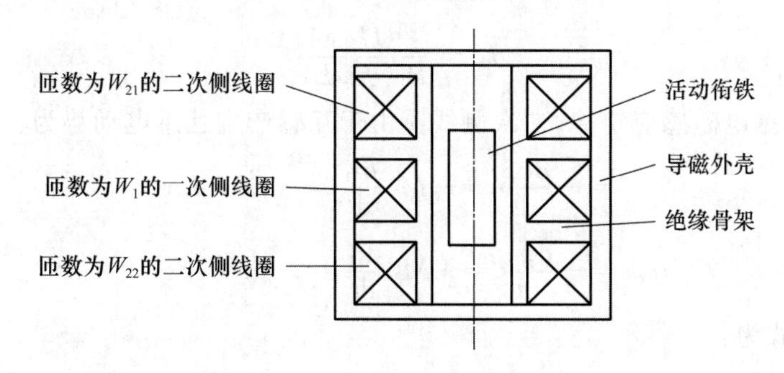

图 4.10 螺管式差动变压器

两个二次侧线圈反向串联（差动连接），对一次侧线圈施加一定频率激励时，理想的差动变压器等效电路如图 4.11 所示。根据变压器原理，在两个二次侧线圈会产生感应电动势$\dot{E}_{21}$、$\dot{E}_{22}$。若在制作工艺上保证变压器结构完全对称，当衔铁处于中间平衡位置时，一次侧线圈与两个二次侧线圈之间磁回路的磁阻 $R_{21}=R_{22}$，磁通 $\Phi_{21}=\Phi_{22}$，互感系数 $M_1=M_2$，根据电磁感应定律有$\dot{E}_{21}=\dot{E}_{22}$。由于两个二次侧线圈反向串联，故$\dot{U}_2=\dot{E}_{21}-\dot{E}_{22}=0$，输出为 0。

当被测量带动衔铁向二次侧线圈 W_{21} 方向移动时，$R_{21}<R_{22}$，$\Phi_{21}>\Phi_{22}$，$M_1>M_2$，$\dot{E}_{21}$增加，$\dot{E}_{22}$减小，$\dot{U}_2=\dot{E}_{21}-\dot{E}_{22}\neq 0$。差动变压器输出特性曲线如图 4.12 所示，为两个次级输出电压曲线的合成，呈 V 字形。

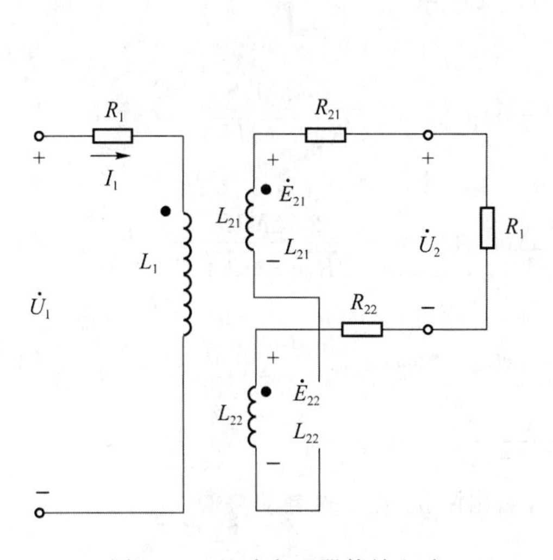

图 4.11 差动变压器等效电路

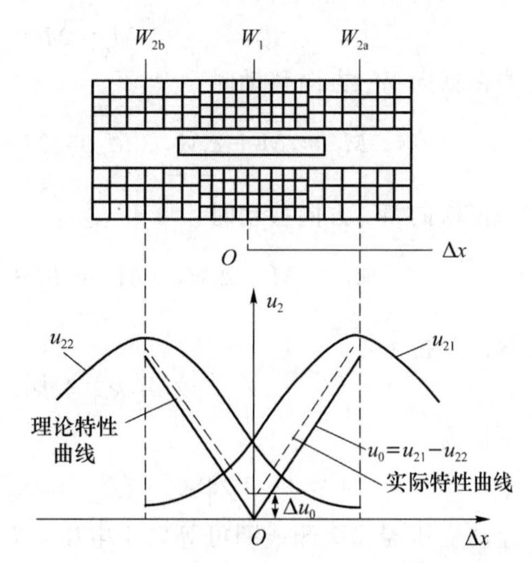

图 4.12 差动变压器输出电压特性曲线

此曲线为理想曲线，实际上，当衔铁处于中央位置时，差动输出电压并不为 0，一般有数十 mV 电压。差动变压器在零位时的输出电压称为零点残余电压，实际使用时此电压必须通过电路设法消除。

4.2.2 基本特性

1. 等效电路

由差动变压器等效电路可知，当次级开路时，初级线圈的电流为：

$$\dot{I}_1 = \frac{\dot{U}_1}{R_1 + \mathrm{j}\omega L_1} \tag{4-29}$$

$i_1 = I_m \mathrm{e}^{\mathrm{j}\omega t}$，根据电磁感应定律，二次侧线圈由于互感产生互感电动势为：

$$e_{21} = -\frac{\mathrm{d}\varphi_{21}}{\mathrm{d}t} = -M_1\frac{\mathrm{d}i_1}{\mathrm{d}t} = -\mathrm{j}\omega M_1 I_m \mathrm{e}^{\mathrm{j}\omega t}$$

$$e_{22} = -\frac{\mathrm{d}\varphi_{22}}{\mathrm{d}t} = -M_2\frac{\mathrm{d}i_1}{\mathrm{d}t} = -\mathrm{j}\omega M_2 I_m \mathrm{e}^{\mathrm{j}\omega t} \tag{4-30}$$

复频域表达式为：

$$\dot{E}_{21} = -\mathrm{j}\omega M_1 \dot{I}_1,\quad \dot{E}_{22} = -\mathrm{j}\omega M_2 \dot{I}_1 \tag{4-31}$$

两个一次侧线圈差动连接，且次级开路，输出电压为：

$$\dot{U}_2 = \dot{U}_{21} - \dot{U}_{22} = \mathrm{j}\omega(M_1 - M_2)\,\dot{I}_1 = \frac{\mathrm{j}\omega(M_1 - M_2)\,\dot{U}_1}{R_1 + \mathrm{j}\omega L_1} \tag{4-32}$$

输出电压的有效值为：

$$U_2 = \frac{\omega(M_1 - M_2)U_1}{\sqrt{R_1^2 + (\omega L_1)^2}} = \pm\frac{2\omega\Delta M U_1}{\sqrt{R_1^2 + (\omega L_1)^2}} \tag{4-33}$$

在电路其他参数为定值时，差动变压器的输出电压与互感差值成正比。求出互感 M_1、M_2 与活动衔铁位移 x 的关系，带入式(4-33)可确定位移的大小。根据输出电压的有效值表达式对差动变压器的基本特性进行分析。

当衔铁处于中间位置时，

$$M_1 = M_2 = M,\quad U_2 = 0$$

当衔铁向 W_{21} 方向移动时，

$$M_1 = M + \Delta M,\quad M_2 = M - \Delta M,\quad U_2 = \frac{2\omega\Delta M U_1}{\sqrt{R_1^2 + (\omega L_1)^2}} \tag{4-34}$$

当衔铁向 W_{22} 方向移动时，

$$M_1 = M - \Delta M,\quad M_2 = M + \Delta M,\quad U_2 = -\frac{2\omega\Delta M U_1}{\sqrt{R_1^2 + (\omega L_1)^2}} \tag{4-35}$$

输出阻抗为：

$$Z = R_{21} + R_{22} + \mathrm{j}\omega L_{21} + \mathrm{j}\omega L_{22} \tag{4-36}$$

幅值为：

$$|Z| = \sqrt{(R_{21} + R_{22})^2 + (\omega L_{21} + \omega L_{22})^2} \tag{4-37}$$

差动变压器二次侧线圈可等效于电压为 U_2，输出阻抗为 Z 的电动势源。

2. 灵敏度

差动变压器的灵敏度是指差动变压器初级线圈在单位电压的激励下，铁芯移动一个单位距离时的输出电压,以 $V/(\mathrm{mm}\cdot\mathrm{V})$表示。

为提高差动变压器的灵敏度,可采取以下措施:

(1) 在不使初级线圈过热的情况下,提高激励电压;

(2) 提高线圈的品质因数 Q 值;

(3) 增大衔铁直径,选择磁导率高、铁损小、涡流损失小的材料。

3. 频率特性

频率过低,差动变压器的灵敏度降低;频率过高,差动变压器铁损、磁滞、涡流等显著增加,灵敏度下降。具体应用时,激励电压频率为 10~30 kHz 较适宜。

4. 线性范围

理想的差动变压器次级输出电压应与铁芯位移呈线性关系,且差动输出电压相角为一定值。为使传感器有较好的线性度,测量范围为骨架长度的 1/10 左右。采用相敏整流电路对输出电压进行处理,可改善差动变压器的线性度。

5. 零点残余电压及消除方法

零点残余电压使传感器输出特性在零点附近不灵敏,非线性增大,有用信号被阻塞。

产生零点残余电压的原因是两个二次测量线圈的等效参数不对称,使两个次级输出的基波感应电动势的幅值和相位不能同时相同;由于铁芯 B-H 特性的非线性特征,产生的高次斜波不同,不能相互抵消。

为减小零点残余电压,可采取以下措施:在制作工艺上力求结构、磁路、线圈对称,铁芯和线圈材料均匀;采用电阻、电容补偿电路,差动整流电路等。

补偿电路如图 4.13 所示。

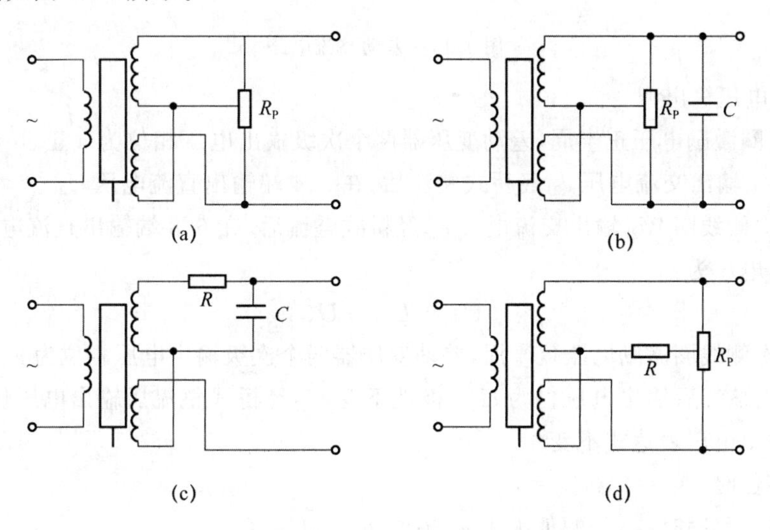

图 4.13 零点残余电压补偿电路

补偿电阻可改变二次侧线圈输出电压的大小和相位,对基波正交分量有很好的补偿效果;并联电容对高次斜波分量有较好的抑制作用,根据实际需要选择补偿电路。

4.2.3 测量电路

由差动变压器的等效电路可见,差动输出电压的大小可反映衔铁位移的大小,由于输出电压仍然是交流电压,它不能反映被测量移动的方向。为了辨别衔铁移动方向和消除零点残余电压，测量中采用差动整流电路和相敏检波电路。

1．差动整流电路

差动整流电路如图 4.14 所示，下面分析两种差动整流电路的工作原理。

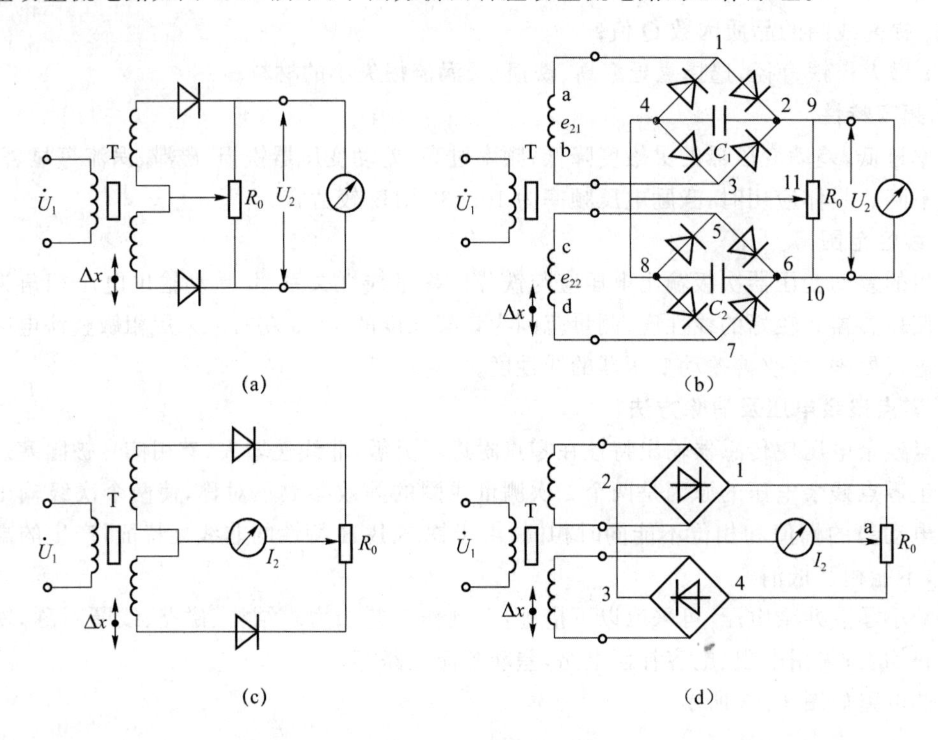

图 4.14　差动整流电路

(1) 全波电压输出型

一次侧线圈激励电压正半周，差动变压器两个次级输出电压相位为 a 正、b 负、c 正、d 负，二次侧线圈 W_{21} 输出交流电压 e_{21} 经桥式整流后，在 2、4 端输出直流电压 U_{24}。

同理，二次侧线圈 W_{22} 输出交流电压 e_{22} 经桥式整流后，在 6、8 端输出直流电压 U_{68}。差动变压器的输出电压为：

$$U_2 = U_{24} - U_{68} \tag{4-38}$$

同理，一次侧线圈激励电压负半周，差动变压器两个次级输出电压相位为 a 负、b 正、c 负、d 正，e_{21} 经桥式整流后输出电压仍为 U_{24}，极性不变，e_{22} 经桥式整流后输出电压仍为 U_{68}，极性不变。差动输出电压表达式不变。

衔铁在零位时，$U_{24}=U_{68}$，$U_2=0$。

当衔铁向上移动时，e_{21} 的幅值大于 e_{22} 幅值，$U_{24}>U_{68}$，$U_2>0$。

当衔铁向下移动时，e_{21} 的幅值小于 e_{22} 幅值，$U_{24}<U_{68}$，$U_2<0$。

可以看出，输出电压的大小反映衔铁位移的大小，输出电压的极性反映位移的方向；同时差动整流电路可以消除零点残余电压，R_0 调整零点残余电压。

(2) 全波电流输出型

设衔铁上移，不论差动变压器初级线圈激励电压为正半周还是负半周，均有：

$$|e_{21}>e_{22}|，U_{12}>U_{34}，I_2>0（电流由 a 到 b）$$

同理，衔铁下移，不论差动变压器初级线圈激励电压为正半周还是负半周，均有：

$$|e_{21}<e_{22}|, U_{12}<U_{34}, I_2<0\text{(电流由 b 到 a)}$$

2. 相敏检波电路

相敏检波电路如图 4.15 所示，图 4.15(a)中 4 个性能相同的二极管与限流电阻一起同向串联，形成环形电桥。差动变压器输出电压 u_2 经过变压比为 n_1 的变压器 T_1 加到环形电桥的一条对角线上，与差动变压器激励电压 u_1 同频同相的参考电压 u_S 经过变压比为 n_2 变压器 T_2 加到环形电桥的另外一个对角线上。输出电压信号由 T_1、T_2 的中间抽头引出。参考电压 u_S 的幅值远远大于差动变压器输出电压 u_2 幅值。4 个二极管的导通状态取决于参考电压的极性。

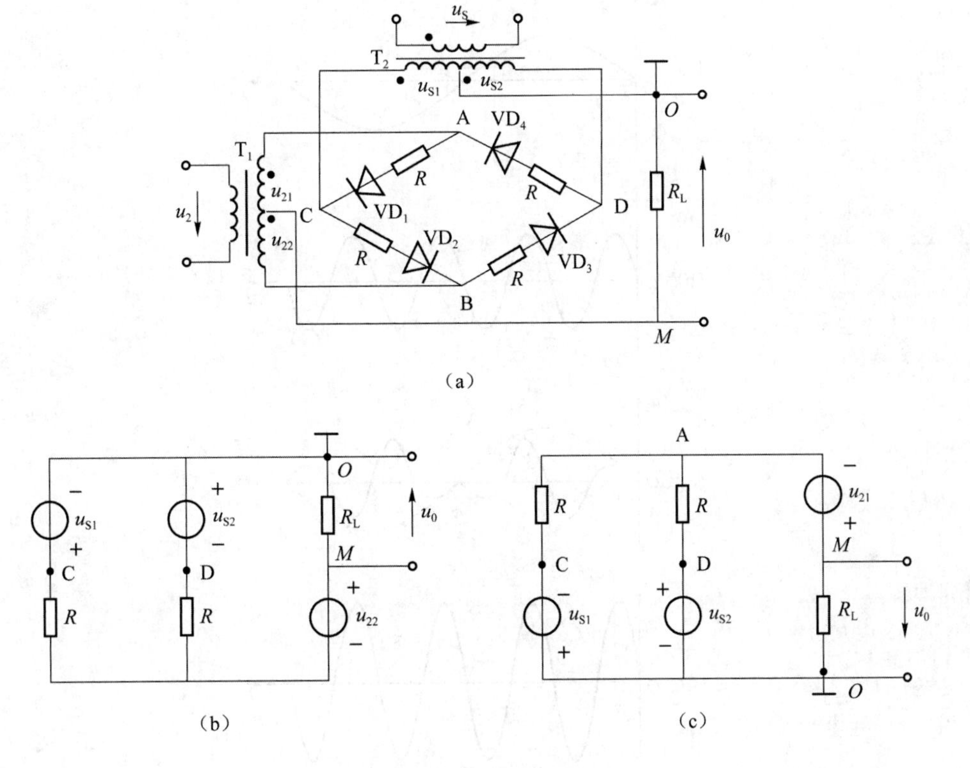

图 4.15　相敏检波电路

图 4.15(b)中，当 $\Delta x>0$ 时，u_2 与 u_S 同频同相，u_2 与 u_S 为正半周时，二极管 VD_1、VD_4 截止，VD_2、VD_3 导通。

$$u_{s1}=u_{s2}=\frac{u_s}{2n_2} \tag{4-39}$$

$$u_{21}=u_{22}=\frac{u_2}{2n_1} \tag{4-40}$$

根据叠加定理，输出电压 u_0 为：

$$u_0=\frac{R_L u_{22}}{R/2+R_L}=\frac{R_L u_2}{n_1(R+2R_L)} \tag{4-41}$$

(u_{S1}、u_{S2}对 R_L 相互抵消)

在图 4.15(c)中，u_2 与 u_S 为负半周时，二极管 VD_2、VD_3 截止，VD_1、VD_4 导通，输出电压 u_0 与式(4-41)相同。

当 $\Delta x>0$ 时，不论 u_2 与 u_s 为正半周还是负半周，负载电阻 R_L 两端电压 u_0 始终为正。

当 $\Delta x<0$ 时，u_2 与 u_s 同频反相，采用上述电路分析方法，得到负载电阻 R_L 两端电压 u_0 为：

$$u_0=-\frac{R_L u_2}{n_1(R+2R_L)} \tag{4-42}$$

当 $\Delta x<0$ 时，不论 u_2 与 u_S 为正半周还是负半周，负载电阻 R_L 两端电压 u_0 始终为负。

u_2 的电压波形是由 Δx 调相调幅波形，即 u_2 与 u_S 的相位关系取决于 Δx 的极性。u_2 的幅值取决于 Δx 的大小。相敏检波电路的输出电压 u_0 的大小反映位移大小，极性反映位移的方向，其波形如图 4.16 所示。

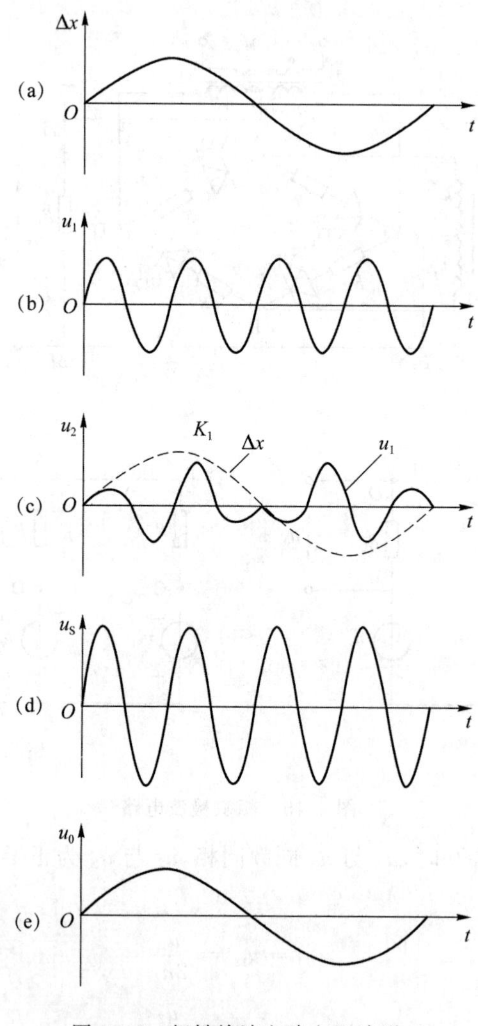

图 4.16 相敏检波电路电压波形

4.2.4 差动变压器的应用

1. 微压力传感器

将传感器与弹性敏感元件(膜片、膜盒和弹簧管等)相结合，可以组成各种压力传感器。微压力传感器结构及测量电路如图 4.17 所示。

在被测压力为零时，膜盒在初始位置，固接在膜盒中间的衔铁位于差动变压器线圈的中间位置，因此输出电压为零。当被测压力由接头传入膜盒时，其中央自由端产生一个正比于被测压力的位移，并带动衔铁 6 在差动变压器中移动，使差动变压器输出电压。输出经过相敏检波和滤波后，其直流输出电压反映被测压力的数值。

图 4.17(b)为微压力传感器的测量电路。通过稳压电源和振荡器，提供给差动变压器一次线圈一定频率的稳幅激励电压，差动变压器输出经过半波整流和阻容滤波后，输出对应压力的直流电压。由于输出电压较大，线路中不需要放大器。

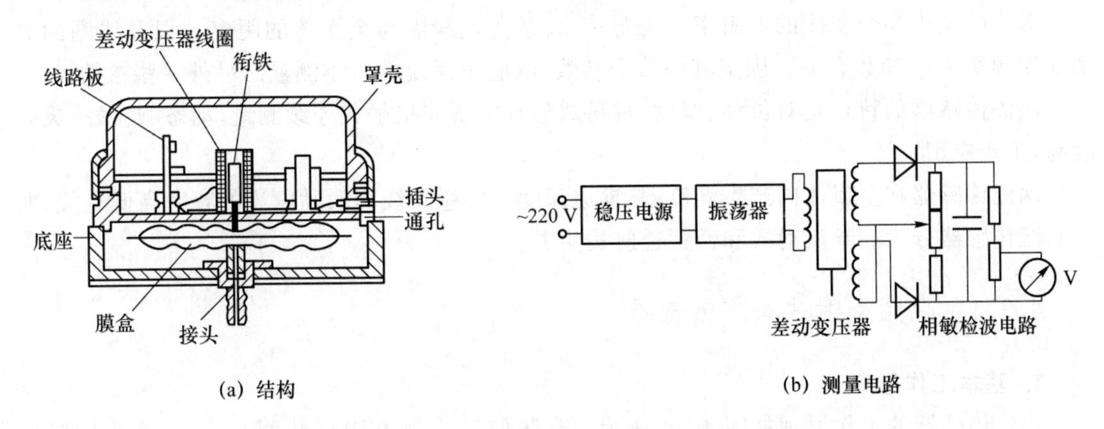

图 4.17　微压力传感器结构及测量电路

这种压力传感器可测量$(-4\sim6)\times10^4$ Pa 的压力，输出电压为 0～50 mV。

2. 差动变压器式加速度传感器

差动变压器式加速度传感器的结构和测量电路如图 4.18 所示，它用于测量振动体的加速度，要求这个惯性测振系统的固有频率大于被测体振动频率的 4 倍以上。由于传感器的固有频率 $\omega_0=\sqrt{k/m}$，其中 k 为弹性元件的刚度，m 为运动系统的质量，m 主要由衔铁的质量决定。一般衔铁质量不能太小，弹性元件的刚度不能过大，否则灵敏度下降，因此振动频率的上限受到限制，一般在 150 Hz 以内。

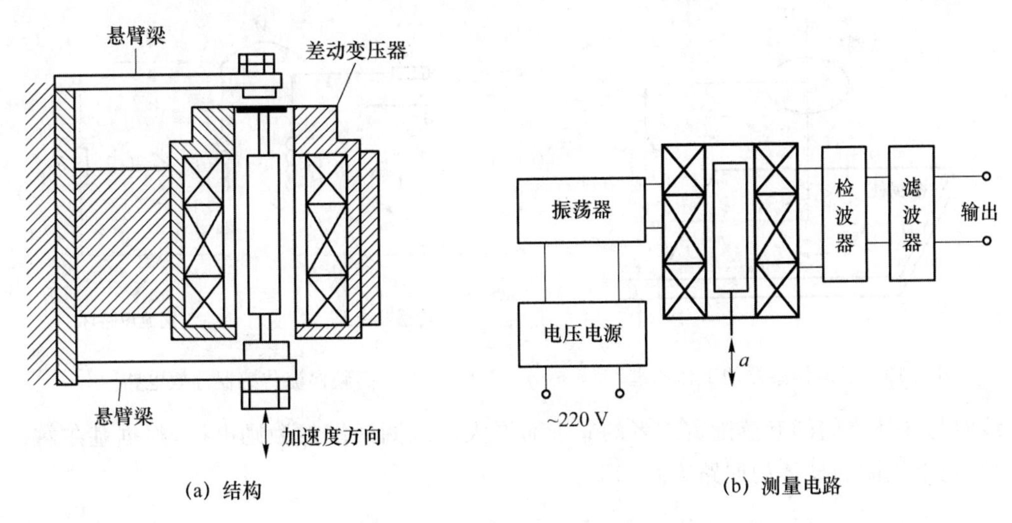

图 4.18　差动变压器式加速度传感器的结构和测量电路

4.3 电涡流式传感器

块状金属导体置于变化的磁场中或在磁场中作切割磁力线运动时，导体内将产生呈涡旋状的感应电流，此电流在导体内是闭合的，被称为涡流。

涡流的大小与金属体的电阻率 ρ、磁导率 μ、厚度 t、线圈与金属体的距离 x 以及线圈的激励电流频率 f 等参数有关。固定其中若干参数，就能按涡流的大小测量出另外一些参数。

涡流传感器的特点是对位移、厚度、材料缺陷等实现非接触式连续测量，动态响应好，灵敏度高，工业应用广泛。

涡流传感器在金属体内产生涡流，其渗透深度与传感器线圈激励电流的频率高低有关，所以涡流传感器分为高频反射式和低频透射式两类。

4.3.1 高频反射式涡流传感器

1. 基本工作原理

涡流传感器的工作原理如图 4.19 所示。高频信号 i_h 加在电感线圈 L 上，L 产生同频率的高频磁场 φ_i 作用于金属表面，由于趋肤效应，高频电磁场在金属板表面感应出涡流 i_e，涡流产生的反磁场 φ_e 反作用于 φ_i，使线圈的电感和电阻发生变化，从而使线圈阻抗变化。传感器线圈受电涡流影响时的等效阻抗 Z 的函数关系式为：

$$Z = F(\rho, \mu, r, f, x) \tag{4-43}$$

如果 ρ、μ、r、f 参数已定，Z 成为线圈与金属板距离 x 的单值函数，由 Z 可知 x。

2. 等效电路分析

高频涡流传感器等效电路如图 4.20 所示。

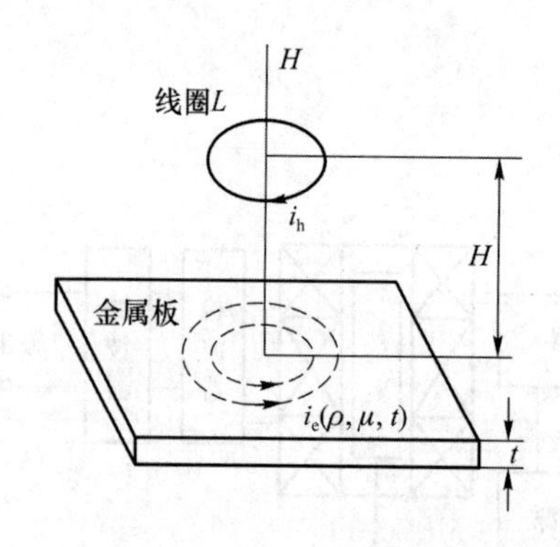

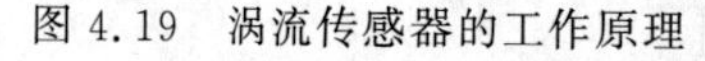

图 4.19 涡流传感器的工作原理

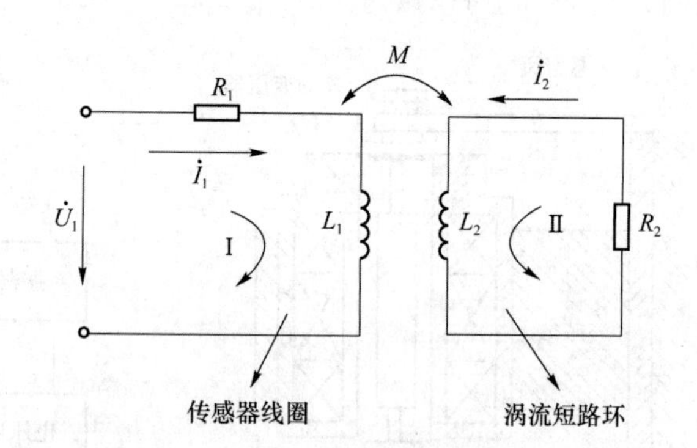

图 4.20 高频涡流传感器等效电路

线圈与导体之间的互感随着二者的靠近而增大。线圈两端加激励电压，根据基尔霍夫电压定律，列出线圈和导体的回路方程如下：

$$R\dot{I}_1 + j\omega L_1\dot{I}_1 - j\omega M\dot{I}_2 = \dot{U}_1 \tag{4-44}$$

$$-j\omega M\dot{I}_1 + (R_2 + j\omega L_2)\dot{I}_2 = 0 \tag{4-45}$$

可求得线圈阻抗：

$$Z = \frac{\dot{U}}{\dot{I}_1} = R_1 + \frac{\omega^2 M^2}{R_2^2 + (\omega L_2)^2} R_2 + \mathrm{j}\omega \left[L_1 - \frac{\omega^2 M^2}{R_2^2 + (\omega L_2)^2} L_2 \right] = R_{\mathrm{eq}} + \mathrm{j}\omega L_{\mathrm{eq}} \tag{4-46}$$

线圈的等效品质因数 Q 值为：

$$Q = \frac{\omega L_{\mathrm{eq}}}{R_{\mathrm{eq}}} = Q_1 \left(1 - \frac{L_2}{L_1} \times \frac{\omega^2 M^2}{Z_2^2}\right) \Big/ \left(1 + \frac{R_2}{R_1} \times \frac{\omega^2 M^2}{Z_2^2}\right) \tag{4-47}$$

由于涡流的影响，线圈阻抗的实数部分增大，这是因为涡流损耗、磁滞损耗将使实部增加。具体来说，等效电阻与互感 M 和导体电阻 R_2 有关。

在等效电阻的虚部表达式中，L_1 与静磁效应有关，即与被测导体是不是磁性材料有关，线圈与被测导体组成一个磁路，其有效磁导率取决于此磁路的性质。若金属导体为磁性材料，有效磁导率随导体与线圈距离的减小而增大，则 L_1 将增大；若金属导体为非磁性材料，有效磁导率与导体与线圈距离无关，则 L_1 不变。等效电感的第二项为反射电感，与涡流效应有关，它随着距离的减小而增大，从而使等效电感减小。因此，当靠近传感器线圈的被测导体为非磁性材料或硬磁性材料时，传感器线圈的等效电感减小；当被测导体为软磁材料时，由于静磁效应使传感器线圈的等效电感增大。

总之，被测量的变化引起线圈电感 L、阻抗 Z 和品质因数 Q 的变化，通过测量电路将 Z、L 或 Q 转变为电信号，可测被测量。

3. 传感器的结构

传感器的结构如图 4.21 所示，它由一个安装在框架上的扁平圆形线圈构成。线圈既可以粘贴在框架上，也可以绕在框架的槽内。线圈一般用高强度的漆包线，要求高的可用银线或银合金线。

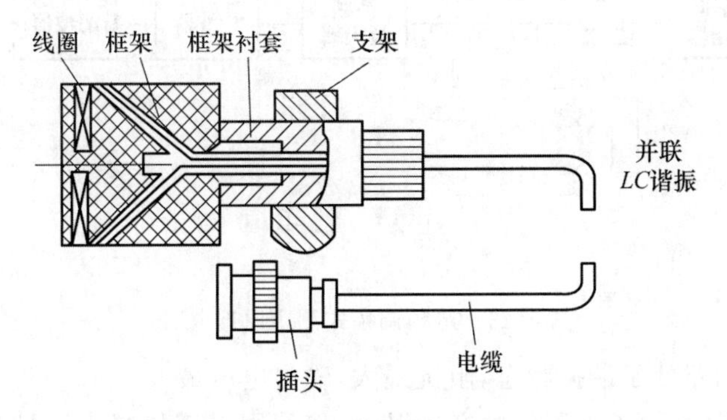

图 4.21 传感器的结构

4. 被测体材料对谐振曲线的影响

实际涡流传感器为一只线圈与一只电容器相并联，构成 LC 并联谐振电路。

无被测体时，将传感器调谐到某一频率 f_0。

$$f_0 = \frac{1}{2\pi\sqrt{LC}} \tag{4-48}$$

被测体为非磁材料，线圈的等效电感减小，谐振曲线右移；被测体为软磁材料，线圈的等效电感增大，谐振曲线左移。结果使回路失谐，传感器的阻抗及品质因数降低。

传感器的谐振曲线如图 4.22 所示，可以看出，当激励频率一定时，LC 回路阻抗既反映电感的变化，也反映 Q 值的变化。距离越近，LC 回路输出阻抗越低，输出电压越低。

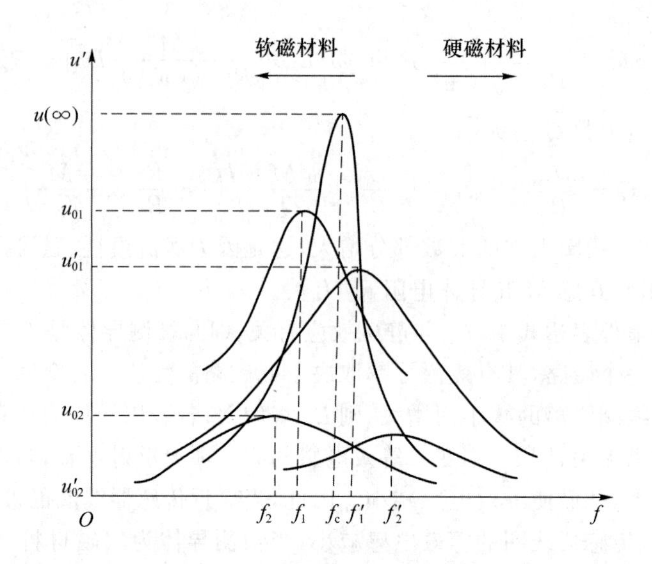

图 4.22 传感器的谐振曲线

5. 测量方法

测量方法分为定频调幅法和调频法。

(1) 定频调幅式

稳频稳幅的高频激励电流对并联 LC 电路供电。定频调幅式测距原理电路如图 4.23 所示。

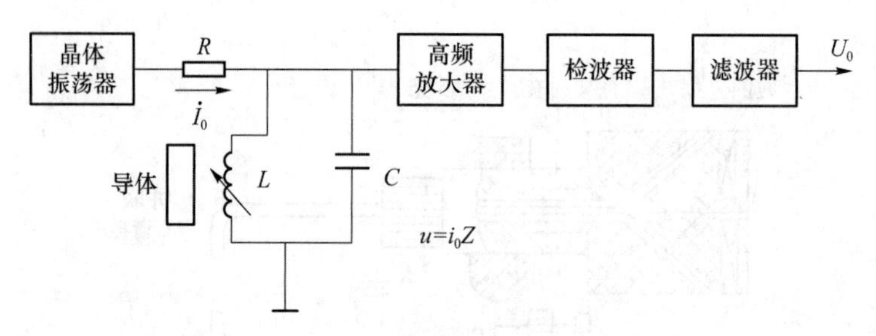

图 4.23 定频调幅式测距原理电路

无被测体,LC 回路处于谐振状态,阻抗最大,输出电压最大。

被测体靠近线圈时,由于被测体内产生涡流,使线圈电感值减小,回路失谐,阻抗下降,输出电压下降。输出电压为高频载波的等幅电压或调幅电压。

将此高频载波电压变换成直流电压,回路输出电压须经过交流放大使电平抬高,通过检波电路提取等幅电压。经过滤波电路滤出高频杂散信号,取出与距离(振动)对应的直流电压 U_0。

当距离在(1/5～1/3)D(线框直径)范围内时,U_0 与距离 x 成线性关系,传感器的输出特性曲线如图 4.24 所示。

(2) 调频测量电路

调频式测距原理电路如图 4.25 所示,将传感器接于振荡电路,振荡器由电容三点式振荡器和射极跟随器组成,其振荡频率 $f=\dfrac{1}{2\pi\sqrt{L_xC}}$。

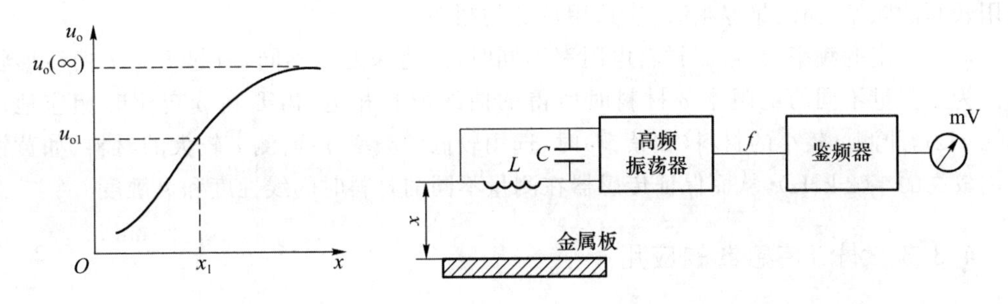

图 4.24 传感器的输出特性曲线

图 4.25 调频式测距原理电路

当传感器与被测导体的距离变化时，在涡流的影响下，传感器线圈的电感发生变化，导致输出频率变化。输出频率可直接用数字频率计测量，也可通过鉴频器变换，将频率变为电压，通过电压表测出。

4.3.2 低频透射式涡流传感器

透射式涡流传感器原理如图 4.26 所示。发射线圈和接收线圈分别置于被测材料 M 的上下方。由振荡器产生的音频激励电压 u 加到 L_1 的两端，线圈流过同频率的交变电流，并在周围产生一个交变磁场。如果两个线圈之间没有被测材料 M，L_1 产生的磁场直接贯穿 L_2，在 L_2 两端产生出一个交变电势 E。

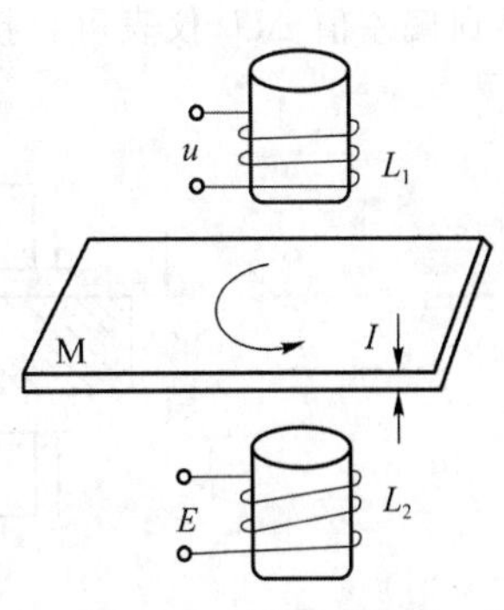

图 4.26 透射式涡流传感器原理

在 L_1 和 L_2 之间放置一个金属板 M 后，L_1 产生的磁力线切割 M(M 可看作是一个短路线圈)，并在其中产生涡流 I，这个涡流损耗了部分磁场的能量，使达到 L_2 的磁力线减少，引起 E 的下降。M 的厚度 t 越大，涡流损耗越大，E 越小。E 的大小间接地反映了 M 的厚度，这就是测厚原理。

理论分析和实践表明，$E \propto e^{-\frac{t}{Q_S}}$，$Q_S \propto \sqrt{\rho/f}$，其中 Q_S 为渗透深度，f 为激励频率，t 为材料厚度，ρ 为材料电阻率。

频率、材料一定，板越厚，接收线圈 E 越小。线圈的感应电势与厚度关系曲线如图 4.27 所示。

板厚、材料一定，频率越高，E 越小。一定材料，不同渗透深度(不同频率)下 E 与 I 的关系如图 4.28 所示。

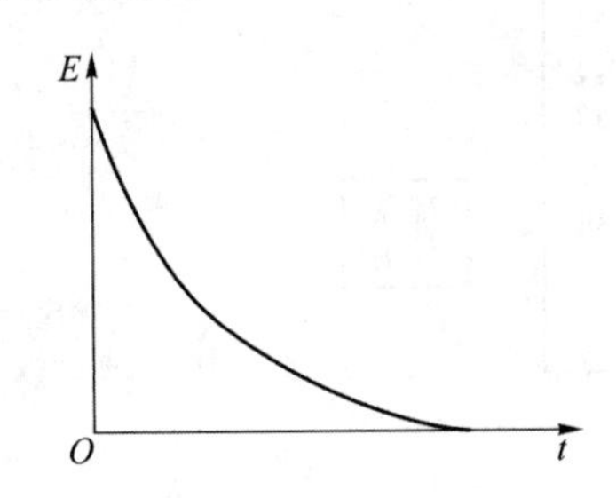

图 4.27 线圈的感应电势与厚度的关系

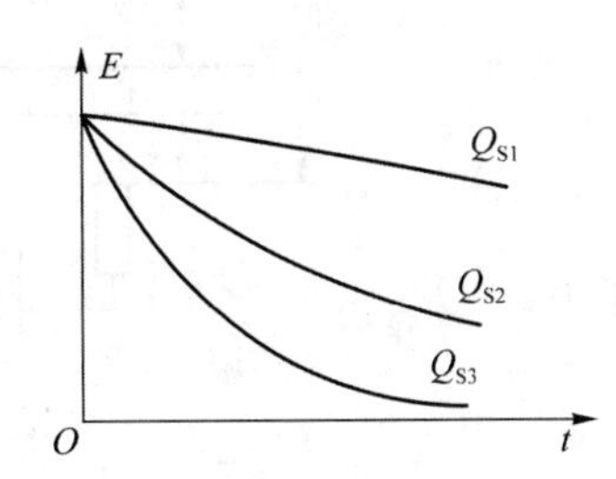

图 4.28 不同渗透深度 E 与 t 的关系

在 t 较小的情况下，频率较高、渗透深度 Q_S 较小的曲线斜率较大；而在 t 较大的情况下，较低频率、渗透深度 Q_S 较大的曲线斜率较大。所以，为了得到较高的灵敏度；测量薄板时应选用较高的频率;而测量厚板时,应选用较低的频率。

对于一定的频率,当被测材料电阻率不同时,渗透深度也不同,引起 E 与 t 曲线形状的变化。为了测量不同的电阻率 ρ 材料时所得的曲线形状相近,需要在 ρ 变化时相应地改变 f(300 Hz),即测 ρ 较小的材料(如紫铜)时,选用较低的频率 f;而测 ρ 较大的材料(如黄铜)时,选用较高的 f(2 kHz),从而保证传感器在测量不同的材料时的线性度和灵敏度。

4.3.3 涡流传感器的应用

1. 厚度测量

涡流测厚仪原理如图 4.29 所示。在带材的上、下两侧对称地设置两个特性完全相同的涡流传感器 L_1、L_2。L_1、L_2 与被测带材表面之间的距离分别为 x_1 和 x_2,两探头距离为 D,板厚 $d=D-(x_1+x_2)$。涡流传感器 L_1、L_2 对应输出电压为 U_1、U_2,若板厚不变,x_1+x_2 为一定值 $2x_0$,对应输出电压为 $2U_0$。若板厚变化了 Δt,则 $x_1+x_2=2x_0\pm\Delta t$,输出电压为 $2U_0\pm\Delta U$,ΔU 表示板厚波动 Δt 后输出电压变化值。若采用比较电压 $2U_0$,则传感器输出与比较电压相减后得到偏差值 ΔU,仪表可直接读出板厚的变化值。被测板厚为板厚设定值与变化值代数和。

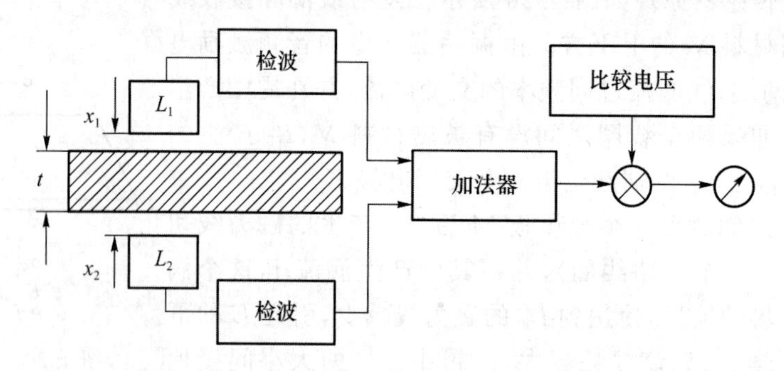

图 4.29 涡流测厚仪原理

也可由图 4.30 微机测厚仪测量板厚。x_1 和 x_2 由涡流传感器测出,经调理电路变为对应的电压值,再经 A/D 转换器变为数字量,送入单片机。单片机分别算出 x_1 和 x_2 的值,然后由公式 $d=D-(x_1+x_2)$ 计算出板厚。D 值由键盘设定,板厚值送显示器显示。

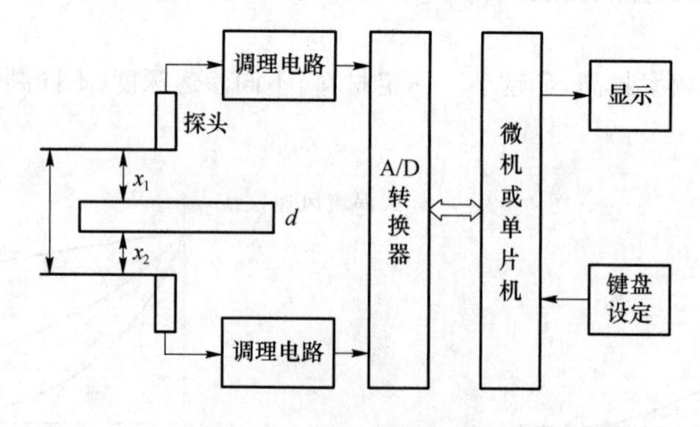

图 4.30 微机测厚仪原理

2. 转速测量

在软磁材料制成的旋转体上开数条槽或做成齿轮状,在旁边安装电涡流传感器,如图 4.31 所示。当旋转体旋转时,电涡流传感器便周期性地输出电信号,此电压脉冲信号经放大整形,用频率计测出频率，轴的转速与槽数及频率的关系为：

$$n = \frac{60f}{N} \tag{4-49}$$

式中：f 为频率值（单位为 Hz）；N 为旋转体的槽（齿）数；n 为被测轴的转速（单位为 r/min）。

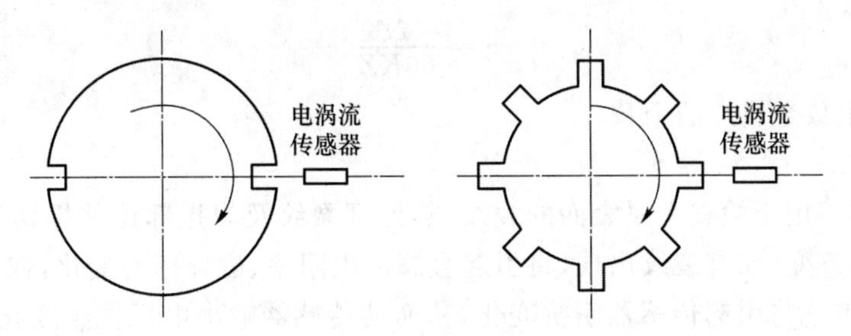

图 4.31　转速测量

在航空发动机等试验中，常需要测得轴的振幅和转速关系曲线，方法是将转速计输出的频率值经过 F/U 转换接入 $x-y$ 函数记录仪的 x 轴输入端，而把振幅计的输出接入 $x-y$ 函数记录仪的 y 端，利用 $x-y$ 函数记录仪可直接化除转速－振幅曲线。

3. 涡流风速仪

三杯式涡流风速仪结构原理如图 4.32 所示。它的结构是碗式风杯转动轴上固定的金属片圆盘，当风杯受风而转动时，圆盘上的金属片便不断地接近或离开涡流传感器探头中的振荡线圈，造成回路失谐，输出电压下降（磁回路间断短路）。

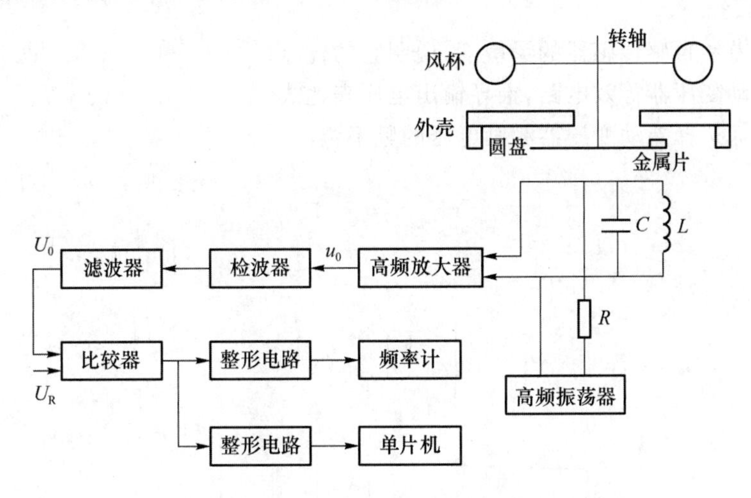

图 4.32　三杯式涡流风速仪结构原理

当金属片未靠近探头时，LC 并联谐振回路阻抗较大，输出电压大。设计经处理后的输出电压 U_O 大于比较器的参考电压 U_R。比较器输出高电平。

当金属片靠近探头时，LC 谐振回路失谐，阻抗下降，输出电压减小，$U_O < U_R$。比较器输出低电平。

圆盘转动圈数、涡流产生的次数和比较器输出脉冲数均相等，这样就将风速转换为电脉冲信号。如果频率速度转换常数为 K，单位为 Hz/(m・s)，风速为 $v=f/K$，单位为 m/s。

将脉冲送入单片机的计数口 T_1、T_0。定时 1 min，计 T_1 中的计数值为 N，风速计算公式为：

$$v = \frac{N}{60K} \tag{4-50}$$

若想提高分辨能力，可在圆盘上等距放多个金属片，转一圈输出多个脉冲。

风速计算公式为：

$$v = \frac{N}{60KZ} \tag{4-51}$$

式中，Z 为圆盘上放金属片的个数。

4. 涡流探伤

涡流传感器可用于检查金属表面的裂纹、热处理裂纹及焊接部位的探伤等。保持传感器与被测体的距离不变，如有裂纹出现，将引起金属的电阻率、磁导率的变化，在裂纹处这些综合参数(x、ρ、μ)的变化将引起传感器阻抗变化，从而使传感器输出电压发生变化，达到探伤的目的。例如，可以用涡流探伤仪检测工件的焊缝质量。

课程思政

本章习题

1. 比较自感式传感器与差动变压器的相同点和不同点。

2. 何谓差动变压器的零点残余电压，如何消除它？

3. 高频反射式电涡流传感器测距工作原理是什么？低频透射式涡流传感器测量板厚的工作原理是什么？

4. 试推导差动自感传感器的灵敏度，说明它的优点。

5. 根据差动变压器等效电路，推导输出电压表达式。

6. 说明如何选择差动变压器激励电压的频率？

第 5 章 电容式传感器

电容式传感器是一种将被测非电量的变化转换为电容量变化的传感器。它具有结构简单,体积小,分辨率高,平均效应,测量精度高,可实现非接触测量,并能够在高温、辐射和振动等恶劣条件下工作等一系列优点,广泛应用于压力、位移、加速度、液位、振动及湿度等参量的测量。

5.1 电容式传感器结构与工作原理

两块平行平板组成一个电容器,忽略其边缘效应,其电容量为:

课件 PPT

$$C=\frac{\varepsilon S}{d}=\frac{\varepsilon_r\varepsilon_0 S}{d} \tag{5-1}$$

式中:ε 为电容极板间介质的介电常数;ε_0 为真空介电常数($\varepsilon_0=8.83\times10^{-12}$ F/m);ε_r 为极板间的相对介电常数;S 为两平行极板覆盖的面积;d 为两极板之间的距离。

当 S、d、ε 中任意一个参数变化时,电容 C 发生变化。电容传感器可分为变极距式、变面积式和变介电常数式。

5.1.1 变极距式电容传感器

1. 简单变极距式电容传感器

简单变极距式电容传感器结构如图 5.1 所示。由定极板和动极板组成的电容器初始电容为 $C_0=\frac{\varepsilon S}{d}$。若电容器动极板因被测量变化上移 Δd,极板间距离由初始值 d 缩小 Δd,电容量增大 ΔC,则有:

$$C=\frac{\varepsilon S}{d-\Delta d}=\frac{\varepsilon S}{d}\frac{1}{1-\Delta d/d}=C_0\frac{1+\Delta d/d}{1-(\Delta d/d)^2} \tag{5-2}$$

若 $\Delta d/d\ll1$,

$$C\approx C_0(1+\Delta d/d) \tag{5-3}$$

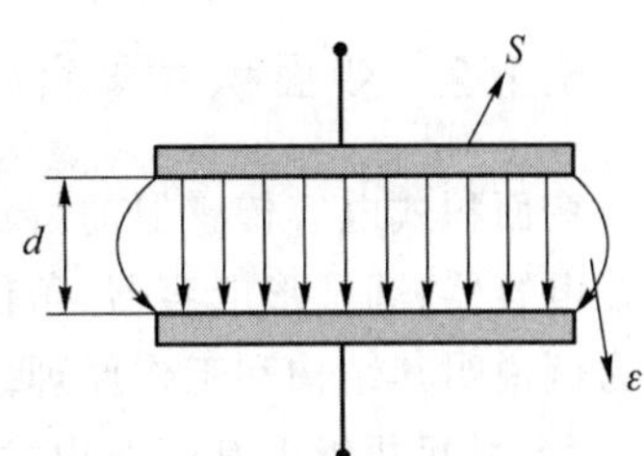

图 5.1 简单变极距式电容传感器结构

一般在最大位移小于间距的 1/10 时,C 与 Δd 近似呈线性关系。传感器的灵敏度为:

$$K=\frac{\Delta C}{\Delta d}=\frac{C_0}{d} \tag{5-4}$$

若以容抗为输出,则有:

$$X_C=\frac{1}{\omega C}=\frac{1}{\omega C_0}\left(1-\frac{\Delta d}{d}\right) \tag{5-5}$$

X_C 与 Δd 呈线性关系,无须满足 $\Delta d \ll d$。

在实际应用中,为了减小非线性,提高灵敏度,减少外界干扰,常将电容传感器做成差动式。

2. 差动变极距式电容传感器

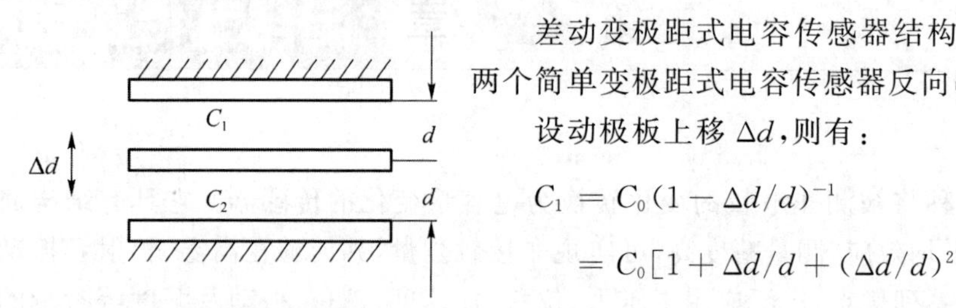

图 5.2 差动变间隙电容传感器结构

差动变极距式电容传感器结构如图 5.2 所示,相当于两个简单变极距式电容传感器反向串联。

设动极板上移 Δd,则有:

$$C_1=C_0(1-\Delta d/d)^{-1}$$

$$=C_0[1+\Delta d/d+(\Delta d/d)^2+\cdots] \tag{5-6}$$

$$C_2=C_0(1+\Delta d/d)^{-1}$$

$$=C_0[1-\Delta d/d+(\Delta d/d)^2-\cdots] \tag{5-7}$$

$$\Delta C=C_1-C_2=2C_0\Delta d/d[1+(\Delta d/d)^2+(\Delta d/d)^4+\cdots] \tag{5-8}$$

$$\Delta C\approx 2C_0\Delta d/d \tag{5-9}$$

$$K=\frac{\Delta C}{\Delta d}=2\frac{C_0}{d} \tag{5-10}$$

灵敏度提高了 1 倍。

差动电容传感器非线性误差

$$\delta_L=\left|\frac{2C_0\frac{\Delta d}{d}\left(\frac{\Delta d}{d}\right)^2}{2C_0\frac{\Delta d}{d}}\right|\times 100\%=\left|\left(\frac{\Delta d}{d}\right)^2\right|\times 100\% \tag{5-11}$$

单极非线性误差

$$\delta_L=\left|\frac{C_0\frac{\Delta d}{d}\left(\frac{\Delta d}{d}\right)}{C_0\frac{\Delta d}{d}}\right|\times 100\%=\left|\left(\frac{\Delta d}{d}\right)\right|\times 100\% \tag{5-12}$$

非线性误差大大减小。

5.1.2 变面积式电容传感器

变面积式电容传感器的特点是测量范围大,输出与输入呈线性关系,一般有四种类型,即平板电容器、圆柱形电容器、角位移电容器和容栅式电容器。下面以平板电容器和角位移电容器为例说明其结构和工作原理。变面积式线位移电容传感器原理如图 5.3 所示。

Δx 引起两极板有效面积发生变化,从而引起电容量的变化,电容量变化为:

$$\Delta C=C-C_0=\frac{\varepsilon_0\varepsilon_r(a-\Delta x)b}{d}-\frac{\varepsilon_0\varepsilon_r ab}{d}=-\frac{\varepsilon_0\varepsilon_r b}{d}\Delta x \tag{5-13}$$

灵敏度为：

$$k_g = -\Delta C/\Delta x = \frac{\varepsilon b}{d} \tag{5-14}$$

ΔC 与 Δx 呈线性关系。

变面积式角位移电容传感器原理如图 5.4 所示。

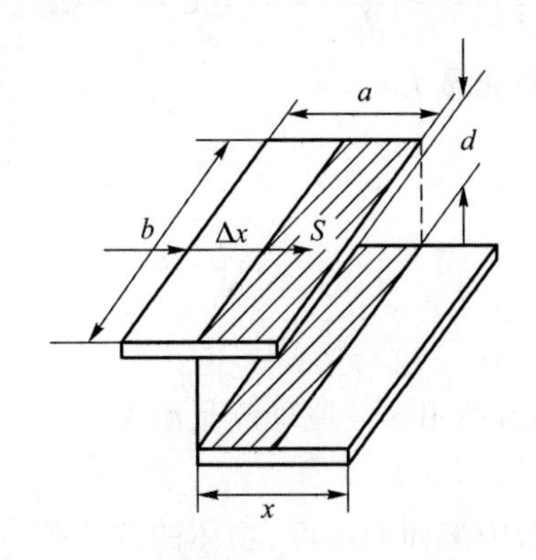

图 5.3 变面积线位移电容传感器原理

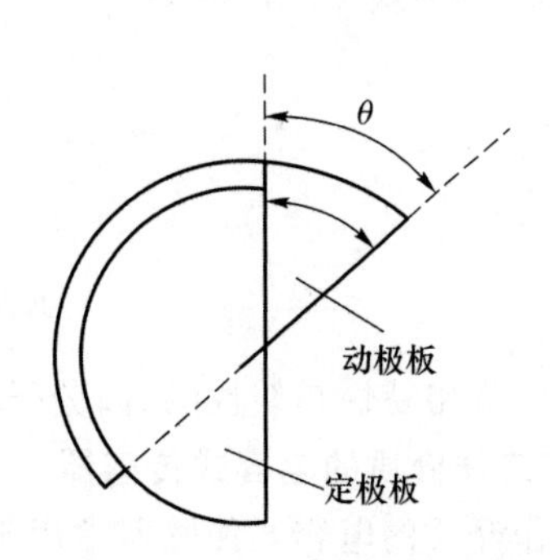

图 5.4 变面积角位移电容传感器原理

当 $\theta=0$ 时，

$$C_0 = \frac{\varepsilon_0 \varepsilon_r S_0}{d} \tag{5-15}$$

当动极板相对定极板有一个角位移时，即 $\theta \neq 0$ 时，

$$C = \frac{\varepsilon_0 \varepsilon_r \left(1 - \frac{\theta}{\pi}\right) S}{d} = C_0 - C_0 \frac{\theta}{\pi} \tag{5-16}$$

电容的变化量为：

$$\Delta C = C - C_0 = -C_0 \frac{\theta}{\pi} \tag{5-17}$$

灵敏度为：

$$K = \frac{\Delta C}{\theta} = -\frac{C_0}{\pi} \tag{5-18}$$

ΔC 与 θ 呈线性关系。

5.1.3 变介电常数式电容传感器

在电容器两个极板之间充以空气以外的其他介质，当介电常数发生变化时，电容量相应变化，构成了变介电常数式电容传感器。

变介电常数式电容传感器的结构较多，其中有利用一些非导电固体的湿度变化、介质自身介电常数变化的电容传感器，可以用来测量粮食、纺织品、木材、煤等物质的湿度。还有物质本身的介电常数并没有变化，但是极板之间的介质成分发生变化，即由一种介质变为两种或两种以上的介质，引起电容变化。利用这一原理可测量位移、液位等，下面予以讨论。

1. 介质本身介电常数变化的电容传感器

变介电常数式电容传感器如图 5.5 所示。

初始时，电容器电容量为：

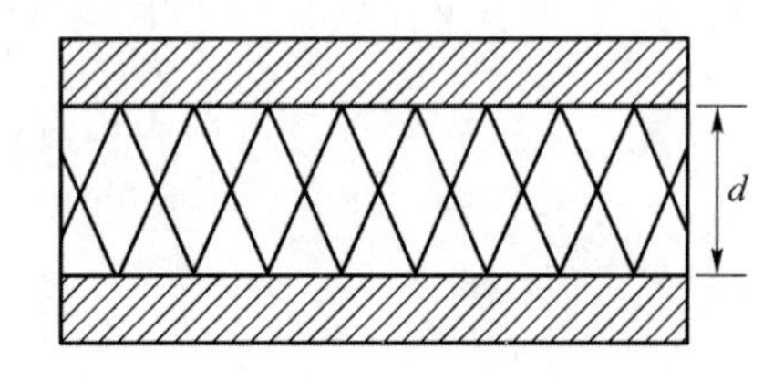

图 5.5 变介电常数式电容传感器

$$C=\frac{\varepsilon S}{d}=\frac{\varepsilon_r\varepsilon_0 S}{d}$$

若介质的介电常数变化 $\varepsilon_r\rightarrow\varepsilon_r+\Delta\varepsilon_r$，则电容量的变化为：

$$C+\Delta C=\frac{(\varepsilon_r+\Delta\varepsilon_r)\varepsilon_0 S}{d}=C+\frac{\varepsilon_0 S}{d}\Delta\varepsilon_r \tag{5-19}$$

电容量变化量为：

$$\Delta C=\frac{\varepsilon_0 S}{d}\Delta\varepsilon_r \tag{5-20}$$

灵敏度为：

$$K_\varepsilon=\frac{\Delta C}{\Delta\varepsilon_r}=\frac{\varepsilon_0 S}{d} \tag{5-21}$$

传感器的输出特性是线性的，高分子薄膜电容器利用这一原理测量湿度。

2. 改变工作介质的电容式传感器

改变工作介质的电容式传感器常用于检测容器中液面的高度、物体的位移等。

电容式液面计如图 5.6 所示。在液体中放入两个同心圆柱状极板，插入液体深度 h，若液体的介电常数为 ε_1，气体的介电常数为 ε_2，内筒和外筒两极板间构成电容式传感器。设容器中介质为不导电液体(导电液体电极需要绝缘)，总电容等于气体介质间的电容量 C_2 和液体介质间的电容量 C_1 之和。(并联)即：

$$\begin{aligned}C=C_1+C_2&=\frac{2\pi\varepsilon_1 h}{\ln\frac{D}{d}}+\frac{2\pi\varepsilon_2(H-h)}{\ln\frac{D}{d}}\\&=\frac{2\pi\varepsilon_2 H}{\ln\frac{D}{d}}+\frac{2\pi h(\varepsilon_1-\varepsilon_2)}{\ln\frac{D}{d}}=A+Bh\end{aligned} \tag{5-22}$$

式(5-22)表明，传感器的电容 C 与液位的高度 h 呈线性关系。

变介电常数式电容传感器如图 5.7 所示，它可测量被测介质的插入深度。

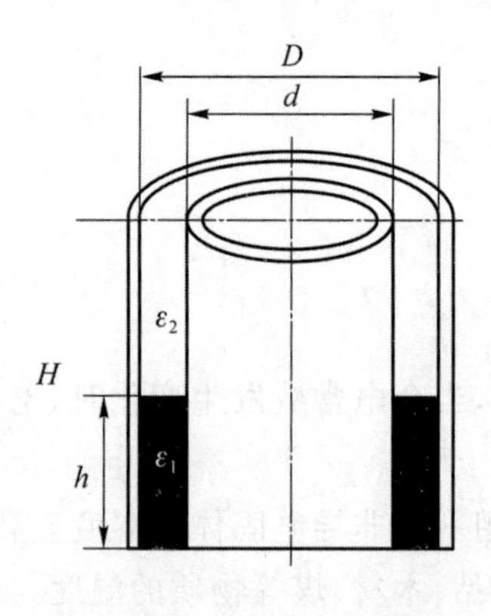

图 5.6 电容式液面计

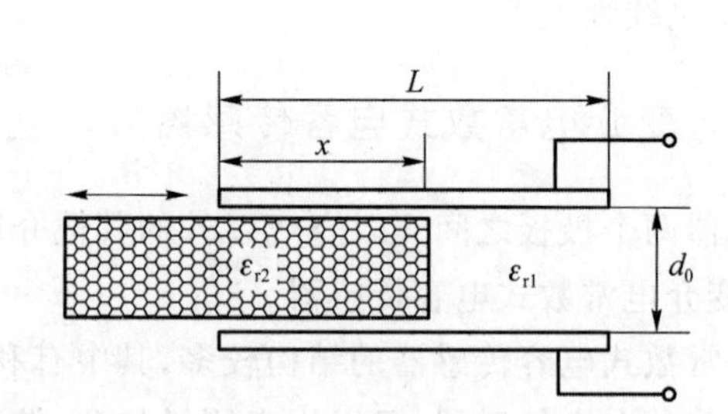

图 5.7 变介电常数式电容传感器

对介电常数为 ε_{r2} 的介质插入电容器中，改变了两种介质的极板覆盖面积，传感器总的电容量为：

$$C=C_1+C_2=\varepsilon_0 b_0\frac{\varepsilon_{r1}(L-x)+\varepsilon_{r2}x}{d_0} \tag{5-23}$$

当 $x=0$ 时，传感器的初始电容为：

$$C_0=\frac{\varepsilon_0\varepsilon_{r1}Lb_0}{d_0} \tag{5-24}$$

当被测电介质进入极板间 x 深度时，引起电容相对变化量为：

$$\frac{\Delta C}{C_0}=\frac{C-C_0}{C_0}=\frac{(\varepsilon_{r2}/\varepsilon_{r1}-1)x}{L} \tag{5-25}$$

电容的变化量与介质的插入深度 x 成正比。

5.2 电容式传感器的等效电路

在大多数情况下，电容式传感器的使用环境温度不高、湿度不大，可用一个纯电容代表。

如果考虑温度、湿度和电源频率等外界因素的影响，电容传感器就不是一个纯电容，有引线电感和分布电容等。电容式传感器等效电路如图5.8所示，C 为传感器电容，包括寄生电容；R 为引线电阻、极板电阻和金属支架电阻；L 为引线电感和电容器电感之和；R_P 为极板间的等效损耗电阻。

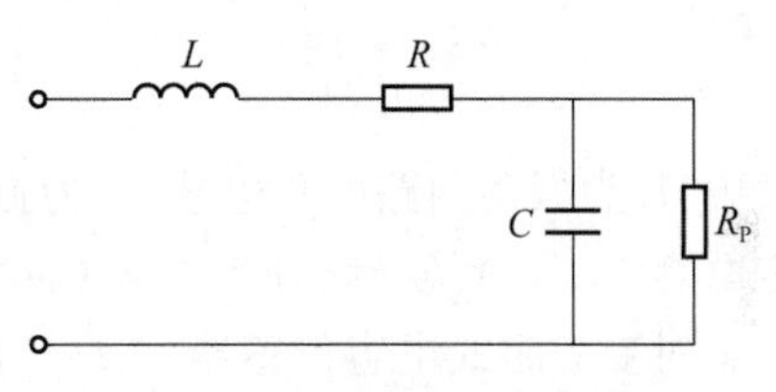

图5.8 电容式传感器等效电路

在高频激励且忽略 R 和 R_P 的前提下，传感器的有效电容 C 可表示为：

$$\frac{1}{\mathrm{j}\omega C_e}=\mathrm{j}\omega L+\frac{1}{\mathrm{j}\omega C} \tag{5-26}$$

$$C_e=\frac{C}{1-\omega^2LC} \tag{5-27}$$

被测量变化，等效电容增量为：

$$\Delta C_e=\frac{\Delta C}{(1-\omega^2LC)^2} \tag{5-28}$$

等效电容的相对变化量 $\frac{\Delta C_e}{C_e}$ 为：

$$\frac{\Delta C_e}{C_e}=\frac{1}{(1-\omega^2LC)^2}\times\frac{\Delta C}{C} \tag{5-29}$$

由 $k_c=\frac{\Delta C}{\Delta d}$，传感器的等效灵敏度为：

$$k_e=\frac{\Delta C_e}{\Delta d}=\frac{k_c}{1-\omega^2LC} \tag{5-30}$$

式中，k_e 与传感器的固有电感（包括电缆电感）有关，且随 ω 的变化而变化。使用电容传感器时，不宜随便改变引线电缆的长度，改变激励频率或电缆长度都要重新校正传感器的灵敏度。

5.3 电容式传感器的测量电路

电容传感器输出电容值十分微小（在十几 pF），须借助于测量电路检测出这一微小的电容变化量，并将其转换为与之有确定关系的电压、电流或频率值才能进一步显示、传输和处理。

测量电路种类较多，常用的有调频电路、运算放大器电路、双 T 型电桥电路和差动脉宽调制电路。

5.3.1 调频电路

将电容式传感器作为振荡器谐振电路的一部分，当被测量发生变化使电容变化时，振荡频率产生变化。由于振荡器的频率受电容的调制，所以该电路被称为调频电路。直放式调频电路原理如图 5.9 所示。

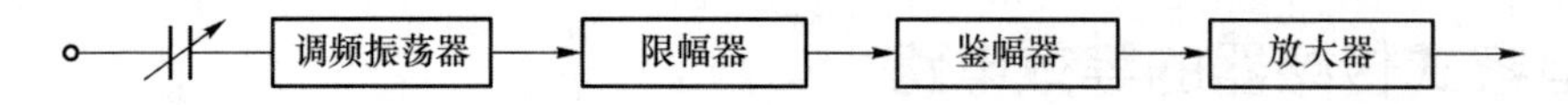

图 5.9 直放式调频电路原理

振荡器的频率由式(5-31)决定：

$$f=\frac{1}{2\pi\sqrt{LC}} \tag{5-31}$$

式中：L 为振荡回路的总电感；C 为振荡回路的总电容。C 由传感器自身电容 C_0、谐振回路固定电容 C_1 和电缆导线分布电容 C_C 组成，$C=C_0+C_1+C_C$。

对变极距式电容传感器，$\Delta d=0$，$\Delta C=0$，振荡频率为一常数，有：

$$f_0=\frac{1}{2\pi\sqrt{L(C_1+C_C+C_0)}} \tag{5-32}$$

极距变化，$\Delta d\neq0$，$\Delta C\neq0$，

$$f_0\mp\Delta f=\frac{1}{2\pi\sqrt{L(C_1+C_C+C_0+\Delta C)}} \tag{5-33}$$

振荡器输出是一个频率受到被测信号调制的高频波，此信号经过限幅放大、鉴频输出电压。由于频差较小，输出电压变化较小，不宜测量，实际使用中常采用外差式调频电路测量。

外差式调频电路原理如图 5.10 所示。接有电容器的外接振荡器输出与本机振荡器输出联合输入混频器，混频后得到中频信号输出。当 $\Delta d=0$，$\Delta C=0$ 时，

$$f_d=f_0-f_l=465\ \text{kHz} \tag{5-34}$$

当 C_0 变化到 $C_0\pm\Delta C$，外接振荡器的频率变为 $f_0\rightarrow f_0\mp\Delta f$ 时，

$$f_d=f_0\mp\Delta f-f_l=465\ \text{kHz}\mp\Delta f \tag{5-35}$$

混频后，输出为受到被测信号调制的中频调频波。混频器的作用有两个：一是经过差频后可消除温度等因素造成的频率漂移现象；二是降低载波频率，增大频偏，为提高鉴频器的灵敏度创造条件。

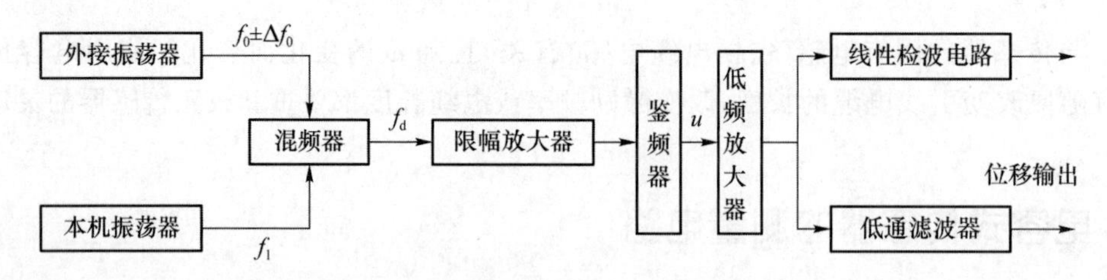

图 5.10 外差式调频电路原理

5.3.2 运算放大器电路

运算放大器的特点是能克服变极距式电容传感器的非线性。运算放大器的电路如图 5.11 所示，C_x 是传感器电容，C 是固定电容，u_O 是输出电压信号。运算放大器可视为理想的反相比例放大器。

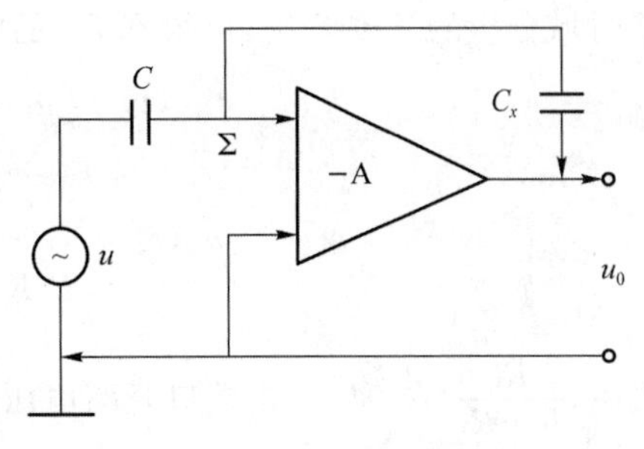

图 5.11 运算放大器电路

输出电压为：

$$u_O = -\frac{1/(\mathrm{j}\omega C_x)}{1/(\mathrm{j}\omega C)}u = -\frac{C}{C_x}u \tag{5-36}$$

由 $C_x = \varepsilon S/d$ 得：

$$u_O = -\frac{uC}{\varepsilon S}d \tag{5-37}$$

为了保证测量准确度，要求电源电压及固定电容应稳定。

5.3.3 二极管双 T 型电桥电路

方法一：二端口网络法

双 T 型电桥电路如图 5.12 所示，实现 $U_O = \frac{RR_L(R+2R_L)}{(R+R_L)^2}U_E f(C_1 - C_2)$。

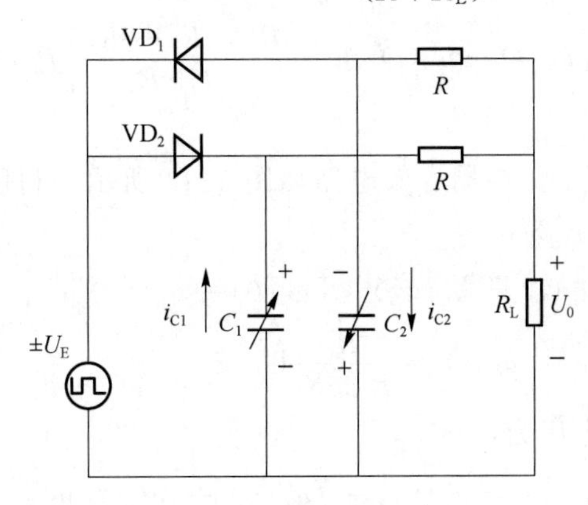

图 5.12 双 T 型电桥电路

电路要求电源为对称方波高频电源，幅值为 U_E。C_1、C_2 为差动电容传感器的两个电容。$R_1 = R_2 = R$，VD_1 和 VD_2 为特性一致的二极管。

正负半周等效电路如图 5.13 所示。

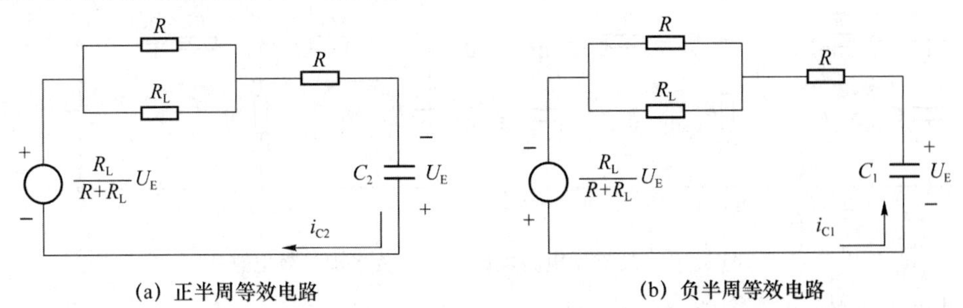

图 5.13 正负半周等效电路

在图 5.13(a)的正半周等效电路中，电源为正半周，二极管 VD_1 截止，VD_2 导通，C_1 瞬间充电至 U_E，根据等效电源定理，C_2 的二端口网络电路等效成一阶动态电路。根据一阶动态电路时域分析的三要素法，可得到 R_L 的电压为：

$$u_L(t)=u_L(\infty)+[u_L(0)-u_L(\infty)]e^{-\frac{t}{\tau_1}}$$

$$u_L(t)=\frac{U_E+\dfrac{R_L}{R+R_L}U_E}{R+\dfrac{RR_L}{R+R_L}}\times\frac{RR_L}{R+R_L}\times e^{-\frac{t}{\tau_1}} \tag{5-38}$$

式中，$\frac{R_L}{R+R_L}U_E$ 为 C_2 二端口开路电压，$\tau_1=\left(R+\frac{RR_L}{R+R_L}\right)C_2=\frac{R(R+2R_L)}{R+R_L}C_2$。

同理，在图 5.13(b)的负半周等效电路中，U_E 上负下正，VD_1 导通，VD_2 截止，电容 C_2 瞬间充电到 U_E，根据等效电源定理，C_1 的二端口网络电路等效成一阶动态电路。同样的分析方法得到 R_L 的电压为：

$$u'_L(t)=u'_L(\infty)+[u'_L(0)-u'_L(\infty)]e^{-\frac{t}{\tau_2}}$$

$$u'_L(t)=\frac{U_E+\dfrac{R_L}{R+R_L}U_E}{R+\dfrac{RR_L}{R+R_L}}\times\frac{RR_L}{R+R_L}\times e^{-\frac{t}{\tau_2}} \tag{5-39}$$

故在负载 R_L 上得到平均电压为：

$$\dot{U}_L=\frac{1}{T}\int_0^{\frac{T}{2}}[u_L(t)-u'_L(t)]dt=\frac{RR_L(R+2R_L)}{R+R_L}fU_E(C_1-C_2) \tag{5-40}$$

方法二：暂态响应法

双 T 型电桥电路及其正负半周等效电路如图 5.14 所示。利用三要素暂态响应分析方法，正半周负载电阻上的电压为：

$$u_L(t)=u_L(\infty)+[u_L(0)-u_L(\infty)]e^{-\frac{t}{\tau_1}}$$

$$u_L(t)=\frac{R_L}{R+R_L}U_E(1-e^{-\frac{t}{\tau_1}}) \tag{5-41}$$

负半周负载电阻上的电压为：

$$u'_L(t)=u'_L(\infty)+[u'_L(0)-u'_L(\infty)]e^{-\frac{t}{\tau_2}}$$

$$u'_L(t)=\frac{R_L}{R+R_L}U_E(1-e^{-\frac{t}{\tau_2}}) \tag{5-42}$$

式中，时间常数 $\tau_1=\frac{R(R+2R_L)}{R+R_L}C_2$，$\tau_2=\frac{R(R+2R_L)}{R+R_L}C_1$。

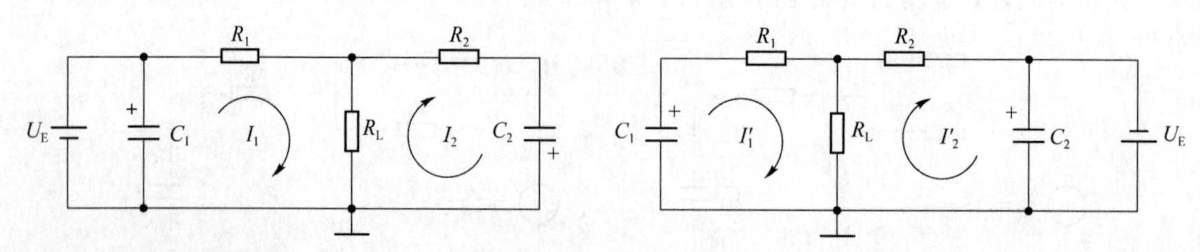

图 5.14 双 T 型电桥电路及其正负半周等效电路

负载电阻上的电压平均值为：

$$\dot{U}_L = \frac{1}{T}\int_0^{\frac{T}{2}}[u'_L(t) - u_L(t)]dt = \frac{RR_L(R+2R_L)}{R+R_L}fU_E(C_1 - C_2) \tag{5-43}$$

在电压频率、幅值和电路参数一定的情况下，输出电压值与电容的差值成正比。电路的特点是：线路简单，器件可全部安装在探头内，大大缩短了电容引线，减小了寄生电容的影响；二极管工作在高电平下，非线性失真小。电路用于动态测量，要求方波电源、差动电容 C_1、C_2 和负载电阻 R_L 一点接地。

5.3.4 脉冲宽度调制电路

脉冲宽度调制电路如图 5.15 所示。C_1、C_2 为传感器的两个差动电容，电路由两个电压比较器 IC_1、IC_2，一个双稳态触发器和两个充放电回路 R_1、C_1 和 R_2、C_2 组成。直流参考电压 U_r 加在比较器的反相输入端，双稳态触发器的两个输出端由比较器控制，比较器翻转由差动电容充放电回路控制，差动电容充放电回路由触发器控制。差动电容传感器、双稳态触发器、比较器及低通滤波器有机配合，实现

$$U_0 = \frac{C_1 - C_2}{C_1 + C_2}U_1 \tag{5-44}$$

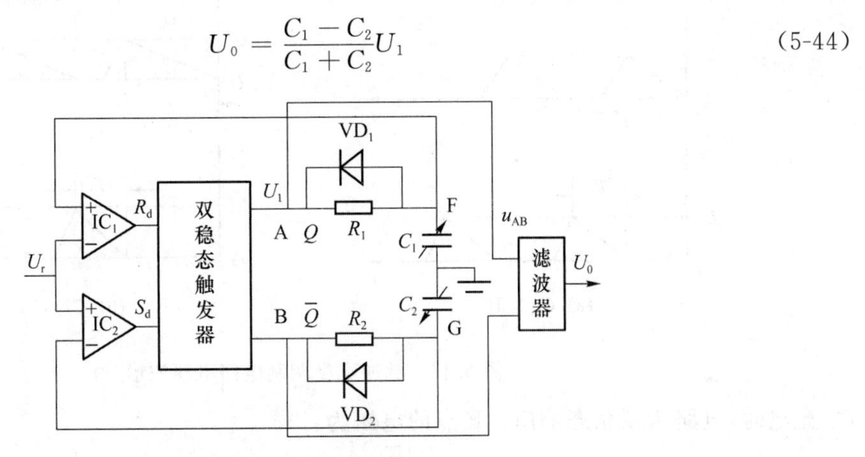

图 5.15 脉冲宽度调制电路

接通电源后，设触发器(如 RS 触发器)Q 端(A 点)为高电平，$\overline{Q}$ 端(B 点)为低电平。差动电容传感器上电压 $U_F = U_G = 0$。触发器 Q 端输出电压 U_1 通过 R_1 对 C_1 充电。F 点电位逐渐增大。当 $U_F \geqslant U_r$ 时，比较器 IC_1 翻转，(如 RS 触发器的 $R_D = 1, S_D = 0$)，双稳态触发器复位。Q 端为低电平，$\overline{Q}$ 端为高电平。电容 C_1 通过二极管 VD_1 快速放电至零，$\overline{Q}$ 端输出电压 U_1 通过对 C_2 充电。G 点电位逐渐增大。当 $U_G \geqslant U_r$ 时，比较器 IC_2 翻转，(如 RS 触发器 $S_D = 1, R_D = 0$)，双稳态触发器置位。Q 端又为高电平，$\overline{Q}$ 端为低电平。周而复始，循环上述过程，在 A、B 两点分别输出宽度受 C_1、C_2 调制的矩形脉冲，矩形脉冲经低通滤波器得到其平均电压 U_0。

脉冲宽度调制电路电压波形如图 5.16 所示，在图 5.16(a)中，当 $C_1 = C_2$ 时，Q 端与 $\overline{Q}$ 端电平脉冲宽度相等，输出电压的平均值为零。在图 5.16(b)中，当 $C_1 \neq C_2$ 时，C_1、C_2 的充电时间常数发生变化，设 $C_1 > C_2(\tau_1 > \tau_2)$，$C_1$ 的充电速度小于 C_2 的充电速度，u_A 高电平持续时间大于 u_B 的高电平持续时间。

由图 5.16 的电压波形可知，经过低通滤波器后输出电压的平均值为：

$$U_0 = \frac{T_1}{T_1 + T_2}U_1 - \frac{T_2}{T_1 + T_2}U_1 = \frac{T_1 - T_2}{T_1 + T_2}U_1 \tag{5-45}$$

式中：T_1、T_2 分别为 C_1、C_2 的充电时间；U_1 为触发器输出的高电平。

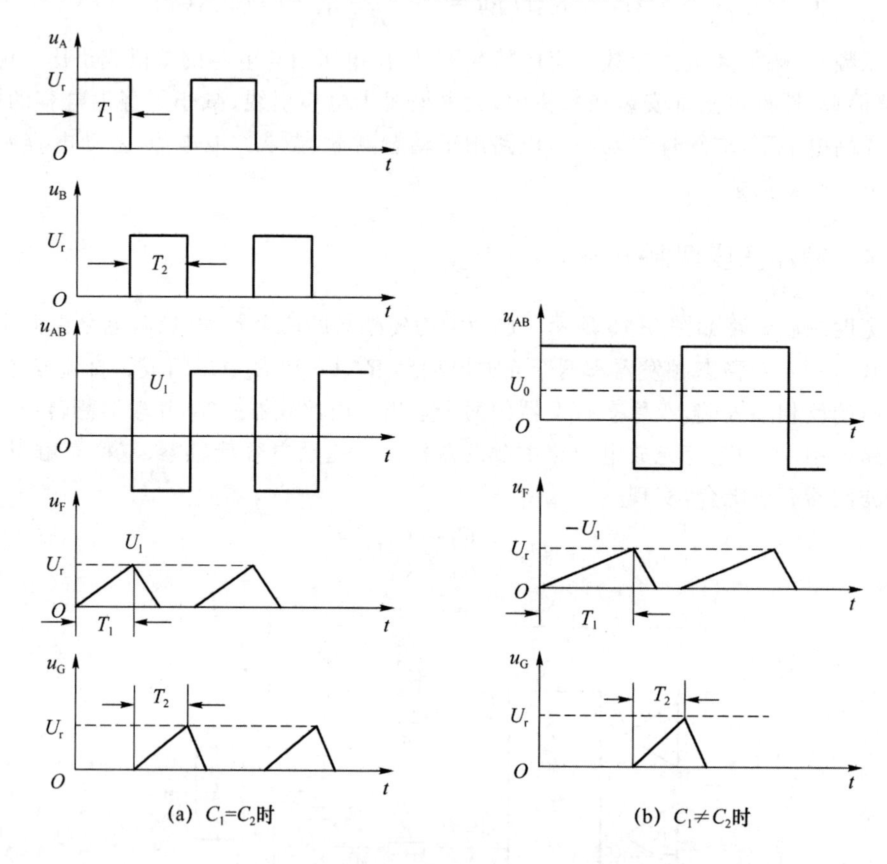

(a) $C_1=C_2$时　　(b) $C_1 \neq C_2$时

图 5.16　脉冲宽度调制电路电压波形

C_1 充电时，电路为零状态响应。F 点的电压为：

$$u_F = U_1(1 - e^{-\frac{t}{R_1C_1}}) \tag{5-46}$$

经过 T_1 时间 F 点的电位增加到 U_r，此时有：

$$U_r = U_1(1 - e^{-\frac{T_1}{R_1C_1}}) \tag{5-47}$$

经过整理得：

$$T_1 = R_1C_1 \ln \frac{U_1}{U_1 - U_r} \tag{5-48}$$

同理，

$$T_2 = R_2C_2 \ln \frac{U_1}{U_1 - U_r} \tag{5-49}$$

将式(5-48)和式(5-49)带入式(5-45)中得：

$$U_0 = \frac{C_1 - C_2}{C_1 + C_2}U_1 \tag{5-50}$$

输出电压与传感器电容的差值成正比。

对变极距传感器有：

$$C_1 = \frac{\varepsilon S}{d - \Delta d},\quad C_2 = \frac{\varepsilon S}{d + \Delta d} \tag{5-51}$$

则

$$U_0 = \frac{C_1 - C_2}{C_1 + C_2} U_1 = \frac{\Delta d}{d} U_1 \tag{5-52}$$

输出电压与极距变化成正比。

对变面积电容传感器有：

$$C_1 = \frac{\varepsilon(S + \Delta S)}{d}, \quad C_2 = \frac{\varepsilon(S - \Delta S)}{d} \tag{5-53}$$

$$U_0 = \frac{C_1 - C_2}{C_1 + C_2} U_1 = \frac{\Delta S}{S} U_1 \tag{5-54}$$

输出电压与面积变化成正比。

脉冲宽度调制电路的特点是它适用于变极板距离以及变面积式差动式电容传感器，并具有线性特性；转换效率高，直流供电，经过低通滤波器就有较大的直流输出，且调宽频率的变化对输出没有影响。

5.4 电容式传感器的应用

5.4.1 电容式差压传感器

电容式差压传感器如图 5.17 所示。

金属膜片为动极板，镀金凹型玻璃圆片为定极板。当被测压力通过过滤器及导压介质进入压力腔时，压力差使膜片变形产生位移，该位移使两个电容器电容一增一减。电容量的变化经过测量电路转换成与压力差相对应的电流或电压的变化输出。具体地，当 $P_1 > P_2$ 时，差动电容的值为：

$$C_1 = \frac{\varepsilon S}{d + \Delta d} = C_0 - \Delta C \tag{5-55}$$

$$C_2 = \frac{\varepsilon S}{d - \Delta d} = C_0 + \Delta C \tag{5-56}$$

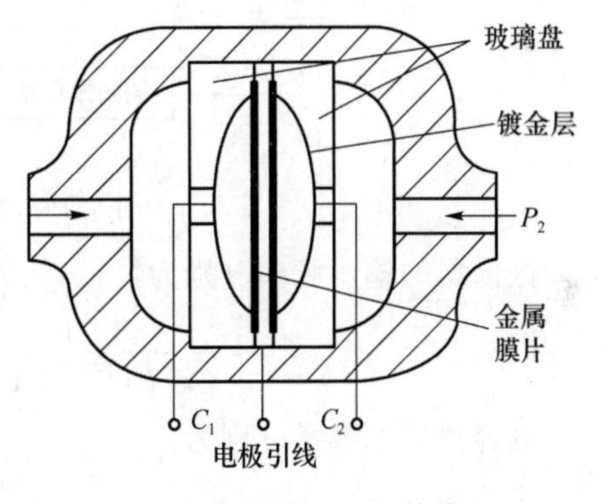

图 5.17 电容式差压传感器

位移差与压差成正比：

$$\Delta d = k_1 \Delta P \tag{5-57}$$

由此可得：

$$\frac{C_2 - C_1}{C_1 + C_2} = \frac{\Delta d}{d} = \frac{k_1}{d} \Delta P = k \Delta P \tag{5-58}$$

传感器配以脉宽调制电路可将差压值转换为电压输出，即：

$$U_0 = \frac{C_2 - C_1}{C_1 + C_2} U_1 = \frac{\Delta d}{d} U_1 = \frac{k_1}{d} U_1 \Delta P \tag{5-59}$$

电容式差压传感器结构简单，灵敏度高，响应速度快(约 100 ms)，能测量微小压差(0～0.73 Pa)和绝对压力。

5.4.2 差动式电容测厚传感器

差动式电容测厚传感器结构如图 5.18 所示。传感器上下两个极板与金属板上下表面间构成电容传感器。

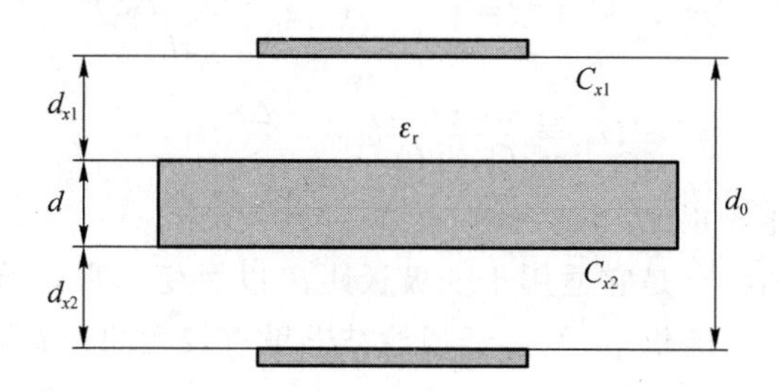

图 5.18 差动式电容测厚传感器

将电容传感器 C_{x1} 和 C_{x2} 分别接于两个调频振荡器中，调频差动电容式测厚传感器原理如图 5.19 所示。

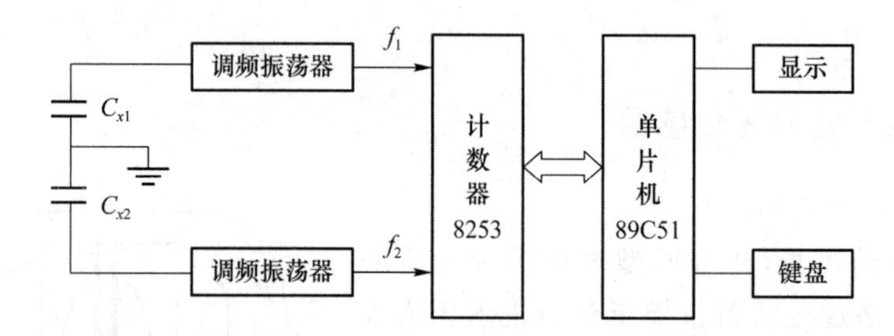

图 5.19 调频差动电容式测厚传感器

振荡器的输出频率分别为：

$$f_1 = \frac{1}{2\pi[L(C_{x1}+C_0)]^{\frac{1}{2}}},\quad f_2 = \frac{1}{2\pi[L(C_{x2}+C_0)]^{\frac{1}{2}}} \tag{5-60}$$

电容器的电容量分别为：

$$C_{x1} = \frac{\varepsilon_r A}{d_{x1}},\quad C_{x2} = \frac{\varepsilon_r A}{d_{x2}} \tag{5-61}$$

将式(5-61)代入式(5-60)得：

$$d_{x1} = \frac{4\pi^2\varepsilon_r ALf_1^2}{1-4\pi^2LC_0f_1^2},\quad d_{x2} = \frac{4\pi^2\varepsilon_r ALf_2^2}{1-4\pi^2LC_0f_2^2} \tag{5-62}$$

f_1、f_2 送计数器 8253 的计数口，单片机定时 1 秒取 8253 计数器中的计数值，即为 f_1、f_2。由式(5-62)计算得 d_{x1}、d_{x2}。

由式 $\delta = d_0-(d_{x1}+d_{x2})$ 计算板厚。

采用电容传感器也可检测加速度、湿度、料位等参数。

课程思政

本章习题

1. 电容式传感器有哪几类，推导出电容变化后的输出公式及灵敏度。

2. 如何改变单极距式电容传感器的非线性？

3. $C_1=C_2=60$ pF，初始极距为 $d=4$ mm，动极板位移 $\Delta d=0.4$ mm，试计算其非线性误差。将差动电容变为单极电容，初始值不变，其非线性误差为多大？

4. 一变面积式平板线位移电容传感器，两极板覆盖的宽度为 4 mm，两极板的间距为 0.3 mm，极板间的介质为空气，试求其静态灵敏度。若极板相对移动 2 mm，求电容变化量。

5. 圆筒电容传感器内筒直径为 d，外筒直径为 D，筒高为 H，内外筒之间气体介电常数为 ε。试证明圆筒电容器电容量为 $C=\dfrac{2\pi\varepsilon H}{\ln\dfrac{D}{d}}$。

第6章 热电式传感器

6.1 热电阻式传感器

热电阻式传感器是利用导体或半导体的电阻值随温度变化的特性对与温度相关的参量进行检测的装置。测温范围主要在中低温区(−200～630 ℃),测温元件分为金属热电阻和半导体热敏电阻两大类。

6.1.1 金属热电阻

1. 铂热电阻

铂是一种贵金属,其优点是物理、化学性能极其稳定,易于提纯,测温精度高,复现性好;缺点是电阻温度系数较小,不能在还原性介质中使用。

课件 PPT

(1) 热电特性

铂热电阻的使用温度范围为−200～630 ℃。其阻值与温度的关系,即特性方程为

当温度 t 为−200～0 ℃时,

$$R_t = R_0[1 + At + Bt^2 + Ct^3(t - 100)] \tag{6-1}$$

当温度 t 为 0～630 ℃时,

$$R_t = R_0(1 + At + Bt^2) \tag{6-2}$$

对纯度一定的铂热电阻,A、B、C 为一常数。工业用铂热电阻有 $R_0 = 100\Omega$、$R_0 = 1\,000\Omega$ 及 $R_0 = 500\ \Omega$ 三种,它们的分度号分别为 PT100、PT1000 和 PT500,其中 PT100、PT1000 较为常用。铂热电阻的不同分度号也有相应分度表,即 R_t-t 的关系表,在实际测量中,只要测得热电阻的阻值 R_t,便可从分度表上查出对应的温度值。相应的分度表可查阅相关资料,也可由测得的热电阻阻值按照热电特性公式计算出相应的温度值。

在测温精度要求不高的情况下,可按式(6-3)、式(6-4)算出铂电阻的灵敏度:

$$R_t = R_0(1 + \alpha t) \tag{6-3}$$

$$K = \frac{1}{R_0}\frac{\mathrm{d}R_t}{\mathrm{d}t} = \alpha \tag{6-4}$$

可以看出，铂电阻的灵敏度等于其温度系数。

(2) 纯度

铂热电阻中的铂丝纯度用电阻比 W_{100} 表示，它是铂热电阻在 100 ℃时电阻值 R_{100} 与 0 ℃时电阻值 R_0 之比。按 IEC 标准，工业使用的铂热电阻的 $W_{100}>1.385$。

2. 铜热电阻

在一些测量精度要求不高且温度较低的场合，可采用铜热电阻进行测温，它的测量范围为 −50～150 ℃。在此温度范围内其热电特性为：

$$R_t = R_0(1+\alpha t) \tag{6-5}$$

式中，温度系数 $\alpha=4.28\times10^{-3}/℃$。

铜热电阻的两种分度号为 Cu50（$R_0=50\Omega$）和 Cu100（$R_0=100\Omega$），它不宜在氧化性介质中使用，适于在无水分及侵蚀性介质的温度测量。

3. 热电阻的结构

工业用热电阻的结构如图 6.1 所示，它由电阻体、绝缘管、保护套管、内部引线和接线盒等部分组成。电阻体由电阻丝和电阻支架组成。电阻丝采用双线无感绕法绕制在具有一定形状的云母、石英或陶瓷塑料支架上，支架起支撑和绝缘作用，引出线通常采用直径为 1 mm 的银丝或镀银铜丝，它与接线盒柱相接，以便与外接线路相连而测量显示温度。用热电阻传感器进行测温时，测量电路经常采用电桥电路，采用三线制或四线制将热电阻接于电桥电路。铜热电阻结构如图 6.2 所示，铂热电阻结构如图 6.3 所示。

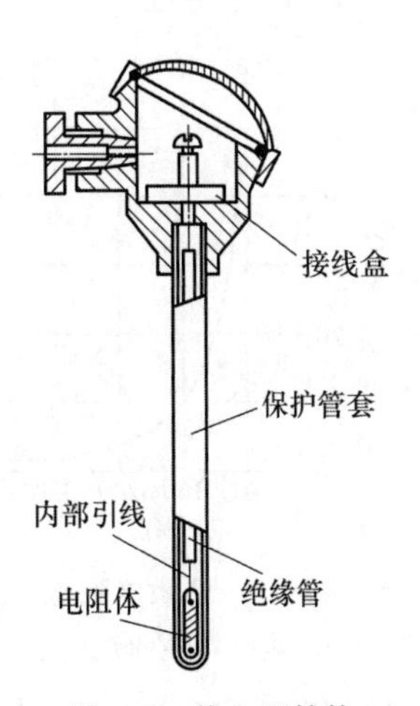

图 6.1　热电阻结构

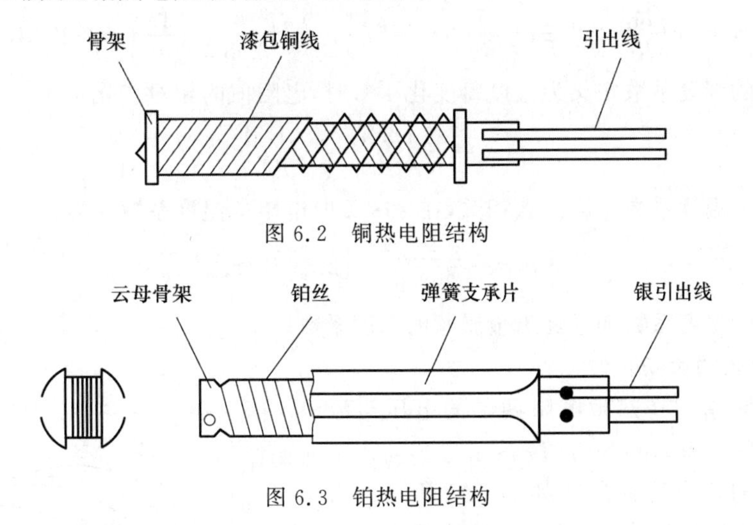

图 6.2　铜热电阻结构

图 6.3　铂热电阻结构

6.1.2　半导体热敏电阻

半导体热敏电阻是利用半导体材料的电阻率随温度变化而变化的性质制成的温度敏感元件。半导体与金属有完全不同的导电机理。由于半导体中参与导电的载流子比金属中自由电子的密度要小得多，所以半导体的电阻率大。随着温度的升高，一方面，半导体的价电子受热激发跃迁到较高的能级产生新的电子空穴对，使载流子数增加，电阻率减小；另一方面，半导体材料载流子的平均运动速度升高，阻碍载流子定向运动能力增强，电阻率增大。因此，半导体热敏电阻主要有两种类型，即正温度系数热敏电阻 PTC 和负温度系数热敏电阻 NTC。

电阻率随着温度的升高而增加且当超过某一温度后急剧增加的电阻，为正温度系数热敏电阻。PTC 热敏电阻是由钛酸钡掺杂铝、锶等稀土元素烧结而成的陶瓷材料。它主要用于控温、保护等场合，如半导体器件的过热保护，电机、变压器、音响设备的安全保护等。

电阻率随着温度的升高而减小的热敏电阻，为负温度系数热敏电阻。NTC 热敏电阻由负温度系数很大的固体多晶体和半导体氧化物混合而成。NTC 热敏电阻主要用于测温和温度补偿，如人体电子体温计。

1. 热电特性

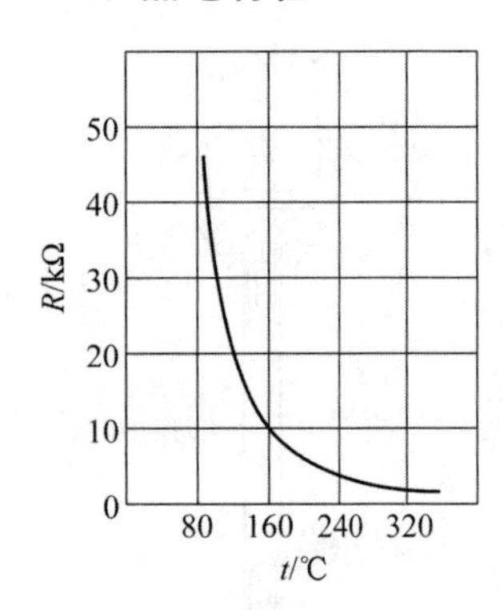

图 6.4 热敏电阻的热电特性曲线

这里讨论负温度系数的热敏电阻。其阻值与温度关系近似呈指数规律，如图 6.4 所示。

其关系式为：

$$R_T = R_0 e^{B(1/T-1/T_0)} \tag{6-6}$$

式中：T 为被测温度，单位为 K，$T=273+t$；T_0 为参考温度，单位为 K，$T_0=273+t_0$；R_0 为热敏电阻在温度为 T、T_0 时的阻值；B 为热敏电阻的材料常数。

B 值由式(6-7)确定：

$$B = \ln\left(\frac{R_T}{R_0}\right)\Big/\left(\frac{1}{T}-\frac{1}{T_0}\right) \tag{6-7}$$

例：某负温度系数的热敏电阻，温度为 298 K 时，阻值 $R_{T1}=3\,144\Omega$；温度为 303 K 时，阻值 $R_{T2}=2\,772\Omega$。则该热敏电阻的材料常数 B 为：

$$B = \ln\left(\frac{R_{T1}}{R_{T2}}\right)\Big/\left(\frac{1}{T_1}-\frac{1}{T_2}\right) = \ln\left(\frac{3\,114}{2\,772}\right)\Big/\left(\frac{1}{298}-\frac{1}{303}\right) = 2\,275\ \mathrm{K} \tag{6-8}$$

热敏电阻的温度系数定义为温度每变化 1 ℃时，电阻值的相对变化量。

$$\alpha = \frac{1}{R_T}\frac{\mathrm{d}R_T}{\mathrm{d}t} = -\frac{B}{T^2} \tag{6-9}$$

热敏电阻的温度系数与测温点相关，在 298 K 时电阻的温度系数 α 为：

$$\alpha = -\frac{2\,275}{298^2} = -2.56\%/\mathrm{K} \tag{6-10}$$

热敏电阻的温度系数远远高于金属丝的温度系数。

2. 热敏电阻的伏安特性

伏安特性是指加在热敏电阻两端的电压与流过的电流之间的关系，即 $U=f(I)$。

热敏电阻的伏安特性曲线如图 6.5 所示。当流过热敏电阻的电流较小时，其伏安特性符合欧姆定律，曲线为上升直线，用于测温。当电流增大到一定值时，电流引起热敏电阻自身温度升高，出现负阻特性，即虽然电流增大，但其阻值减小，端电压反而下降。具体应用热敏电阻时，应尽量减小流过它的电流，减小自热效应的影响。一般热敏电阻的工作电流在几 mA 左右。

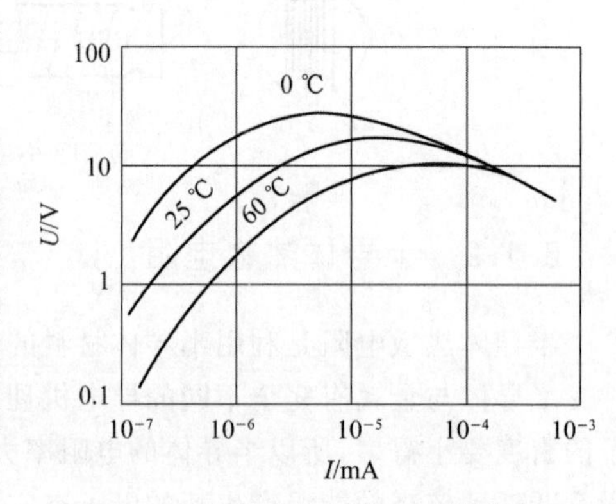

图 6.5 热敏电阻的伏安特性曲线

6.1.3 热电阻传感器的应用

1. 金属热电阻传感器

工业上广泛采用金属热电阻进行温度测量,测量电路采用电桥电路。为了减小引线电阻带来的误差,工业用铂电阻的引线不是两根而是三根或四根,相应的铂电阻测量电路为三线制测量电路或四线制测量电路。

三线制测量电路如图 6.6 所示。铂电阻一端焊接一根引出线,接于电桥一个桥臂,另外一端焊接两根引出线,分别接于干路和电桥另外一个桥臂,采用恒压源或恒流源供电。由于电桥的相邻两个桥臂增加了相同导线电阻,差动输出后,可消除导线电阻的影响。

三线制测温输出电压

$$U_o=\left(\frac{R_t+r}{R+R_t+r}-\frac{R_0+r}{R+R_0+r}\right)U_i \tag{6-11}$$

当 $R\gg R_t$,$R\gg R_0$ 时,

$$U_o=\frac{R(R_t-R_0)}{(R+R_t)(R+R_0)}U_i \tag{6-12}$$

消除了导线电阻的影响。

四线制测温电路如图 6.7 所示。铂电阻两端各焊接两根引出线,其中两根线通过电阻接于恒流源上,另外两根线接于放大器的输入端。铂电阻将温度的变化转换为阻值的变化,铂电阻流过恒定电流,将阻值变化转换为电压变化,经过差动放大器将较弱信号放大到所需电平,以便后续电路处理。四线制测温输出

$$U_o=\frac{R_f}{R_1}U_i=\frac{R_f}{R_1}IR_t \tag{6-13}$$

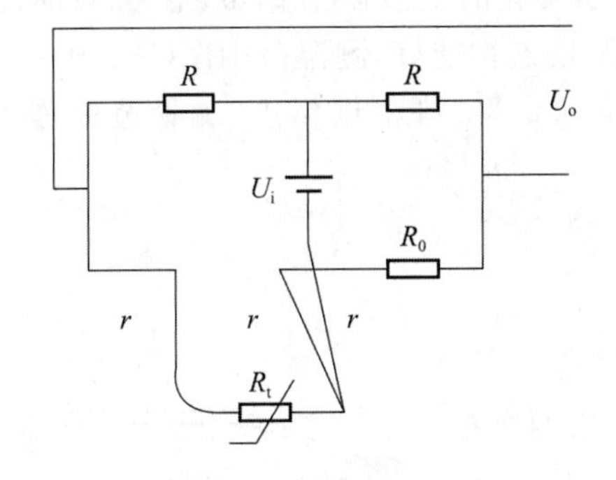

图 6.6 三线制测量电路

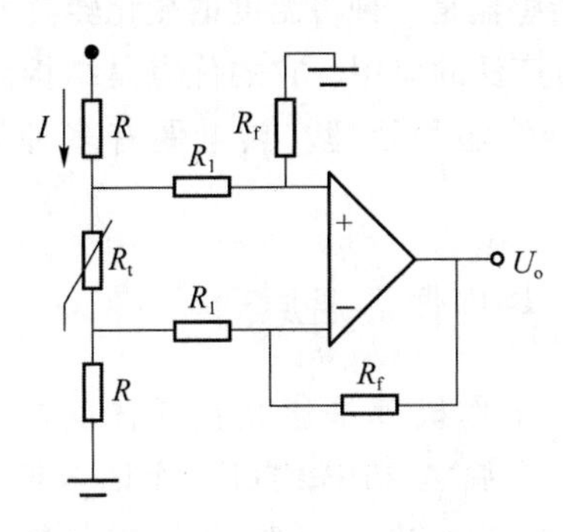

图 6.7 四线制测量电路

2. 热敏电阻传感器

图 6.8 为一温度控制器,R_t 为负温度系数的热敏电阻,可实现某一温度范围 $t_1\sim t_2$ 的温度控制。当实际温度低于设定温度 t_1 时,热敏电阻阻值较大,VT_1 基射极间的电压大于导通电压,VT_1 导通,VT_2 也导通,继电器 J 线圈得电,其常开触点 J_1 吸合,电热丝加热,发光二极管发光,电路处于加热状态。当实际温度高于设定温度 t_2 时,热敏电阻阻值较小,VT_1 基射极间的电压小于导通电压,VT_1 截止,VT_2 也截止,继电器 J 线圈失电,其常开触点 J_1 断开,电热丝断电。达到某一小温度范围的温度控制。

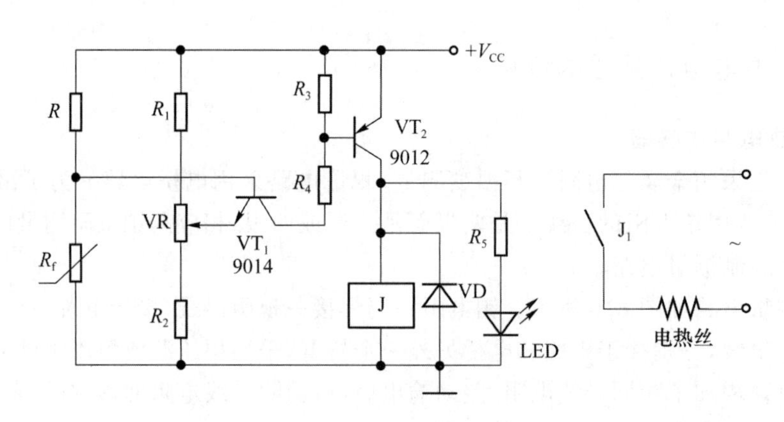

图 6.8 温度控制器

仪表中一些零件多数是用金属丝做成的，如线圈、绕线电阻等。金属丝具有正的温度系数，采用负温度系数的热敏电阻进行补偿，可以抵消温度变化所产生的误差。

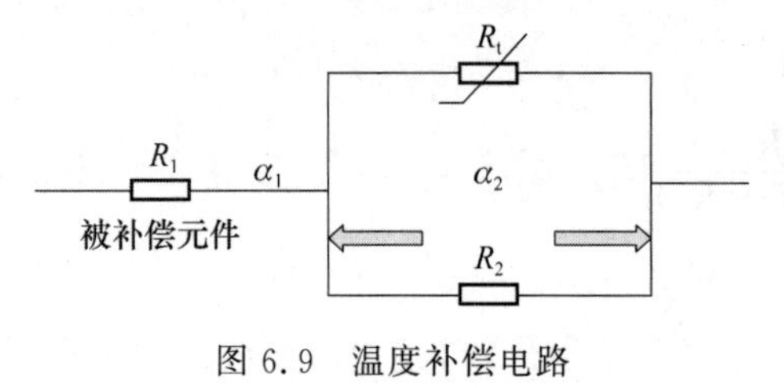

图 6.9 温度补偿电路

实际应用时，将负温度系数的热敏电阻与小阻值锰铜丝电阻并联后再与被补偿元件串联。温度补偿电路如图 6.9 所示。

在一定温度变化范围内，被补偿元件与并联补偿电路的阻值变化满足 $\Delta R_1+\Delta R_2\approx 0$，即可实现温度补偿。

6.2 热电偶传感器

热电偶传感器是一种将温度的变化转换为电势变化的传感器，在冶金、电力、石油、化工等工业生产中具有广泛的应用。它的优点是结构简单，动态性能好，测温范围广（$-200\sim 2\,000$ ℃），输出信号便于传输和处理。热电偶有多种规格和型号，可根据精度、测量范围等不同要求选用。

6.2.1 热电偶测温原理

热电偶的工作机理是建立在导体的热电效应上的。将两种不同的金属 A 和 B 构成一个闭合回路，当两个接点温度不同时（$T>T_0$），回路中会产生热电势 $E_{AB}(T,T_0)$，这种现象被称为热电效应，如图 6.10 所示。其中，T 端为热端（工作端），T_0 端为冷端（自由端），A、B 为热电极，热电势 $E_{AB}(T,T_0)$ 的大小由两种材料的接触电势和单一材料的温差电势决定。

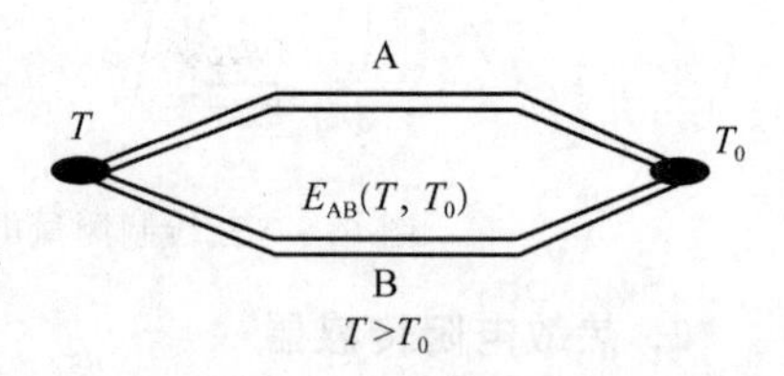

图 6.10 热电偶热电效应

1. 接触电势（帕尔帖电势）

热电偶的接触电势如图 6.11 所示。当两种不同的导体紧密接触时，由于其内部的自由电子密度不同，设 $N_A>N_B$，在单位时间内由导体 A 扩散到导体 B 的自由电子数要比由导体 B 扩散到导体 A 的电子数多。导体 A 因失去电子带有正电，导体 B 因得到电子带有负电，这样在A、B接触处形成一定的电位差，被称为接触电势(帕尔帖电势)。这个电势将阻碍电子的进一步扩散，当电子扩散能力与电场的阻力平衡时，接触处的电子扩散达到了动态平衡，接触电势达到一个稳态值。

其大小可表示为：

$$e_{AB}(T)=\frac{KT}{e}\ln\frac{N_{AT}}{N_{BT}},\quad e_{AB}(T_0)=\frac{KT_0}{e}\ln\frac{N_{A0}}{N_{B0}} \tag{6-14}$$

式中，N_{AT}、N_{BT}分别为电极A、B的自由电子密度；K为玻耳兹曼常数，$K=1.381\times10^{-23}$ J/K；e为电子电荷量，$e=1.602\times10^{-19}$ C；T与T_0为接点的绝对温度(K)。

接触电势的大小与两导体材料的性质及接触点的温度有关。

2. 温差电势

热电偶的温差电势如图6.12所示。温差电势是由同一导体的两端因其温度不同而产生的一种热电势。设均质导体A，$T>T_0$，两端的温度不同，电子能量就不同。高温端的电子能量大，电子从高温端向低温端扩散的数量多，最后达到动态平衡。在导体A两端形成一定的电位差，即温差电势(汤姆逊电势)。

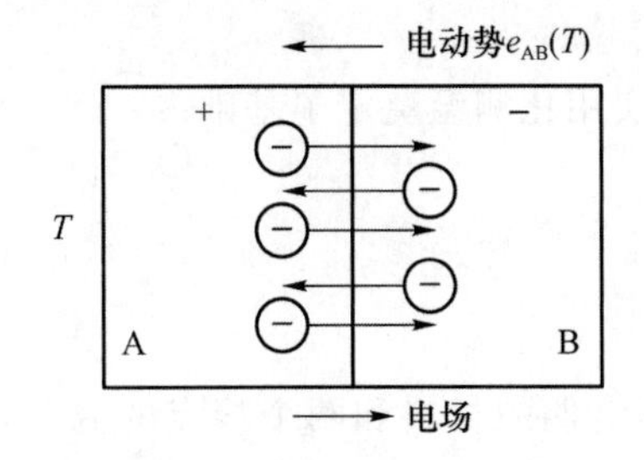

图6.11 热电偶的接触电势

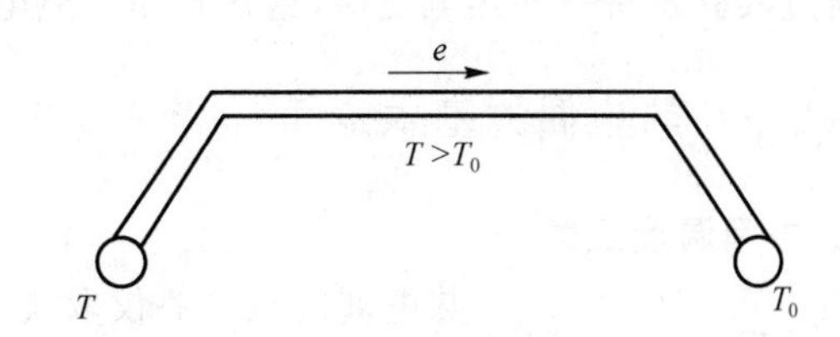

图6.12 热电偶的温差电势

温差电势的大小为：

$$e_A(T,T_0)=\int_{T_0}^{T}\sigma_A\,dT,\quad e_B(T,T_0)=\int_{T_0}^{T}\sigma_B\,dT \tag{6-15}$$

式中，σ_A、σ_B为汤姆逊系数(μV/℃)。

温差电势与A、B两种材料的性质及两点的温度有关。

3. 热电偶回路的热电势

热电偶回路的电势分布如图6.13所示。可以看出，回路的热电势由两个接触电势$e_{AB}(T)$和$e_{AB}(T_0)$，两个温差电势$e_A(T,T_0)$和$e_B(T,T_0)$组成。

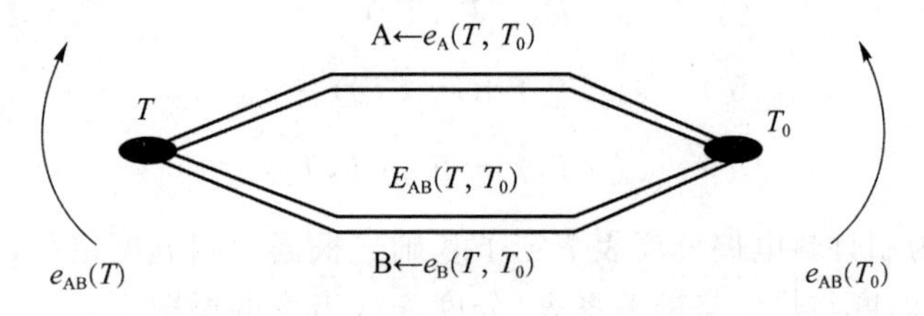

图6.13 热电偶回路电势分布

按顺时针写出热电偶回路的热电势：

$$\begin{aligned}E_{AB}(T,T_0)&=[e_{AB}(T)-e_{AB}(T_0)]-[e_A(T,T_0)-e_B(T,T_0)]\\&=\frac{KT}{e}\ln\frac{N_A}{N_B}-\frac{KT_0}{e}\ln\frac{N_{A0}}{N_{B0}}-\int_{T_0}^{T}(\sigma_A-\sigma_B)\,dT\end{aligned} \tag{6-16}$$

由式(6-16)可以看出：A、B两个电极材料相同，回路热电势为零；热电偶两个接点的温度相同，回路的热电势为零。

热电偶的热电势只与两导体的材料和两接点的温度有关，当材料确定后，回路的热电势是两个接点温度函数的差值，即：

$$E_{AB}(T,T_0)=f(T)-f(T_0) \tag{6-17}$$

当冷端温度固定时，$f(T_0)=C$(常数)，$E_{AB}(T,T_0)$为工作端T的单值函数，即：

$$E_{AB}(T,T_0)=f(T)-C=\varphi(T) \tag{6-18}$$

由于温差电势与接触电势比较数值甚小，可以忽略，所以在工程技术中，可认为热电势近似等于接触电势。

在实际工程应用中，测量出热电偶回路的热电势后，通常不是根据公式计算；而是用查热电偶分度表来确定被测温度。分度表是在冷端(参考端)温度为0 ℃时，通过计量标定实验建立起来的热电势与工作端温度之间的数值对应关系表，测得热电势，查分度表确定温度值。获取热电偶分度表须查阅相关技术资料。

在一些温度测量范围不大，精度要求不高的场合，可以认为热电势与温度呈线性关系，根据热电偶热电系数值，确定被测温度。

通过实验发现一些热电定律，这些定律为热电偶实用化测温奠定了基础。

6.2.2 热电偶的基本定律

1. 中间温度定律

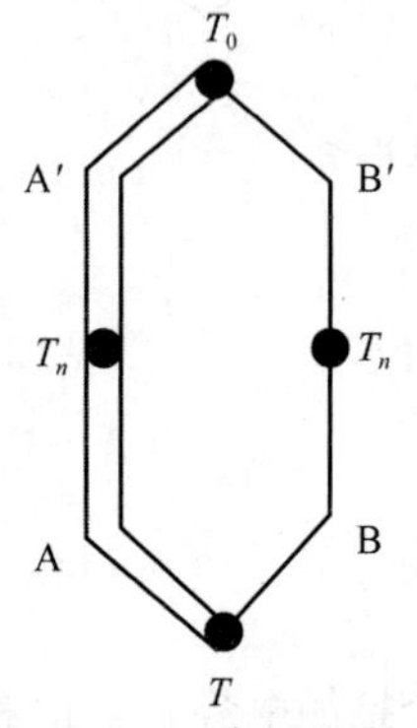

图6.14 中间温度定律原理

热电偶的热电势仅取决于热电偶的材料和两个接点的温度，与温度沿热电极的分布及热电极的形状无关。中间温度定律原理如图6.14所示。

在热电偶回路中，如果存在一个中间温度T_n，那么热电偶回路产生的总热电势等于热电偶热端、冷端分别为T、T_n时的热电势$E_{AB}(T,T_n)$与同一热电偶热端、冷端分别为T_n、T_0时所产生的热电势$E_{AB}(T_n,T_0)$的代数和。可表示为：

$$E_{AB}(T,T_0)=E_{AB}(T,T_n)+E_{AB}(T_n,T_0) \tag{6-19}$$

在忽略温差电势的情况下，中间温度定律证明如下：

$$\begin{aligned} &E_{AB}(T,T_n)+E_{AB}(T_n,T_0)\\ &=e_{AB}(T)-e_{AB}(T_n)+e_{AB}(T_n)-e_{AB}(T_0)\\ &=e_{AB}(T)-e_{AB}(T_0)=E_{AB}(T,T_0) \end{aligned} \tag{6-20}$$

中间温度定律为制订热电偶分度表奠定了基础。根据中间温度定律，只需列出冷端温度为0 ℃时，各工作端温度与热电势的关系表(分度表)，当冷端温度不为0 ℃时，所产生的热电势按式(6-19)计算。

例：已知用镍铬-镍硅(K型)热电偶测温，热电偶参比端(冷端)温度为30 ℃，测得热电势为28 mV，求热端温度。

解：实际测量热电偶热电势为：

$$E(T,30\ ℃)=28\ \text{mV}$$

查热电偶分度表得：

$$E(30\ ℃,0\ ℃)=1.203\ \text{mV}$$

根据中间温度定律有：

$$E(T,0\ ℃)=28\ \text{mV}+1.203\ \text{mV}=29.203\ \text{mV}$$

查 K 型热电偶分度表得：

$$T=701.5\ ℃$$

2. 中间导体定律

热电偶测温，必须在回路中引入测量导线和仪表（放大器、毫伏表等）。当引入导线与仪表后，会不会影响热电势呢？中间导体定律表明，在热电偶回路中，只要接入的第三导体两端温度相同，对回路总的热电势便没有影响。中间导体定律原理如图 6.15 所示。

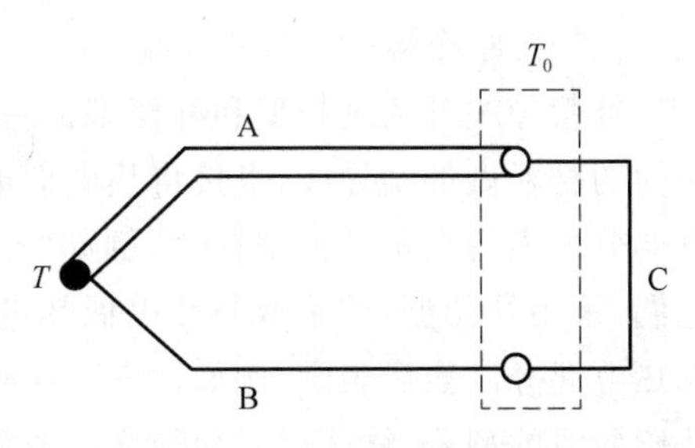

图 6.15 中间导体定律原理

中间导体定律证明如下。

回路中的总热电势等于各接点的接触电势之和：

$$E_{ABC}(T,T_0)=e_{AB}(T)+e_{BC}(T_0)+e_{CA}(T_0) \tag{6-21}$$

$$e_{BC}(T_0)+e_{CA}(T_0)=-e_{AB}(T_0) \tag{6-22}$$

$$E_{ABC}(T,T_0)=e_{AB}(T)-e_{AB}(T_0)=E_{AB}(T,T_0) \tag{6-23}$$

3. 标准电极定律

当温度为 T、T_0 时，用导体 A、B 组成热电偶的热电势等于用 A、C 组成热电偶和用 C、B 组成热电偶的热电势代数和。

$$E_{AB}(T,T_0)=E_{AC}(T,T_0)+E_{CB}(T,T_0) \tag{6-24}$$

标准电极 C 用纯铂丝制成，铂的化学性能稳定。求出各种热电极对铂电极的热电势，可以用标准电极定律算出任选两种材料配成热电偶后的热电势值，可大大简化热电偶的选配工作。

在忽略温差电势的情况下，证明如下：

$$E_{AC}(T,T_0)=e_{AC}(T)-e_{AC}(T_0) \tag{6-25}$$

$$E_{CB}(T,T_0)=e_{CB}(T)-e_{CB}(T_0) \tag{6-26}$$

$$\begin{aligned}E_{AC}(T,T_0)+E_{CB}(T,T_0)&=e_{AC}(T)-e_{AC}(T_0)+e_{CB}(T)-e_{CB}(T_0)\\&=\frac{kT}{e}\ln\frac{N_A}{N_C}+\frac{kT}{e}\ln\frac{N_C}{N_B}-\frac{kT_0}{e}\ln\frac{N_A}{N_C}-\frac{kT_0}{e}\ln\frac{N_C}{N_B}\\&=\frac{kT}{e}\ln\frac{N_A}{N_B}-\frac{kT_0}{e}\ln\frac{N_A}{N_B}\\&=e_{AB}(T)-e_{AB}(T_0)\\&=E_{AB}(T,T_0)\end{aligned} \tag{6-27}$$

6.2.3 热电偶的冷端处理和补偿

热电偶测温时，必须固定冷端的温度，其输出的热电势才是热端温度的单值函数。工程上广泛使用的热电偶分度表和根据分度表刻画的测温显示仪表的刻度，都是根据冷端温度为 0 ℃而制作的。若冷端保持 0 ℃，则由测得的热电势值查找相应的分度表，可得到准确的温度值。但在实际应用中，热电偶的两端距离很近，冷端受热源及周围环境的影响，既不为 0 ℃，也不为恒值，引入误差。为此须对冷端进行处理，下面介绍几种冷端处理方法。

1. 补偿导线法

采用与热电偶热电特性相同或相近的补偿导线，将热电偶的原冷端引至温度恒定的新冷端，此方法为补偿导线法。热电特性相同是指在 100 ℃以下的温度范围内，补偿导线产生的热电势等于工作热电偶在此温度范围内产生的热电势，即：

$$E_{AB}(T_0', T_0) = E_{A'B'}(T_0', T_0) \tag{6-28}$$

式中：T_0 为原冷端；T_0' 为新冷端。

补偿导线分为延长型和补偿型。一般对廉价热电偶，采用延长型，即采用与热电偶热电极相同的材料做补偿导线，直接将热电偶的热电极延长至温度恒定的新冷端，用字母“X”附在热电偶分度表后表示延长型补偿，例如“KX”表示与 K 型热电偶配用的延长线。对贵重金属热电偶，采用补偿型，即采取与热电偶热电特性相同或相近的其他材料做补偿导线，用字母 C 附在热电偶分度表后表示，例如，“SC”表示与 S 型热电偶相配的补偿型补偿导线。常用热电偶补偿导线的型号、线芯材质和绝缘层着色，如表 6.1 所示。

表 6.1 补偿导线的型号、线芯材质和绝缘层着色

补偿导线型号	配用热电偶	补偿导线的线芯材料		绝缘层着色	
		正极	负极		
SC 或 RC	铂铑 10-铂	SPC(铜)	SNC(铜镍)	红	绿
KC	镍铬-镍硅	KPC(铜)	KNC(铜镍)	红	蓝
KX	镍铬-镍硅	KPX(铜镍)	KNX(镍硅)	红	黑
NX	镍铬硅-镍硅	NPS(铜镍)	NNX(镍硅)	红	灰
EX	镍铬-铜镍	EPX(镍铬)	ENX(铜镍)	红	棕
JX	铁-铜镍	JPX(铁)	JNX(铜镍)	红	紫
TX	铜-铜镍	TPX(铜)	TNX(铜镍)	红	白

补偿导线与热电偶连接需要使用热电偶专用连接器。

2. 0 ℃恒温法(冰浴法)

在实验室及精密测量中，通常把冷端放入装满冰水混合物的容器中，以便使冷端温度保持 0 ℃。0 ℃恒温法原理如图 6.16 所示，可直接从仪表中读出热电势值，查分度表得出被测点的温度值。

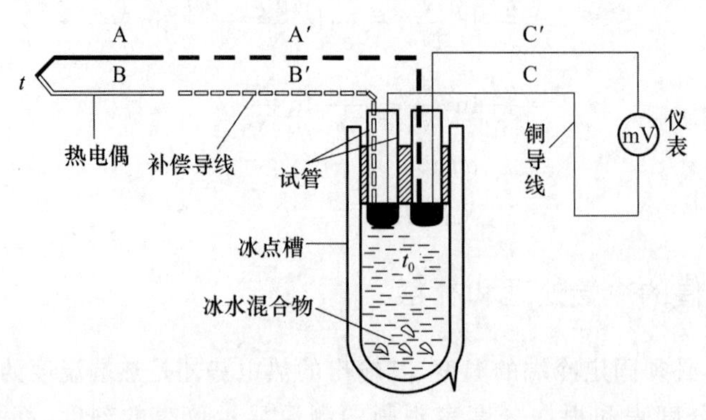

图 6.16 0 ℃恒温法原理

0 ℃恒温法是一种准确度很高的冷端处理方法，但实际使用须冰、水两相共存，一般只适于实验室使用。

3. 冷端温度修正法

实际使用中，热电偶的冷端往往不是 0 ℃，而是环境温度 T_n，这时测得的热电势值为 $E_{AB}(T,T_n)$，由中间温度定律得

$$E_{AB}(T,0)=E_{AB}(T,T_n)+E_{AB}(T_n,0) \tag{6-29}$$

由测温仪器测量出环境温度 T_n，从分度表中查出 $E_{AB}(T_n,0)$的值，然后加上测得的热电势值 $E_{AB}(T,T_n)$，得到 $E_{AB}(T,0)$值。查热电偶分度表，得到被测热源的温度 T。

4. 冷端温度自动补偿法(补偿电桥法)

补偿电桥法是利用不平衡电桥产生的不平衡电压作为补偿信号，来自动补偿热电偶测量过程中因参考端温度不为 0 ℃或变化而引起热电势的变化值。补偿电桥法原理如图 6.17 所示。

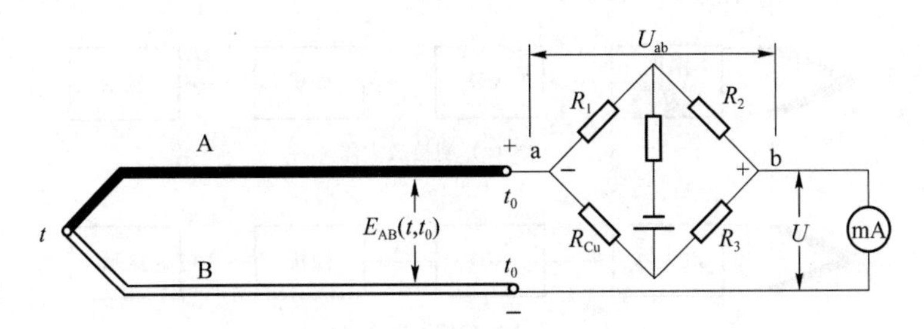

图 6.17　补偿电桥法电路原理

不平衡电桥由三个电阻温度系数较小的锰铜丝绕制的电阻 R_1、R_2、R_3，电阻温度系数较大的铜丝绕制的电阻 R_{Cu} 和稳压电源组成。补偿电桥铜电阻与热电偶参考端处在同一环境温度。设环境温度为室温 $T_0=20$ ℃，室温时电桥平衡，即：

$$R_1R_3=R_2R_{Cu},\quad U_{ab}=0$$

此时，热电偶与不平衡电桥串联回路电势为 $E_{AB}(T,T_0)$。

当冷端温度由 T_0 变化为 $T_0\pm\Delta T$ 时，依据中间温度定律，热电偶产生热电势为：

$$E_{AB}(T,T_0\pm\Delta T)=E_{AB}(T,T_0)-E_{AB}(T_0\pm\Delta T,T_0)$$

此时串联回路的总电势为：

$$E_{AB}(T,T_0\pm\Delta T)+U_{ba}=E_{AB}(T,T_0)-E_{AB}(T_0\pm\Delta T,T_0)+U_{ba}$$

式中，$E_{AB}(T_0\pm\Delta T,T_0)$为误差项，设计不平衡电桥电路，输出不平衡电压 U_{ba} 作为补偿信号，使 $-E_{AB}(T_0\pm\Delta T,T_0)+U_{ba}\approx0$ 即可保证串联回路的热电势为 $E_{AB}(T,T_0)$。

补偿原理是不平衡电桥产生的不平衡电压 U_{ba} 作为补偿信号，自动补偿热电偶在测量过程中冷端温度变化而引起的热电势变化值 $E_{AB}(T_0\pm\Delta T,T_0)$。

具体补偿过程说明如下。

当冷端温度由 T_0 变化为 $T_0\pm\Delta T$ 时，$\Delta T>0$，热电偶热电势误差项 $E_{AB}(T_0\pm\Delta T,T_0)>0$，同时与热电偶冷端在同一温度场的铜电阻 R_{Cu} 增加，a 点电位下降，$U_{ba}>0$，使 $-E_{AB}(T_0\pm\Delta T,T_0)+U_{ba}\approx0$。

热电偶与不平衡电桥总回路的电势值为 $E_{AB}(T,T_0)$。

6.2.4 热电偶的实用测温电路

实用热电偶测温电路由热电极、补偿导线、热电势检测仪表组成。常用的检测仪表有毫伏电压表、数字电压表、电位差计等。

1. 测量单点温度的基本电路

由于热电偶产生的热电势很小，一般 1 ℃产生数十微伏电压，所配接的模拟表 M 可为毫伏计或电位差计，读出热电势值，查分度表确定被测温度。多数检测仪表采用数字仪表测量温度，但必须加输入放大电路和模数转换电路，通过放大电路将热电偶输出微弱信号放大，通过模数转换电路将对应热电势的模拟量转换为数字量，根据热电势与温度的关系，微机编程确定被测温度。单点测温电路如图 6.18 所示，图(a)为配接放大器的单点测温电路，图(b)为配接温度变送器的单点测温电路。将热电偶接到温度变送器输入端，通过变送器将温度转换为 4～20 mA 或 1～5 V 标准信号。

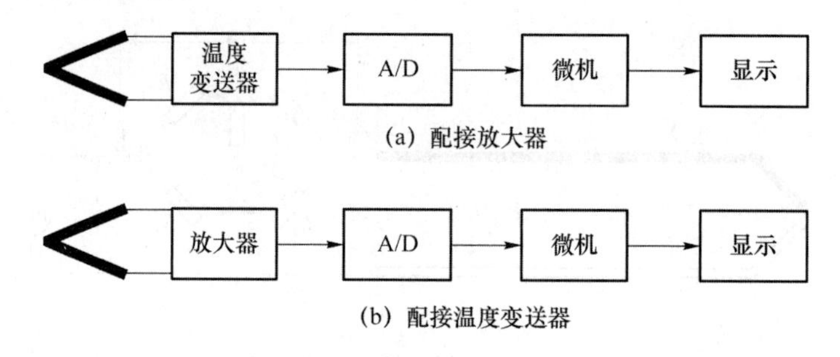

(a) 配接放大器

(b) 配接温度变送器

图 6.18　单点测温电路

2. 测量两点之间的温差

测量两点之间的温差电路如图 6.19 所示。用两只相同型号的热电偶，配用相同的补偿导线，反向串联。产生热电势为：

$$E_T = E_{AB}(T_1, T_0) - E_{AB}(T_2, T_0) \tag{6-30}$$

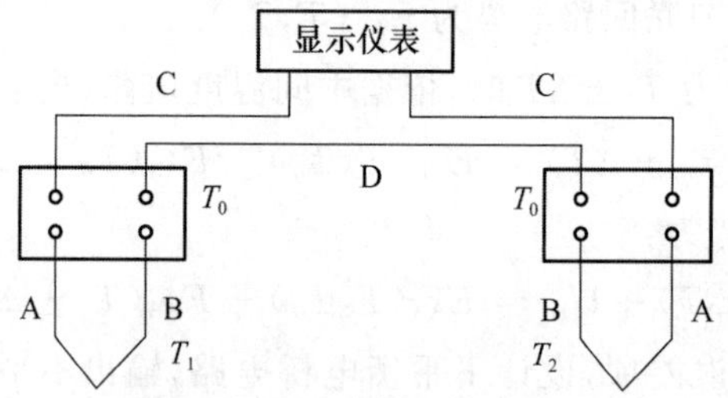

图 6.19　测量两点温度差电路

3. 测量平均温度电路

测量平均温度电路如图 6.20 所示。用几只型号特性相同的热电偶并联在一起，测量它们输出热电势的平均值。优点是仪表的分度表和单独配用一个热电偶时一样，缺点是当有一只热电偶烧毁时不能很快被发现。回路的热电势为：

$$E_T = \frac{E_1 + E_2 + E_3}{3} \tag{6-31}$$

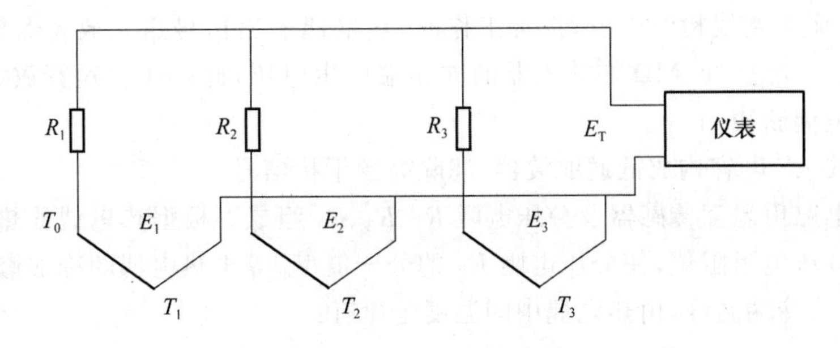

图 6.20 测量平均温度电路

4. 测量温度和电路

测量温度和电路如图 6.21 所示。同类型的热电偶串联，特点是当有一只热电偶烧断时，总的热电势消失，可以立即知道有热电偶烧毁。

总的热电势为：

$$E_T = E_1 + E_2 + E_3 \tag{6-32}$$

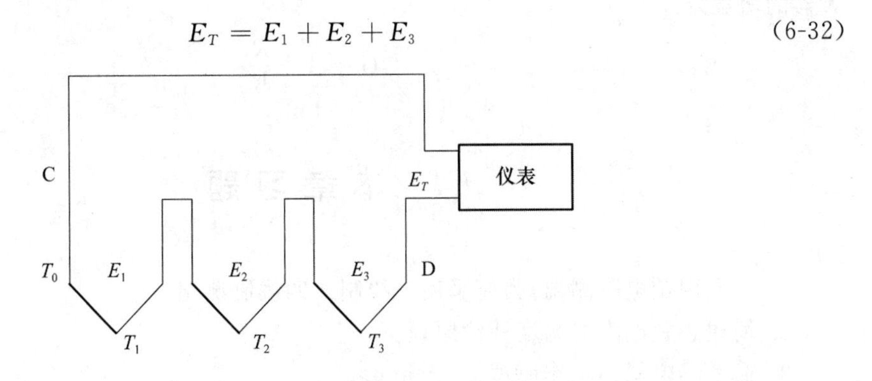

图 6.21 测量温度和电路

5. 实用热电偶测温电路

实用热电偶测温电路如图 6.22 所示。电路具有热电偶传感器断线报警、冷端温度补偿、滤波和信号放大功能，实现将某一范围的温度信号转换为电压信号输出。

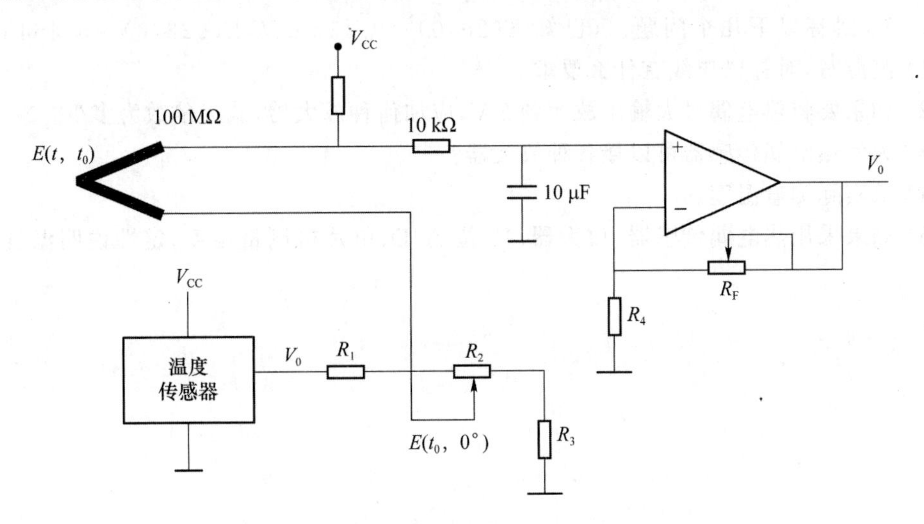

图 6.22 热电偶测温电路

100 MΩ 电阻为断线检测电阻，正常工作时，热电偶输出信号送入放大器放大，如果热电偶断线，电源电压经过 100 MΩ 在放大器的同相端产生电压，此电压使运算放大器饱和输出，由此可判断热电偶断线。

10 kΩ 和 10 μF 电容构成低通滤波器，滤除高频干扰信号。

冷端补偿电路由温度传感器及分压电阻 R_1、R_2、R_3 组成。根据热电偶的热电势系数选择温度传感器和分压电阻阻值，使分压电阻 R_2 的分压值 V_{ot} 等于热电偶的冷端修正值，即 $V_{ot}=E_{AB}(T_n,0)$，T_n 为冷端温度，由热电偶中间温度定律有：

$$E_{AB}(T,0)=E_{AB}(T,T_n)+E_{AB}(T_n,0) \tag{6-33}$$

加冷端温度补偿热电偶输出为：

$$E_{AB}(T,T_n)+V_{ot}=E_{AB}(T,T_n)+E_{AB}(T_n,0)=E_{AB}(T,0) \tag{6-34}$$

可见，冷端温度在某一温度段变化，只要 $V_{ot}=E_{AB}(T_n,0)$，对热电偶输出基本无影响。

$E_{AB}(T,0)$送入运算放大器进行同相放大。根据输出信号的要求，确定放大增益大小。放大器的增益为：

$$G=1+\frac{R_F}{R_4} \tag{6-35}$$

课程思政

本章习题

1. 工业用铂电阻测温，为何采用三线制或四线制测温？

2. 简述热敏电阻的温度补偿原理。

3. 简述热电偶的工作原理。

4. 试用热电偶的基本原理，证明热电偶回路的几个基本定律。

5. 为何要对热电偶进行冷端温度补偿？常用的冷端温度补偿方法有哪些？说明冷端补偿导线的作用，电桥法补偿原理。

6. 用热电偶测温，当冷端为 $t_n=20$ ℃时，在热端温度为 t 时测得热电势 $E(t,20)=5.351$ mV，回答以下几个问题。（已知 $E(20,0)=0.113$ mV，$E(622,0)=5.464$ mV）

（1）测温时，对补偿导线有什么要求。

（2）如果要将热电偶最大输出放大到 2 V，应加何种放大器，放大倍数为多少？

（3）为何热电偶传感器可以接各种放大器？

（4）求实际测量温度。

（5）如果采用热电偶传感器、放大器、12 位 A/D、单片机测量温度，定性说明温度测量的方法。

第 7 章 磁电式传感器

磁电式传感器是通过磁电作用将被测量(如振动、位移、速度、转速、磁场强度等)转换成电信号的一种传感器。制作磁电式传感器的材料有导体、半导体、磁性体等,利用导体和磁场的相对运动产生感应电势的电磁感应原理可制成各种磁电感应式传感器;利用半导体材料的霍尔效应可制成霍尔器件。它们的工作原理不完全相同,各有各的特点和应用范围,下面分别加以讨论。

7.1 磁电感应式传感器

磁电感应式传感器是利用电磁感应定律,将输入运动速度变换成感应电势输出的装置。它不需要辅助电源,就能将被测对象的机械能转换为易于测量的电信号。由于它有较大的输出功率,故配用电路简单、性能稳定,可应用于转速、振动、扭矩等被测量的测量。

课件 PPT

不同类型的磁电感应式传感器实现磁通变化的方法不同,有恒磁通的动圈式与动铁式磁电感应式传感器,有变磁通(变磁阻)的开磁路式或闭磁路式的磁电感应式传感器。

7.1.1 恒磁通磁电感应式传感器

1. 磁电感应式传感器的工作原理

根据法拉第电磁感应定律,N 匝线圈在磁场中做切割磁力线运动或穿过线圈的磁通量变化时,线圈中产生的感应电动势 E 与磁通 φ 的变化率关系如下:

$$E=-N\frac{\mathrm{d}\varphi}{\mathrm{d}t} \tag{7-1}$$

恒磁通磁电感应式传感器如图 7.1 所示。当线圈垂直于磁场方向运动时,线圈相对于磁场的运动速度为 v 或 ω。对于磁场强度为 B 的恒磁通,式(7-1)可写成:

$$E=-NBl_a v \quad 或 \quad E=-NBS\omega \tag{7-2}$$

式中:B 为磁感应强度(单位为 T);l_a 为每匝 l_a 线圈的平均长度(单位为 m);S 为线圈的截面积(单位为 m^2)。

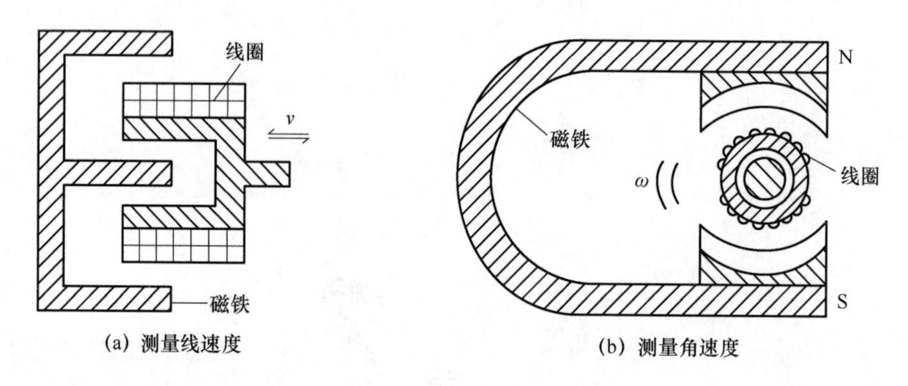

图 7.1 恒磁通磁电感应式传感器

磁电式传感器为结构型传感器，当结构参数 N、B、l_a、S 为定值时，感应电动势与线速度或角速度成正比。

磁电式传感器适于测量动态量，无源积分、微分电路如图 7.2 所示。如果在电路中接入图 7.2(a)的积分电路，感应电势与位移成正比。如果接入图 7.2(b)的微分电路，感应电势与加速度成正比。磁电式传感器可以测量位移或加速度。

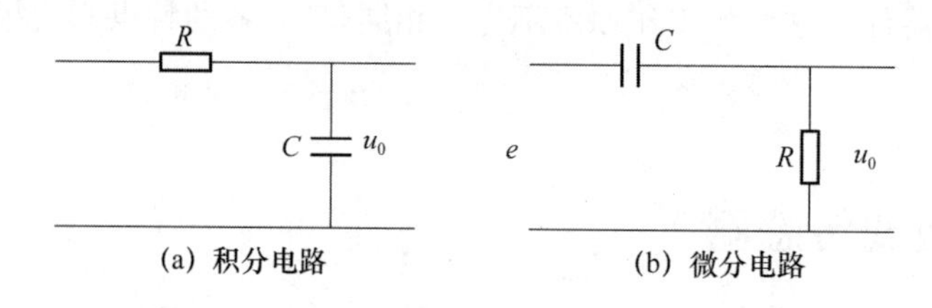

图 7.2 无源积分、微分电路

2. 恒磁通磁电感应式传感器的结构及要求

恒磁通磁电感应式传感器有两个基本系统：一是产生恒定直流磁场的磁路系统，包括工作气隙和永久磁铁；二是线圈，由它与磁场中的磁通交链产生感应电动势。应合理地选择它们的结构形式、材料和结构尺寸，以满足传感器的基本性能要求。对磁电式传感器的基本要求如下。

(1) 工作气隙

工作气隙大，一方面线圈窗口面积大，线圈匝数多，传感器灵敏度高；另一方面，磁路的磁感应强度下降，灵敏度下降，气隙磁场不均匀，输出线性度下降。为了使传感器具有较高的灵敏度和较好的线性度，应在保证足够大窗口面积的前提下，尽量减小工作气隙 d，一般取 $d/l_a \approx 1/4$。

(2) 永久磁铁

永久磁铁是用永久合金材料制成，提供工作气隙磁能能源。为了提高传感器的灵敏度和减小传感器的体积，一般选用具有较大磁能面积(较高矫顽力 H_C、磁感应强度 B)的永磁合金。

(3) 线圈组件

线圈组件由线圈和线圈骨架组成。要求线圈组件的厚度小于工作气隙的长度，保证线圈相对永久磁铁运动时，两者之间没有摩擦。

在精度要求较高的场合，线圈中感应电流产生的交变磁场会叠加在恒定工作磁通上，对恒定磁通起消磁作用，需要补偿线圈与工作线圈串联进行补偿。另外，当环境温度变化较大时，应采取温度补偿措施。

7.1.2　变磁通磁电感应式传感器

变磁通磁电感应式传感器也被称为变磁阻磁电感应式传感器。变磁阻磁电感应式传感器结构分为开磁路和闭磁路两种，常用来测量旋转物体的转速。

1. 开磁路磁电感应式传感器工作原理

开磁路磁电感应式转速传感器如图 7.3 所示。传感器的线圈和磁铁部分静止不动，测量齿轮(导磁材料制成)安装在被测转轴上，随之一起转动。安装时将永久磁铁产生的磁力线通过软铁端部对准齿轮的齿顶，当齿轮旋转时，齿的凹凸引起磁阻的变化，使磁通发生变化，在线圈中感应出交变电动势，其频率等于齿轮的齿数与转速的乘积，即：

$$f = \frac{Z_n}{60} \tag{7-3}$$

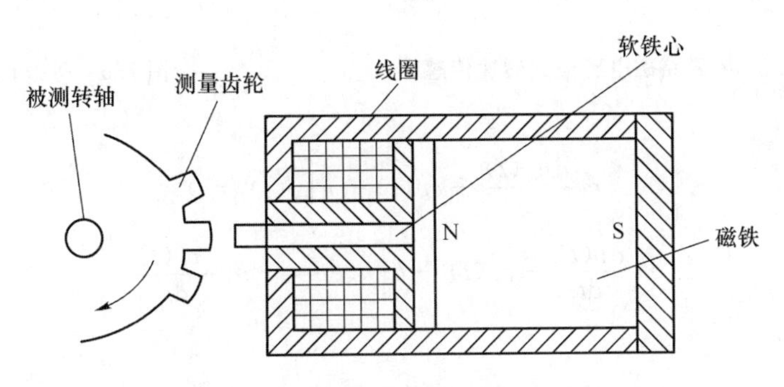

图 7.3　开磁路磁电感应式转速传感器

当齿数 Z 已知时，测得感应电势的频率 f 就可以知道被测轴的转速 n：

$$n=\frac{60f}{Z} \tag{7-4}$$

式中，n 的单位为 r/min。

开磁路磁电感应式转速传感器结构简单，但输出信号较小，当被测轴振动较大，转速较高时，输出波形失真大。

2. 闭磁路磁电感应式传感器工作原理

闭磁路磁电感应式转速传感器如图 7.4 所示。转子 2 与转轴 1 固紧，传感器转轴与被测物相连，转子 2 与定子 5 都是用工业纯铁制成，它们和永久磁铁 3 构成磁路系统。转子 2 和定子 5 的环形端部都均匀铣出等间距的一些齿和槽。测量时，被测物转轴带动转子 2 转动，当定子与转子齿凸凸相对时，气隙最小，磁阻最小，磁通最大；当转子与定子的齿凸凹相对时，气隙最大，磁阻最大，磁通最小。随着转子的转动，磁通周期性地变化，在线圈中感应出近似正弦波的电动势信号，经施密特电路整形变为矩形脉冲信号，送计数器或频率计。测得频率即可算出转速 n。

3. 磁电感应式传感器的动态特性

磁电感应式传感器适用于测量动态物理量，因此动态特性是它的主要性能。这种传感器是机电能量变换型传感器，其等效的机械系统如图 7.5 所示，磁电式传感器可等效成 $m-c-k$ 二阶机械系统。图中 v_0 为外壳(被测物)运动速度，v_m 为质量块的运动速度，v 为惯性质量块相对外壳(被测物)的运动速度。

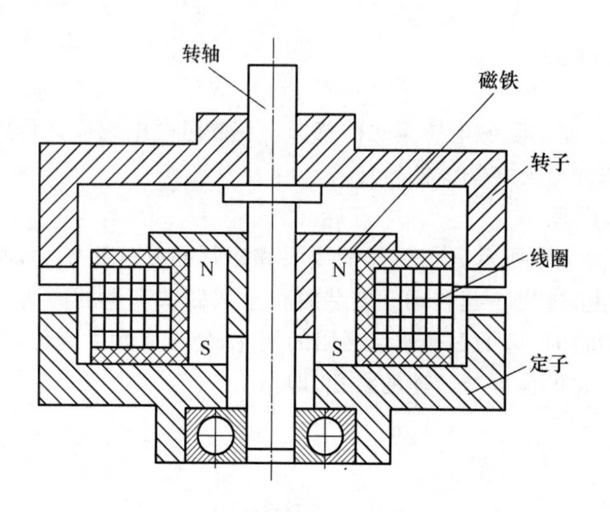

图 7.4　闭磁路磁电感应式转速传感器

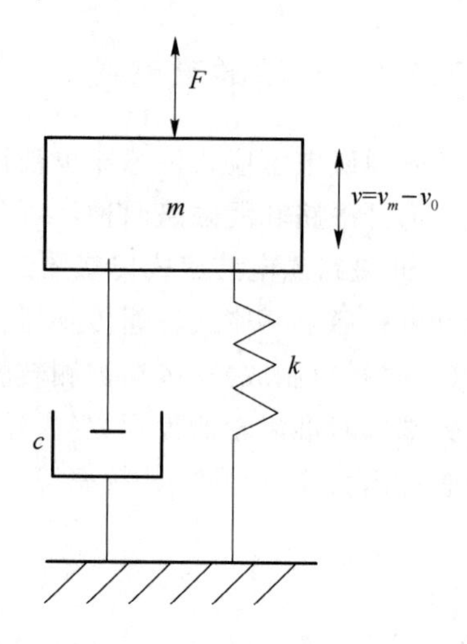

图 7.5　等效机械系统

运动方程为：

$$m\frac{\mathrm{d}v_m(t)}{\mathrm{d}t}+cv(t)+k\int v(t)=0 \tag{7-5}$$

$$m\frac{\mathrm{d}v(t)}{\mathrm{d}t}+cv(t)+k\int v(t)=-m\frac{\mathrm{d}v_0(t)}{\mathrm{d}t} \tag{7-6}$$

传递函数为：

$$H(S)=-\frac{mS^2}{mS^2+cS+k} \tag{7-7}$$

频域特性为：

$$H(\mathrm{j}\omega)=\frac{m\omega^2}{K-m\omega^2+\mathrm{j}C\omega}=\frac{\left(\frac{\omega}{\omega_n}\right)^2}{1-\left(\frac{\omega}{\omega_n}\right)^2+\mathrm{j}2\zeta\left(\frac{\omega}{\omega_n}\right)} \tag{7-8}$$

幅频特性为：

$$A_V(\omega)=\frac{\left(\frac{\omega}{\omega_n}\right)^2}{\sqrt{\left[1-\left(\frac{\omega}{\omega_n}\right)^2\right]^2+\left[2\zeta\left(\frac{\omega}{\omega_n}\right)\right]^2}} \tag{7-9}$$

相频特性为：

$$\varphi_v(\omega)=-\arctan\frac{2\zeta\left(\frac{\omega}{\omega_n}\right)}{1-\left(\frac{\omega}{\omega_n}\right)^2} \tag{7-10}$$

式中：ω 为被测振动角频率；ω_n 为固有角频率，$\omega_n=\sqrt{K/m}$；ζ 为阻尼比，$\zeta=c/2\sqrt{mk}$。

磁电感应式速度传感器频率响应特性曲线如图 7.6 所示。从频率响应特性曲线可以看出，在 $\omega\gg\omega_n$ 的情况下（一般取 $\zeta=0.5\sim0.7$），$A_V(\omega)\approx1$，相对速度 $v(t)$的大小可作为被测振动速度 $v_0(t)$的量度。

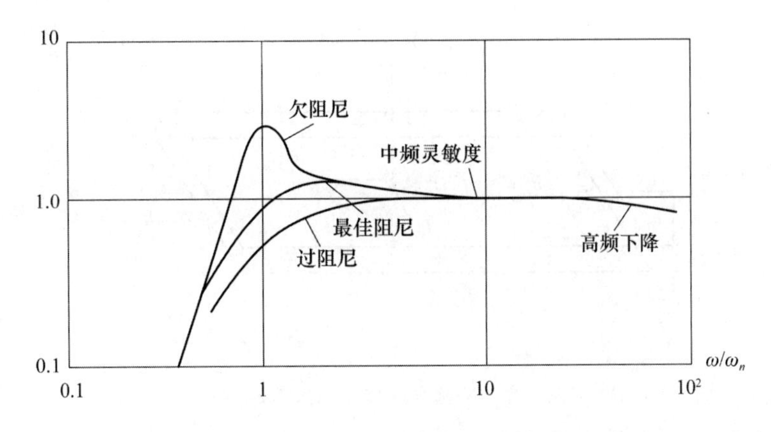

图 7.6 磁电感应式速度传感器频率响应特性曲线

7.2 霍尔传感器

霍尔传感器是利用霍尔效应原理实现磁电转换，从而将被测物理量转换为电动势的传感器。1879 年，霍尔在金属材料中发现霍尔效应，由于金属材料的霍尔效应太弱，未得到实际应用。直到 20 世纪 50 年代，随着半导体和制造工艺的发展，人们才利用半导体元件制造出霍尔元件。我国从 20 世纪 70 年代开始研究霍尔元件，现在已经能生产各种性能的霍尔元件。由于霍尔传感器具有灵敏度高，线性度好，稳定性高，体积小等优点，它已经被广泛应用于电流、磁场、位移、压力、转速等物理量的测量。

7.2.1 霍尔效应和工作原理

1. 霍尔效应

将半导体薄片置于磁场中，在薄片控制电极通以电流，在输出电极产生电动势，此现象为霍尔效应。产生的电动势被称为霍尔电势。

2. 工作原理

从本质上讲，霍尔电势的产生是由于运动载流子受到磁场的作用力 f_L(洛仑兹力)，在薄片两侧分别形成电子、正电荷的积累所致。

N 型半导体霍尔效应原理如图 7.7 所示。将一片 N 型半导体薄片置于磁感应强度为 B 的磁场中，使磁场方向垂直于薄片，在薄片左右两端通过电流 I(控制电流)，则半导体载流子(电子)沿着与电流 I 相反的方向运动。电子受到外磁场力 f_L(洛仑兹力)的作用而发生偏转，结果在半导体的后端面上形成电子的积累而带负电荷，前端面因失去电子而带正电荷。在前后端面形成电场，该电场产生的电场力 f_E 阻止电子的继续偏转。当 f_L 与 f_E 相等时，电子积累达到动态平衡。此时，在半导体的前后端之间建立电场，形成的电动势被称为霍尔电势。霍尔电势的大小与激励电流 I 和磁场的磁感应强度 B 成正比，与半导体薄片厚度 d 成反比，即：

$$U_H = \frac{R_H}{d} IB = K_H IB \tag{7-11}$$

式中：R_H 为霍尔常数；K_H 为霍尔灵敏系数。

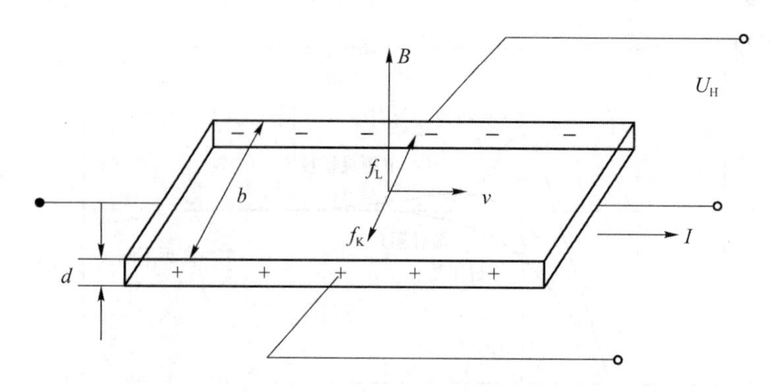

图 7.7 N型半导体霍尔效应原理

若电子都以速度 v 运动，在磁场 B 的作用下，每个载流子受到的洛仑兹力大小为：

$$f_L = evB \tag{7-12}$$

式中：e 为电子的电荷量，$e=1.602\times10^{-19}$ C；v 为电子平均运动速度；B 为磁感应强度。

电子积累所形成的电场强度为：

$$E_H = \frac{U_H}{b} \tag{7-13}$$

电场作用于载流子(电子)的力为：

$$f_E = eE_H \tag{7-14}$$

电场力与洛仑兹力方向相反，阻碍电荷的积累，当 $f_E=f_L$ 时，电子的积累达到动态平衡。此时，

$$E_H = vB \tag{7-15}$$

$$U_H = bvB \tag{7-16}$$

流过霍尔元件的电流为 $I=nevbd$，n 为N型半导体的电子浓度单位体积的电子数，b、d 分别为薄片的宽度和厚度。所以，

$$v = \frac{I}{bdne} \tag{7-17}$$

将式(7-17)代入式(7-16)中，得：

$$U_H = \frac{IB}{ned} = \frac{R_H}{d}\times IB = K_H IB \tag{7-18}$$

$$R_H = \frac{1}{ne},\quad K_H = \frac{R_H}{d} \tag{7-19}$$

式中：R_H 为霍尔常数(m^3/C)，由载流材料的性质决定；K_H 为传感器的灵敏度(V/A·T)，它与载流材料的物理性质和几何尺寸有关，表示单位磁感应强度和单位控制电流时的霍尔电势大小。一般载流子电阻率 ρ、磁导率 μ 和霍尔常数 R_H 的关系为：

$$R_H = \rho\mu \tag{7-20}$$

由于电子的迁移率大于空穴的迁移率，因此霍尔元件多用N型半导体材料制作。

霍尔元件越薄，K_H 越大，厚度为微米级。虽然金属导体的载流子迁移率大，但其电阻率较低；而绝缘材料电阻率较高，但载流子迁移率很低，两者都不适宜于做霍尔元件。只有半导体材料为最佳材料，目前用得较多的材料有锗、硅、锑化铟、砷化铟、砷化镓等。

7.2.2 霍尔元件的基本测量电路

霍尔元件为一四端型器件，一对控制电极和一对输出电极焊接在霍尔基片上。在基片外用

金属或陶瓷、环氧树脂等封装作为外壳，霍尔元件符号如图 7.8 所示，基本测量电路如图 7.9 所示。控制电流 I 由电压源供给，R_W 调节控制电流的大小，R_L 为负载电阻，可以是放大器的内阻或指示器内阻。

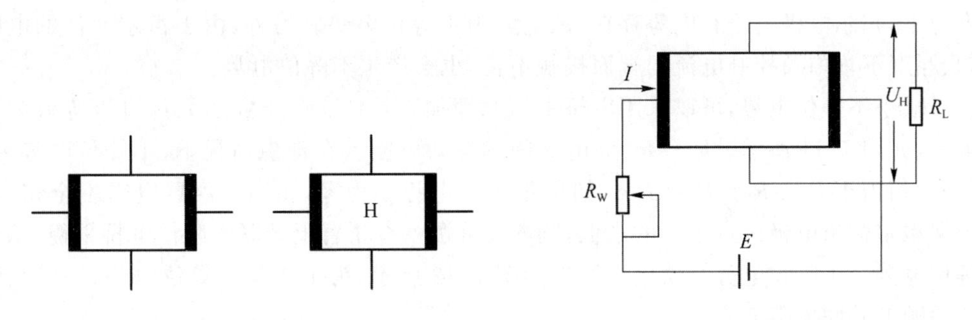

图 7.8 霍尔元件符号　　　　图 7.9 基本测量电路

霍尔效应建立的时间极短（10^{-12}～10^{-14} s），频率响应很高。控制电流既可以是直流，也可以是交流。

7.2.3 霍尔元件的主要特性参数

1. 输入电阻 R_i 和输出电阻 R_o

R_i 为控制电极之间的电阻值，R_o 为霍尔元件输出电极之间的电阻，单位为欧姆。测量时，应在无外磁场和室温变化的条件下，用欧姆表测量。

2. 额定激励电流和最大允许控制电流

当霍尔元件通过控制电流使其在空气中产生 10 ℃的温升时，对应的控制电流值被称为额定控制电流。元件的最大温升限制所对应的控制电流值被称为最大允许控制电流。由于霍尔电势随着激励电流的增大而增大，所以在实际应用中，在满足温升的条件下，尽可能地选用较大的工作电流。改善霍尔元件的散热条件可以增大最大允许控制电流值。

3. 不等位电势 U_0 和不等位电阻 r_0

在额定控制电流下，不加外磁场时，霍尔输出电极空载输出电势为不等位电势，单位为 mV。不等位电势产生的主要原因是两个霍尔电极没有安装到同一等位面上所致。一般要求不等位电势小于 1 mV。

不等位电势 U_0 与额定控制电流 I_0 之比，被称为霍尔元件的不等位电阻 r_0。

不等位电势的测量可以将霍尔元件经电位器接在直流电源上，调节电位器使控制电流等于额定值 I_0，在不加外磁场的条件下，用直流电位差计测得霍尔输出电极间的空载电势值，即为不等位电势 U_0。不等位电阻由 U_0/I_0 求出。

4. 寄生直流电势

当无外加磁场，霍尔元件通以交流控制电流时，霍尔电极的输出除了交流不等位电势外，还有一个直流电势，被称为寄生直流电势。该电动势是由于霍尔元件的两对电极非完全欧姆接触形成整流效应，以及两个霍尔电极的焊点大小不等、热容量不同引起温差所产生的。因此，在霍尔元件制作和安装时，应尽量使电极欧姆接触，并做到有良好的散热条件，散热均匀。

7.2.4 霍尔元件的误差及补偿

制造工艺问题和实际使用时存在的各种影响霍尔元件性能的因素，都会影响霍尔元件的精度。这些因素主要包括不等位电势和环境温度变化。

不等位电势是一个主要的零位误差，在制造霍尔元件时，由于制造工艺限制，两个霍尔电极不能完全位于同一等位面上，如图 7.10 所示。因此当有控制电流 I 流过时，即使外加磁感应强度为零，霍尔电极上仍有电势存在，该电势为不等位电势。另外，由于霍尔元件的电阻率不均匀、厚度不均匀及控制电流的端面接触不良，也会产生不等位电势。

为了减小不等位电势，可以采用电桥平衡原理加以补偿。由于霍尔元件可以等效为一个四臂电桥，如图 7.11 所示。$R_1 \sim R_4$ 为电极间的等效电阻。在理想情况下，不等位电势为零，电桥平衡，相当于 $R_1 = R_2 = R_3 = R_4$。如果不等位电势不为零，相当于四臂电阻不全相等，此时应根据霍尔输出电极两点电位的高低，判断应在哪一个桥臂上并联电阻使电桥平衡，从而消除不等位电势。不等位电势补偿电路原理如图 7.12 所示，为了消除不等位电势，一般在阻值较大的桥臂上并联电阻。

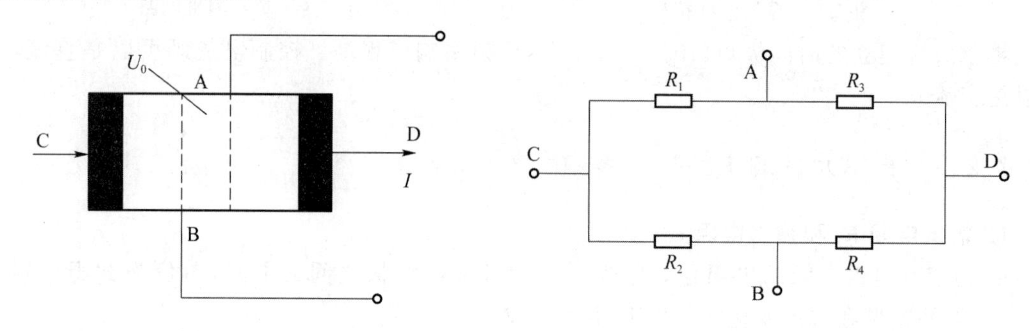

图 7.10　霍尔元件的不等位电势　　　　图 7.11　霍尔元件的等效电路

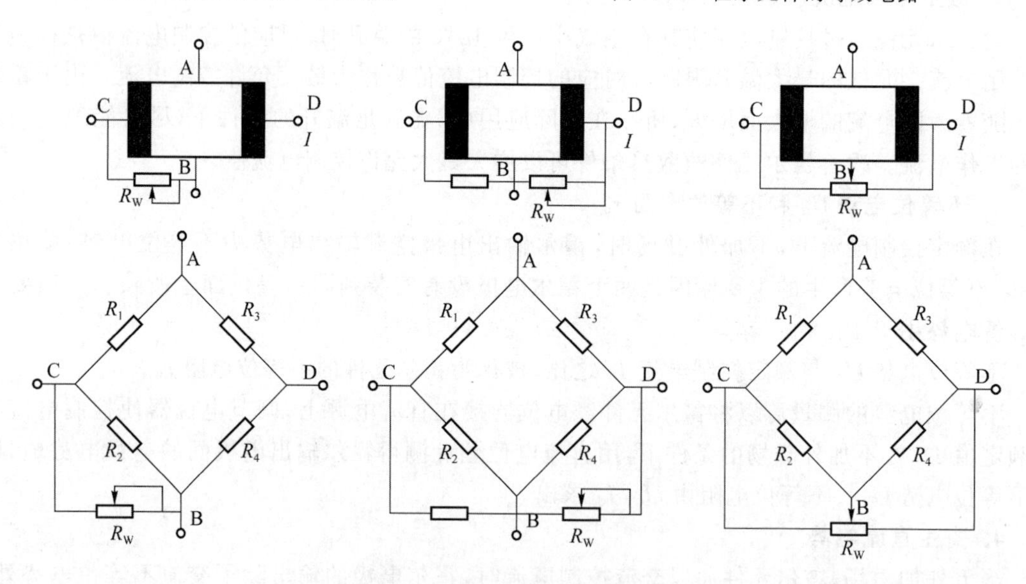

图 7.12　不等位电势补偿电路原理

当温度变化时，霍尔元件的载流子浓度 n、迁移率 μ、电阻率 ρ 及灵敏度 K_H 都将发生变化，致使霍尔电动势变化，产生温度误差。温度误差影响结果使灵敏度系数 K_H 及霍尔元件内阻 R_i(输入和输出电阻)变化。

霍尔元件的灵敏度与温度的关系为：

$$K_{Ht} = K_{H0}[1 + \alpha(t - t_0)] = K_{H0}(1 + \alpha\Delta t) \tag{7-21}$$

式中：K_{H0}为t_0时的灵敏度；Δt为温度变化量；α为霍尔电势的温度系数。

霍尔元件的内阻与温度的关系为：

$$R_{it}=R_{i0}[1+\beta(t-t_0)]=R_{i0}(1+\beta\Delta t) \tag{7-22}$$

式中：R_{i0}为t_0时的内阻；Δt为温度变化量；β为内阻的温度系数。

由公式$U_H=K_HIB$可知，若恒流源供电，当B、I一定时，K_H变化，U_H变化；若恒压源供电，当B、E一定时，R_i变化，I变化，U_H也变化。

温度补偿的思路是当温度变化时，使K_HI这个乘积保持不变。方法是用一个分流电阻R与霍尔元件的控制电极并联，采用恒流源供电。当霍尔元件的输入电阻随着温度的升高而增加时，一方面，霍尔灵敏度增大，使霍尔电势输出有增大趋向；另一方面，其输入电阻增大，旁路分流电阻自动加强分流，减小了控制电流I，使霍尔电势输出有减小趋向，K_HI基本保持不变，达到补偿目的。恒流源加并联电阻补偿法温度补偿电路如图7.13所示。

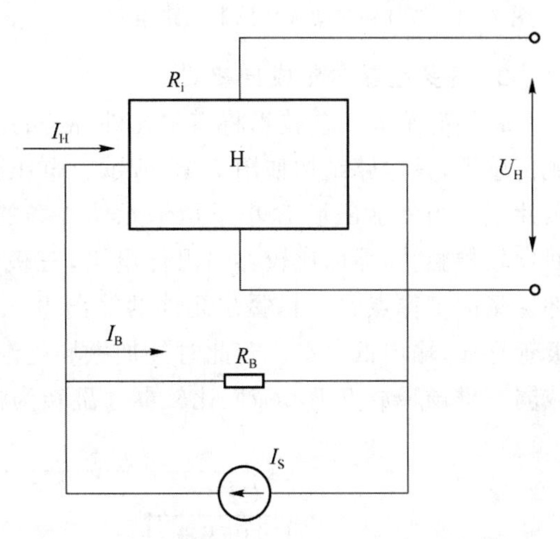

图7.13 恒流源加并联电阻补偿法温度补偿电路

当温度为t_0时，元件灵敏度为K_{H0}，输入电阻为R_{i0}。当温度为t时，元件灵敏度为K_{Ht}，输入电阻为R_{it}。

当温度为t_0时，

$$I_{H0}=\frac{R_BI_S}{R_B+R_{i0}} \tag{7-23}$$

当温度为t时，

$$I_{Ht}=\frac{R_B}{R_B+R_{it}}I_S=\frac{R_B}{R_B+R_{i0}(1+\beta\Delta t)}I_S \tag{7-24}$$

为了使霍尔电势不随温度而变化，必须保证：

$$K_{H0}I_{H0}B=K_{Ht}I_{Ht}B \tag{7-25}$$

将有关式代入(7-25)得：

$$K_{H0}\frac{R_B}{R_B+R_{i0}}I_SB=K_{H0}(1+\alpha\Delta t)\frac{R_B}{R_B+R_{i0}(1+\beta\Delta t)}I_SB \tag{7-26}$$

整理得：

$$R_B=\frac{\beta-\alpha}{\alpha}R_{i0} \tag{7-27}$$

当霍尔元件选定时，它的输入电阻R_{i0}、温度系数β以及霍尔电势温度系数α可以从元件参数手册中查出，由式(7-27)可计算出分流电阻的阻值。输入回路串联电阻补偿和输出回路并联电阻补偿等方法，这里不再赘述。

7.2.5 霍尔元件的类型

霍尔元件有分立型和集成型两大类。其中以集成型应用居多，集成型有线性霍尔元件和开关型霍尔元件两种。它们的根本区别在于集成的处理电路不同，相应的传感器为线性霍尔集成传感器和开关型霍尔集成传感器。

1. 线性霍尔集成传感器

线性霍尔集成传感器是将霍尔元件、放大器、电压调整、电流放大输出级、失调调整和线性度调整等部分集成到一块芯片上，其特点是输出电压随外磁场强度 B 呈线性变化。线性霍尔集成传感器电路的结构如图 7.14 所示。

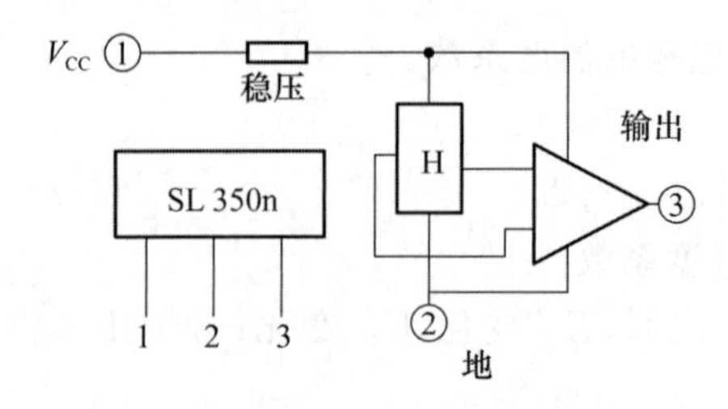

图 7.14 线性霍尔集成传感器电路结构

2. 开关型霍尔集成传感器

采用硅平面工艺技术将霍尔元件、滞回比较器、放大输出集成在一起，构成开关型霍尔集成传感器，其电路结构如图 7.15 所示。电压基准将由 1 端加入的电压转变为标准电压加在霍尔片上。当外加磁场 B 小于霍尔元件磁场的工作点 B_P 时，霍尔元件的输出电压不足以使滞回比较器翻转，滞回比较器输出低电平，三极管截止，输出高电平；当外加磁场 B 大于霍尔元件磁场的工作点 B_P 时，霍尔元件的输出电压使滞回比较器翻转，滞回比较器输出高电平，三极管导通，输出低电平。若此时外加磁场逐渐减弱，霍尔元件输出并不立刻变为高电平，而是减弱至磁场释放点 B_V，滞回比较器才翻转为低电平，输出端为高电平。

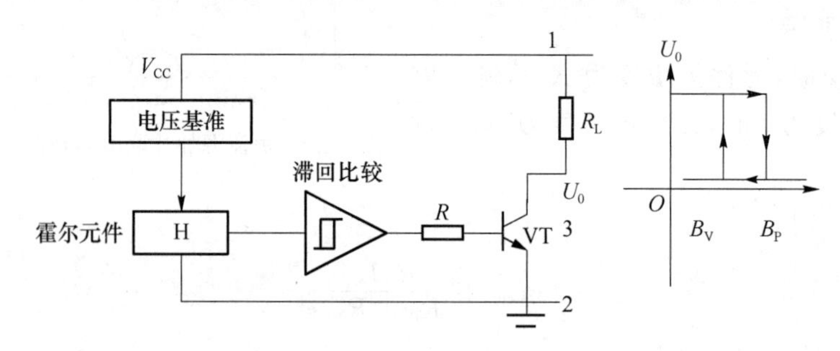

图 7.15 开关型霍尔集成传感器电路结构

霍尔元件的磁场工作点 B_P 和释放点 B_V 之差是磁感应强度的回差宽度 ΔB。B_P 和 ΔB 是霍尔元件的两个重要参数。B_P 越小，元件的灵敏度越高；ΔB 越大，元件的抗干扰能力越强。

7.2.6 霍尔传感器的应用

1. 霍尔位移传感器

由公式 $U_H = K_H IB$ 可知，当控制电流 I 恒定时，霍尔电势与磁感应强度 B 成正比，若将霍尔元件放在一个均匀梯度的磁场中移动，磁感应强度 B 与位移 x 呈线性关系，则其输出的霍尔电势的变化就可反映霍尔元件的位移，如图 7.16 所示。利用这个原理可对微位移测量。以测量微位移为基础，可以测量许多与微位移有关的非电量，如压力、应变、机械振动、加速度等。理论和实践表明，磁场的梯度越大，灵敏度越高；梯度变化越均匀，霍尔电势与位移的关系越接近线性。

2. 霍尔转速传感器

霍尔转速传感器钳形电流表如图 7.17 所示。磁性转盘的输入轴与被测转轴相连，当被测转轴转动时，磁性转盘随之转动，固定在磁性转盘附近的霍尔传感器便可在每一个小磁极通过时产生一个相应的脉冲，检测出单位时间的脉冲数，便可知被测转速。磁性转盘上小磁铁数目的多少决定了传感器测量转速的分辨率。

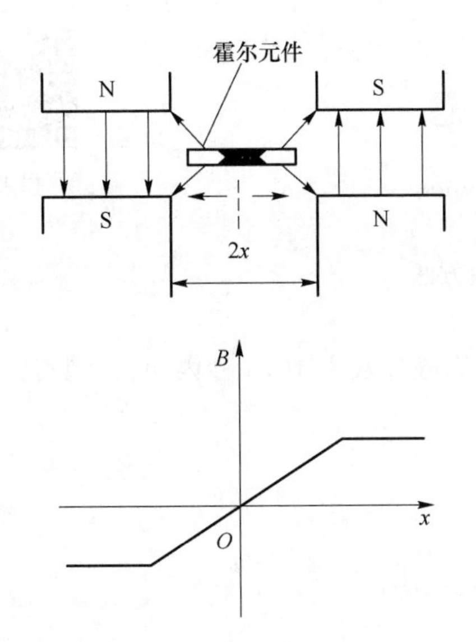

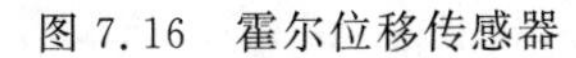

图 7.16 霍尔位移传感器

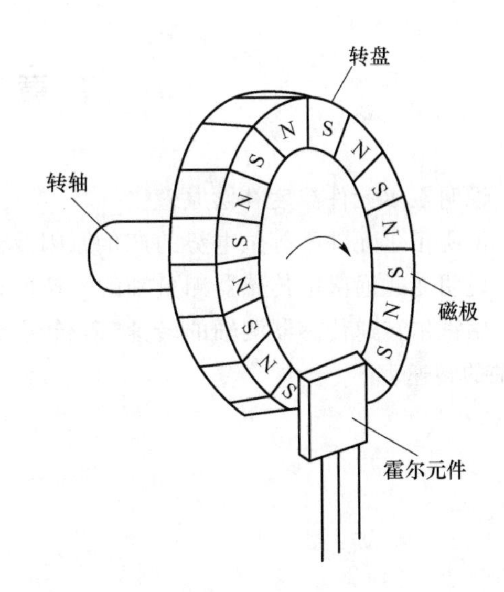

图 7.17 霍尔转速传感器钳形电流表

轴的转速为：

$$n = \frac{60f}{Z} \tag{7-28}$$

式中，Z 为转盘的磁极数，n 的单位为 r/min。

霍尔转速传感器在车速测量、电子水表水量计量等应用中可作为检测元件。

钳形电流表可测量导线中流过的较大电流，其结构如图 7.18 所示。导线穿过钳形电流表铁芯，当电流流过导线时，将在导线周围产生磁场，磁场大小与流过导线的电流大小成正比，这一磁场可以通过软磁材料来聚集，然后用安装在铁芯端部的霍尔器件进行检测。设磁场磁感应强度与导线电流关系为：

$$B = K_P I_P \tag{7-29}$$

霍尔器件产生霍尔电势为：

$$U_H = K_H IB = K_H I K_P I_P = K I_P \tag{7-30}$$

图 7.18 钳形电流表结构

霍尔元件还可制成霍尔电流传感器，检测导线中直流电流大小。

课程思政

本章习题

1. 说明霍尔元件温度补偿原理。

2. 说明霍尔元件不等位电势的产生原因及消除方法。

3. 说明变磁通磁电传感器测量轴的转速原理。

4. 用霍尔转速传感器测轴的转速，若传感器一周磁计数为10，5秒内测得计数值为100个，求轴的转速。

第8章 压电式传感器

压电式传感器的工作原理是基于某些介质材料(石英晶体和压电陶瓷)的压电效应。压电效应分为正压电效应和逆压电效应,利用压电效应实现力与电荷的双向转换。压电传感器具有体积小、重量轻、结构简单、动态性能好等特点,可测量与力相关的物理量,如各种动态力、机械冲击与振动,在声学、医学、力学、宇航等方面都得到了非常广泛的应用。

8.1 压电式传感器的工作原理

课件 PPT

当某些电介质在受到一定方向的压力或拉力而产生变形时,其内部将发生极化现象,在其表面产生电荷,若去掉外力,它们又重新回到不带电状态,这种能将机械能转换为电能的现象被称为正压电效应。反过来,在电介质两个电极面上加以交流电压,压电元件会产生机械振动,当去掉交流电压时,振动消失,这种能将电能转换为机械能的现象被称为逆压电效应,也称电致伸缩效应。常见的压电材料有石英晶体和压电陶瓷。利用正压电效应可制成引爆器、防盗装置、声控装置、超声波接收器等,利用逆压电效应可制成晶体振荡器、超声波发送器等。

8.1.1 石英晶体的压电效应

石英晶体是单晶体结构,如图 8.1 所示。图 8.1(a)表示了石英晶体的天然结构外形,它是一个正六面体,各个方向的特性是不同的。在图 8.1(b)的直角坐标系中有三个轴,x 轴经过正六面体的棱线,垂直于光轴,垂直于此轴面上的压电效应最强,被称为电轴;y 轴垂直于棱柱面,电场沿 x 轴作用下,沿该轴方向的机械变形最大,被称为机械轴;z 轴垂直于 xOy 平面,光线沿该轴通过石英晶体时,无折射,在此方向加外力,无压电效应现象,被称为光轴。

从石英晶体上沿轴向(x 或 y)切下薄片,制成图 8.1(c)的晶体切片。当沿电轴方向加作用力 F_x 时,在与电轴 x 垂直的平面上将产生电荷,其大小为:

$$q_x = d_{11}F_x \tag{8-1}$$

式中,d_{11} 为压电系数(C/N)。

产生的电荷与几何尺寸无关,被称为纵向压电效应。

沿机械轴 y 方向施加作用力 F_y,则仍在与 x 轴垂直的平面上产生电荷 q_x,其大小为:

$$q_x = d_{12}\ \frac{l}{h}F_y = -d_{11}\ \frac{l}{h}F_y \tag{8-2}$$

式中：d_{12}为 y 轴方向受力的压电系数，$d_{12}=-d_{11}$；l、h 为晶体切片长度和厚度。

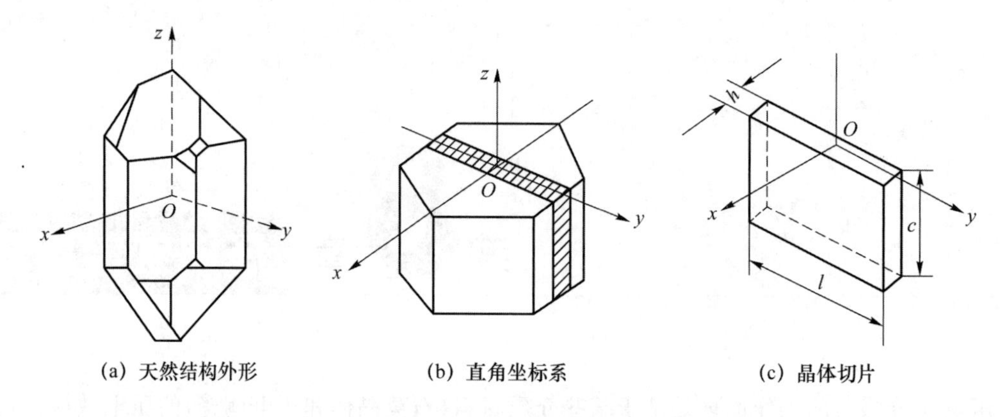

(a) 天然结构外形　　(b) 直角坐标系　　(c) 晶体切片

图 8.1　石英晶体

从式(8-2)可以看出，沿机械轴方向的力作用在晶体上时，产生的电荷与晶体切片的几何尺寸有关。式中负号说明沿 x 轴的压力所引起的电荷极性与沿 y 轴的压力所引起的电荷极性是相反的。此压电效应为横向压电效应。晶体切片电荷极性与受力方向的关系如图 8.2 所示。

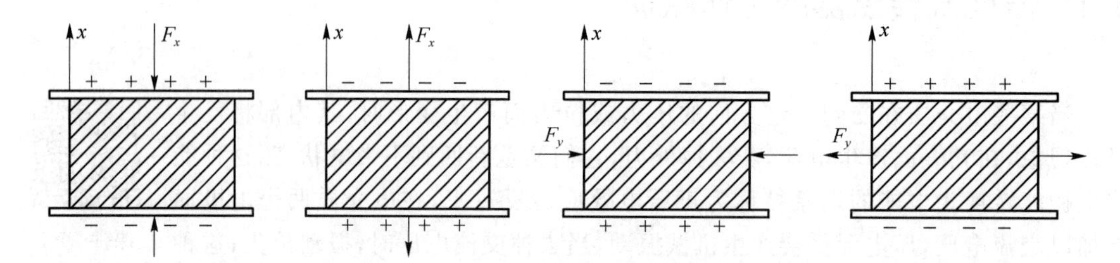

图 8.2　晶体切片电荷极性与受力方向的关系

石英晶体的压电效应结构原理如图 8.3 所示。石英晶体 SiO_2，3 个硅离子 Si^{4+} 离子，6 个氧离子 O^{2-} 两两成对。微观分子结构为一个正六边形，垂直于 x 轴端面有无数个此分子结构。

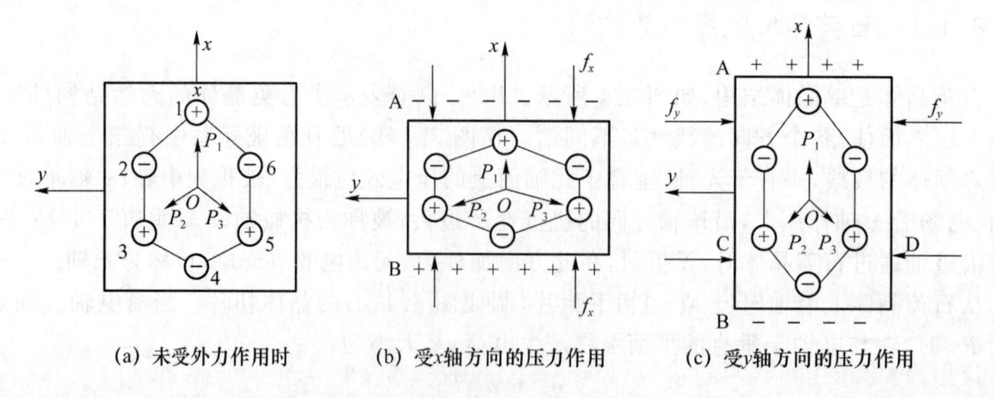

(a) 未受外力作用时　　(b) 受x轴方向的压力作用　　(c) 受y轴方向的压力作用

图 8.3　石英晶体的压电效应结构原理

未受外力作用时，正、负离子正好分布在正六边形的顶角上，形成三个互成 120°夹角的电偶极矩 P_1、P_2、P_3，如图 8.3(a)所示，$P_1+P_2+P_3=0$。正负电荷中心重合，晶体垂直 x 轴表面不产生电荷,呈中性。

受 x 轴方向的压力作用时,晶体沿 x 方向将产生压缩变形,正负离子的相对位置也随之变动,如图 8.3(b)所示,此时正负电荷中心不再重合,电偶极矩在 x 方向上的分量由于 P_1 的减小和 P_2、P_3 的增加而不等于零,即 $P_1+P_2+P_3<0$。在 x 轴的正方向出现负电荷,电偶极矩在 y 方向上的分量仍为零,不出现电荷。

受到沿 y 轴方向的压力作用时,晶体产生图 8.3(c)的变形,P_1 增大,P_2、P_3 减小。在垂直于 x 轴正方向出现正电荷,在 y 轴方向上不出现电荷。

沿 z 轴方向施加作用力,晶体在 x 方向和 y 方向所产生的变形完全相同,所以正负电荷中心保持重合,电偶极矩矢量和等于零,这表明沿 z 轴方向施加作用力,晶体不会产生压电效应。当作用力 F_x、F_y 的方向相反时,电荷的极性也随之改变。

石英晶体是一种天然晶体,它的介电常数和压电常数的温度稳定性好,固有频率高,多用在校准用的标准传感器或精度很高的传感器中,也用于钟表及微机中作晶振。

8.1.2 压电陶瓷的压电效应

压电陶瓷是人工制造的多晶体压电材料,材料内部的晶粒有许多自发极化的电畴,它有一定的极化方向,从而存在电场。在无外电场作用时,电畴在晶体中杂乱分布,它们的极化效应被相互抵消,压电陶瓷内极化强度为零,因此原始的压电陶瓷呈中性,不具有压电性质。压电陶瓷的极化如图 8.4 所示。

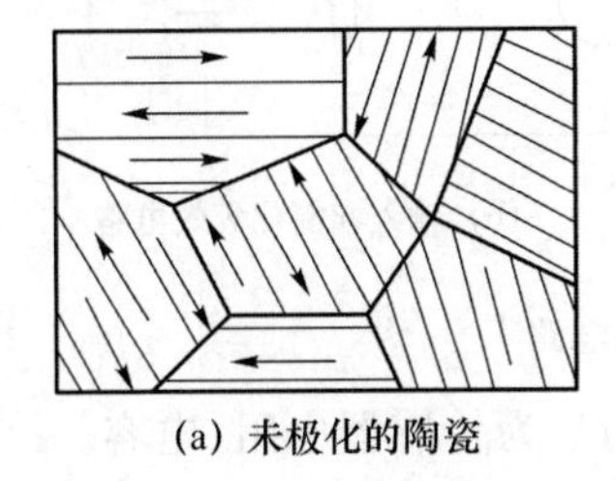

(a) 未极化的陶瓷

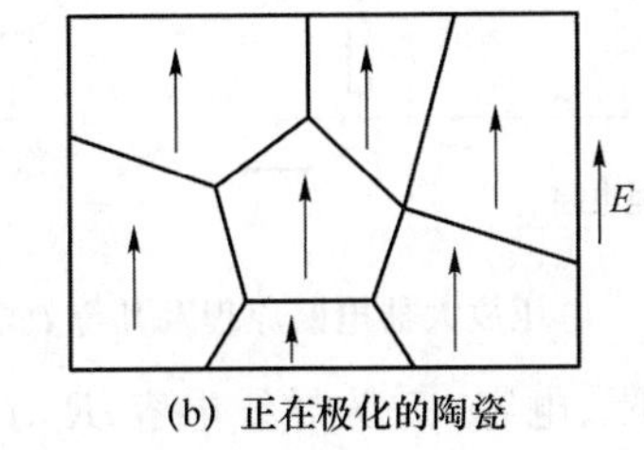

(b) 正在极化的陶瓷

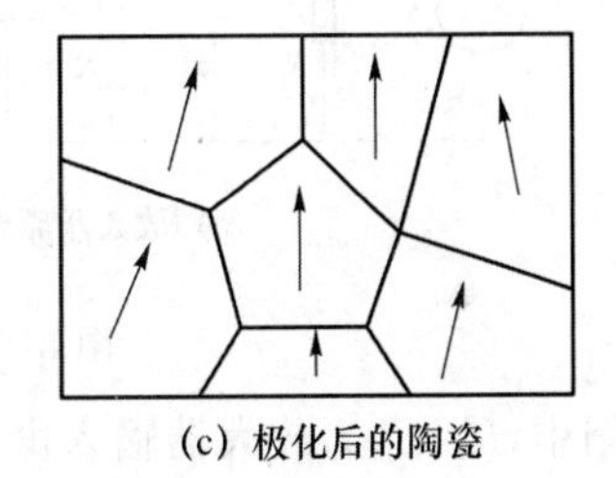

(c) 极化后的陶瓷

图 8.4 压电陶瓷的极化

为了使压电陶瓷具有压电效应,必须进行极化处理。即在一定的温度下对压电陶瓷施加强电场(如 20～30 kV/cm 的直流电场),经过一定时间后电畴的极化方向转向,基本与电场方向一致,如图 8.4(b)所示,极化方向定义为 z 轴。当去掉外电场时,其内部仍存在很强的剩余极化强度,这时的材料具备压电性能,在陶瓷极化的两端出现了束缚电荷,一端为正电荷,另一端为负电荷,极化后的电畴结构如图 8.4(c)所示。由于束缚电荷的作用,在陶瓷片的电极表面吸附一层外界的自由电荷,这些电荷与陶瓷片内的束缚电荷方向相反,数值相等,它起到屏蔽和抵消陶瓷片内极化强度的作用,因此陶瓷片对外不表现极性。压电陶瓷束缚电荷与自由电子电荷的关系如图 8.5 所示。当压电陶瓷受到外力作用时,电畴的界限发生移动,剩余极化强度将发生变化,吸附在其表面的部分自由电荷被释放。释放的电荷量的大小与外力成正比,即:

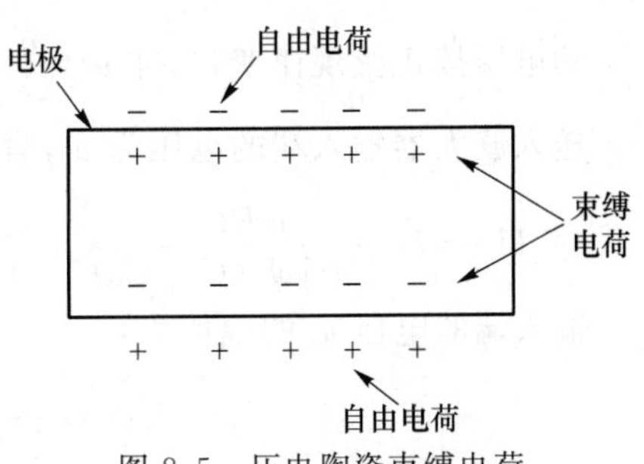

图 8.5 压电陶瓷束缚电荷与自由电荷的关系

$$q_z = d_{33}F_z \tag{8-3}$$

式中，d_{33}为压电陶瓷的压电系数。

这种将机械能转变为电能的现象就是压电陶瓷的正压电效应。压电陶瓷具有压电常数高、制作简单、耐高温、耐湿等特点，在检测电子技术、超声波等领域具有广泛应用，如超声波测流速、测距、热释电人体红外报警器等。

8.2 压电式传感器的测量电路

由于压电元件的输出信号非常微弱，测量时须把压电传感器用电缆接于高阻抗的前置放大器。前置放大器有两个作用：一是把传感器的高输出阻抗变换为低输出阻抗；二是放大传感器输出的微弱信号。压电传感器的输出可以是电压，也可以是电荷。因此，实际的测量电路有电压放大器电路和电荷放大器电路。

8.2.1 电压放大器

将压电元件与电压放大器相连，其等效电路如图 8.6 所示。

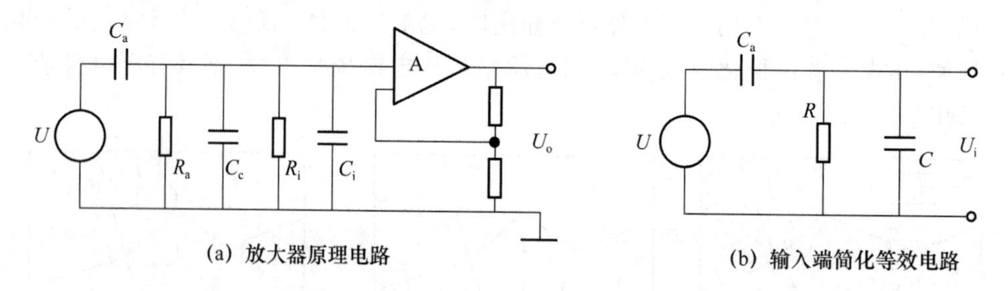

图 8.6　电压放大器电路原理及其等效电路

图中，R_i、C_i 为放大器输入电阻、电容；C_c 为导线电容；R_a、C_a 为传感器电阻、电容。等效电阻 $R=R_a /\!/ R_i$，等效电容 $C=C_i+C_c$。

如果压电元件受到交变力 $F=F_m \sin \omega t$ 的作用，压电元件的压电系数为 d，在力的作用下产生的电压按正弦规律变化，即 $u=\dfrac{q}{C_a}=\dfrac{df}{C_a}=\dfrac{dF_m}{C_a}\sin \omega t$。

送入放大器输入端的电压为 u_i，写成复数形式，则得到：

$$\dot{U}_i=\dot{U}\frac{j\omega RC_a}{1+j\omega R(C+C_a)}=\frac{d\dot{F}}{C_a}\times\frac{j\omega RC_a}{1+j\omega R(C+C_a)}=d\dot{F}\frac{j\omega R}{1+j\omega R(C+C_a)} \tag{8-4}$$

输入端的电压 u_i 的幅值为：

$$U_{im}=\frac{dF_m\omega R}{\sqrt{1+\omega^2R^2(C_a+C_i+C_c)^2}} \tag{8-5}$$

相位差为：

$$\varphi=\frac{\pi}{2}-\arctan \omega(C_a+C_i+C_c)R \tag{8-6}$$

此时，传感器的灵敏度为：

$$K_u=\frac{U_{im}}{F_m}=\frac{d}{\sqrt{\dfrac{1}{\omega^2R^2}+(C_a+C_i+C_c)^2}} \tag{8-7}$$

高频段，$\omega R \gg 1$，$K_u = \dfrac{d}{C_a + C_i + C_c}$为定值。

低频段，$1/\omega R$ 较大，灵敏度较小。当作用在压电元件上的力为静态力时，前置放大器上的电压为零，原因是电荷会通过放大器的输入电阻和传感器本身的泄露电阻漏掉。从原理上讲，压电传感器不宜测量静态物理量，它的高频响应好。

压电传感器与电压放大器配合使用时，需注意：①电缆不宜过长，否则 C_c 加大，使传感器的电压灵敏度下降；②要使电压灵敏度为常数，应使压电片与前置放大器的连接导线为定长，以保证 C_c 不变。

测量低频信号，应增大前置放大器的输入电阻，使测量回路的时间常数增大，保证有较高的灵敏度。

8.2.2 电荷放大器

电荷放大器常作为压电传感器的输入电路，由一个反馈电容 C_f 和高增益运算放大器构成，当略去 R_a 和 R_i 并联电阻后，电荷放大器等效电路如图 8.7 所示。电荷放大器可看作是具有深度电容负反馈的高增益放大器。

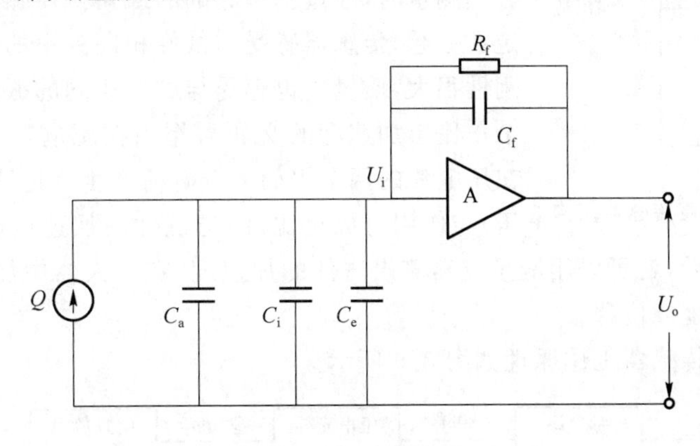

图 8.7　电荷放大器

总电荷

$$Q = Q_i + Q_f \tag{8-8}$$

反馈电容上电荷

$$Q_f = (U_i - U_o)C_f = \left(-\frac{U_o}{A} - U_o\right)C_f = -(1+A)\frac{U_o}{A}C_f \tag{8-9}$$

净输入电荷

$$Q_i = CU_i = -C\frac{U_o}{A} \tag{8-10}$$

总电荷

$$Q = -\frac{C + (1+A)C_f}{A}U_o \tag{8-11}$$

输出电压

$$U_o = -\frac{AQ}{C + (1+A)C_f} \approx -\frac{Q}{C_f} \tag{8-12}$$

式中，A 为放大器的开环增益。

电荷放大器的特点是输出电压与电缆电容 C_c 无关，即与电缆长度无关，且与输出电荷成正比。

8.3 压电式传感器的应用

8.3.1 压电式加速度传感器

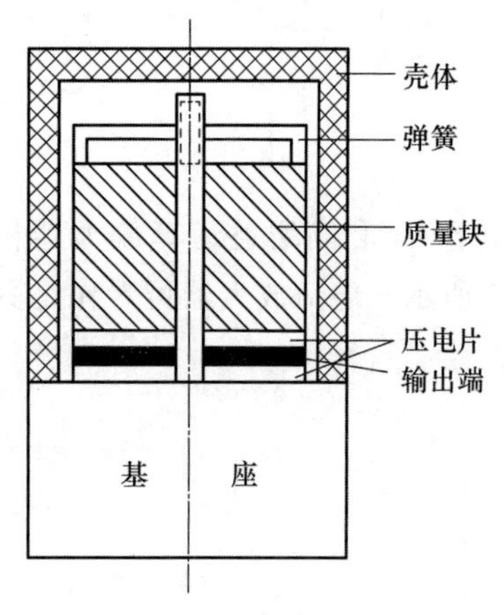

图 8.8 压电式加速度传感器结构

压电式加速度传感器结构如图 8.8 所示。图中压电元件由两片压电片组成，采用并联接法，输出端一端引线接至两压电片中间的金属片上，另一端直接与基座相连。压电片采用压电陶瓷制成。压电片上放一块高比重的金属制成的质量块，用一根弹簧压紧，对压电元件施加预载荷。整个组件装在一个有厚基座的金属壳体中。

测量时，通过基座底部的螺孔将传感器与试件刚性地固定在一起，传感器感受与试件相同频率的振动。由于弹簧的刚性很大，质量块也感受与试件相同的振动。质量块就有一个正比于加速度的交变力作用在压电片上，由于压电效应，在压电片的两个表面上有电荷产生。传感器的输出电荷(电压)与作用力成正比，即与试件的加速度成正比。传感器输出接到前置放大器后，就可以用测量仪器测出试件的加速度，在放大器中加入积分电路，可以测量试件的振动速度或位移。

压电式加速度传感器工作原理如图 8.9 所示。

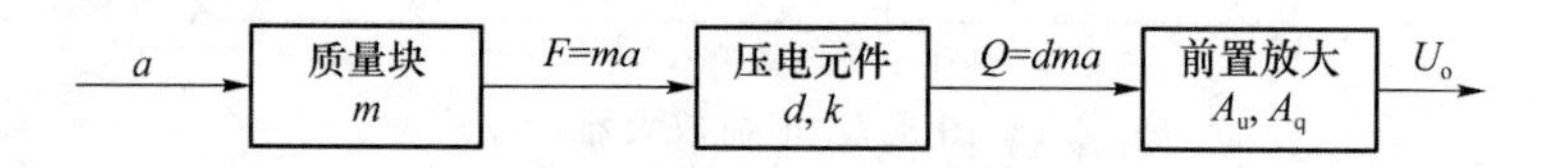

图 8.9 压电式加速度传感器工作原理

由图 8.9 可见，可选用较大的 m 和 d 来提高灵敏度；但质量增大将引起传感器固有频率的下降，频带减小，体积、重量加大，构成对被测对象的影响。通常，采用较大压电常数的材料或多片压电片组合的方法来提高灵敏度。

8.3.2 压电引信

压电引信是一种利用钛酸钡压电陶瓷的压电效应制成的军用弹丸启爆装置。它具有瞬发度高，不需要配置电源等优点，常应用于破甲弹上，对提高弹丸的破甲能力起着重要的作用。破甲弹压电引信结构如图 8.10 所示。

整个引信由压电元件和启爆装置两部分组成。压电元件安装在弹丸的头部，启爆装置设置在弹丸的尾部，通过导线互连。压电引信的原理如图 8.11 所示。平时电雷管 E 处于短路保险安全状态，压电元件即使受压，其产生的电荷也通过电阻 R 释放掉，不会使电雷管引爆。

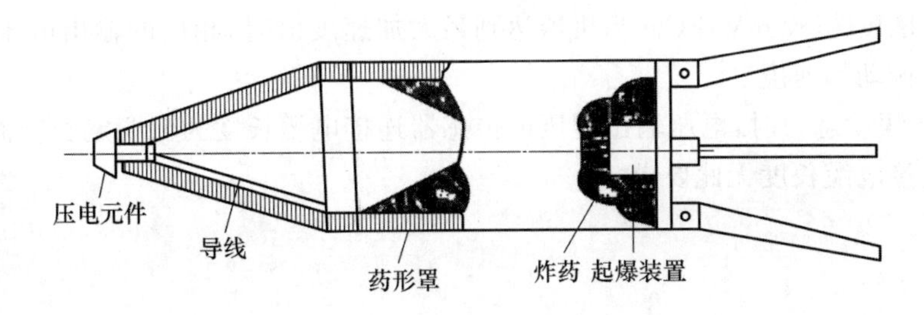

图 8.10 破甲弹压电引信结构

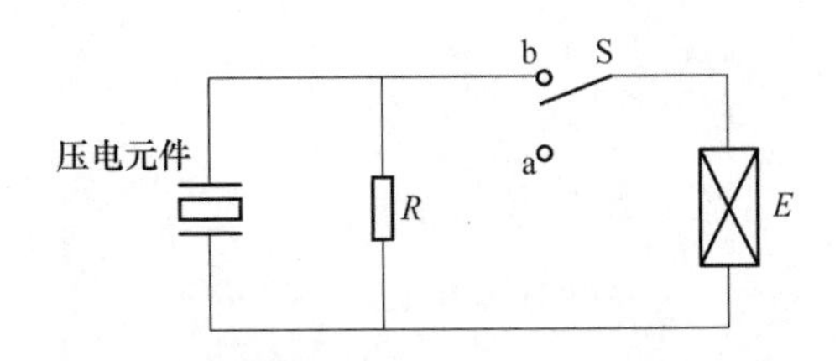

图 8.11 压电引信工作原理

弹丸发射后,音信启爆装置解除保险状态,开关 S 从 a 处断开与 b 接通,处于工作状态。当弹丸与装甲目标接触时,碰撞压力使压电元件产生电荷,经过导线传递给电雷管使其启爆,引起弹丸爆炸锥孔炸药爆炸形成的能量使药形罩熔化,形成高温高流速的能量流将坚硬的钢甲穿透,起到摧毁的目的。

8.3.3 压电式玻璃破碎报警器

在银行、宾馆等部门,为了防止盗窃,在玻璃上安放压电式传感器。玻璃受撞击破碎时,产生一定频带宽度的振动信号,通过对此信号放大及带通滤波,将振动信号转换为电信号。振动产生的电信号与设定的阈值电压比较,若大于阈值电压,比较器输出高电平信号。此信号触发电话报警及声光报警。压电式玻璃破碎报警电路如图 8.12 所示。

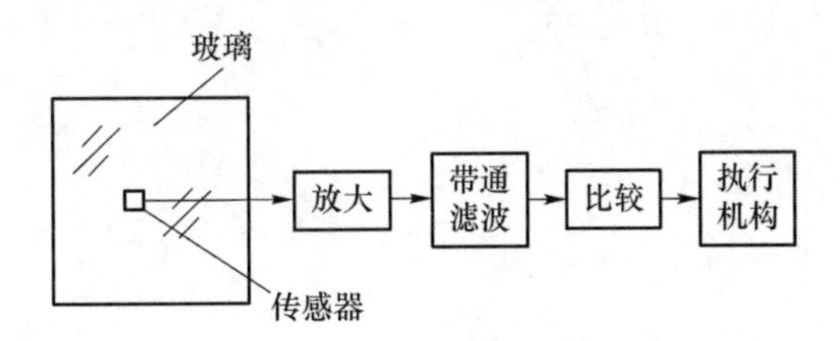

图 8.12 压电式玻璃破碎报警电路

课程思政

本章习题

1. 说明压电传感器前置放大器的作用。
2. 说明纵向与横向压电效应的相同点和不同点。
3. 为何电压输出型压电传感器不宜测量静态力?
4. 用石英晶体加速度计及电荷放大器测量机器的振动,已知加速度计灵敏度为 5 PC/g,

电荷放大器灵敏度为 50 mV/PC。当机器达到最大加速度值时，相应的输出电压幅值为 2 V，试求该机器的振动加速度。

5. 测量高频动态力时，电压输出型压电传感器连接电缆长度为何要定长？而电荷输出型压电传感器连接电缆长度无此要求。

第 9 章 光电式传感器

9.1 光电检测器件

光电检测器件是指根据光电效应制作的器件，也称光敏器件。光电器件的种类很多，但其工作原理都是建立在光电效应这一物理基础上的。光电器件的种类主要有光敏电阻、光电池、光电编码器、光栅、CCD器件、光纤光电耦合器件等。下面具体介绍这些光电器件的结构、工作原理、参数、基本特性。

9.1.1 光敏电阻

光敏电阻是基于半导体内光电效应制成的光电器件，又被称为光导管。它没有极性，是一个电阻器件，使用时可加直流电压，也可加交流电压。

课件PPT

1. 光敏电阻的结构与工作原理

光敏电阻的结构如图9.1所示。在玻璃基板上均匀涂上一薄层半导体物质，如硫化镉(CdS)等，然后在半导体两端装上金属电极，再将其封装在塑料壳体内。为了增大光照面积，获得很高的灵敏度，光敏电阻的电极一般采用梳状。光敏电阻的工作原理如图9.2所示。

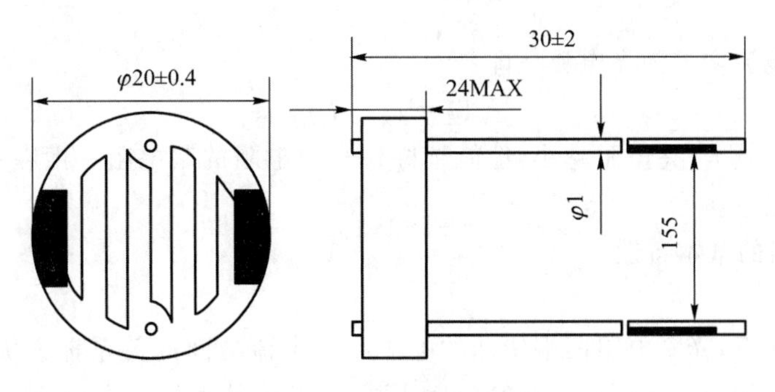

图9.1 光敏电阻的结构

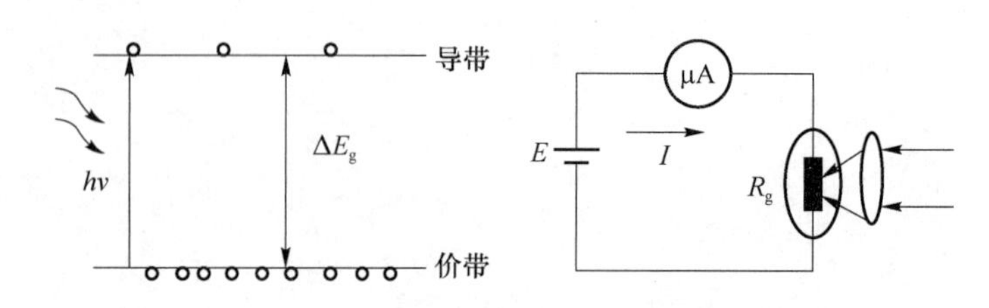

图 9.2 光敏电阻的工作原理

无光照时，光敏电阻的阻值很大。大多数光敏电阻的阻值在 MΩ 级以上，将光敏电阻接于电路，电路的暗电流很小；当受到一定波长范围的光照射时，其阻值急剧下降，电阻可降到 kΩ 级以下，电路中的电流增大。其原因是光照射到本征半导体上，当光子能量大于半导体材料的禁带宽度时，材料中的价带电子吸收了光子能量跃迁到导带，激发出电子、空穴对，增强了导电性能，使阻值降低。光照停止，电子空穴对又复合，阻值恢复。为了产生内光电效应，要求入射光子的能量大于半导体的禁带宽度。

$$h\frac{c}{\lambda} \geqslant \Delta E_g \tag{9-1}$$

刚好产生内光电效应的临界波长为

$$\lambda_0 = \frac{1\,293}{\Delta E_g} \tag{9-2}$$

式中，λ_0 的单位为 nm。

制作光敏电阻的材料一般是金属硫化物和金属硒化物，CdS 的禁带宽度 $\Delta E_g = 2.4$ eV，CdSe 的禁带宽度 $\Delta E_g = 1.8$ eV。

光敏电阻具有很高的灵敏度和很好的光谱特性，光谱响应从紫外区一直到红外区，而且体积小，重量轻，性能稳定，因此广泛应用于防盗报警、火灾报警电器控制等自动化技术中。

2. 光敏电阻的主要参数和基本特性

(1) 光敏电阻的主要参数

① 暗电阻、暗电流

在室温条件下，光敏电阻在未受到光照时的阻值为暗电阻，相应电路中流过的电流为暗电流。

② 亮电阻、亮电流

光敏电阻在受到一定光强照射下的阻值称为亮电阻，相应电路中流过的电流为亮电流。

③ 光电流

亮电流与暗电流之差为光电流。即：

$$I_{光} = I_{亮} - I_{暗} \tag{9-3}$$

光敏电阻的暗电阻越大，亮电阻越小，性能越好。光敏电阻的暗电阻一般在兆欧数量级，亮电阻在千欧数量级以下。

(2) 光敏电阻的基本特性

① 伏安特性

在一定的光照下，光敏电阻两端所加的电压与光电流之间的关系称为伏安特性。光敏电阻的伏安特性曲线如图 9.3 所示。在给定偏压下，光照度越大，光电流也越大；当光照一定时，所加偏压越大，光电流也越大，并且没有饱和现象。考虑光敏电阻最大额定功率限制，所加偏压应小于最大工作电压。

② 光照特性

光敏电阻的光电流与光通量或光照度之间的关系称为光敏电阻的光照特性。光敏电阻的光照特性为非线性,其曲线如图 9.4 所示。它不宜作为检测元件,一般作为开关式传感器用于自动控制系统中,如被动式人体红外报警器的控制、路灯的开启控制。

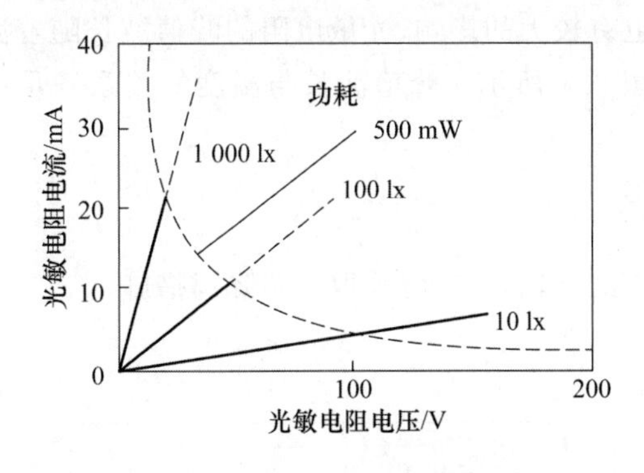

图 9.3 光敏电阻的伏安特性曲线

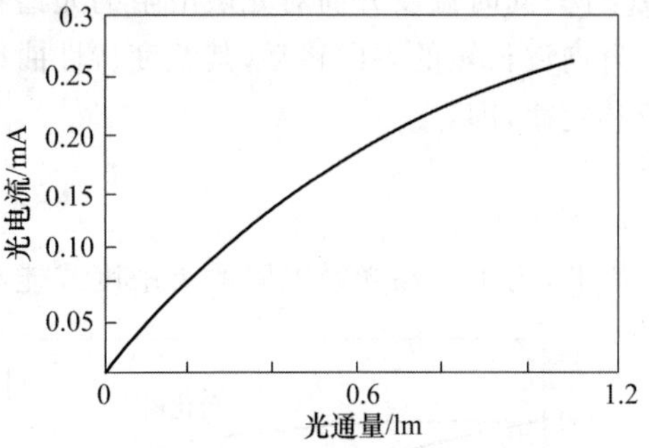

0.3
0.25
0.20
0.15
0.10
0.05
0
0.6
1.2
光电流/mA
光通量/lm

图 9.4 光敏电阻的光照特性曲线

③ 光谱特性

光敏电阻的相对灵敏度与入射波长的关系称为光谱特性,也称光谱响应。

$$K_r\% = \frac{I_o}{I_{omax}} \times 100\% \tag{9-4}$$

式中:I_{omax}为峰值波长光敏电阻输出的光电流;I_o为实际波长入射光光敏电阻输出的光电流。

光敏电阻的光谱特性曲线如图 9.5 所示,不同材料,其峰值波长不同。硫化镉光敏电阻的光谱响应峰值波长在可见光区,硫化铅的光谱响应峰值波长在红外区。同一种材料对不同波长的入射光,其相对灵敏度不同,响应电流不同。应根据光源的性质选择合适的光电元件,使光源的波长与光敏元件的峰值波长接近,使光电元件得到较高的相对灵敏度。

④ 频率特性

光敏电阻受到(调制)交变光作用,光电流与频率的关系反映光敏电阻的响应速度。光敏电阻受到交变光作用,光电流不能立刻随着光照变化而变化,产生光电流有一定的惰性,该惰性可用时间常数表示。光敏电阻自光照起到光电流上升到稳定值的 63%所需时间为上升时间 t_1,停止光照起到光电流下降到原来的 37%所需时间为下降时间 t_2,上升和下降时间是表征光敏电阻性能的重要参数之一,光敏电阻的响应曲线如图 9.6 所示。

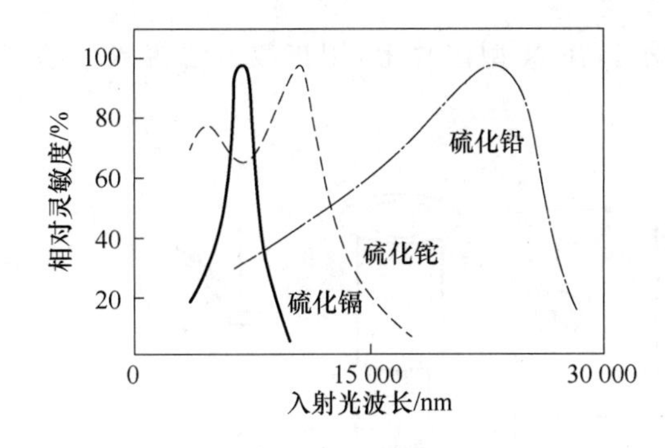

图 9.5 光敏电阻的光谱特性曲线

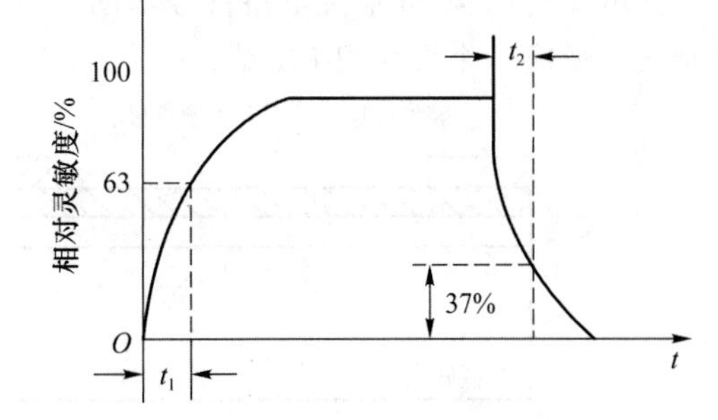

图 9.6 光敏电阻的响应曲线

上升和下降时间越小,其惰性越小,响应速度越快。绝大多数光敏电阻的时间常数都较大。光敏电阻的频率特性曲线如图 9.7 所示。可以很明显地看出，硫化铅光敏电阻的频率特性优于硫化铊光敏电阻，因此其使用范围更大。

⑤ 温度特性

作为半导体元件的光敏电阻，有一定的温度系数，受温度影响较大，温度升高，暗电阻和灵敏度下降；同时温度升高对光敏电阻的光谱特性也有较大的影响，光敏电阻的峰值波长随着温度上升向波长短的方向移动，其温度特性曲线如图 9.8 所示。峰值波长与温度的关系满足维恩位移定律，即：

$$\lambda_m = \frac{B}{T} \tag{9-5}$$

因此，为了提高光敏电阻的灵敏度或能够接收红外辐射，有时采取一些降温措施。

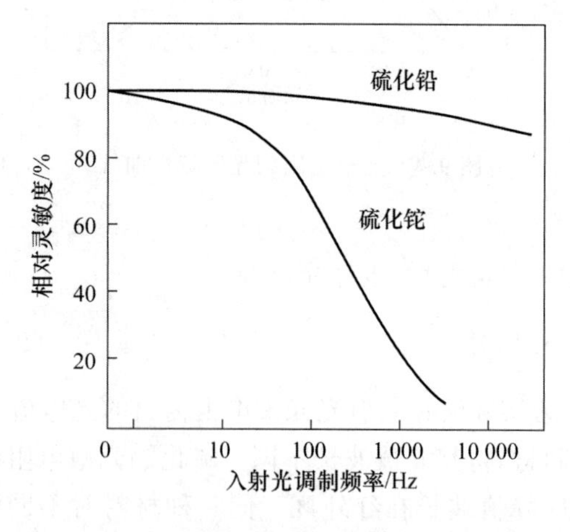

图 9.7 光敏电阻的频率特性曲线

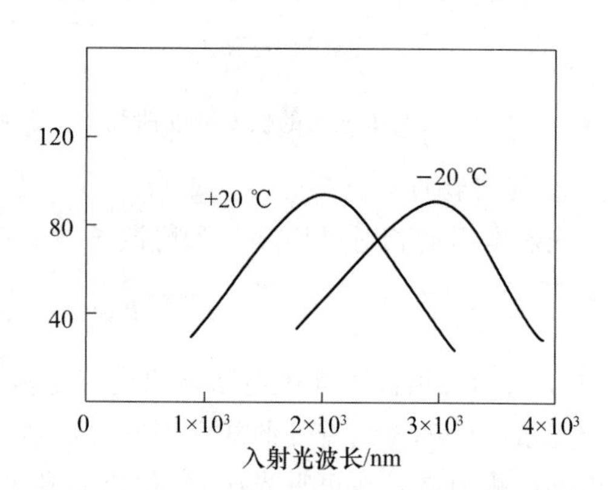

图 9.8 光敏电阻的温度特性曲线

9.1.2 光电池

光电池是一种直接将光能转换为电能的光电器件，它不需要外部电源供电。光电池的种类较多，有硅光电池、硒光电池、氧化亚铜光电池、碑化镓光电池等。常用的光电池是硅光电池，因为它具有稳定性好、光谱范围宽、频率特性好等优点，被广泛应用于太阳能发电、供暖、光照强度检测与控制、高速计数等领域。

1. 光电池的结构和工作原理

光电池的结构、外形及电路符号如图 9.9 所示。在 N 型硅片上，用扩散方法掺入一些 P 型杂质而形成一个大面积 PN 结。

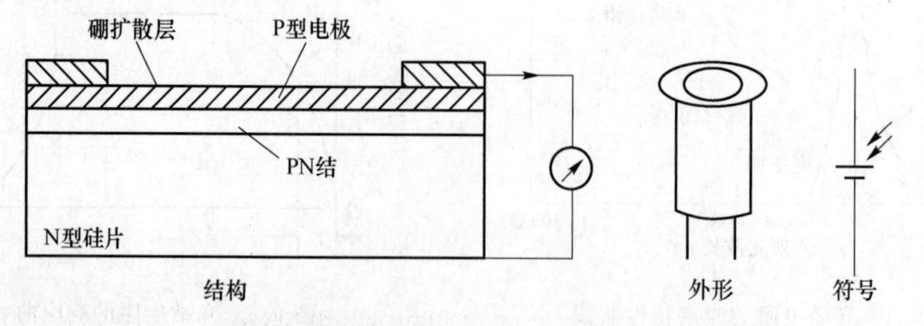

图 9.9 光电池的结构、外形及电路符号

光电池工作原理如图 9.10 所示。光照射到大面积 PN 结的 P 区，当光子能量大于 P 区半导体的禁带宽度时，P 区每吸收一个光子就产生一对光生电子-孔穴对，表面产生诸多光生电子空穴对。由于浓度差，电子向 N 区扩散，到达 PN 结，在结电场的作用下，越过 PN 结到达 N 区，P 区失去电子带正电荷，N 区得到电子带负电荷。此现象为光生伏特效应。

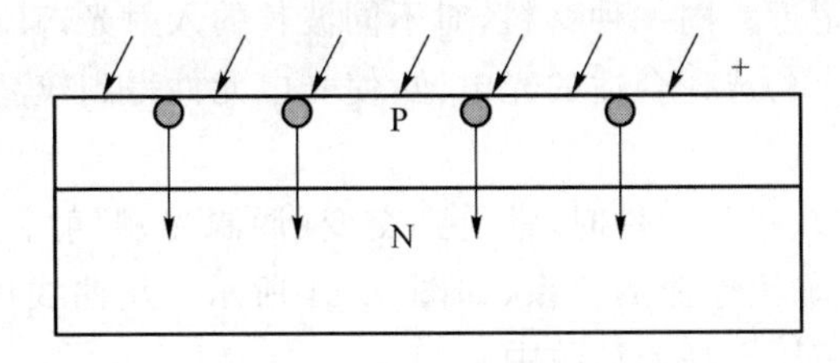

图 9.10　光电池工作原理

光电池开路可输出电压，短路可输出电流。光电池工作状态如图 9.11 所示。

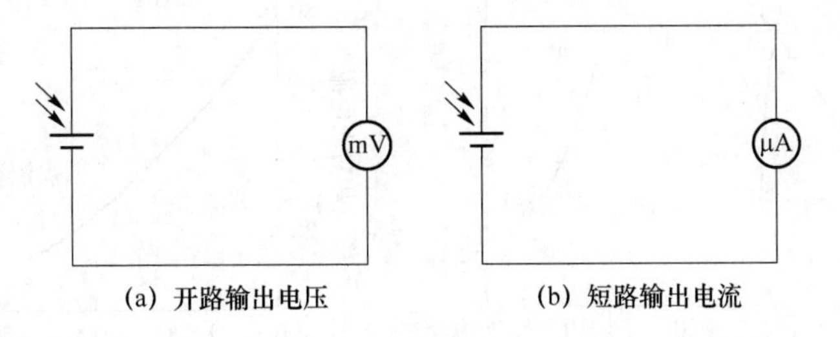

图 9.11　光电池工作状态

2. 光电池的基本特性

（1）光照特性

光电池在不同的光照强度下可产生不同的光电流和光生电动势。硅光电池的光照特性如图 9.12 所示。从曲线可以看出，短路电流在很大范围内与光照强度呈线性关系，光电池工作于短路电流状态，可作检测元件。开路电压（负载电阻 R_L 无限大时）与光照度的关系是非线性的，并且当照度在 2000 lx 时趋于饱和。光电池工作于开路电压状态，可作开关元件。

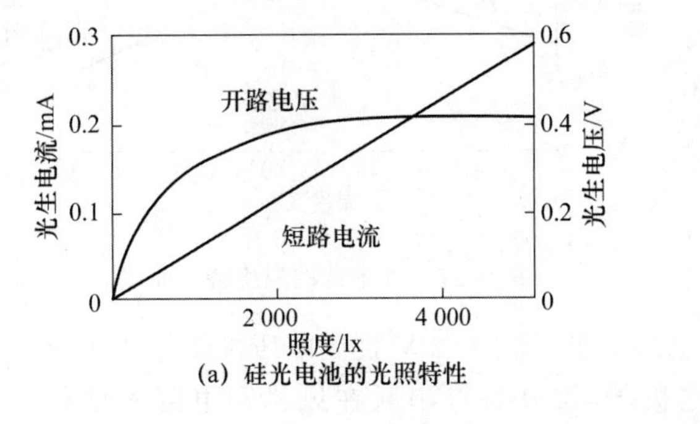

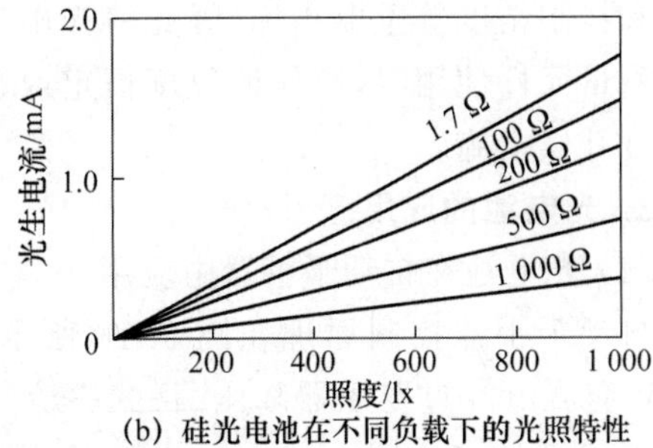

图 9.12　硅光电池的光照

从实验可知，负载电阻越小，光电流与光照强度的线性关系越好，即光照特性越好。

（2）光谱特性

光电池对不同波长的光，其相对灵敏度是不同的。光电池的相对灵敏度与入射波长的关系称为光谱特性，也称光谱响应。光电池的光谱特性曲线如图 9.13 所示，其相对灵敏度为：

$$K_r\% = \frac{I_o}{I_{omax}} \times 100\% \tag{9-6}$$

由图 9.13 可以看出，不同材料，其峰值波长不同，硅光电池峰值波长在 800 nm 附近，硒光电池峰值波长在 500 nm 附近。同一种材料，对不同波长的入射光，其相对灵敏度不同，响应电流不同。应根据光源的性质，选择合适的光电池，使光电元件得到较高的相对灵敏度。

(3) 频率响应

光电池作为测量、计数、接收元件时，常受到交变（调制光）照射。光电池的频率特性是反映光的交变频率和光电池输出电流的关系，如图 9.14 所示。从曲线可以看出，硅光电池具有很高的频率响应，可广泛应用于高速计数中。

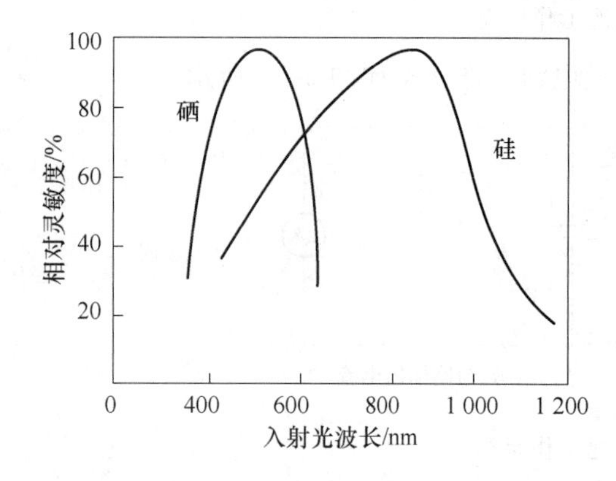

图 9.13　光电池的光谱特性曲线

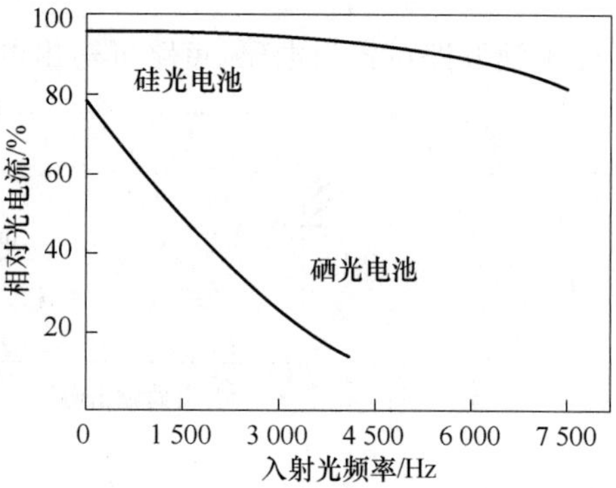

图 9.14　光电池的频率特性

(4)温度特性

光电池的温度特性是指其开路电压和短路电流随温度的变化关系。光电池的温度特性曲线如图 9.15 所示。温度上升 1 ℃，开路电压约降低 3 mV，短路电流约上升 2×10^{-6} A，由于温度变化影响到测量精度和控制精度等重要指标，因此将光电池作为测量元件使用时，应保证温度恒定或采取温度补偿措施。

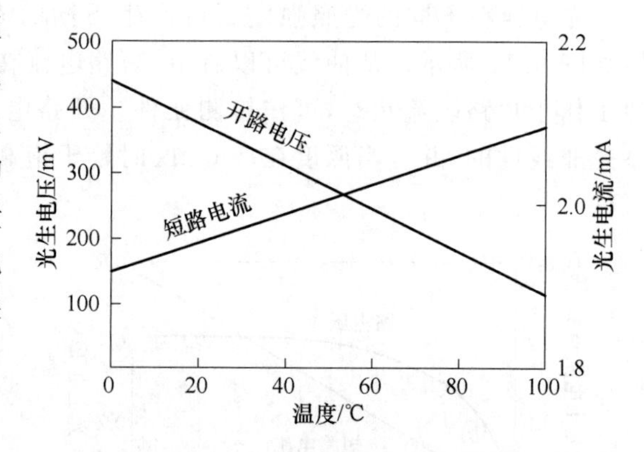

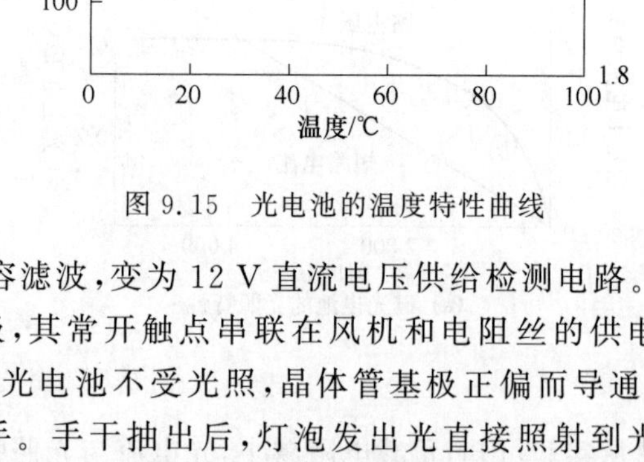

图 9.15　光电池的温度特性曲线

3. 光电池的应用

(1) 光电池在自动干手器中应用

自动干手器控制原理如图 9.16 所示。220 V 交流电经过变压器降压、桥式整流、电容滤波，变为 12 V 直流电压供给检测电路。将继电器线圈接于检测电路中三极管的集电极，其常开触点串联在风机和电阻丝的供电回路。手放入干手器时，手遮住灯泡发出的光，光电池不受光照，晶体管基极正偏而导通，继电器吸合。风机和电热丝通电，热风吹出烘手。手干抽出后，灯泡发出光直接照射到光电池上，产生光生电动势，使三极管基射极反偏而截止，继电器释放，从而切断风机和电热丝的电源。

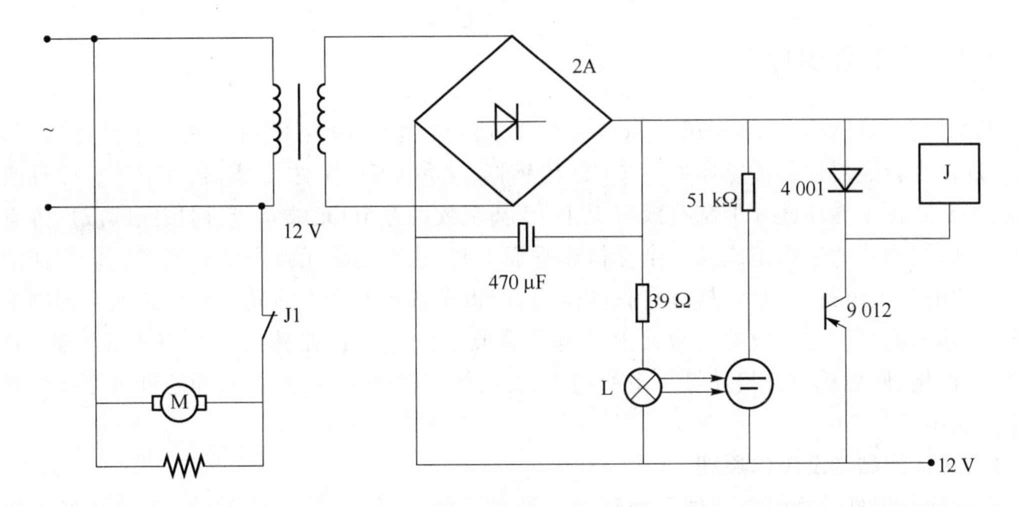

图 9.16 自动干手器控制

(2) 光电转速传感器

光电数字转速表工作原理如图 9.17 所示。在电机轴上安装一个齿数为 N 的调制盘,在调制盘的一边安装光源,产生恒定的光透过调制盘的齿间隙到达光电池。当被测轴转动带动调制盘转动时,恒定光经调制变为交变光,照射到光电池,转换为相应的电脉冲信号,经放大整形输出矩形脉冲信号,输入数字频率计计数。每分钟转速 n 与脉冲频率 f 关系为:

$$n = \frac{60f}{N} \tag{9-7}$$

式中,n 的单位为 r/min。

(3) 太阳能光伏发电

太阳能光伏发电系统组成如图 9.18 所示。光电池作为能量转换元件,将光能转换为电能,多晶硅、单晶硅、非晶硅都可以作为光电池材料。由光电池材料制成电池组件,在光照条件下,太阳电池组件产生一定的电动势,通过组件的串并联形成太阳能电池方阵,使得方阵电压达到系统输入电压的要求。再通过充放电控制器对蓄电池进行充电,将由光能转换而来的电能储存起来。晚上,蓄电池组为逆变器提供输入电能,通过逆变器的作用,将直流电转换成交流电,提供交流负载电源。

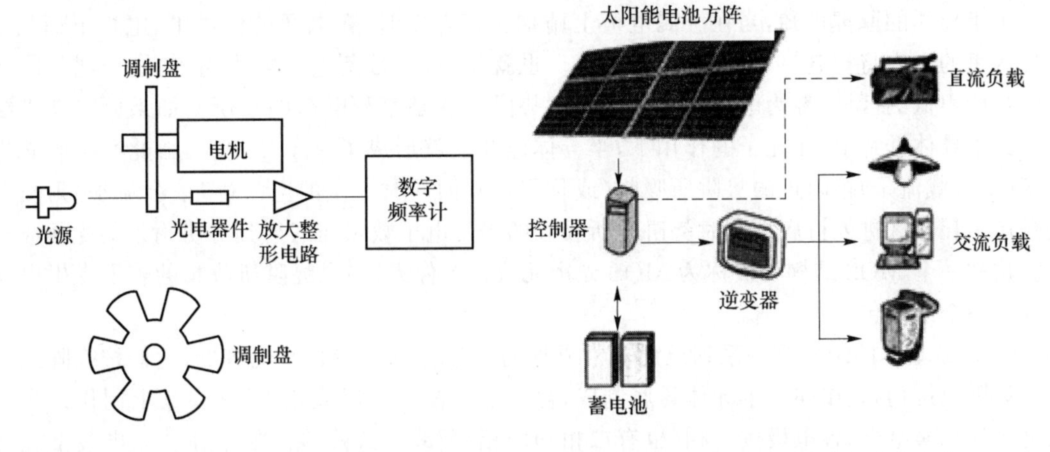

图 9.17 光电数字转速表工作原理

图 9.18 太阳能光伏发电系统组成

9.1.3 CCD 器件

电荷耦合器件(charge coupled device,CCD)是 20 世纪 70 年代初问世的半导体器件,利用 CCD 作为转换器件的传感器称为 CCD 传感器,又称 CCD 图像传感器。CCD 器件有两个特点:一是它在半导体硅片上制有成百上千个(甚至数百万个)光敏元,它们按线阵或面阵有规则地排列,当物体通过物镜成像于半导体硅平面上时,这些光敏元就产生与照在它们上面的光强成正比的光生电荷;二是它具有自扫描能力,即将光敏元上产生的光生电荷依次有规则地串行输出,输出的幅值与对应的光敏元上的电荷量成正比。CCD 器件由于具有集成度高、分辨率高、固体化、低功耗和自扫描等一系列优点,在固体图像传感、信息存储和处理等方面得到了广泛的应用。

1. CCD 的结构及工作原理

电荷耦合器件分为线阵器件和面阵器件两种,其基本组成部分是 MOS 光敏元列阵和读出移位寄存器。

(1) CCD 的 MOS 光敏元结构

MOS(metal oxide semiconductor)光敏元的结构及势阱如图 9.19 所示,它以 P 型(或 N 型)半导体为衬底,上面覆盖一层厚度约 120 nm 的 SiO_2,再在 SiO_2 表面依次沉积一层金属而构成 MOS 电容转移器件。这样一个 MOS 结构被称为一个光敏元或一个像素。将 MOS 阵列加上输入/输出结构就构成了 CCD 器件。

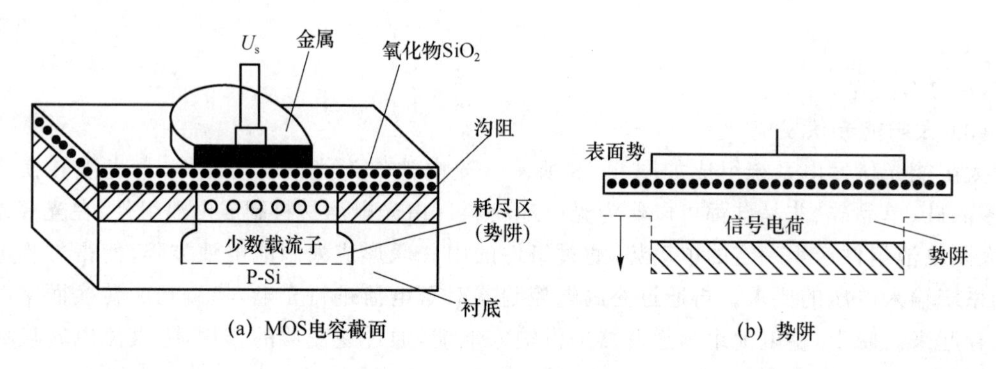

图 9.19 MOS 电容器

由半导体的原理可知,当在金属电极上施加一正电压时,在电场的作用下,电极下面的 P 型硅区里的空穴将被赶尽,从而形成耗尽区。也就是说,对带负电的电子而言,这个耗尽区是一个势能很低的区域,称为电子的势阱,简称“势阱”,这是蓄积电荷的场所。如果此时有光线入射到半导体硅片上,在光子的作用下,半导体硅片上就形成了电子和空穴,由此产生的光生电子(少数载流子)被附近的势阱所吸收(或称俘获),而同时产生的空穴(多数载流子)则被电场排斥出耗尽区进入衬底。此时势阱内所吸收的光生电子数量与入射到势阱附近的光强成正比。这样一个 MOS 结构元被称为 MOS 光敏元或一个像素;一个势阱所收集的若干光生电荷被称为一个电荷包。

CCD 最基本的结构是一系列彼此非常靠近的、相互独立的 MOS 电容器,它们按线阵或面阵有规则地排列,且用同一半导体衬底制成,衬底上面覆盖一层氧化物,并在其上制作许多互相绝缘的金属电极,各电极按三相(也有二相和四相)配线方式连接。如果在金属电极上施加一正电压,那么在这半导体硅片上形成几百个或几千个相互独立的势阱。如果照射在这些光敏上的是一幅明暗起伏的图像，那么会在这些光敏元上感生出一幅与光照强度相对应的光生电荷图像。这就是电荷耦合器件光电效应的基本原理。

(2) 读出移位寄存器

读出移位过程实质上是CCD电荷转移过程，相邻电极之间仅间隔极小的距离，保证相邻势阱耦合及电荷转移，对于可移动的信号电荷都力图向表面势大的位置移动。为保证信号电荷按确定方向和路线转移，在各电极上所加的电压严格满足相位要求，下面以三相时钟脉冲控制方式为例说明电荷定向转移的过程。三相CCD时钟电压与信号电荷转换的关系如图9.20所示，把MOS光敏元电极分成三组，在其上面分别施加三个相位不同的控制电压Φ_1、Φ_2、Φ_3，如图9.20(b)所示，控制电压Φ_1、Φ_2、Φ_3的波形如图9.20(a)所示。当$t=t_1$时，Φ_1相处于高电平，Φ_2、Φ_3相处于低电平，在电极1、4下面出现势阱，存储了电荷。当$t=t_2$时，Φ_2相也处于高电平，电极2、5下面出现势阱。由于相邻电极之间的间隙很小，电极1、2及4、5下面的势阱相互耦合，使电极1、4下的电荷向电极2、5下面的势阱转移。随着Φ_1电压下降，电极1、4下面的势阱相应变浅。在$t=t_3$时，有更多的电荷转移到电极2、5下面的势阱内。在$t=t_4$时，只有Φ_2处于高电平，信号电荷全部转移到电极2、5下面的势阱内。随着控制脉冲的变化，信号电荷便从CCD的一端转移到终端，实现了信号电荷的转移和输出。

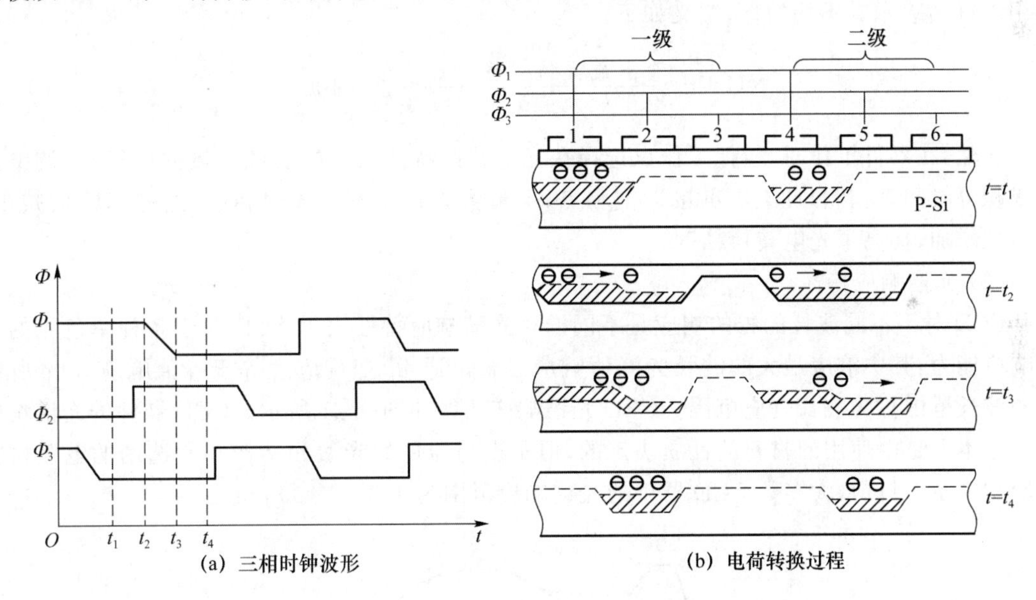

图9.20 三相CCD时钟电压与信号电荷转换的关系

电荷耦合图像传感器从结构上讲可以分为两类：一类是用于获取线图像的线阵CCD；另一类是用于获取面图像的面阵CCD。线阵CCD目前主要应用于产品外部尺寸非接触检测、产品表面质量评定、传真和光学文字识别技术等方面；面阵CCD主要应用于摄像领域。目前，在绝大多数领域里，面阵CCD已取代了普通的光导摄像管。对于线阵CCD，它可以直接接收一维光信息，为了得到二维图像，必须用扫描的方法来实现。面阵CCD图像传感器的感光单元为二维矩阵排列，能直接检测二维平面图像。

2. CCD图像传感器的特性参数

CCD器件的性能参数包括灵敏度、分辨力、信噪比、光谱响应等，CCD器件性能的优劣可由上述参数来衡量。

(1) 光电转换特性

CCD图像传感器的光转换特性表明，输出电荷与曝光量之间有一线性工作区域，在曝光量不饱和时，输出电荷正比于曝光量 E，当曝光量达到饱和曝光量 E_s 后，输出电荷达到饱和值 Q_{sat}，并不随曝光量增加而增加。曝光量等于光强乘以积分时间，即：

$$E = HT_{int} \tag{9-8}$$

式中：H 为光强；T_{int} 为积分时间，即起始脉冲的周期。

暗电荷输出为无光照射时CCD的输出电荷。一只良好的CCD传感器应具有低的暗电荷输出。

(2) 灵敏度和灵敏度不均性

CCD传感器的灵敏度(量子效率)标志着器件光敏区的光电转换效率，用于在一定光谱范围内单位曝光量下器件输出的电流或电压表示。实际上，灵敏度为：

$$S = Q_{SAT}/E_S \tag{9-9}$$

在理想情况下，CCD器件受均匀光照时，输出信号幅度完全一样。实际上，由于半导体材料不均匀和工艺条件因素的影响，在均匀光照下，CCD器件的输出幅度会出现不均匀现象，通常用NU值表示其不均匀性，定义如下：

$$\text{NU} = \pm\frac{\text{输出最大值} - \text{输出最小值}}{\text{输出最大值} + \text{输出最小值}} \times 100\% \tag{9-10}$$

显然，在器件工作时，应把工作点选择在光电转换特性曲线的线性区域内(可通过调整光强或积分时间来控制)且工作点接近饱和点，但最大光强又不进入饱和区，这样NU值减小，均匀性增加，提高了光电转换精度。

(3) 光谱响应特性

CCD对于不同波长的光的响应是不同的。光谱响应特性表示CCD对于各种单色光的相对响应能力，其中响应最大的波长为峰值响应波长。通常，把响应度等于峰值响应50%所对应的波长范围称为波长响应范围。CCD光谱响应曲线如图9.21所示。CCD器件的光谱响应范围基本上是由使用的材料的性质决定的，但是也与器件的光敏元结构和所选用的电极材料有密切关系。目前，大多数CCD器件的光谱响应范围为400～1 100 nm。

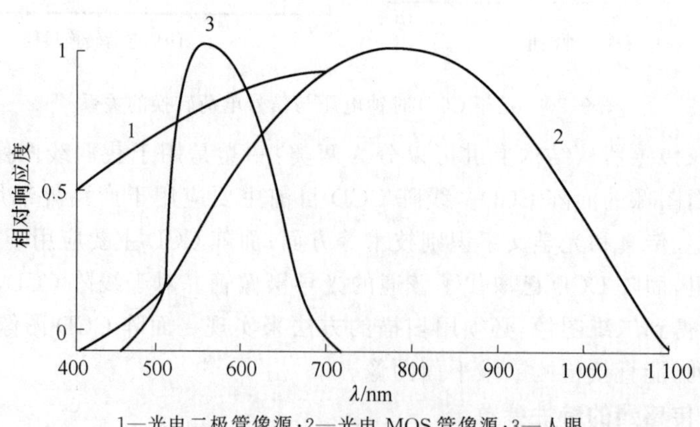

1—光电二极管像源；2—光电MOS管像源；3—人眼

图 9.21 CCD光谱响应曲线

3. CCD 图像传感器应用

(1) 微小尺寸检测

微小尺寸检测通常指对细丝、微隙或小孔的尺寸进行检测。一般采用激光衍射方法，当激光照射细丝或小孔时，会产生衍射图像，用线型光敏列阵图像传感器对衍射图像进行接收，测出暗纹的间距，即可算出细丝或小孔的尺寸。细丝直径检测系统如图 9.22 所示，当 He-Ne 激光器照射到细丝时，满足远场条件，如果 $L \gg \frac{\alpha^2}{\lambda}$ 会得到衍射图像，衍射图像暗纹的间距为：

$$d=\frac{L\lambda}{a} \tag{9-11}$$

式中：L 为细丝掉线阵 CCD 图像传感器的距离；λ 为入射激光波长；a 为被测细丝直径。

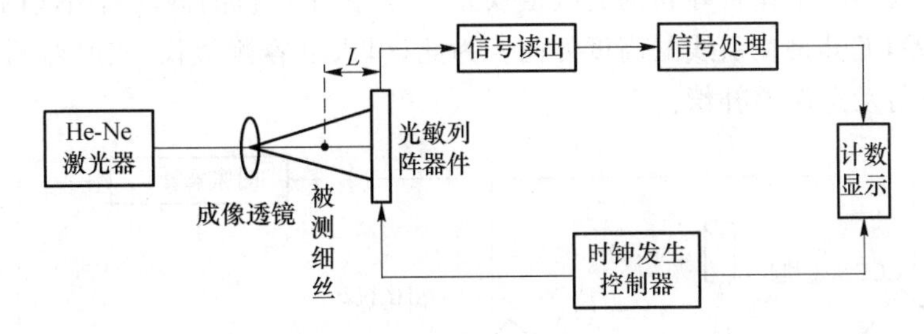

图 9.22 细丝直径检测系统

图像传感器将衍射光强信号转换为脉冲电信号，根据两个幅值为极小值之间的脉冲数 N 和线型列阵光敏图像传感器光敏单元的间距 I，可计算出衍射图像暗纹之间的间距为：

$$d = Nl \tag{9-12}$$

根据式(9-12)和式(9-13)可推导出被测细丝直径为：

$$a = \frac{L\lambda}{d} = \frac{L\lambda}{Nl} \tag{9-13}$$

(2) CCD 在 BGA 管脚三维尺寸测量中的应用

20 世纪 70 年代，荷兰飞利浦公司推出一种新的安装技术——表面安装技术(surface mount technology，SMT)，其原理是将元器件与焊膏贴在印刷板上(不通过穿孔)，再经焊接将元器件固定在印制板上。

球栅阵列(ball grid array，BGA)芯片是一种典型的应用 SMT 的集成电路芯片，其管脚均匀地分布在芯片的底面。这样，在芯片体积不变的情况下可大幅度地增加管脚的数量。BGA 实物如图 9.23 所示。在安装时要求管脚具有很高的位置精度。如果管脚三维尺寸误差较大，特别是在高度方向上，将造成管脚顶点不共面；安装时个别管脚和线路板接触不良会导致漏接、虚接。美国 RVSI(Robotic Vision System Inc.)公司针对 BGA 管脚三维尺寸测量，生产出一种基于单光束三角成像法的单点离线测量设备。这种设备每次只能测量一根管脚，测量速度慢，无法实现在线测量。另外，整套测量系统还要求精度很高的机械定位装置，对成百根管脚的 BGA 芯片测量需大量的时间；而应

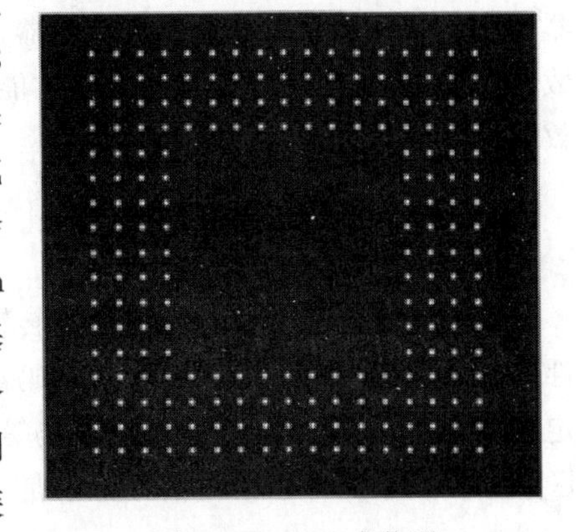

图 9.23 BGA 实物图

用激光线结构光传感器，结合光学图像的拆分、合成技术，通过对分立点图像的实时处理和分析，一次可测得 BGA 芯片一排管脚的三维尺寸。通过步进电机驱动工作台做单向位移运动，让芯片每排管脚依次通过测量系统，完成对整块芯片管脚三维尺寸的在线测量。

三维在线测量系统原理如图 9.24 所示。半导体激光器 LD 的光经光束准直和单向扩束器后形成激光线光源，照射到 BGA 芯片的管脚上。被照亮的一排 BGA 芯片管脚经两套由成像物镜和 CCD 摄像机组成的摄像系统采集，形成互成一定角度的图像。将这两幅图像经图像采集卡采集到计算机内存进行图像运算。利用摄像机透视变换模型及坐标变换关系，计算出芯片引线顶点的高度方向和纵向的二维尺寸。将芯片所在的工作台用步进电极带动做单向运动，实现扫描测量；同时，根据步进电极的驱动脉冲数，获得引线顶点的横向尺寸，从而实现三维尺寸的测量。另外，工作台导轨的直线度误差，以及由于电机的振动而引起的工作台跳动都会造成测量误差，尤其是在引线的高度方向。为此，引入电容测微仪，实时监测工作台的位置变动，有效地进行动态误差补偿。

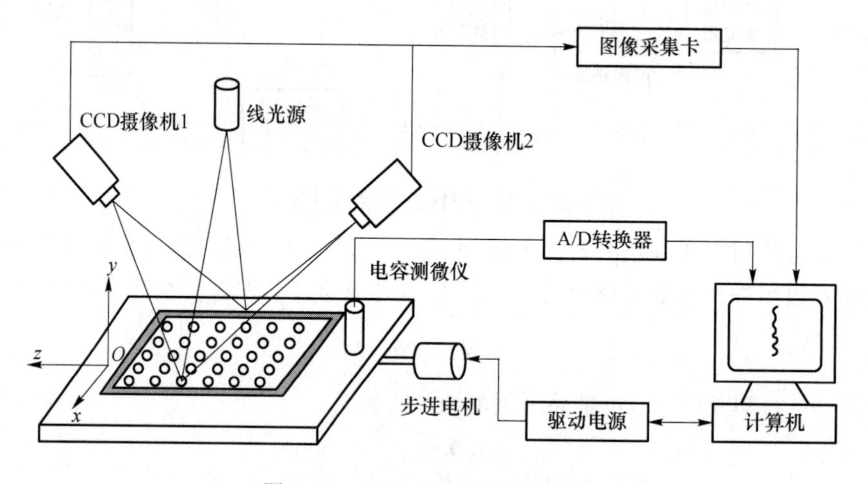

图 9.24 三维在线测量系统原理

9.2 光电式编码器

光电式编码器是测量位置和角位移最直接有效的检测装置。编码器主要分为码盘式编码器（绝对式编码器）和脉冲盘式编码器（增量式编码器）两大类。脉冲盘式编码器不能直接输出数字编码，需要增加有关数字电路才能得到数字编码；而码盘式编码器能直接输出某种码制的数码。

9.2.1 绝对式编码器

绝对式编码器主要由安装在旋转轴上的码盘、窄缝以及安装在码盘两边的光源和光敏元件等组成，其结构如图 9.25 所示。码盘由玻璃制成，其上刻有许多同心码道，每位码道都按一定编码规律（二进制、十进制、循环码等）分布着透光和不透光部分，即亮区和暗区。对应于亮区和暗区光敏元件输出的信号分别是“1”和“0”，码盘构造如图 9.26 所示。

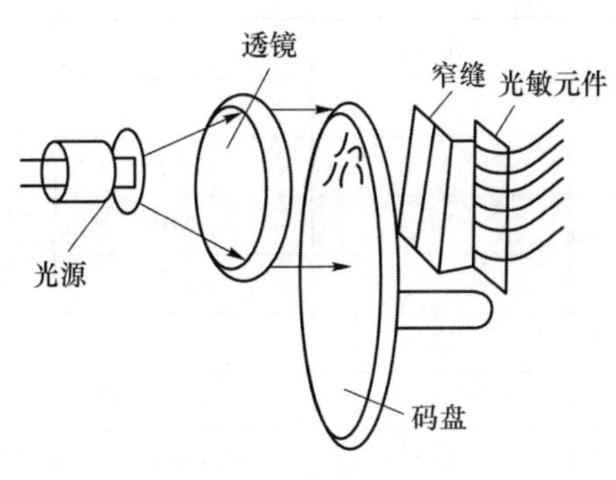

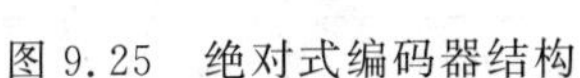
图 9.25 绝对式编码器结构

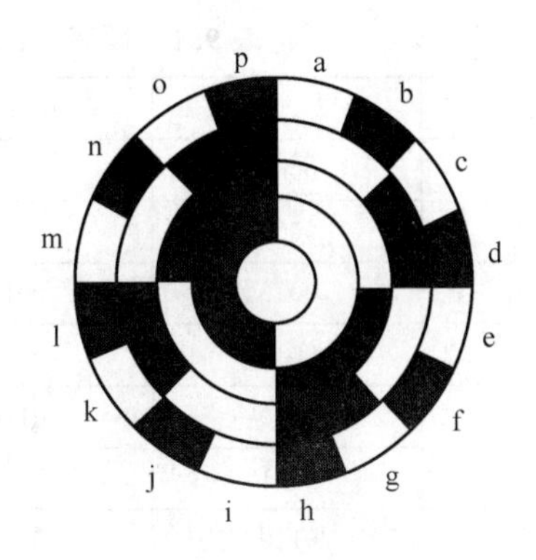

图 9.26 码盘构造

图 9.26 由四个同心码道组成，当来自光源的光束经聚光透镜照射到码盘时，转动码盘，光束经过码盘进行角度编码，再经窄缝射入光电元件。光电元件的排列与码道一一对应，即保证每个码道由一个光电元件负责接收透过的光信号。码盘转至不同位置时，光电元件的输出信号反映了码盘的角位移大小。光路上的窄缝是为了方便取光，提高光电转换效率。

码盘的刻画可采用二进制、十进制、循环码等方式。图 9.26 采用的是四位二进制方式，实际上是将圆周 360°分为 $2^4=16$ 个方位，显然一个方位对应 360°/16=22.5°。码道对应的二进制位是内高外低，即最外层为第一位。最内层将整个圆周分为一个亮区和一个暗区，对应着 2^1；次内层将整个圆周分为相间的两个亮区和两个暗区，对应着 2^2；依此类推，最外层对应着 $2^4=16$ 个黑白间隔。进行测量时，每个角度对应一个编码，如零位对应 0000(全黑)，第 13 个方位对应 $13=2^0+2^2+2^3$，即二进制位的 1101(左高右低)。只要根据码盘的起始和终止位置，就可以确定角位移。一个 n 位二进制码盘的最小分辨率为 $360°/2^n$。

二进制码盘最大的问题是任何微小的操作，都可能造成读数的粗大误差。对于二进制码，当某一较高位改变时，所有比它低的各位数都要同时改变。如果因为刻画误差导致某一高位提前或延后改变，将造成粗大误差。以图 9.26 所示码盘为例，当码盘随转轴按逆时针方向旋转时，在某一位置输出本应由数码 0000 转换到 1111(对应十进制 15)，因为刻画误差却可能给出数码 1000(对应十进制 8)，二者相差极大，被称为粗大误差。

为了消除粗大误差，应用最广泛的方法是采用循环码，循环码、二进制码和十进制数的对应关系如表 9.1 所示。循环码的特点是：它是一种无权码，任何相邻的两个数码间只有一位是变化的，因此码盘如果存在刻画误差，该误差只影响一个码道的读数，产生的误差最多等于最低位的一个分辨率单位。如果 n 较大，这种误差的影响不会太大，不存在粗大误差，能有效克服由于制作和安装不准带来的误差。因此循环码盘得到广泛应用。

编码器的精度主要由码盘的精度决定，为了保证精度，码盘的透光和不透光部分必须清晰，边缘必须锐利，以减少光电元件在电平转换时产生的过渡噪声。分辨率只取决于位数，与码盘采用的码制没有关系。

循环码存在的问题是：它是一种无权码，译码相对困难，通常先转换为二进制码，再译码。表 9.1 中循环码和二进制码的转换关系为：

$$\left.\begin{aligned} B_n &= C_n \\ B_i &= C_i \oplus B_{i+1} \end{aligned}\right\} \tag{9-14}$$

式中：C 代表循环码；B 代表二进制码 3 为所在的位数；$\oplus$为不进位加，即异或。

表 9.1 循环码、二进制码和十进制数的对照关系

十进制数	二进码	循环码	十进制数	二进码	循环码
0	0000	0000	8	1000	1100
1	0001	0001	9	1001	1101
2	0010	0011	10	1010	1111
3	0011	0010	11	1011	1110
4	0100	0110	12	1100	1010
5	0101	0111	13	1101	1011
6	0110	0101	14	1110	1001
7	0111	0100	15	1111	1000

使用绝对式编码器时，如果被测转角不超过 360°，那么它提供的是转角的绝对值，即从起始位置所转过的角度。在使用过程中如果遇到停电，在恢复供电后的显示值仍然能正确反映当时的角度。当被测角大于 360°时，为了仍能得到转角的绝对值，可以用两个或多个码盘与机械减速器配合，扩大角度量程；如果选用两个码盘，两者间的转速为 10∶1，此时测角范围可扩大 10 倍。

9.2.2 增量式编码器

增量式编码器也称脉冲盘式编码器，不能直接产生 n 位的数码输出，转动时产生串行光脉冲，用计数器将脉冲数累加就可反映转过的角度。但如果停电，累加的脉冲数就会丢失，因此须有停电记忆功能。

1. 工作原理

增量式角度数字编码器在圆盘上开有相等角距的缝隙，外圈 A 为增量码道，内圈 B 为辨向码道，内、外圈的相邻两缝隙之间错开半条缝宽的距离；另外在内外圈之外的某一径向位置也开有一条缝隙，表示码盘的零位，码盘每转一圈，零位的光敏元件就产生一个脉冲，被称为“零位脉冲”。在开缝圆盘的两边分别安装光源及光敏元件，增量式角度数字编码器原理如图 9.27 所示。

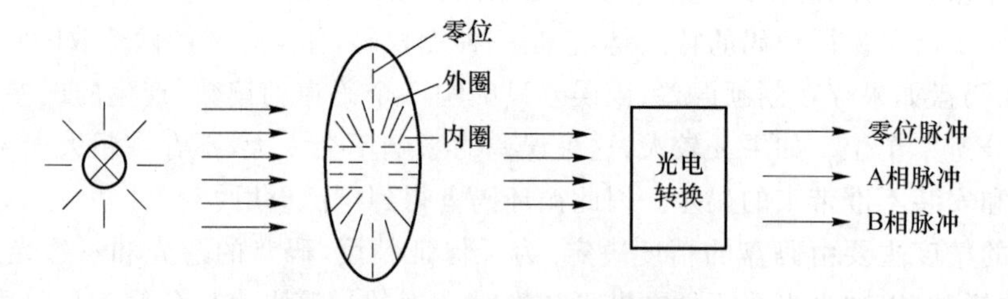

图 9.27 增量式角度数字编码器原理

增量式编码器的结构如图 9.28 所示，在一个码盘的边缘上开有相等角度的缝隙(分为透明和不透明部分)，在开缝码盘两边分别安装光源及光敏元件。当码盘随工作轴一起转动时，每转过一个狭缝就产生一次光线的明暗变化，再经整形放大，可以得到一定幅值和功率的电脉冲输出信号，脉冲数等于转过的狭缝数。若将上述脉冲信号送到计数器中去进行计数，则从测得的数码数就能知道码盘转过的角度。

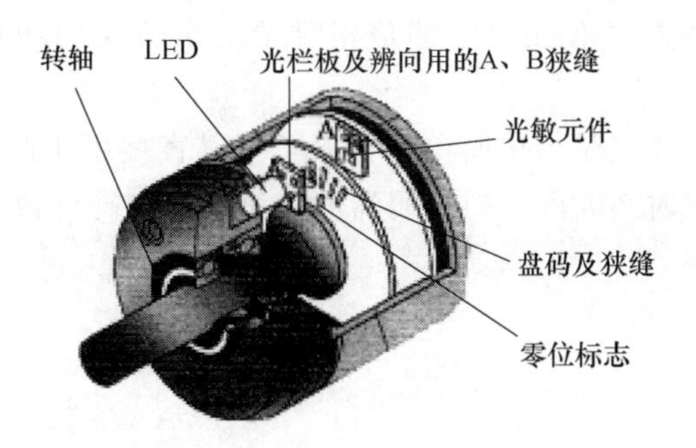

图 9.28 增量式编码器的结构

2. 辨向原理

为了判断码盘旋转方向，可以采用辨向电路来实现，如图 9.29 所示，其输出波形如图 9.30 所示。

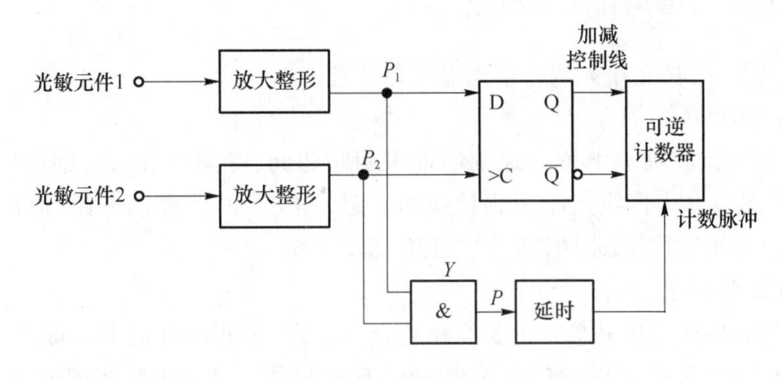

图 9.29 辨向电路

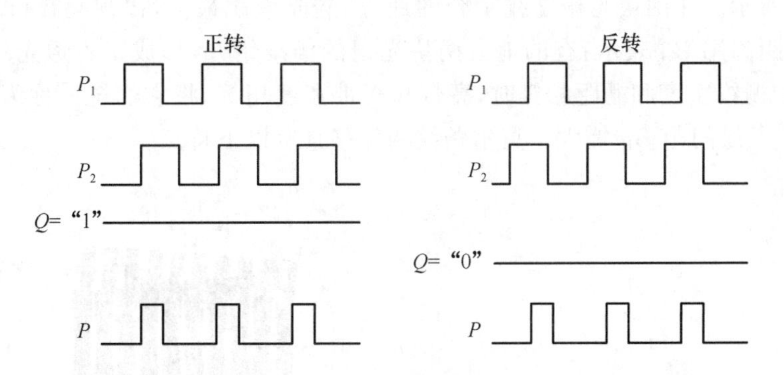

图 9.30 辨向电路输出波形

光敏元件 1 和光敏元件 2 的输出信号经放大整形后，产生矩形脉冲 P_1 和 P_2，它们分别接到 D 触发器的 D 端和 C 端，D 触发器在 C 脉冲(即 P_2)的上升沿触发。两个矩形脉冲相差 1/4 个周期(或相位差 90°)。码盘正转时，设光敏元件 1 比光敏元件 2 先感光，即脉冲 P_1 的相位超前脉冲 P_2 90°，D 触发器的输出 Q="1"，使可逆计数器的加减控制线为高电平，计数器将做加法计数。同时，P_1 和 P_2 又经与门 Y 输出脉冲 P，经延时电路送到可逆计数器的计数输入端，计数器进行加法计数。当反转时，P_2 的相位超前脉冲 P_1 90°，D 触发器输出 Q="0"，计数器进行减法计数。设置延时电路的目的是等计数器的加减信号抵达后，再送入计数脉冲，以保证不丢失计数脉冲。零位脉冲接至计数器的复位端，使码盘每转动一圈计数器复位一次。这样，不论是正转还是反转，计数器每次反映的都是相对于上次角度的增量，因此被称为增量式编码器。

增量式编码器的最大优点是结构简单。它除了可以直接用于测量角位移外，还常用于测量转轴的转速。若在给定时间时间内对编码器的输出脉冲进行计数，则可测量平均转速。

9.3 光栅传感器

光栅传感器是根据莫尔条纹原理制成的一种计量光栅，具有精度高、量程大、分辨率高、抗干扰能力强及可实现动态测量等特点，主要用于长度和角度的精密测量以及数控系统的位置检测等，在坐标测量仪和数控机床的伺服系统中具有广泛的应用。

9.3.1 光栅的结构和工作原理

下面以黑白、投射长光栅为例介绍光栅工作原理。

1. 光栅的结构

在一块长条形镀膜玻璃上均匀地刻制许多明暗相间、等间距分布的细条纹——光栅，如图 9.31 所示。图中 a 为栅线宽度，b 为栅线的间距，$a+b=W$ 光栅的栅距，通常 $a=b$。目前，常用的光栅是每毫米宽度上刻 10、25、100、125、250 条线。

2. 光栅的工作原理

两块具有相同栅线宽度和栅距的长光栅叠合在一起，中间留有很小的间隙，并使两光栅之间形成一个很小的夹角 θ，可以看到在近似垂直栅线方向上出现明暗相间的条纹——莫尔条纹，如图 9.32 所示。在两块光栅栅线重合的地方，透光面积最大，出现亮带(图中的 d-d)，相邻亮带之间的距离用 B_H 表示；有的地方两块光栅的栅线错开，形成了不透光的暗带(图中的 f-f)。当光栅的栅线宽度和栅距相等时，亮带和暗带宽度相等，将它们统一称为条纹间距。当夹角 θ 减小时，条纹间距 B_H 增大。莫尔条纹测位移具有以下特点。

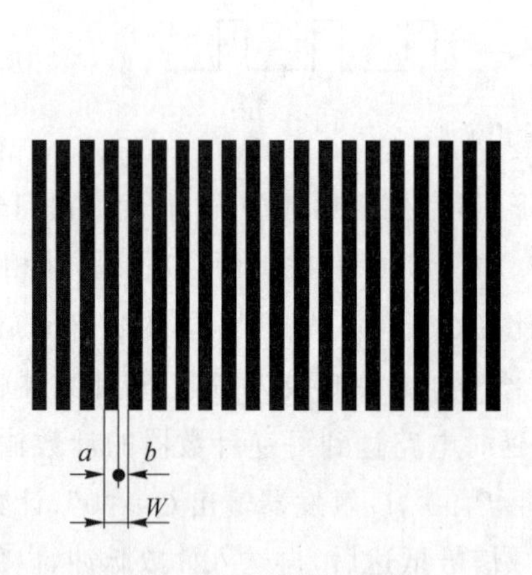

图 9.31　透射长光栅

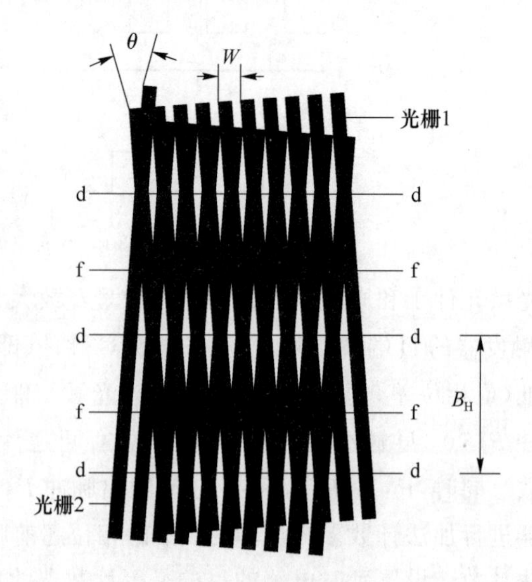

图 9.32　莫尔条纹

(1) 位移放大作用

光栅每移动一个栅距 W,莫尔条纹移动一个间距 B_H,设 $a=b=W/2$,在 θ 很小的情况下,由图 9.33 可得出莫尔条纹的间距 B_H 与两光栅夹角 θ 的关系为:

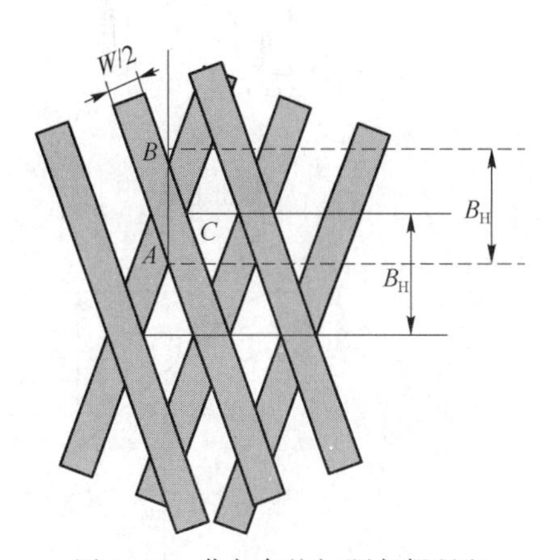

图 9.33 莫尔条纹间距与栅距和夹角之间的关系

$$B_H = \frac{W/2}{\sin(\theta/2)} \approx \frac{W/2}{\theta/2} = \frac{W}{\theta} \tag{9-15}$$

式中:W 为光栅的栅距;θ 为刻线夹角(单位为 rad)。

由此可见,θ 越小,B_H 越大,B_H 相当于把栅距 W 放大了 $1/\theta$ 倍。说明光栅具有位移放大作用,从而提高了测量的灵敏度。

(2) 莫尔条纹移动方向

光栅每移动一个光栅间距 W,条纹跟着移动一个条纹宽度 B_H。如果固定一个光栅,那么另一个光栅将向右移动,莫尔条纹将向上移动;反之,如果向左移动另一个光栅,那么莫尔条纹将向下移动。因此,莫尔条纹的移动方向有助于判别光栅的运动方向。

(3) 莫尔条纹的误差平均效应

由于光电元件接收到的是进入它视场的所有光栅刻线总的光能量,是由许多光栅刻线共同作用的结果,这使得个别刻线在加工过程中产生的误差、断线等造成的影响大大减小。若其中某一刻线的加工误差为 δ_0,根据误差理论,它引起的光栅测量系统的整体误差可表示为:

$$\Delta = \pm \frac{\delta_0}{\sqrt{n}} \tag{9-16}$$

式中,n 为光电元件能接收到对应信号的光栅刻线的条数。

利用光栅具有莫尔条纹的特性,可以通过测量莫尔条纹的移动数来测量两光栅的相对移动量,这比直接计数光栅的线纹更容易。由于莫尔条纹是由光栅的大量刻线形成的,对光栅刻线的本身刻画误差有平均抵消作用,因此测量莫尔条纹成为精密测量位移的有效手段。

利用光栅的莫尔条纹测量位移,需要两块光栅。长的为主光栅,与运动部件连在一起,它的大小与测量范围一致;短的为指示光栅,固定不动。

3. 光栅传感器的组成

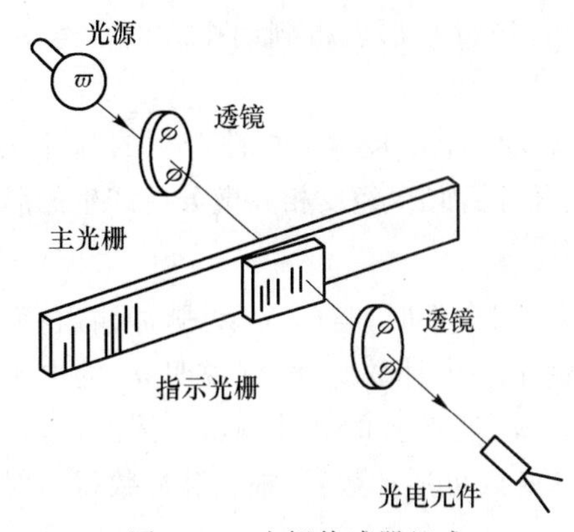

图 9.34 光栅传感器组成

光栅传感器主要是由光源、透镜、节距相等的光栅付及光电元件等组成,如图 9.34 所示。

$$d = \frac{W^2}{\lambda} \tag{9-17}$$

当主光栅相对于指示光栅移动时,形成的莫尔条纹亮暗变化的光信号转换成电脉冲信号,并用数字显示,便可测量出主光栅的移动距离。当移动主光栅时,透过光栅付的光将产生明暗相间的变化,这种作用就如闸门一样而形成光栅莫尔条纹。光栅位移与光强、输出电压的关系如图 9.35 所示。

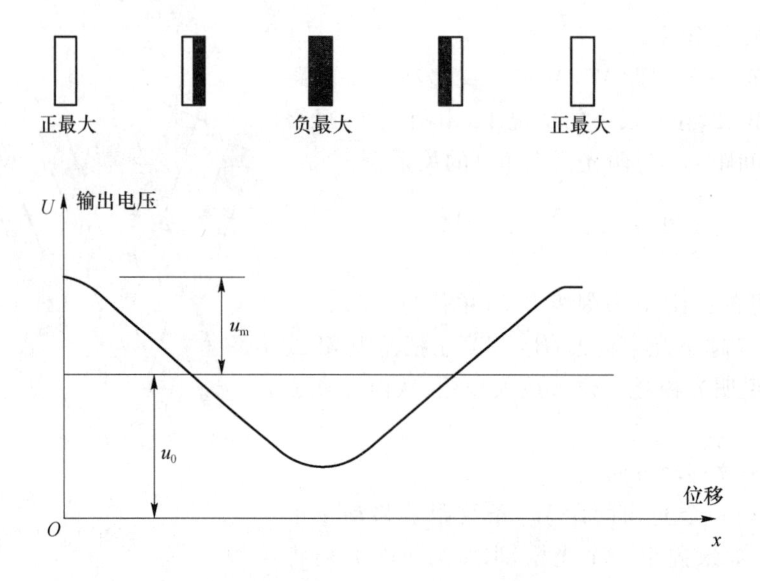

图 9.35　光栅位移与光强、输出电压的关系

光电信号的输出电压 U 可以用光栅位移 1 的正弦函数来表示：

$$U = u_0 + u_m \sin\left(\frac{\pi}{2} + \frac{2\pi x}{W}\right) \tag{9-18}$$

式中：u_0、u_m 为输出电压中的平均直流分量和正弦交流分量的幅值；W 为光栅的栅距；x 为光栅位移。

由图 9.35 可知，当波形重复到原来的相位和幅值时，相当于光栅移动了一个栅距 W，如果光栅相对位移了 N 个栅距，此时位移为 $x=NW$。因此，只要记录移动过的莫尔条纹数 N，就可以知道光栅的位移量 x 的值，这就是利用光栅莫尔条纹测量位移的原理。

9.3.2　辨向原理与细分技术

光电转换装置只能产生正弦信号，实现位移大小的确定。为了进一步确定位移方向并提高测量分辨率，须引入辨向和细分技术。

1. 辨向原理

根据前面分析，莫尔条纹每移动一个间距 B_H 对应着光栅移动一个栅距 W，相应输出信号的相位变化一个周期 2π。因此，在相隔 $B_H/4$ 间距的位置上放置光电元件 1 和光电元件 2，如图 9.36 所示，得到两个相位差 $\pi/2$ 的正弦信号 u_1 和 u_2，经过整形后得到两个方波信号 u_1' 和 u_2'。

从图中波形的对应关系可以看出，当光栅沿 A 方向移动时，u_1' 经微分电路产生的脉冲正好发生在 u_2' 的"1"电平时，从而经与门 Y_1 输出一个计数脉冲；而 u_1' 经反相并微分后产生的脉冲，则与 u_2' 的"0"电平相遇，与门 Y_2 被阻塞，无脉冲输出。

当光栅沿 $\overline{A}$ 方向移动时，u_1' 的微分脉冲发生在 u_2' 为"0"电平时，与门 Y_1 无脉冲输出；而 u_1' 的反向微分脉冲则发生在 u_2' 的"1"电平时，与门 Y_2 输出一个计数脉冲，则说明 u_2' 的电平状态作为与门的控制信号，用于控制在不同的位移方向时 u_1' 所产生的脉冲输出。因此，可以根据运动方向正确给出加计数脉冲或减计数脉冲，再将其送入可逆计数器，根据脉冲数得出对应的位移量。

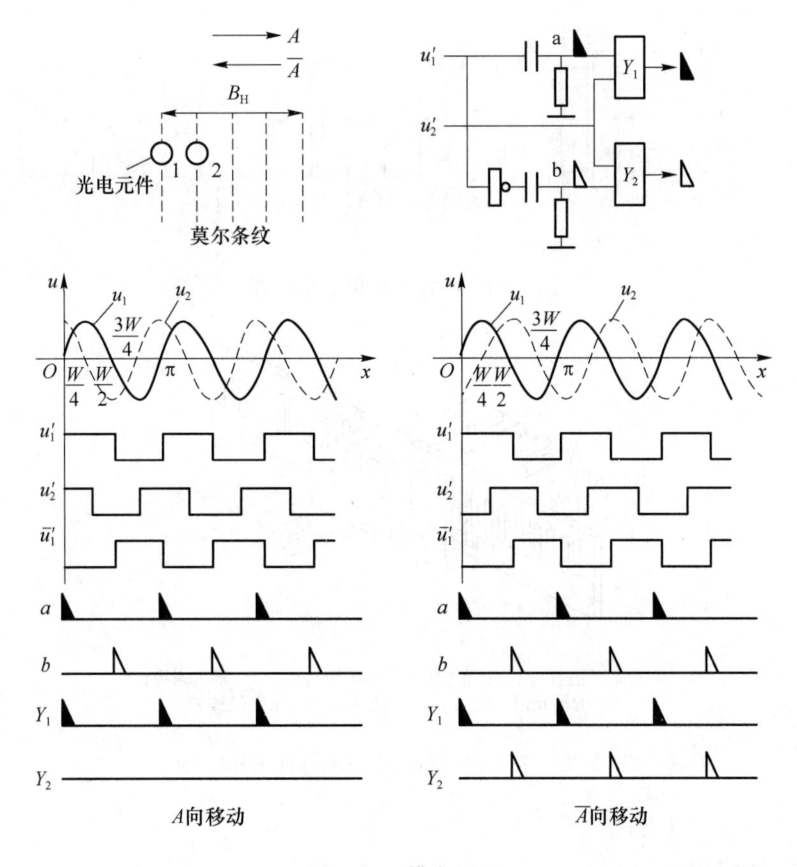

图 9.36 辨向原理

2. 细分技术

光栅测量原理是以移过的莫尔条纹数量来确定位移量,其分辨率为光栅的栅距。现代测量不断提出高精度要求,数字读数的最小分辨率也逐步减小。为了提高分辨率,测量比光栅栅距更小的位移量可以采用细分技术。

在莫尔条纹变化的一个周期内插 N 个脉冲,每个计数脉冲代表 W/N 位移量,相应地提高分辨率。细分方法可采用机械或电子方式实现,常用的有倍频细分法和电桥细分法。利用电子方式可以使分辨率提高几百倍甚至更高。

9.3.3 光栅传感器的应用

由于光栅传感器的测量精度高,动态测量范围广,可进行非接触测量,易实现系统的自动化和数字化,在机械工业中得到广泛应用。光栅传感器通常作为测量元件应用于机床定位、长度和角度的测量仪器中,并用于测量速度、加速度、振动等。万能比长仪工作原理如图 9.37 所示,主光栅和指示光栅之间的透光和遮光效应形成莫尔条纹,当两块光栅相对移动时,便可接收到周期性变化的光通量。由光敏晶体管接收到的原始信号经差分放大、移相电路分相、整形电路整形、倍频电路细分、辨向电路辨向后进入可逆计数器计数,由显示器显示读出。三坐标测量机中光栅部件的工作原理如图 9.38 所示。

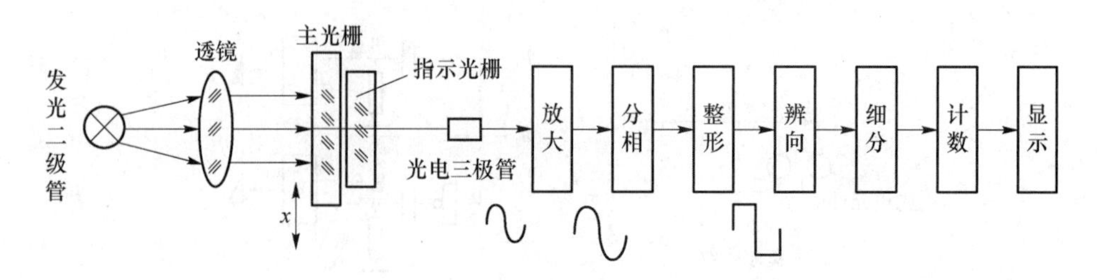

图 9.37 万能比长仪工作原理

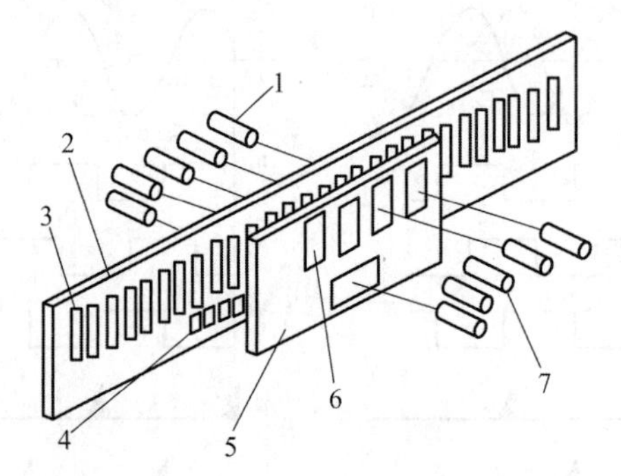

1—发光二极管；2—长光栅；3—长光栅刻线；4—零位刻线；
5—指示光栅；6—指示光栅刻线；7—光电晶体管

图 9.38 三坐标测量机中光栅部件工作原理

9.4 光纤传感器

光纤传感器是随着光导纤维技术的发展而出现的新型传感器，由于它具有灵敏度高、电绝缘性能好、抗电磁干扰、耐腐蚀、耐高温、体积小、重量轻等优点，因而被广泛应用于位移、速度、加速度、压力、温度、液位、流量、水声、电流、磁场、放射性射线等物理量的测量。

9.4.1 光纤

1. 光纤及其传光原理

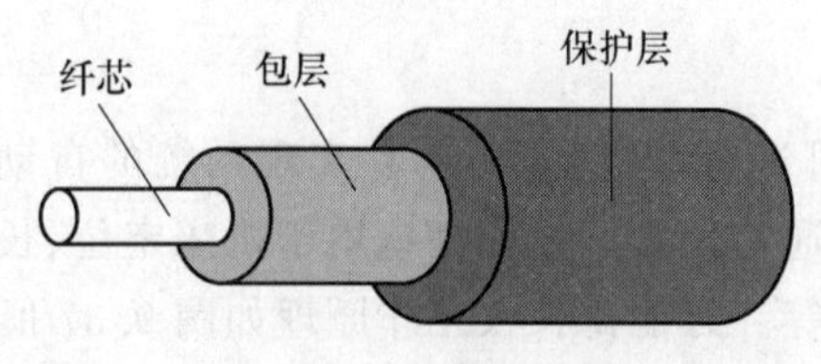

图 9.39 光纤的结构

光纤是一种多层介质结构的同心圆柱体，包括纤芯、包层和保护层（涂敷层及护套），如图 9.39 所示。纤芯由高度透明的材料制成，是光波的主要传输通道；纤芯主要成分为 SiO_2，并掺入微量的 GeO_2，P_2O_5 以提高材料的光折射率；纤芯直径为 5～75 μm。包层可以是一层、二层或多层结构，总直径约为 100～200 μm；包层材料主要也是 SiO_2，掺入了微量的 B_2O_3，纤芯或 SiF_4，以降低包层对光的折射率；包层的折射率略小于纤芯，以保证入射到光纤内的光波集中在纤芯内传输。保护层保护光纤不受水汽的侵蚀和机械擦伤；同时又增加光纤的柔韧性，起着延长光纤寿命的作用。护套采用不同颜色的塑料管套，一方面起保护作用，另一方面以颜色区分多条光纤。许多根单条光纤组成光缆。

光在同一种介质中是沿直线传输的，如图 9.40 所示。当光线以不同的角度入射到光纤端面时，在端面发生折射进入光纤后，又入射到折射率 n_1（较大）的光密介质（纤芯）与折射率 n_2（较小）的光疏介质（包层）的交界面，光线在该处有一部分透射到光疏介质，还有一部分反射回光密介质。根据折射定理有：

$$\frac{\sin\theta_k}{\sin\theta_r}=\frac{n_2}{n_1} \tag{9-19}$$

$$\frac{\sin\theta_i}{\sin\theta'}=\frac{n_1}{n_0} \tag{9-20}$$

式中：θ_i、θ' 为光纤端面的入射角和折射角；θ_k、θ_r 为光密介质与光疏介质界面处的入射角和折射角。

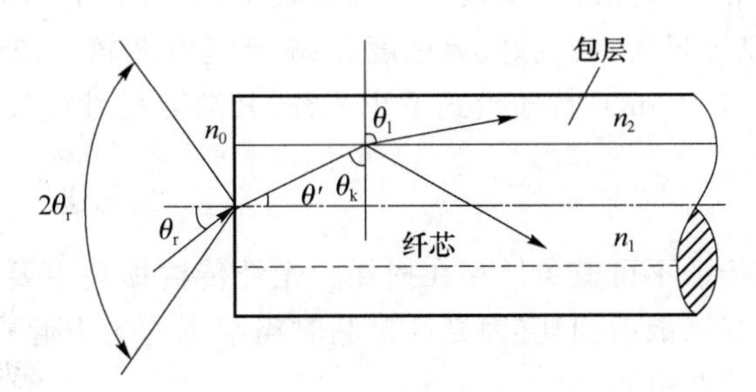

图 9.40　光纤传输原理

在光纤材料确定的情况下，n_2/n_1、n_1/n_0 均为定值，因此若 θ_i 减小，则 θ' 也减小；相应地，若 θ_k 增大，则 θ_r 也增大。当 θ_i 达到 θ_c 使折射角 $\theta_r=90°$时，即折射光沿界面方向传播时，称入射角 θ_c 为临界角。所以有：

$$\sin\theta_c=\frac{n_1}{n_2}\sin\theta'=\frac{n_1}{n_0}\cos\theta_k=\frac{n_1}{n_0}\sqrt{1-\left(\frac{n_2}{n_1}\sin\theta_r\right)^2} \tag{9-21}$$

当 $\theta_r=90°$时，

$$\sin\theta_c=\frac{1}{n}\sqrt{n_1^2-n_2^2} \tag{9-22}$$

外界介质一般为空气，$n_0=1$，所以有：

$$\theta_c=\arcsin\sqrt{n_1^2-n_2^2} \tag{9-23}$$

当入射角 θ_i 小于临界角 θ_c 时，光线就不会透过其界面而全部反射到光密介质内部，即发生全反射。全反射条件为：

$$\theta_i<\theta_c \tag{9-24}$$

在满足全反射的条件下，光线就不会射出纤芯，而是在纤芯和包层界面不断地产生全反射向前传播，最后从光纤的另一端面射出。光的全反射是光纤传感器工作的基础。

2. 光纤的主要特性

（1）数值孔径

由式(9-23)可知 θ_c 是出现全反射的临界角，且某种光纤临界入射角的大小是由光纤本身的性质——折射 n_1、n_2 所决定的，与光纤的几何尺寸无关。光纤光学中把 $\sin\theta_c$ 定义为光纤的数值孔径，即：

$$\sin\theta_c=\sqrt{n_1^2-n_2^2} \tag{9-25}$$

数值孔径是光纤的一个重要参数，它能反映光纤的集光能力，光纤的 NA 越大，表明它可以在较大的入射角范围内输入全反射光，集光能力越强，光纤与光源的耦合越容易，且保证实现全反射向前传播。即在光纤端面，无论光源的发射功率多大，只有 $2\theta_c$ 张角内的入射光才能被光纤接收、传播。如果入射角超出这个范围，进入光纤的光线将会进入包层而散失(产生漏光)。但 NA 越大，光信号的畸变就越大，所以要适当选择 NA 的大小。石英光纤的 NA 为 0.2～0.4，对应的 θ_c 为 11.5°～23.5°。

(2) 光纤模式

光纤模式是指光波在光纤中的传播途径和方式。对于不同入射角的光线，在界面反射的次数是不同的，传递的光波间的干涉也是不同的，这就是传播模式不同。一般总希望光纤信号的模式数量要少，以减小信号畸变的可能。

光纤分为单模光纤和多模光纤。单模光纤直径较小(2～12 μm)，只能传输一种模式。其优点是信号畸变小、信息容量大、线性好、灵敏度高；缺点是纤芯较小，制造、连接、耦合较困难。多模光纤直径较大(50～100 μm)，传输模式不止一种，其缺点是性能较差；优点是纤芯面积较大，制造、连接、耦合容易。

(3) 传输损耗

光信号在光纤中的传播不可避免地存在损耗。光纤传输损耗主要有材料吸收损耗(因材料密度及浓度不均匀引起)、散射损耗(因光纤拉制时粗细不均匀引起)及光波导弯曲损耗(因光纤在使用中可能发生弯曲引起)。

9.4.2 光纤传感器的组成

温度、压力、电场、磁场、振动等外界因素作用于光纤时，会引起光纤中传输的光波特征参量(振幅、相位、频率、偏振态等)发生变化，只要测出这些参量随外界因素的变化关系，就可以确定对应物理量的变化大小，这就是光纤传感器的基本工作原理。要构成光纤传感器，除光导纤维外，还必须有光源和光探测器。

1. 光源

为了保证光纤传感器的性能，必须对光源的结构与特性有一定的要求。一般要求光源的体积尽量小，以利于它与光纤耦合；光源发出的光波长应合适，以便减少光在光纤中传输的损失；光源要有足够的亮度，以便提高传感器的输出信号。另外还要求光源稳定性好，噪声小，安装方便和寿命长等。

光纤传感器使用的光源种类很多，按照光的相干性可分为相干光和非相干光。非相干光源有白炽光、发光二极管；相干光源包括各种激光器，如氦氖激光器、半导体激光二极管等。

光源与光纤耦合时，总是希望在光纤的另一端得到尽可能大的光功率，它与光源的光强、波长及光源发光面积等有关，也与光纤的粗细、数值孔径有关。

2. 光探测器

光探测器的作用是把传送到接收端的光信号转换成电信号，以便做进一步的处理。它和光源的作用相反，常用的光探测器有光敏二极管、光敏晶体管及光电倍增管等。

在光纤传感器中，光探测器的性能好坏既影响被测物理量的变换准确度，又关系到光探测接收系统的质量，它的线性度、灵敏度、带宽等参数直接影响传感器的总体性能。

9.4.3 光纤传感器分类

光纤传感器按照光纤在传感器中的作用分为功能型和非功能型两种。

(1) 功能型光纤传感器

光纤传感器的基本结构原理如图 9.41 所示,图(a)为功能型光纤传感器,这种类型主要使用单模光纤。光纤不仅起传光作用,又是敏感元件,即光纤本身同时具有传、感两种功能。功能型光纤传感器是利用光纤本身的传输特性受被测物理量的作用而发生变化,使光纤中波导光的属性(光强、相位、偏振态、波长等)被调制这一特点而构成的一类传感器。其中有光强调制型、相位调制型、偏振态调制型和波长调制型等多种,典型例子有:利用光纤在高电场下的泡克耳效应的光纤电压传感器,利用光纤法拉第效应的光纤电流传感器,利用光纤微弯效应的光纤位移(压力)传感器等。功能型传感器的特点是:由于光纤本身是敏感元件,因此加长光纤的长度可以得到很高的灵敏度;尤其是利用各种干涉技术对光的相位变化进行测量的光纤传感器具有极高的灵敏度,这类传感器的缺点是技术难度大,结构复杂,调整较困难。

(2) 非功能型光纤传感器

非功能型光纤传感器中,光纤不是敏感元件,它是在光纤的端面或在两根光纤中间放置光学材料、机械式或光学式的敏感元件来感受被测物理量的变化,从而使透射光或反射光强度随之发生变化。在这种情况下,光纤只是作为光的传输回路,如图 9.41(b)和(c)所示。为了得到较大的受光量和传输的光功率,使用的光纤主要是数值孔径和芯径大的阶跃型多模光纤。这类光纤传感器的特点是结构简单、可靠,技术上易实现,应用前景广阔,但其灵敏度、测量精度一般低于功能型光纤传感器。

在非功能型光纤传感器中,也有并不需要外加敏感元件的情况,光纤把测量对象所辐射、反射的光信号传播到光电元件,如图 9.41(d)所示。这种光纤传感器也被称为探针型光纤传感器,该类传感器通常使用单模光纤或多模光纤。典型的例子有光纤激光多普勒速度传感器、光纤辐射温度传感器和光纤液位传感器等,其特点是非接触式测量,而且具有较高的精度。

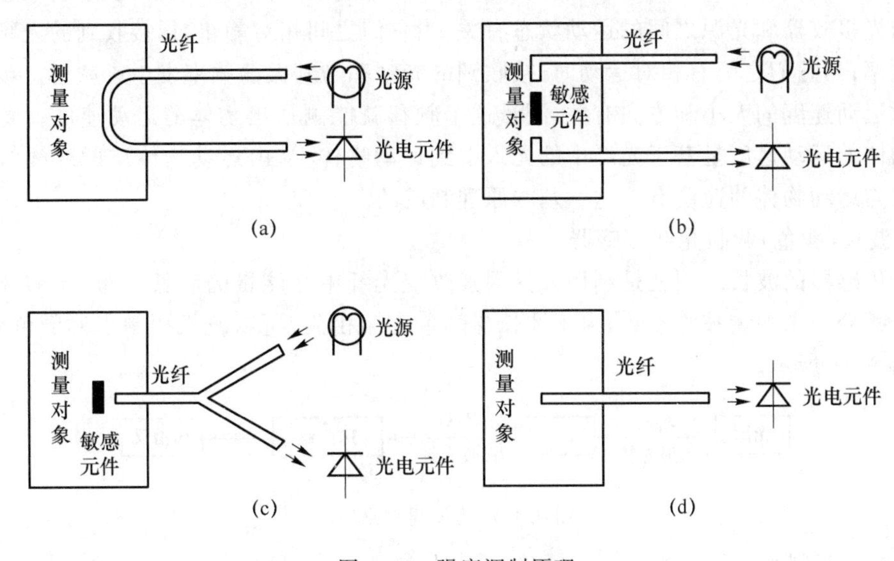

图 9.41　强度调制原理

9.4.4 光纤传感器的工作原理

(1) 光纤传感器的基本原理

光纤传感器的基本原理是将光源入射的光束经由光纤送入调制区,在调制区内,外界被测参数与进入调制区的光相互作用,使光的光学性质,如光的强度、波长(颜色)、频率、相位、偏振态等发生变化,成为被调制的信号光,再经光纤送入光敏器件、解调器而获得被测参数。

(2) 强度调制光纤传感器

利用外界因素改变光纤中光的强度,通过测量光纤中光强的变化来测量外界被测参数的原理被称为强度调制原理,如图 9.42 所示。某恒定光源发出的强度为 P_i 的光注入传感头,在传感头内,光在被测信号 F 的作用下其光强发生变化,使得输出光强 P_o 的包络线与 F 形状一样,光电探测器测出的输出电流 I_o 也作同样的调制,经信号处理电路检测出调制信号,这样就得到了被测信号。

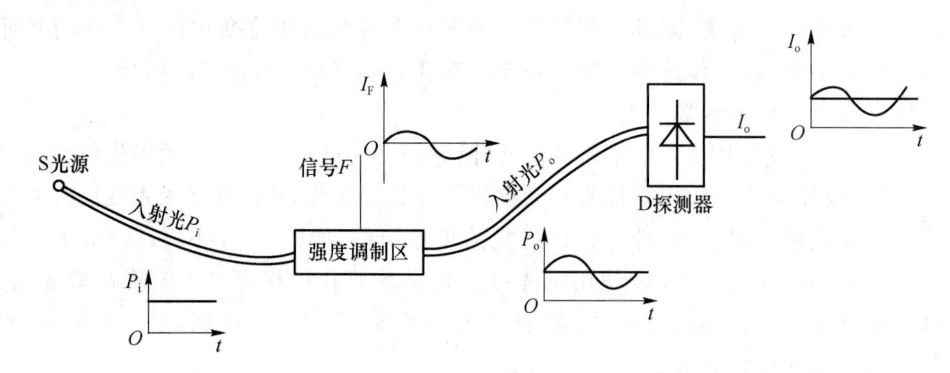

图 9.42 强度调制原理

(3) 频率调制光纤传感器

光纤传感器中的频率调制就是利用外界因素改变光纤中光的频率,通过测量光的频率变化来测量外界被测参数,光的频率调制是由多普勒效应引起的。简单地讲,多普勒效应就是光的频率与光接收器和光源之间的运动状态有关,当它们之间相对静止时,接收到的光频率为光的振荡频率;当它们之间有相对运动时,接收到的光频率与其振荡频率发生了频移。频移的大小与相对运动速度的大小和方向有关,测量这个频移就能测量出物体的运动速度。光纤传感器测量物体的运动速度是基于光纤中的光入射到运动物体上,由运动物体反射或散射的光发生的频移与运动物体的速度有关这一基本原理制成的。

(4) 波长(颜色)调制光纤传感器

光纤传感器的波长调制就是利用外界因素改变光纤中光能量的波长分布(光谱分布),通过检测光谱分布来测量被测参数,由于波长与颜色直接相关,所以波长调制也称颜色调制,其原理如图 9.43 所示。

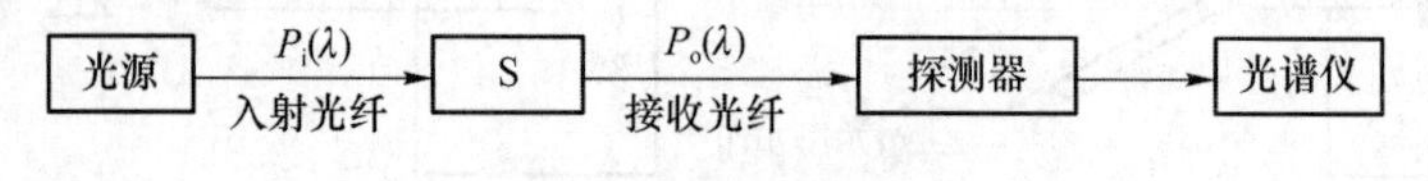

图 9.43 波长调制原理

(5) 相位调制光纤传感器

相位调制光纤传感器是通过被测能量场的作用,使光纤内传播的光波相位发生变化,再利用干涉测量技术把相位变化转换为光强度变化,从而检测出待测的物理量。

光纤中光波的相位由光纤波导的物理长度、折射率及其分布、波导横向几何尺寸所决定。一般来说,压力、张力、温度等外界物理量能直接改变上述三个波导参数,产生相位变化,实现光纤的相位调制。但是,目前各类光探测器都不能感知光波相位的变化,必须采用光的干涉技术将相位变化转变为光强变化，才能实现对外界物理量的检测。因此，光纤传感器中的相位调制技术包括产生光波相位变化的物理机制和光的干涉技术，与其他调制方法相比，由于采用干涉技术而具有很高的相位调制灵敏度。

(6) 偏振态调制光纤传感器

偏振态调制光纤传感器的原理是利用外界因素改变光的偏振特性，通过检测光的偏振态的变化来检测各种物理量。在光纤传感器中，偏振态调制主要基于人为旋光现象和人为双折射，如法拉第磁光效应、克尔电光效应和弹光效应等。

9.4.5 光纤传感器的应用

1. 光纤温度传感器

光纤温度传感器的工作原理如图 9.44 所示。图 9.44(a)是利用光振幅随温度变化的传感器，光纤的内芯径和折射率随温度变化，从而使光纤中传播的光由于路线不均而向外散射，导致光振幅变化。图 9.44(b)是利用光偏振面旋转的传感器，单模光纤的偏振面随温度变化而旋转，这种旋转通过检偏器即得到振幅变化。图 9.44(c)是利用光相位变化的传感器，单模光纤的长度、折射率和内芯径随温度变化，从而使光纤中传播的光产生相位变化，该相位变化通过干涉仪即得到振幅变化。

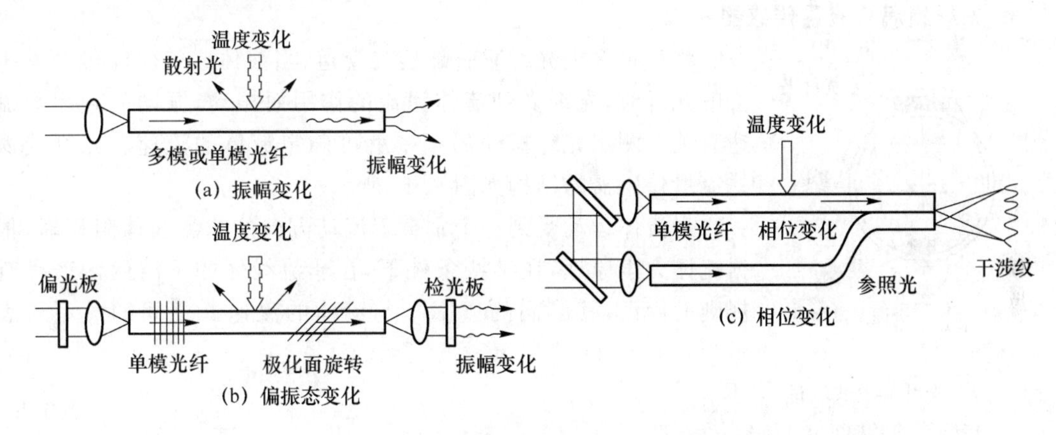

图 9.44 光纤温度传感器的工作原理

2. 光纤图像传感器

光纤图像是由数目众多的光纤组成一个图像单元，典型数目为 0.3 万～10 万股，每一股光纤的直径约为 10 μm，光纤图像传输原理如图 9.45 所示。在光纤的两端，所有光纤都是按同一规律整齐排列的。投影在光纤束一端的图像被分解成许多像素，每一个像素(包含图像的亮度与颜色信息)通过一根光纤单独传送，因此，整个图像作为一组亮度与颜色不同的光点传送，并在另一端重建原图像。

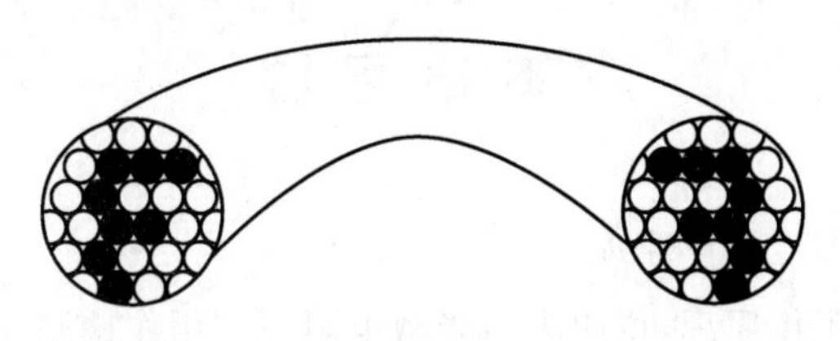

图 9.45 光纤图像传输的原理

工业用内窥镜用于检查系统的内部结构，它采用光纤图像传感器，将探头放入系统内部，通过光束的传输在系统外部可以观察监视，工业用内窥镜原理如图 9.46 所示。光源发出的光通过传光束照射到被测物体上，通过物镜和传像束把内部图像传送出来，以便观察、照相或通过传像束送入 CCD，将图像信号转换成电信号，送入微机进行处理，可在屏幕上显示和打印观测结果。

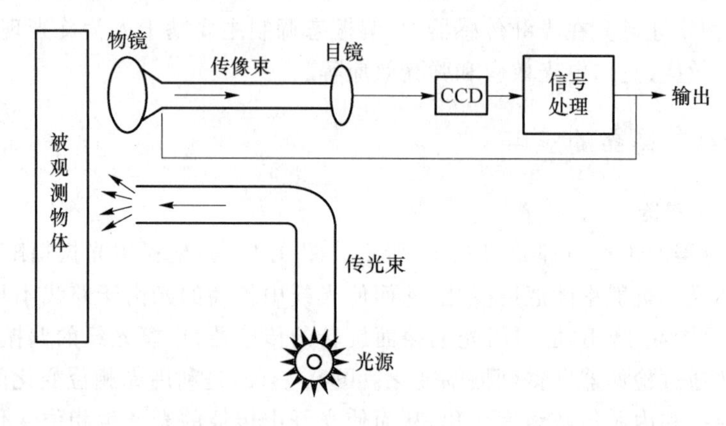

图 9.46　工业用内窥镜的原理

3. 光纤旋涡式流量传感器

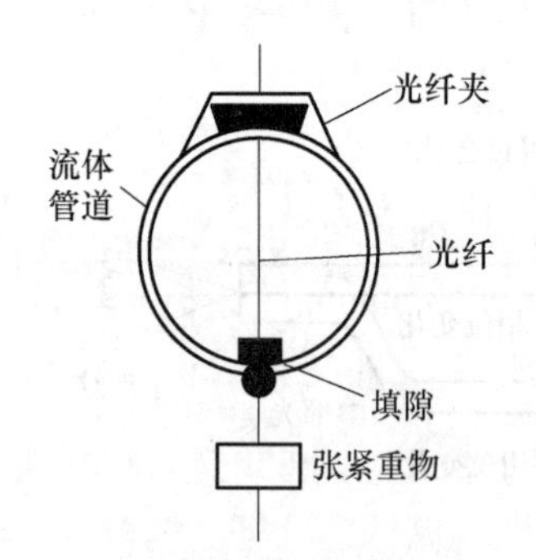

图 9.47　光纤旋涡式流量传感器的结构

将一根多模光纤垂直地装入管道，当液体或气体流经与其垂直的光纤时，光纤受到流体涡流的作用而振动，振动的频率与流速有关。测出光纤振动的频率就可确定液体的流速。光纤旋涡式流量传感器的结构如图 9.47 所示。

当流体运动受到一个垂直于流动方向的非流线体阻碍时，根据流体力学原理，在某些条件下，在非流线体的下游两侧产生有规则的旋涡，其旋涡的频率 f 与流体的流速 v 之间的关系可表示为：

$$f = S_t \frac{v}{d} \tag{9-26}$$

式中：d 为光纤直径；S_t 为斯托劳哈尔系数，它是一个与流体有关的无量纲常数。

在多模光纤中，光以多种模式进行传输，在光纤的输出端，各模式的光形成干涉图样——光斑。一根没有外界扰动的光纤所产生的干涉图样是稳定的，当光纤受到外界扰动时，干涉图样明暗相间的斑纹或斑点发生移动。如果外界扰动是流体的漩涡引起的，那么干涉图样斑纹或斑点就会随着振动的周期变化来回移动，测出斑纹或斑点的移动，即可获得对应的振动频率信号，根据式(9-26)可推算出流体的流速。

本章习题

课程思政

1. 简述热敏电阻的温度补偿原理。
2. 简述光敏电阻的工作原理，说明为何光敏电阻不宜用作检测元件？
3. 在选择光电池作为检测元件时，应注意哪些问题？

4. 什么叫 CCD 势阱？简述 CCD 的电荷转移过程。

5. 简述 CCD 的结构及工作原理。

6. 编码器中二进制码与循环码各有何特点？说明它们相互转换的原理。

7. 光栅莫尔条纹是怎么产生的？它具有什么特点？

8. 一个 8 位光电码盘的最小分辨率是多少？如果要求每个最小分辨率对应的码盘圆弧长度至少为 0.01 mm，那么码盘半径应为多大？

9. 已知某计量光栅的栅线密度为 100 线/mm，栅线夹角为 $0°\sim0.1°$。求：

(1) 该光栅形成的莫尔条纹间距是多少？

(2) 若采用该光栅测量线位移，已知指示光栅上的莫尔条纹移动了 15 条，则被测位移为多少？

(3) 若采用四只光敏二极管接收莫尔条纹信号，并且光敏二极管响应时间为 10^{-6} s，问此时光栅允许最快的运动速度是多少？

10. 光栅传感器是如何实现位移测量的？

第10章 其他传感器

10.1 感应传感器

感应同步器是利用两个平面形印刷电路绕组的互感随它们相对位置的变化而变化这一原理来测量位移的传感器。根据用途不同，感应同步器可分为旋转式和直线式两种，前者用来检测旋转角度，后者用来检测直线位移。由于它具有测量精度高、受环境影响小、使用寿命长、维护简便、可拼接成各种测量长度并能保持单元精度、抗干扰能力强、工艺性好、成本低等优点，被广泛应用于大型机床和中型机床的定位、数控和数显，也常用于雷达天线定位跟踪和某些仪表的分度装置。

课件 PPT

10.1.1 感应同步器基本结构

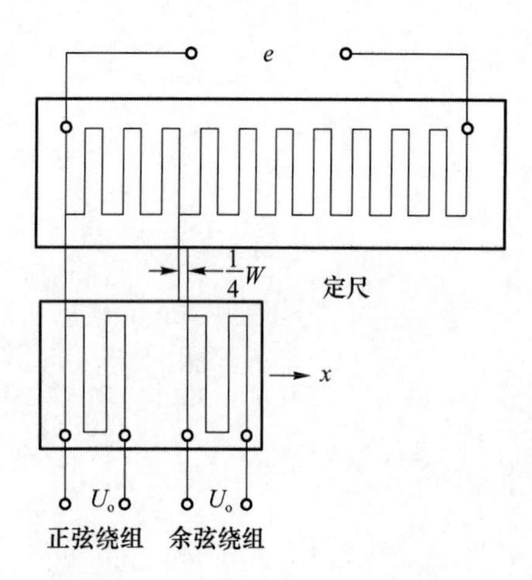

图 10.1 直线式感应同步器结构

无论哪一种感应同步器，其结构都包括固定和运动两部分。这两部分对于旋转式分别称为定子和转子；对于直线式则分别称为定尺和滑尺，其工作原理都是相同的。直线式感应同步器和旋转式感应同步器的结构分别如图 10.1 和图 10.2 所示。

直线式感应同步器定尺和滑尺的材料、结构和制造工艺相同，都是由基板、绝缘黏合剂、平面绕组和屏蔽层等部分组成。定尺和滑尺上的绕组均为周期性矩形绕组，定尺绕组的周期定义为定尺的节距 W_1，滑尺绕组的周期定义为滑尺的节距 W_2，通常情况下滑尺和定尺的节距相等，即 $W_1=W_2=W$。

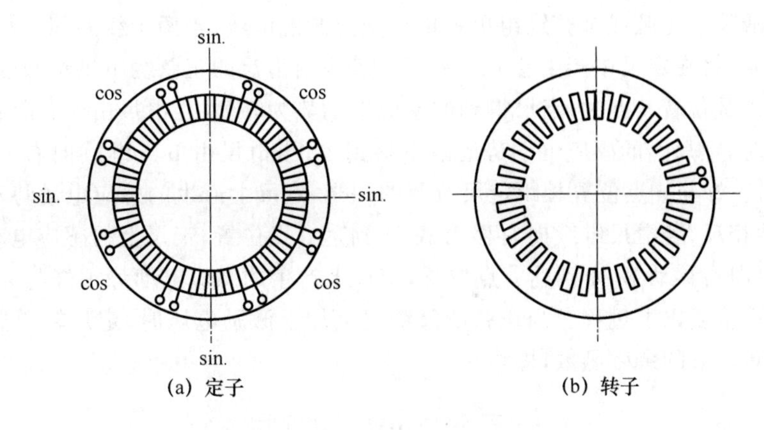

图 10.2 旋转式感应同步器结构

10.1.2 感应同步器工作原理

感应同步器的本质是基于电磁感应定律把位移量转换成电量，下面以直线感应同步器为例说明其工作原理。它具有两个平面形的矩形绕组，相当于变压器的一次侧和二次侧绕组。一般情况下，它们都是用印制电路制版方式制成的方齿形平面绕组，其中定尺是平面连续绕组，滑尺分为正弦和余弦两相绕组，断续绕组的正弦、余弦两部分的间距 $l_1=\left(\frac{n}{2}+\frac{1}{4}\right)W$。感应同步器通过两个线圈的互感变化来检测其相互间运动的位置，如图 10.3 所示。

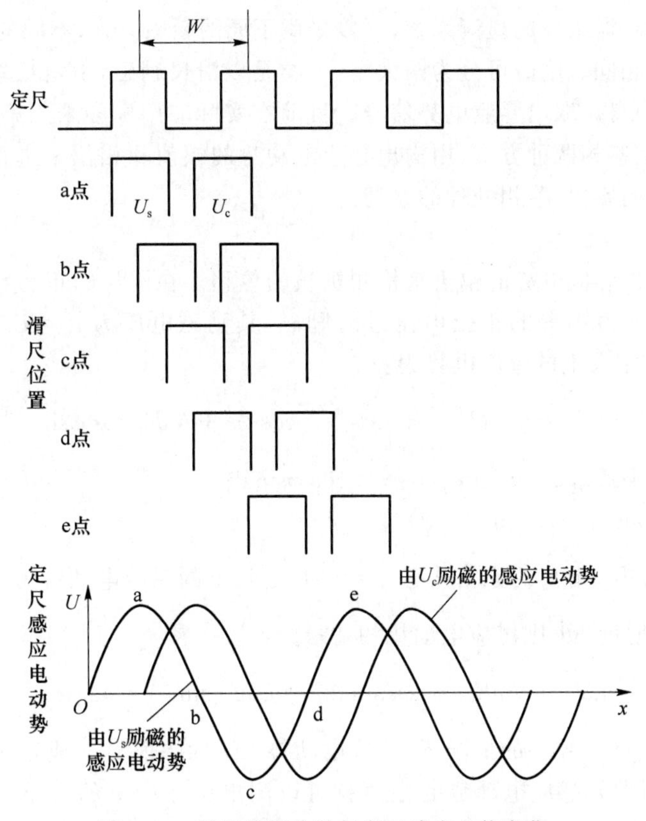

图 10.3 滑尺线圈位置与定尺感应电势变化

若分别给滑尺的正弦或余弦绕组单独供给交流激磁电势，当两个线圈间有相对运动时，根据电磁感应定律，将在定尺中产生感应电势 U。若只给滑尺的正弦绕组供给激磁电势 e_s，当滑尺与定尺处于重叠位置 a 点时，定尺得到的感应电动势为峰值；当滑尺由 a 点向右移动了 $W/4$ 到达 b 点位置时，定尺上的感应电动势逐渐下降到零；当滑尺由 b 点继续向右移动了 $W/4$ 到达 c 点位置时，正好与 a 点位置相距定尺节距的一半，定尺上产生的感应电动势和 a 点位置的大小相同，极性相反；若滑尺继续向右移动 $W/4$ 到达 d 点位置，定尺上的感应电动势从负峰值回到零；滑尺再向右移动 $W/4$ 到达 e 点位置，定尺上产生的感应电动势正好与 a 点位置相同，再继续移动则将重复以上过程。当正弦滑尺绕组上加上激励电压时，定尺输出感应电动势是滑尺和定尺相对位置的余弦函数，即：

$$U_s = e_s \cos \frac{2\pi}{W}x = e_s \cos \theta \tag{10-1}$$

同理，有：

$$U_c = e_s \sin \frac{2\pi}{W}x = e_s \sin \theta \tag{10-2}$$

对于测量角位移的圆形感应同步器，可视为由直线型围成的辐射状而形成的，其转子相当于单相均匀连续绕组的定尺；而定子相当于滑尺，也有两个正、余弦绕组。当转子相对于定子转动时，转子绕组中也将产生感应电势，此感应电势随转子与定子之间相对角位移而变化。因此，其感应电势的变化规律与直线位移的定尺与滑尺间的感应电势规律完全相同。

10.1.3 信号处理方式

对于由感应同步器组成的检测系统，可以采用不同的激磁方式，不同的激磁方式对输出信号的处理方法各不相同。励磁可分为两大类：一类是以滑尺励磁，由定尺取出感应信号；另一类是以定尺励磁，由滑尺取出感应电势信号。目前在实际应用中多采用第一类方式激磁。信号处理可分为鉴幅、鉴相两种方式，用输出感应电动势的幅值和相位来进行处理，下面以直线感应同步器为例说明鉴幅、鉴相处理的原理。

1. 鉴幅方式

鉴幅方式是根据感应电势的幅值来检测机械的位移。在滑尺的正、余弦绕组上同时供给同频率、同相位，但幅值不等的正弦电压进行励磁，其励磁电压为 $e_s = E_m \sin \varphi \cos \omega t$ 和 $e_s = E_m \cos \varphi \sin \omega t$，则在定尺上的感应电势为：

$$\begin{aligned} U_0 = U_s + U_c &= -k\omega E_m \sin \varphi \cos \frac{2\pi x}{\omega} \cos \omega t + k\omega E_m \cos \varphi \sin \frac{2\pi x}{\omega} \cos \omega t \\ &= -k\omega E_m \cos \omega t (\sin \varphi \cos \theta - \cos \varphi \sin \theta) \\ &= k\omega E_m \cos \omega t \sin(\theta - \varphi) \end{aligned} \tag{10-3}$$

式中，$\theta = \frac{2\pi x}{\omega}$。设定尺、滑尺的原始状态 $\varphi = 0$ 时，定尺上的感应电动势为零，若滑尺相对定尺有一位移使 θ 有一增量 $\Delta\theta$，则感应电动势的增量为：

$$\Delta U = k\omega E_m \cos \omega t \sin \Delta\theta = k\omega E_m \sin \frac{2\pi}{\omega} x \cos \omega t \tag{10-4}$$

由此可见，在位移 x 较小的情况下，感应电动势 ΔU 的幅值与 x 成正比，感应同步器相当于一个调幅器，通过鉴别感应电动势的幅值就可以测出位移量 x 的大小，这就是感应同步器输出电动势鉴幅方式的基本原理。

2. 鉴相方式

鉴相方式是根据感应电势的相位来鉴别定尺和滑尺的相对位移。在滑尺的正、余弦绕组上供给频率相同、振幅相等，但相位差 90°的交流电压作励磁电压。励磁电压表示为 $e_s = E_m \cos \omega t$ 和 $e_s = E_m \sin \omega t$，由前述可知，这时定尺上的感应电势为：

$$U = U_s + U_c = k\omega E_m \left(\sin \frac{2\pi x}{\omega} \cos \omega t + \cos \frac{2\pi x}{\omega} \sin \omega t \right) = k\omega E_m \sin\left(\omega t + \frac{2\pi x}{\omega} \right)$$

$$= k\omega E_m \sin(\omega t + \theta) \tag{10-5}$$

由式(10-5)可知，感应电势的相位角 θ 恰好是定、滑尺的相对位移角，它正比于定尺与滑尺的相对位移 x，所以当 θ 变化时，感应电势随之变化，这就是鉴相方式的理论依据。

10.1.4 感应同步器应用

感应同步器能实现线位移和角位移的测量，这里主要介绍感应同步器鉴幅位移测量系统和感应同步器鉴相位移测量系统。在进行位移测量时，水平直线感应同步器精度可达±0.000 1 mm；灵敏度为 0.000 05 mm；重复精度为 0.000 02 mm。感应同步器鉴幅位移测量系统如图 10.4 所示。

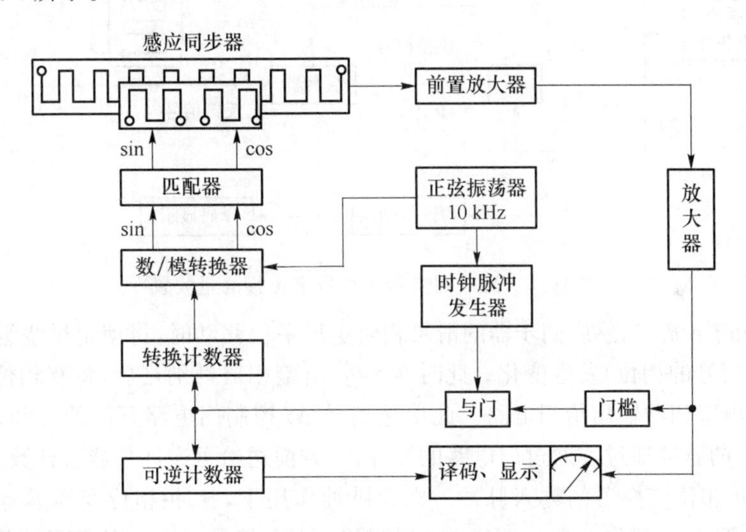

图 10.4 鉴幅位移测量系统

图中，由 10 000 周正弦波振荡器产生的正弦电压，经过函数发生器产生幅度为 $E_m \sin \varphi$ 和 $E_m \cos \varphi$ 变化的激磁电压作为滑尺的正、余弦绕组的激磁电压。设工作前系统处于平衡状态，即 $\theta = \varphi$，定尺感应电势 $U = 0$。当滑尺相对定尺产生位移 x 时，$\theta = \frac{2\pi x}{\omega}$ 随之发生变化，此时 $\theta \neq \varphi$，所以有输出电势产生，输出电势经前置放大后，作用到门槛电路上。令滑尺相对定尺每移动一步的位移为 $\Delta x = 0.01$ mm，即空间角改变了 $\Delta\theta = \frac{2\pi x}{\omega} \Delta x = \frac{360^\circ}{2} \times 0.01 = 18^\circ$，使定尺输出达到了预先给定的门槛值，门槛电路产生一个脉冲信号，作用到“与门”电路使“与门”打开，并使时钟脉冲通过此“与门”。一方面作用到可逆计数器上，实现位移量的计数，并经过译码器将此位移显示出来；另一方面该时钟脉冲又作用到转换计数器控制相应的电子开关，使函数发生器改变 φ，当 $\theta = \varphi = 1.8^\circ$ 时，输出电势为：

$$e = k\omega E_m \cos \omega t \cdot \sin(\theta - \varphi) = 0 \tag{10-6}$$

这样，就完成了 0.01 mm 的位移，以后重复上述过程即可实现 $x=\frac{T}{2\pi}$ 的位移测量。

感应同步器鉴相方式数字位移测量装置如图 10.5 所示。脉冲发生器输出频率一定的脉冲序列，经过脉冲相位变换器进行 N 分频后，输出参考信号方波 θ_0 和指令信号方波 θ_1。参考信号方波 θ_0 经过激磁供电线路，转换成振幅和频率相同而相位差为 90°的正弦、余弦电压，给感应同步器滑尺的正弦、余弦绕组激磁。感应同步器定尺绕组中产生的感应电压，经放大和整形后成为反馈信号方波 θ_2。指令信号 θ_1 和反馈信号 θ_2 同时送给鉴相器，鉴相器既判断 θ_2 和 θ_1 相位差的大小，又判断指令信号的相位超前还是滞后于反馈信号的相位。

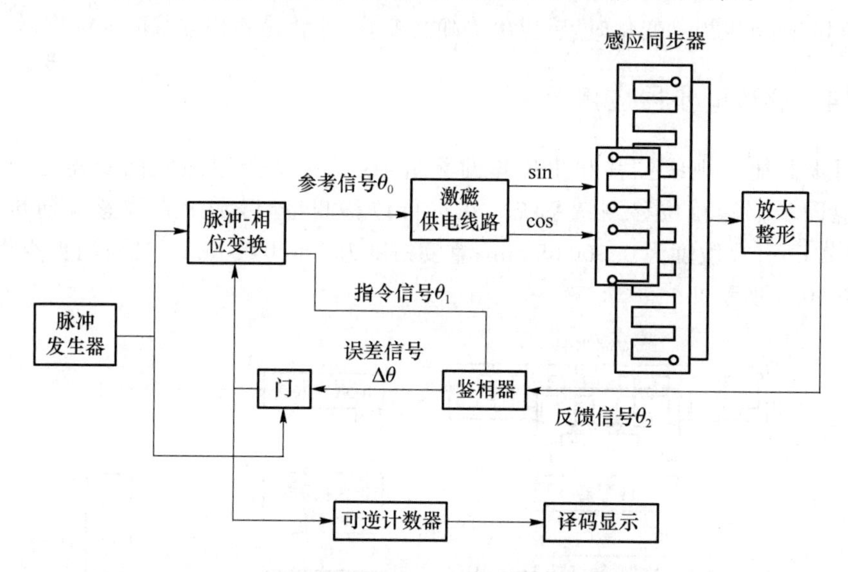

图 10.5 感应同步器鉴相数字位移测量装置

假定开始时 $\theta_1=\theta_2$，当感应同步器的滑尺相对定尺平行移动时，将使定尺绕组中的感应电压的相位 θ_2（反馈信号的相位）发生变化。此时 $\theta_1\neq\theta_2$，由鉴相器判别之后，将有相位差 $\Delta\theta=\theta_2-\theta_1$ 作为误差信号，由鉴相器输出给门电路。此误差信号 $\Delta\theta$ 控制门电路开门的时间，使门电路允许脉冲发生器产生的脉冲通过。通过门电路的脉冲，一方面送给可逆计数器去计数并显示出来；另一方面作为脉冲-相位变换器的输入脉冲。在此脉冲作用下，脉冲-相位变换器将修改指令信号的相位 θ_1，使 θ_1 随 θ_2 而变化。当 θ_1 再次与 θ_2 相等时，误差信号 $\Delta\theta=0$，从而门被关闭。当滑尺相对定尺继续移动时，又有误差信号去控制门电路的开启，门电路又有脉冲输出，供可逆计数器去计数和显示，并继续修改指令信号的相位 θ_1，使 θ_1 和 θ_2 在新的基础上达到 $\theta_1=\theta_2$。因此在滑尺相对定尺连续不断的移动过程中，便可以把位移量准确地用可逆计数器计数和显示出来。

10.2 红外传感器

近年来，红外光电器件大量出现，以大规模集成电路为代表的微电子技术的发展，使红外传感的发射、接收和控制电路高度集成化，大大提高了红外传感的可靠性。红外传感技术已越来越被人们所利用，如在军事上有热成像系统、搜索跟踪系统、红外辐射计、警戒系统等；在航空航天系统中有人造卫星的遥感遥测、红外研究天体的演化；医学上有红外诊断、红外测温和辅助治疗等。

10.2.1 工作原理

1. 红外辐射

红外辐射是一种人眼看不见的光线，俗称红外线，波长范围为 0.76～1 000 μm，对应频率为 $4\times10^{14}\sim3\times10^{11}$ Hz，工程上通常把红外线所占据的波段分成近红外、中红外、远红外和极远红外四个部分，如图 10.6 所示。

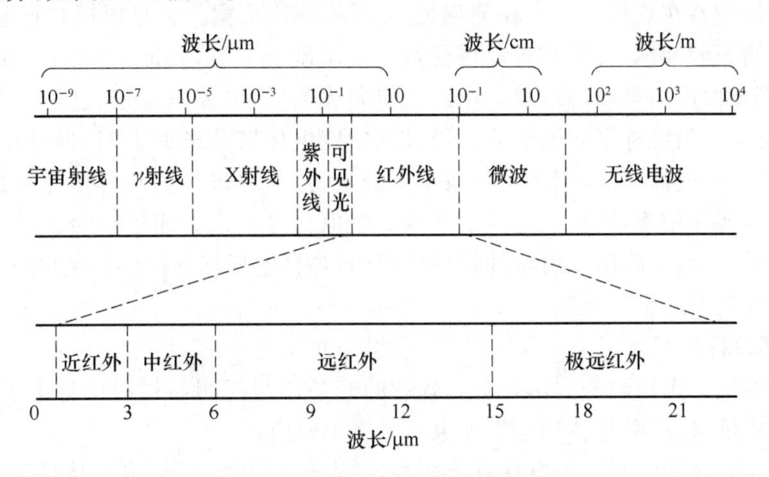

图 10.6 红外线在波谱中的位置

红外辐射的物理本质是热辐射，任何物体的温度只要高于绝对零度，就会向外部空间以红外线的方式辐射能量。物体的温度越高，辐射出来的红外线越多，辐射的能量就越多(辐射能正比于温度的 4 次方)；另外，红外线被物体吸收后将转化成热能。

作为电磁波的一种形式，红外辐射和所有的电磁波一样，是以波的形式在空间直线传播的，具有电磁波的一般特性，如反射、折射、散射、干涉和吸收等。红外线不具有无线电遥控那样穿过遮挡物去控制被控对象的能力，红外线的辐射距离一般为几米到几十米。红外线在真空中的传播速度等于波的频率与波长的乘积。

红外线有以下特点：

① 红外线易于产生，容易接收；

② 采用红外发光二极管，结构简单，易于小型化，且成本低；

③ 红外线调制简单，依靠调制信号编码可实现多路控制；

④ 红外线不能通过遮挡物，不会产生信号串扰等误动作；

⑤ 功率消耗小，反应速度快；

⑥ 对环境无污染，对人、物无损害；

⑦ 抗干扰能力强。

2. 红外探测器

红外传感器是利用红外辐射实现相关物理量测量的一种传感器，一般由光学系统、探测器、信号调理电路及显示单元等组成。红外探测器是红外传感器的核心，是利用红外辐射与物质相互作用所呈现的物理效应来探测红外辐射的。红外探测器的种类很多，按探测机理的不同可分为热探测器和光子探测器两大类。

(1) 热探测器

热探测器的工作原理是利用红外辐射的热效应,探测器的敏感元件吸收辐射能后引起温度升高,进而使某些物理参数发生相应变化,通过测量物理参数的变化来确定探测器所吸收的红外辐射。与光子探测器相比,热探测器的峰值探测率低,响应时间长。热探测器的主要优点是响应波段宽,响应范围可扩展至整个红外区域,可以在常温下工作,使用方便,应用广泛。热探测器主要有四类:热释电型、热敏电阻型、热电阻型和气体型。

热释电型探测器在热探测器中探测率最高,频率响应最宽。它是根据热释电效应制成的,即电石、水晶、酒石酸钾钠、钛酸钡等晶体受热产生温度变化时,其原子排列将发生变化,晶体自然极化,在其表面产生电荷的现象。用此效应制成的"铁电体",其极化强度(单位面积上的电荷)与温度有关。当红外辐射照射到已经极化的铁电体薄片表面上时,薄片温度升高,使其极化强度降低,表面电荷减少,相当于释放一部分电荷,所以被称为热释电型传感器。若将负载电阻与铁电体薄片相连,则负载电阻上产生一个电信号输出。输出信号的强弱取决于薄片温度变化的快慢,从而反映出入射红外辐射的强弱,热释电型红外传感器的电压响应率正比于入射光辐射率变化的速率。

(2) 光子探测器

光子探测器的工作原理是利用入射光辐射的光子流与探测器材料中的电子相互作用,从而改变电子的能量状态,引起各种电学现象——光子效应。

光子探测器有内光电和外光电探测器两种,后者又分为光电导、光生伏特和光磁电探测器三种。光子探测器的主要特点是灵敏度高,响应速度快,具有较高的响应频率;但探测波段较窄,一般须在低温下工作。

(3) 热释电探测器和光子探测器的比较

光子探测器在吸收红外能量后,直接产生电效应;热释电探测器在吸收红外能量后,首先产生温度变化,再产生电效应,温度变化引起的电效应与材料特性有关。

光子探测器的灵敏度高,响应速度快;但二者都会受到光波波长的影响,光子探测器的灵敏度依赖于本身温度,要保持高灵敏度,必须将光子探测器冷却至较低的温度,通常采用的冷却剂为液氮。热释电探测器的特点刚好相反,一般没有光子探测器那么高的灵敏度,响应速度也较慢;但在室温下就有足够好的性能,因此不需要低温冷却,而且热释电探测器的响应频段宽(不受波长的影响),响应范围可以扩展到整个红外区域。

10.2.2 红外传感器的应用

1. 红外辐射测温

红外测温可实现远距离和非接触测温,特别适合于高速运动物体、带电体、高压及高温物体的温度测量,具有反应速度快、灵敏度高、测温范围广等特点。

全辐射红外测温依据斯蒂芬-玻耳兹曼定律有

$$W = \varepsilon\sigma T^4 \tag{10-7}$$

式中:W 为物体的全波辐射出射度单位面积所发射的辐射功率;ε 为物体表面的法向比辐射率;σ 为斯蒂芬-玻耳兹曼常数;T 为物体的绝对温度(单位为 K)。

一般物体的 ε 为 $0\sim1$,$\varepsilon=1$ 的物体叫作黑体。式(10-7)表明,物体的温度越高,辐射功率越大。只要知道物体的温度和比辐射率,就可以算出它所发射的辐射功率;反之,如果测量出物体所发射的辐射功率,就可以确定物体的温度。

红外辐射测温仪原理如图 10.7 所示，它由光学系统、调制器、红外探测器、放大器和指示器等部分组成。

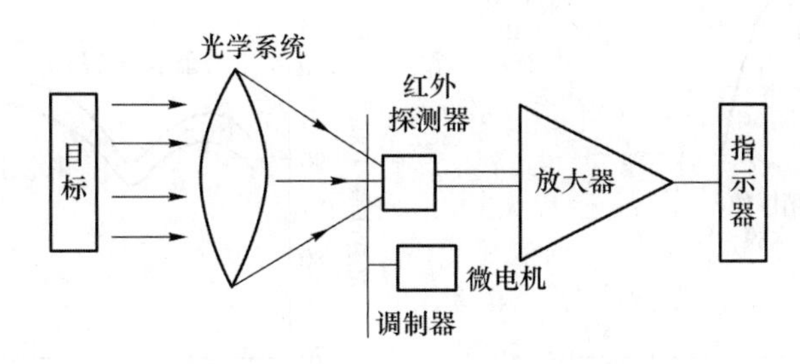

图 10.7　红外辐射测温仪原理

光学系统可以是透射式的或反射式的。透射式光学系统的部件是用红外光学材料制成的，根据红外波长选择光学材料。一般测量高温（700 ℃以上）仪器，有用波段主要在 0.76～3 μm 的近红外区，可选用一般光学玻璃或石英等材料。测量中温（100～700 ℃）仪器，有用波段主要在 3～5 μm 的中红外区，多采用氟化镁、氧化镁等热压光学材料。测量低温（100 ℃以下）仪器，有用波段主要在 5～14 μm 的中远红外波段，多采用锗、硅、热压硫化锌等材料。一般还在镜片表面蒸镀红外增透层，一方面滤掉不需要的波段，另一方面增大有用波段的透射率。反射式光学系统多采用凹面玻璃反射镜，表面镀金、铝或镍铬等在红外波段反射率很高的材料。

调制器就是把红外辐射调制成交变辐射的装置，一般是用微电机带动一个齿轮盘或等距离孔盘，通过齿轮盘或带孔盘旋转，切割入射辐射从而使投射到红外探测器上的辐射信号成交变的。因为系统对交变信号处理比较容易，并能取得较高的信噪比。

红外探测器是接收目标辐射并将其转换为电信号的器件，选用哪种探测器要根据目标辐射的波段与能量等实际情况确定。

2. 红外分析仪

红外分析仪是根据物质的红外吸收特性来进行工作的。许多化合物的分子在红外波段都有吸收带，而且物质的分子不同，吸收带所在的波长和吸收的强弱也不相同，根据吸收带分布的情况和吸收的强弱，可以识别物质分子的类型，从而得出物质的组成及百分比。

根据不同的目的与要求，红外分析仪可设计成多种不同的形式，如红外水分分析仪、红外气体分析仪、红外分光光度计、红外光谱仪等。下面以纸张水分分析仪来说明。

水的红外吸收谱如图 10.8 所示，可以看出，水在近红外光谱区有 3 个特征吸收波长，即 1.45 μm、1.94 μm 和 2.95 μm，它们的吸收强度是不同的，这 3 个波长分别适用于不同湿度物体的测量。纸张近红外光谱曲线如图 10.9 所示，在 1.45 μm 及 1.94 μm 附近除了水的吸收峰外，均无其他特征吸收存在，不会引入不必要的干扰。因此一般选用 1.45 μm 及 1.94 μm 作为纸张水分的测试波长，在纸张成品端宜采用 1.94 μm，而湿端宜用 1.45 μm。

当一束光通过物体后，光强要衰减，其入射光强符合 Lambert-Beer 定律，即：

$$I = I_0 \exp\left[-\left(\sum_{i=1}^{n} a_{\lambda i} c_i + b\right)x\right] \tag{10-8}$$

式中：I 为出射光强；I_0 为入射光强；x 为物体厚度；c_i 为成分 i 的厚度，b 为与波长无关的散射系数；$a_{\lambda i}$ 为波长 λ 的光对成分 i 的吸收系数。

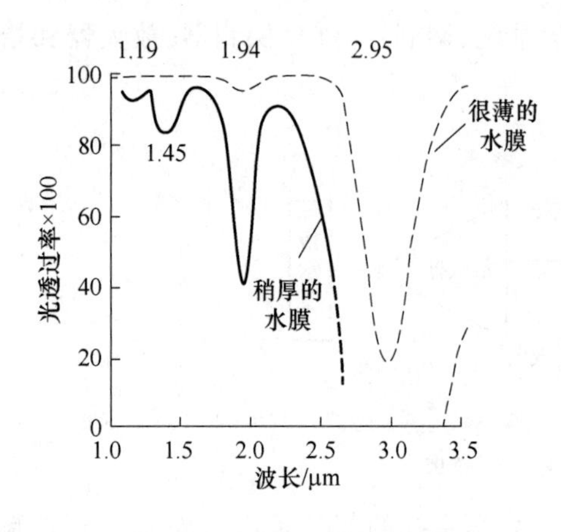

图 10.8 水的红外吸收谱

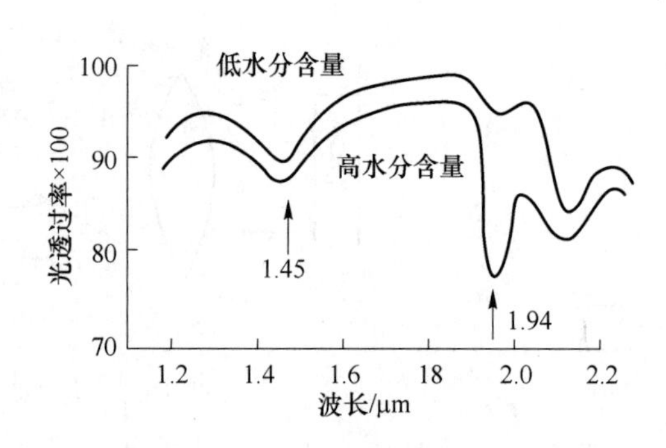

图 10.9 纸张近红外光谱曲线

利用这一关系可以测得透射光强相对于入射光强的变化，从而推出各组分的浓度含量。从式(10-8)还可以看出，如果仅用一个波长来测量物质中某一成分的含量，那么其他成分的吸收会影响测量精度；尤其是纸张水分的在线测量，除了纸张内部其他成分的干扰外，还有光源起伏、探测器件老化、光学表面的污染、灰尘等外部因素的影响。为了解决这一问题，可以引入一路参考光束，使干扰因素对参考光束和测量光束的影响相同，这样通过两者的比值可以除去上述干扰。

10.3 超声波传感器

超声波传感器是一种以超声波为检测手段的新型传感器，广泛应用于超声探测、超声清洗、汽车的倒车雷达等方面。超声波具有聚束、定向、反射及透射等特性。

10.3.1 超声检测的物理基础

振动在弹性介质内的传播被称为波动，其频率为 $16\sim2\times10^4$ Hz，低于 16 Hz 的机械波为次声波；能为人耳所闻的机械波为声波；高于 2×10^4 Hz 的机械波为超声波；频率为 $3\times10^8\sim3\times10^{10}$ Hz 的波为微波。声波的频率界限如图 10.10 所示。

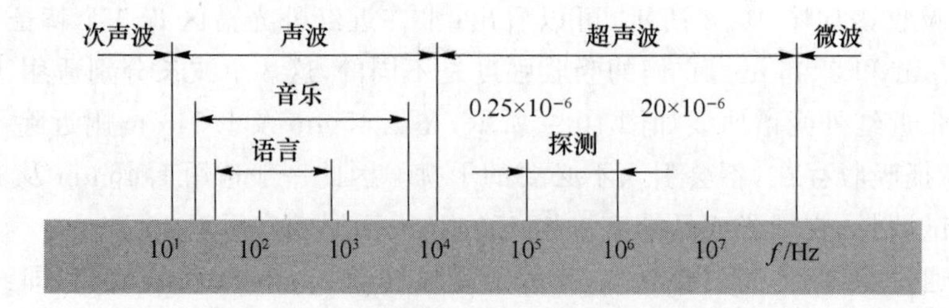

图 10.10 声波的频率界限

当超声波由一种介质入射到另一种介质时，由于在两种介质中的传播速度不同，在介质界面上会产生反射、折射和波形转换等现象。

声源在介质中的施力方向与波在介质中的传播方向不同，声波的波形也不同。

① 纵波:纵波是质点振动方向与波的传播方向一致的波,它能在固体、液体和气体介质中传播。

② 横波:横波是质点振动方向垂直于传播方向的波,它只能在固体介质中传播。

③ 表面波:表面波是质点的振动介于横波与纵波之间,随着介质表面传播,其振幅随深度增加而迅速衰减的波,表面波只在固体的表面传播。

超声波的传播速度与介质密度和弹性特性有关。超声波在气体和液体中传播时,由于不存在剪切应力,所以没有纵波的传播,其传输速度 c 为:

$$c = \sqrt{\frac{1}{\rho B_a}} \tag{10-9}$$

式中:ρ 为介质的密度;B_a 为绝对压缩系数。ρ、B_a 都是温度的函数,使超声波在介质中的传播速度随温度的变化而变化。

在固体中,纵波、横波及其表面波三者的声速有一定的关系,通常可认为横波声速为纵波的一半,表面波声速为横波声速的 90%。气体中纵波声速为 344 m/s,液体中纵波声速为 900～1 900 m/s。

声波从一种介质传播到另一种介质,在两个介质的分界面上一部分声波被反射,另一部分透射过界面,在另一种介质内部继续传播。这样的两种情况被称为声波的反射和折射,如图 10.11 所示。

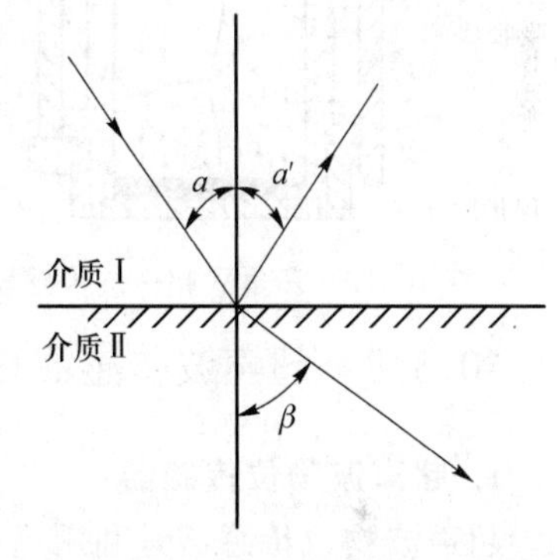

图 10.11 超声波的反射和折射

由物理学知,当波在界面上产生反射时,入射角 α 的正弦与反射角 α' 的正弦之比等于波速之比。当波在界面处产生折射时,入射角 α 的正弦与折射角 β 的正弦之比,等于入射波在第一介质中的波速 c_1 与折射波在第二介质中的波速 c_2 之比,即:

$$\frac{\sin\alpha}{\sin\beta} = \frac{c_1}{c_2} \tag{10-10}$$

声波在介质中传播时,随着传播距离的增加,能量逐渐衰减,其衰减程度与声波的扩散、散射及吸收等因素有关。其声压和声强的衰减规律为:

$$P_x = P_0 e^{-\alpha x} \tag{10-11}$$

$$I_x = I_0 e^{-2\alpha x} \tag{10-12}$$

式中:P_x、I_x 分别为距声源 x 处的声压和声强;x 为声波与声源间的距离;α 为衰减系数,单位为 Np/cm。

声波在介质中传播时,能量的衰减决定于声波的扩散、散射和吸收。在理想介质中,声波的衰减仅来自声波的扩散,即随着声波传输距离的增加而引起声能的减弱。散射衰减是指超声波在介质中传播时,固体介质中的颗粒界面或流体介质中的悬浮粒子使声波产生散射,其中一部分声能不再沿原来的传播方向运动而形成散射。散射衰减与散射粒子的形状、尺寸、数量、介质的性质和散射粒子的性质有关。吸收衰减是由于介质黏滞性,使超声波在介质中传播时造成质点间的内摩擦,从而使一部分声能转换为热能,通过热传导进行热交换,导致声能的损耗。

10.3.2 超声波传感器原理

利用超声波在超声场中的物理特性和各种效应而研制的装置被称为超声波换能器、探测器或传感器。超声波探头按其工作原理可分为压电式、磁致伸缩式、电磁式等,其中以压电式最为常用。

压电式超声波探头的常用材料是压电晶体和压电陶瓷,这种传感器被统称为压电式超声波探头。它是利用压电材料的压电效应来工作的:逆压电效应将高频电信号转换成高频机械振动,从而产生超声波,可以作为发射探头;而正压电效应是将超声振动波转换成电信号,可作为接收探头。

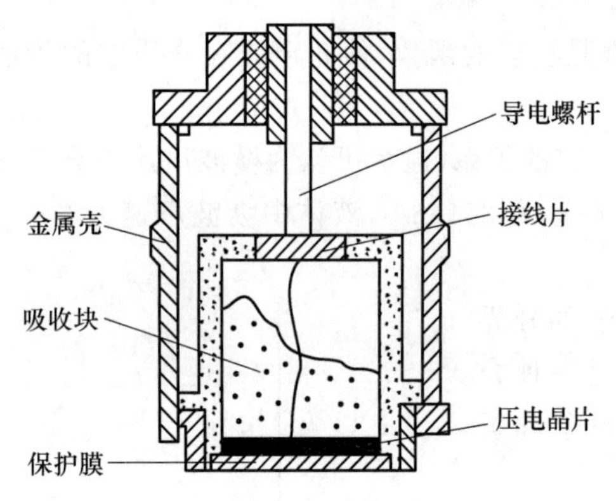

图 10.12 压电式超声波传感器结构

超声波探头结构如图 10.12 所示,它主要由压电晶片、吸收块(阻尼块)、保护膜、导电螺杆、接线片及金属壳等组成。压电晶片多为圆片型,厚度为 δ。超声波频率 f 与其厚度 δ 成反比。压电晶片的两面镀有银层,做导电的极板。阻尼块的作用是降低晶片的机械品质,吸收声能量。如果没有阻尼块,当激励的电脉冲信号停止时,晶片会继续振荡,加长超声波的脉冲宽度,使分辨率变差。

10.3.3 超声波传感器应用

1. 超声波物位传感器

超声波物位传感器是利用超声波在两种介质分界面上的反射特性而制成的。如果从发射超声脉冲开始,到接收换能器接收到反射波为止的这个时间间隔为已知,即可求出分界面的位置,利用这种方法可以对物位进行测量。根据发射和接收换能器的功能,传感器又可分为单换能器和双换能器。单换能器的传感器发射和接收超声波使用同一个换能器,而双换能器的传感器发射和接收各由一个换能器担任。

几种超声物位传感器的原理结构如图 10.13 所示。超声波发射和接收换能器可设置在液体介质中,让超声波在液体介质中传播,如图 10.13(a)所示。由于超声波在液体中衰减比较小,所以即使发射的超声脉冲幅度较小也可以传播。超声波发射和接收换能器也可以安装在液面的上方,让超声波在空气中传播,如图 10.13(b)所示。这种方式便于安装和维修,但超声波在空气中的衰减比较厉害。

对于单换能器来说,超声波从发射器到液面,又从液面反射到换能器的时间为:

$$t=\frac{2h}{c} \tag{10-13}$$

则

$$h=\frac{ct}{2} \tag{10-14}$$

式中:h 为换能器据液面的距离;c 为超声波在介质中的传播速度。

对于双换能器来说,超声波从发射到接收经过的路程为 2 s,而

$$h=\frac{ct}{2} \tag{10-15}$$

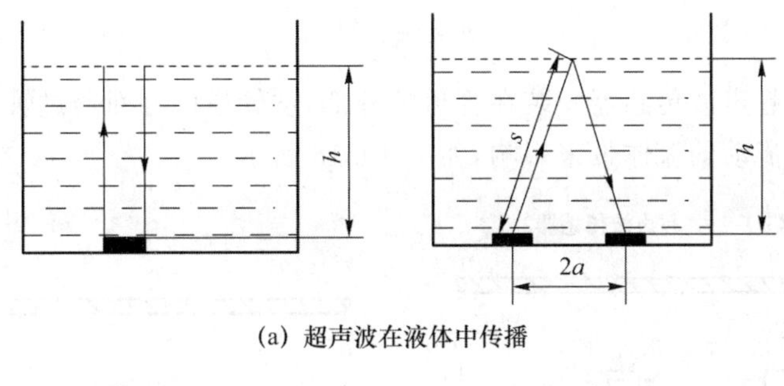

(a) 超声波在液体中传播

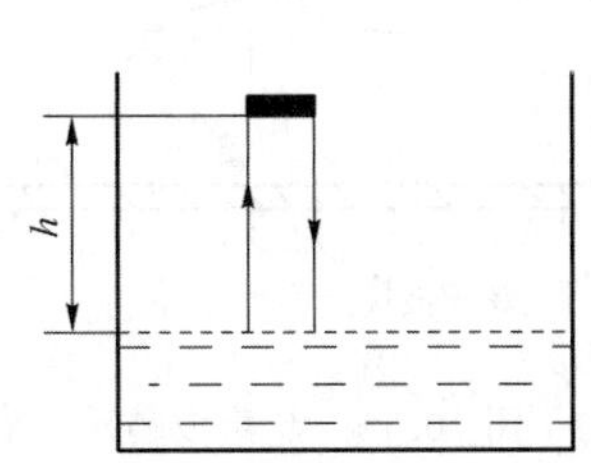

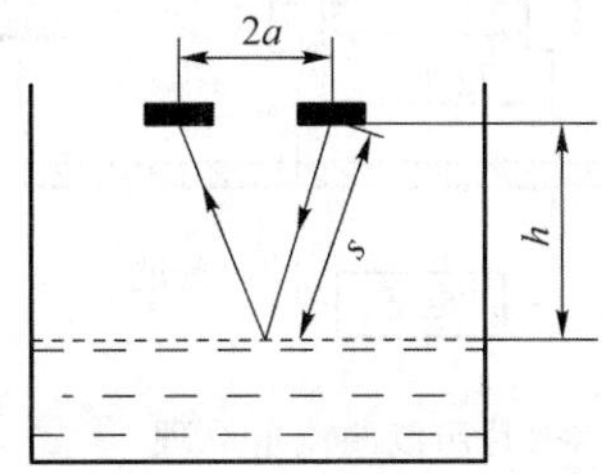

(b) 超声波在空气中传播

图 10.13　几何超声物位传感器的原理结构

因此液位高度为：

$$h = \sqrt{s^2 - a^2} \tag{10-16}$$

式中：s 为超声波从反射点到换能器的距离；a 为两换能器间距一半。

从式(10-13)至式(10-16)可以看出，只要测得超声波脉冲从发射到接收的时间间隔，便可以求得待测的物位。

超声物位传感器具有精度高和使用寿命长的特点，但若液体中有气泡或液面发生波动，便会产生较大的误差，在一般使用条件下，它的测量误差为±0.1%，检测物位的范围为 10^{-2}～10^4 m。

2. 超声波流量传感器

超声波流量传感器的测定方法是多样的，如传播时间差法、传播速度变化法、波速移动法、多普勒效应法、流动听声法等；但目前应用较广的主要是超声波传播时间差法。

超声波在流体传播时，在静止流体和流动流体中的传播速度是不同的，利用这一特点可以求出流体的速度；再根据管道流体的截面积，便可知道流体的流量。

如果在流体中设置两个超声传感器，它们既可以发射超声波，又可以接收超声波，一个装在上游，一个装在下游，距离为 L，如图 10.14 所示。设顺流方向的传播时间为 t_1，逆流方向的传播时间为 t_2，流体静止时的超声波传播速度为 c，流体流动速度为 v，

$$t_1 = \frac{L}{c + v} \tag{10-17}$$

$$t_2 = \frac{L}{c - v} \tag{10-18}$$

一般来说，流体的流速远小于超声波在流体中的传播速度，因此超声波传播时间差为：

$$\Delta t = t_2 - t_1 = \frac{2Lv}{c^2 - v^2} \tag{10-19}$$

由于 $c \gg v$，从式(10-19)便可得到流体的流速，即：

$$v = \frac{c^2}{2L}\Delta t \tag{10-20}$$

在实际应用中，超声波传感器安装在管道的外部，从管道的外面透过管壁发射和接收超声波，而不会给管道内流动的流体带来影响，如图 10.15 所示。

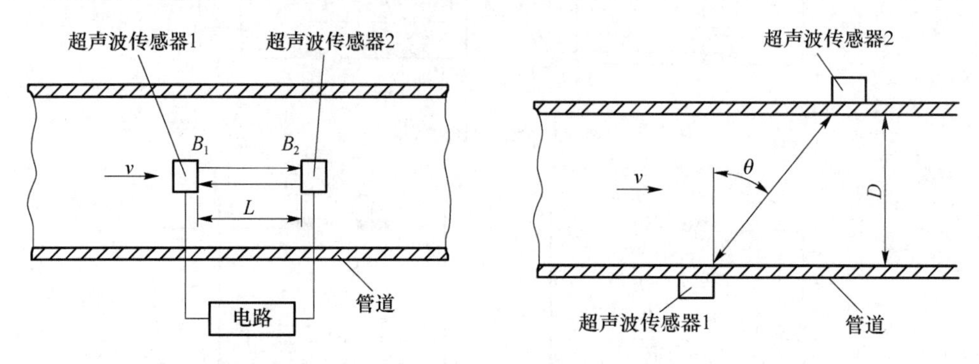

图 10.14　超声波测流量原理　　　　图 10.15　超声波传感器安装位置

此时，超声波的传播时间将由式(10-21)及式(10-22)确定。

$$t_1 = \frac{\dfrac{D}{\cos\theta}}{c + v\sin\theta} \tag{10-21}$$

$$t_2 = \frac{\dfrac{D}{\cos\theta}}{c - v\sin\theta} \tag{10-22}$$

超声波流量传感器具有不阻碍流体流动的特点，可测的流体种类很多，不论是非导电的流体、高黏度的流体，还是浆状流体，只要能传输超声波的流体都可以进行测量。超声波流量计可用来对自来水、工业用水、农业用水等进行测量，还适用于下水道、农业灌渠、河流等流速的测量。

10.4　核辐射传感器

核辐射传感器利用放射性同位素来进行测量，是基于被测物质对射线的吸收、反射、散射或射线对被测物质的电离激发作用而进行工作的传感器。核辐射传感器一般由放射源、探测器及信号转换电路组成，可用来测量物质的密度、厚度，分析气体成分、探测物质内部结构等。

10.4.1　核辐射传感器的物理基础

常用 α、β、γ 和 X 射线作为核辐射传感器的核辐射源，产生这些射线的物质通常被称为放射线同位素。凡原子序数相同而原子质量不同的元素，在元素周期表中占同一位置的被称为同位素。原子自发产生核结构变化的现象为核衰变，具有核衰变性质的同位素为放射性同位素。放射性同位素的放射性衰变规律为：

$$J = J_0 e^{-\lambda t} \tag{10-23}$$

式中：J、J_0 分别为 t 和 t_0 时刻的辐射强度；λ 为衰变常数。

元素衰变的速度取决于 λ 的量值，λ 越大，衰变越快，习惯上常用与 λ 有关的另一个常数——半衰期 τ 来表示衰变的快慢。放射性元素从 N_0 个原子衰变到 $N_0/2$ 个原子所经历的时间为半衰期。

$$\tau = \frac{\ln 2}{\lambda} = \frac{0.693}{\lambda} \tag{10-24}$$

式中，τ 与 λ 一样是不受任何外界作用影响的且和时间无关的恒量，不同放射性元素的半期 τ 是不同的。

核辐射传感器除了要求使用半衰期比较长的同位素外，还要求放射出来的射线具有一定的辐射量。

原子核成分不发生自动变化的同位素为稳定同位素。原子序数在 83 以下的每一种元素都有一个或几个稳定的同位素，原子序数在 83 以上的则只有放射性同位素。

放射性同位素衰变时，放射出具有一定能量和较高速度的粒子束或射线的放射现象为核辐射。核辐射的方式主要有四种：α 辐射、β 辐射、γ 辐射和 X 辐射等。放出来的射线主要有 α 射线、β 射线、γ 射线和 X 射线。

α、β 射线分别是带正、负电荷的高速粒子流；γ 射线不带电，是从原子核内部放射出来的以光速运动的粒子流；X 射线是原子核外的内层电子被激发而放射出来的电磁波能量。

核辐射强度以指数规律随时间而衰减，通常以单位时间内发生衰变的次数表示放射性的强弱。辐射强度单位用 Ci(居里)表示：1 Ci 的辐射强度等于放射源每秒有 3.7×10^{10} 个核发生衰变。Ci 这一单位太大，在检测仪表中常用 mCi 或 μCi 作为计量单位，1 Ci$=10^3$ mCi$=10^6$ μCi。在核衰变中，辐射粒子具有的能量在原子物理中使用电子伏特(eV)作为单位，1 eV 是 1 个电子在 1 V 电压作用下被加速所获得的能量数值。

具有一定能量的带电粒子在穿透物质时，在它们经过的路程上会产生电离作用，形成许多粒子对。电离作用是带电粒子和物质相互作用的主要形式，一个离子在每厘米路程上生成粒子对的数目为比电离。带电粒子在物质中穿行时，能量耗尽前所经过的直线距离为射程。

α 粒子的能量、质量和电荷大，故电离作用强，但射程较短。β 粒子的质量小，电离能力比同样能量的 α 粒子弱。由于 α 粒子易于散射，所以其行程是弯弯曲曲的。γ 粒子几乎没有直接电离的可能。

在辐射的电离作用下，每秒钟产生的离子对总数，即粒子对形成的频率为：

$$f_0 = \frac{1}{2} \cdot \frac{E}{E_d} CJ \tag{10-25}$$

式中：E 为带电粒子的能量；E_d 为离子对的能量；J 为辐射源的强度；C 为辐射强度为 1 Ci 时，每秒钟放射出的粒子数。

α、β、γ 射线在穿透物质时，由于电磁场的作用，原子中的电子会产生共振。振动的电子形成向周围散射的电磁波源，在其穿透过程中一部分粒子被散射，因此粒子或射线的能量将式(10-23)衰减。

$$J = J_0 e^{-U_m \rho H} \tag{10-26}$$

式中：J_0、J 分别为射线穿透物质前、后的辐射强度；H 为穿透物质的厚度；ρ 为物质的密度；U_m 为物质的质量吸收系数。

在三种射线中，γ 射线的穿透能力最强，β 射线次之，α 射线最弱。因此，γ 射线的穿透厚度比 β、α 都要大得多。

β 射线的散射作用表现得最为突出。当 β 射线穿透物质时，容易改变其运动方向而产生散射现象。当产生相反散射时,更容易产生反射。反射的大小取决于散射物质的性质和强度。射线的散射随物质原子序数的增大而加大。当原子序数增大到极限情况时,投射到反射物质上的粒子几乎全被反射回来。反射大小与反射物质的厚度关系如下:

$$J_h = J_m(1 - e^{-\mu_h H}) \tag{10-27}$$

式中:J_h 为反射物质厚度为 H(mm)时,放射线被反射的强度;J_m 为当 H 趋向无穷大时的反射强度,J_m 与原子序数有关;μ_h 为辐射能量的系数。由式(10-26)和式(10-27)可知,当 J_h、U_m、J_m、μ_h 等已知后,只要测出 J 和 J_h,就可求出其穿透厚度 H。

10.4.2 核辐射传感器

核辐射与物质的相互作用是核辐射传感器检测物理量的基础。利用电离、吸收和反射作用以及 α、β、γ 和 X 射线的特性可以检测多种物理量。常用电离室、气体放电计数管、闪烁计数器和半导体检测核辐射强度,分析气体及鉴别各种粒子等。

1. 电离室

电离室结构及输出特性如图 10.16 所示。在电离室的两侧设有互相绝缘的两块平行极板,对其加上极化电压 E,使二极板之间形成电场。当有粒子或射线将二极板间空气分子电离成正、负离子时,带电离子在电场作用下形成电离电流,于是在外接电阻 R 上变形成压降。电流 I 与气体的电离程度成正比,电离程度又正比于射线的辐射强度,因此,测量此压降值即可得到核辐射的强度。电离室主要用于探测 α、β 射线。

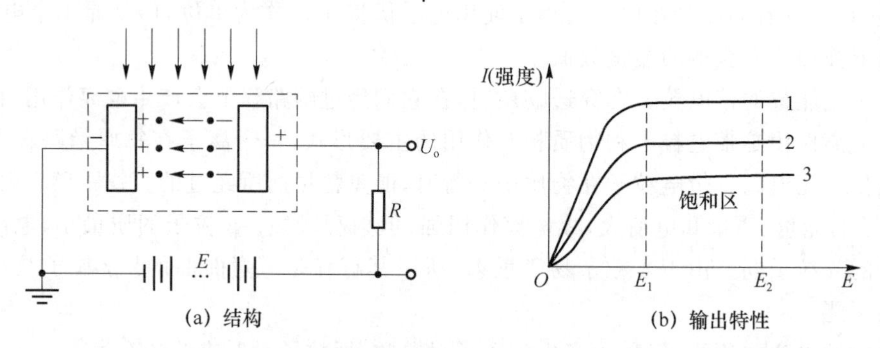

(a) 结构　　(b) 输出特性

图 10.16　电离室结构及输出特性

随着电离室外加电压增大,电流趋于饱和,一般工作在饱和区,输出电流与外加电压无关,当核辐射进入计数管后,管内气体被电离。当负粒子在电场作用下加速向阳极运动时,由于碰撞气体产生次级电子,次级电子又碰撞气体分子,产生新的次级电子。这样次级电子急剧倍增产生“雪崩现象”,使阳极放电。放电后,由于雪崩产生的电子都被中和,阳极被许多正离子包围着,这些正离子被称为“正离子鞘”。正离子鞘的形成,使阳极附近的电场下降,直到不再产生粒子增值,原始电离的放大过程停止。由于电场的作用,正离子鞘向阴极移动,在串联电阻 R 上产生脉冲电压,其大小正比于正离子鞘的总电荷,与初始电离无关。由于正离子鞘到达阴极时得到一定的动能,能从阴极打出次级电子,又由于此时阳极附近的电场已恢复,又一次产生次级电子和正离子鞘,于是又一次产生脉冲电压,因而周而复始便产生连续放电输出只正比于射线到电离室的辐射强度。电离室不能通用,不同粒子在相同条件下效率相差很大。电离室的窗口直径为 1 mm 左右,由于 γ 射线不直接产生电离,因而只能利用它的反射电子和增加室内气压来提高 γ 光子与物质作用的有效性。γ 射线的电离室必须封闭。

电离室具有坚固、稳定、成本低、寿命长等优点,但输出电流很小。

2. 气体放电计数器(盖格计数器)

气体放电计数管结构与特性曲线如图 10.17 所示。在图 10.17(a)中,计数管的阴极为金属筒或涂有导电层的玻璃圆筒;计数管的中心有一根金属丝并与管子绝缘,它是计数管的阳极,金属丝一般为钨丝或钼丝,并在圆筒与金属丝之间加上电压。计数管内充有氩、氮等气体。

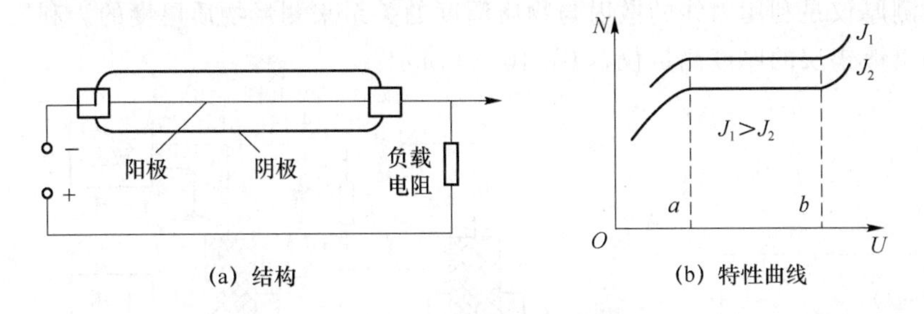

图 10.17 气体放电计数管

在图 10.17(b)的特性曲线中,J_1、J_2 代表入射的辐射强度,$J_1>J_2$,在相同外电压 U 时,不同辐射强度将得到不同的脉冲数 N。入射的核辐射强度越高,计数管内产生的脉冲数 N 越大。气体放电管常用于探测 β 粒子和 γ 射线的辐射量(强度)。

3. 闪烁计数器

闪烁计数器的组成如图 10.18 所示,闪烁计数器由闪烁晶体和光电倍增管两大部分组成。闪烁晶体是一种受激发光物质,有气体、液体和固体三种,分有机和无机两大类。有机闪烁器的特点是发光时间常数小,只有配备分辨力高的光电倍增管才能获得 10^{-10} s 的分辨时间,并且容易制成较大的体积,常用于探测 α 粒子。无机闪烁晶体的特点是对入射粒子的阻止本领大,发光效率高,有很高的探测效率,常用于探测 γ 射线。

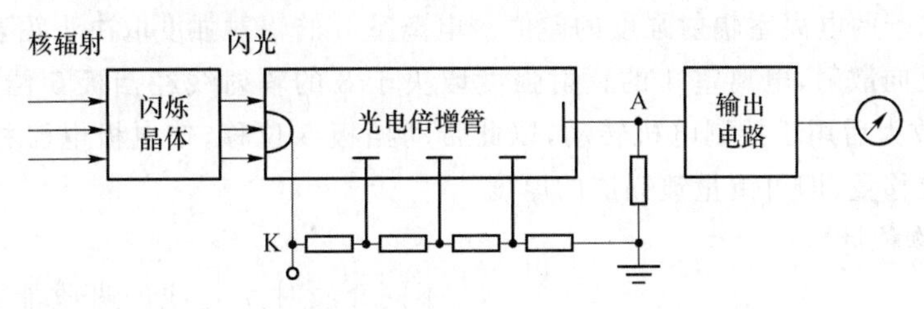

图 10.18 闪烁计数器的组成

当核辐射进入闪烁晶体时,晶体原子受激发出微弱的闪光,透过晶体射到光电倍增管的光电阴极上,经过 N 级倍增后,在倍增管的阳极上形成脉冲电流,经输出处理电路,可得到与核辐射量有关的电信号,送到指示仪表或记录器显示。

10.4.3 核辐射传感器的应用

1. 核辐射流量计

核辐射流量计可以检测气体或液体在管道中的流量,核辐射气流流量计的工作原理如图 10.19 所示。若测量天然气体流量,在气流管壁上装有两个活动电极,其一的内侧面涂覆有放射性物质构成电离室。当气体流经电极间时,由于核辐射使被测气体电离,产生电离电流;电离子一部分被流动的气体带出电离室,随着气流的增加,带出电离室的电离子数增加,电离电流也随之减小。当外电场一定，辐射强度恒定时，离子迁移率基本是固定的。因此，它可以比较准确地测出气体流量。为了精确地测量，可以配用差动电路。

若在流动的液体中掺入少量的放射性物质，也可以运用放射性同位素跟踪法求取液体流量。

2. 核辐射测厚仪

核辐射测厚仪是利用射线的散射与物质厚度的关系来测量物质厚度的。利用差动和平衡变换原理测量镀锡层的厚度测量仪，如图 10.20 所示。

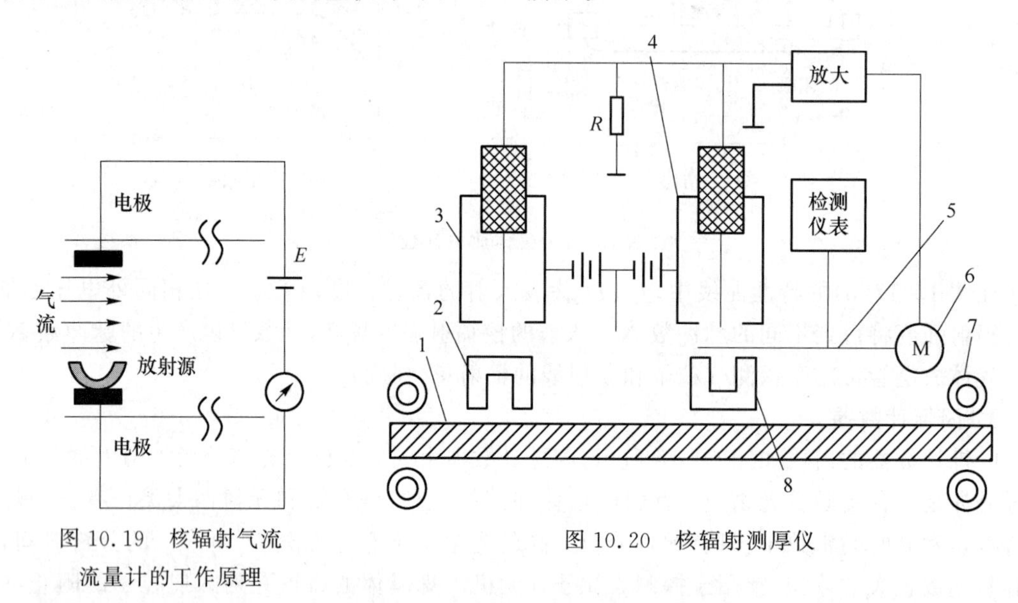

图 10.19 核辐射气流流量计的工作原理

图 10.20 核辐射测厚仪

图中 3、4 为两个电离室，电离室外壳加上极性相反的电压，形成相反的栅极电流，使电阻 R 上的压降正比于两电离室辐射强度的差值。电离室 3 的辐射强度取决于辐射源 2 的放射线经镀锡层后的反向散射，电离室 4 的辐射强度取决于 8 的辐射线经挡板 5 位置的调制程度。将 R 上的电压放大后用于控制电机转动，以此带动挡板 5 位移，使电极电流相等。用检测仪表测出挡板的位移量，即可测量镀锡层的厚度。

3. 核辐射物位计

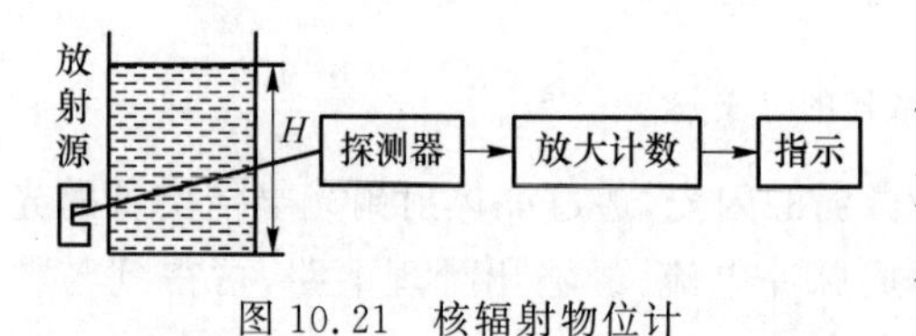

图 10.21 核辐射物位计

不同介质对 γ 射线的吸收能力是不一样，固体吸收最强，液体次之，气体最弱。核辐射物位计如图 10.21 所示。如核辐射源和被测介质一定，则被测介质高度 H 与穿过被测介质后的射线强度 J 的关系为：

$$H = \frac{1}{\mu}\ln J_0 + \frac{1}{\mu}\ln J \tag{10-28}$$

式中：J_0、J 分别为穿过被测介质前、后的射线强度；μ 为被测介质的吸收系数。

探测器将穿过被测介质的 J 值检测出来，并通过仪表显示 H 值。

目前用于测量物位的核辐射同位素有 ^{60}Co 及 ^{137}Cs，因为它们能发射出很强的 γ 射线，半衰期较长。γ 射线物位计一般用于冶金、化工和玻璃工业中的物位测量，有定点监视型、跟踪型、透过型、照射型和多线源型等。γ 射线物位计的优点是：①可以实现非接触式测量；②不受被测介质温度、压力、流速等状态的限制；③能测量比重差很小的两层介质的界面位移；④适宜测量液体、粉粒体和块状介质的位置。

4. 核辐射探伤

射线探伤如图10.22所示。在图10.22(a)中，放射源放在平行管道内，沿着平行管道焊缝与探测器同步移动。当管道焊缝质量存在问题时，穿过管道的γ射线会产生突变。探测器将接收到的信号放大后送入记录仪。图10.22(b)为其特性曲线，横坐标表示放射源移动的距离；纵坐标表示与放射强度成正比的电压信号，图中两突变波形表示管道内焊缝在这两个部位存在大小不同的缺陷。上述方法也可用于探测块状铸件内部的缺陷。

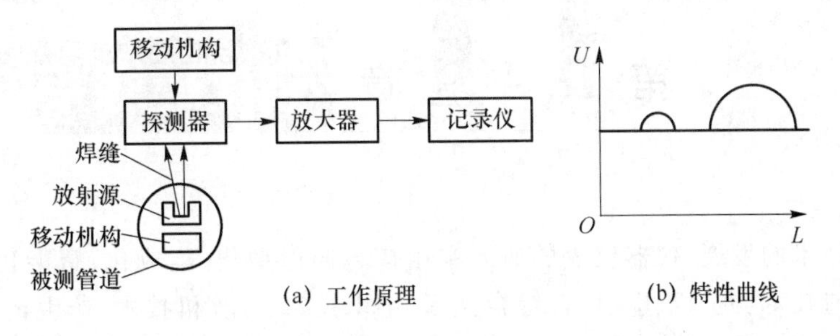

图10.22　γ射线探伤仪

为了提高测量效率，用上述方法探伤时，常选用闪烁计数器作为探测器，并在其前面加设γ射线准直器。准直器用铅制成，通过上面的细长直孔使探测器检测的信号更为清晰。

除上述用途外，核辐射技术还可用来制作核辐射式称重仪、温度计、检漏仪及继电器等检测仪表与器件。

课程思政

本章习题

1. 简述同步感应器的工作原理。

2. 简述超声波传感器测量流量的工作原理，并推导出数学表达式。

3. 用超声波或光脉冲信号，由对象反射回来的脉冲时间进行距离检测，若空气中的声速为340 m/s，软钢中纵波的声速为5 900 m/s，光的速度为3×10^8 m/s，求这三种情况下1 ms往复时间对应的距离。根据计算结果，比较采用光脉冲所需要系统的信号处理速度要比采用超声波脉冲时的系统速度快几倍？根据计算的结果，讨论利用脉冲往复时间测距时，采用超声波和光波各有什么特点？

4. 用超声波液位计测储油罐液位，超声换能器固定在罐底壁外，采取自发射-自接收的方式测量。超声换能器自罐底发出的超声波脉冲，通过罐壁、液体，向液面传去，到达液面即反射回来，又被该换能器所接收。设在被测液体中的声速为1 000 m/s，液面高度为H，则超声波在液体中的往返传播时间为t，计数电路所计的数字$N=243$，振荡器的频率为50 kHz，求液面高度H。

第11章 现代检测系统及应用

随着科学技术的发展，仪器仪表的研制和生产趋向微型化、集成化、智能化和网络化。利用现代微型制造技术、光、机、电、仪等综合技术、纳米技术、计算机技术、仿生技术、新材料等高新技术发展新式的科学仪器已成为主流。同时，虚拟仪器技术、现场总线技术、无线传感器网络技术、智能化处理技术、网络化测控技术等已经广泛应用于现代检测系统中，基于计算机的仪器仪表将更可靠，配置更简单灵活，更便于使用，这将有力地推动仪器仪表的现代化发展进程。

本章主要介绍虚拟仪器技术、现场总线仪表、无线传感器网络技术、检测系统的智能化和网络化测控技术等，最后介绍一个基于计算机和数据采集芯片的便携式检测系统的实用设计方案。

11.1 虚拟仪器技术

11.1.1 虚拟仪器概述

1. 虚拟仪器的产生及发展

检测装置或检测系统的发展过程可分为模拟检测装置、数字检测装置、基于微处理器的检测装置、以计算机为核心的自动检测系统，以及以软件为核心的虚拟仪器系统等几个阶段。随着计算机技术、大规模集成电路技术和通信技术的飞速发展，仪器技术领域发生了巨大的变化，美国国家仪器公司（National Instruments）于20世纪80年代中期首先提出了基于计算机和软件技术的虚拟仪器的概念，随后研制和推出了基于多种总线系统的虚拟仪器。

课件PPT

虚拟仪器，实际上是一种基于计算机的自动化仪器。虚拟仪器的突出优点在于能够和计算机技术结合，通过开发软件来开拓更多的仪器功能，具有灵活性的优势。虚拟仪器可以充分利用现有的计算机资源，配以独特设计的软、硬件，不但可以实现普通仪器的全部功能，还可以开发出一些在普通仪器上无法实现的功能。虚拟仪器的另一个突出优点是能够和网络技术结合，借助OLE、DDE技术与企业内部网（Intranet）或互联网（Internet）连接，能够进行高速数据通信，实现测量数据的远程共享。

虚拟仪器的操作界面友好，操作学习容易，与其他设备集成方便，提供给用户的检测手段不但功能多样，而且调整改变功能灵活。用户可以根据不同要求，设计自己的仪器系统，满足多种多样的应用需求。有研究表明，虚拟仪器最终要取代大量的传统仪器，成为仪器领域的主流产品。

2. 虚拟仪器分类

(1) 虚拟仪器的发展方向

① 向高速、高精度、大型自动测试设备方向发展。进展过程为：基于 GPIB 总线虚拟仪器→基于 VXI 总线虚拟仪器→基于 PXI 总线虚拟仪器。

② 向高性能、低成本、普及型方向发展。进展过程为：PC 插卡式虚拟仪器（数据采集插卡式 DAQ）→并行接口虚拟仪器→串行接口（包括 RS232C. RS485 和 USB 等）和网络接口虚拟仪器。

(2) 虚拟仪器的类型

① PC 总线——插卡型虚拟仪器：插卡型虚拟仪器借助于插入计算机内的数据采集卡与专用的软件如 LabVIEW 相结合。缺点是机箱内无屏蔽，而且受到 PC 的机箱和总线、计算机的电源功率、插槽数目、插槽尺寸等因素的限制，还受到机箱内部的噪声电平干扰等。

② 并行接口式虚拟仪器：并行接口式虚拟仪器把仪器硬件集成在一个采集盒内，数据线连接到计算机并行口，仪器软件装在计算机上，可以组成数字存储示波器、频谱分析仪、逻辑分析仪、任意波形发生器等仪器。并行接口式虚拟仪器价格低廉、用途广泛，尤其适用于研发部门和教学科研实验室。

③ GBIB 总线虚拟仪器：GPIB 总线（general purpose interface bus），即 IEEE 488 通用接口总线，是 HP 公司在 20 世纪 70 年代推出的台式仪器接口总线，因此又称 HPIB（HP interface bus）。该总线是在微机中插入一块 GPIB 接口卡，通过 24 或 25 线电缆连接到仪器端的 GPIB 接口。当微机的总线变化时，例如，采用 ISA 或 PCI 等不同总线，接口卡也随之变更，其余部分可保持不变，从而使 GPIB 系统能适应微机总线的快速变化。GPIB 系统的缺点是数据线较少，只有 8 根，数据传输速度最高为 1Mbit/s，传输距离为 20 m。

④ VXI 总线虚拟仪器：VXI 总线（VME bus extension for instrumentation）是 VME 计算机总线在仪器领域中的扩展，VME 总线是一种工业微机的总线标准，主要用于微机和数字系统领域。VXI 系统具有小型便携、高速数据传输、模块式结构、系统组建灵活等特点；但是组建 VXI 总线要求有机箱、零槽控制器及嵌入式控制器，造价比较高。

⑤ PXI 总线虚拟仪器：PXI(PCI extensions for instrumentation)是 PCI 计算机总线在仪器领域中的扩展。PXI 构造类似于 VXI 结构，但它的设备成本更低，运行速度更快，结构更紧凑。目前基于 PCI 总线的软、硬件均可应用于 PXI 系统中，从而使 PXI 系统具有良好的兼容性。PXI 有 8 个扩展槽，通过使用 PCI-PCI 桥接器，可扩展至 256 个扩展槽。因此，基于 PXI 总线的虚拟仪器将成为主流的虚拟仪器平台之一。

11.1.2 虚拟仪器的构成

虚拟仪器系统由计算机、仪器硬件和应用软件三大要素构成。计算机与仪器硬件又称虚拟仪器的通用仪器硬件平台。虚拟仪器中硬件的主要功能是获取测量信号，而软件的作用是实现数据采集、分析、处理、显示等功能，并将其集成为仪器操作与运行的命令环境。虚拟仪器的构成如图 11.1 所示。虚拟仪器可以分为传感器功能部分、测控功能部分和计算机硬件平台功能部分。计算机硬件平台可以是各种类型的计算机,如台式计算机、便携式计算机、工作站及嵌入式计算机等。

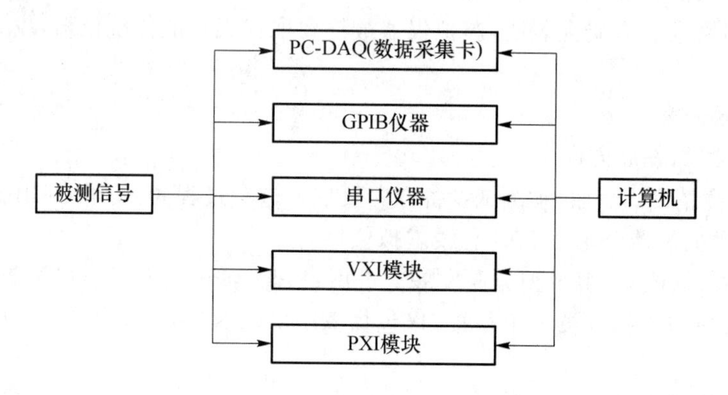

图 11.1　虚拟仪器的构成

1. 硬件组成

虚拟仪器硬件包括计算机及 I/O 接口设备,计算机中的微处理器和总线是虚拟仪器最重要的组成部分。总线技术的发展促进了虚拟仪器处理能力的提高,PCI 总线性能比 ISA 总线提高了近 10 倍,使得微处理器能够更快地访问数据。使用 ISA 总线时,插在计算机中的数据采集板的采集速度最高为 2 Mbit/s,使用 PCI 总线最高采集速度可提高到 132 Mbit/s。由于总线速度的大大提高,可以同时使用数块数据采集板,甚至图像数据采集也可以和数据采集结合在一起。

I/O 接口设备主要完成被测信号的采集、放大、模/数转换,可根据不同情况采用不同的 I/O 接口硬件设备,如数据采集卡(DAQ)、GPIB 总线仪器、VXI 总线仪器模块、串口仪器等。虽然经常被忽视,但是 I/O 驱动程序是快速测试开发策略至关重要的要素之一。此软件提供了测试开发软件和测量与控制硬件之间的连通性,它包括仪器的驱动程序、配置工具和快速 I/O 助手。

2. 软件组成

开发虚拟仪器必须有合适的软件工具,目前的虚拟仪器软件开发共有两类。

① 文本式编程语言:如 VisualC++、Visual Basic、Labwindows/CVI 等。

② 图形化编程语言:如 LabVIEW、HPVEE 等。

虚拟仪器软件由两部分构成:应用程序和 I/O 驱动程序。

应用程序包含两个方面的程序:

① 实现虚拟面板功能的前面板软件程序;

② 定义测试功能的流程图软件程序。

I/O 接口仪器驱动程序用来完成特定外部硬件设备的扩展、驱动和通信。大部分虚拟仪器开发环境均提供一定程度的 I/O 设备支持,许多 I/O 驱动程序已经集成在开发环境中。以 LabVIEW 为例,它能够支持串行接口、GPIB、VXI 等标准总线和多种数据采集板。LabVIEW 还可以驱动许多仪器公司的仪器,如 Hewlett-Packard、Philips、Tektronix 等公司的仪器。同时,Lab-VIEW 可调用 Windows 动态链接库和用户自定义的动态链接库中的函数,来解决对某些非 NI 公司支持的标准硬件在使用过程中的驱动问题。

3. 基于 PXI 总线虚拟仪器测试系统的组成

1997 年,NI 公司发布了一种全新的开放性、模块化仪器总线规范 PXI,它将 CompactPCI

规范定义的PCI总线技术发展成适合于试验、测量与数据采集场合应用的机械、电气和软件规范，从而形成了新的虚拟仪器体系结构。制定PXI规范的目的是将台式计算机的性价比优势与PCI总线面向仪器领域的扩展完美地结合起来，形成一种主流的虚拟仪器测试平台。PXI开发厂商为用户提供了数百种测量仪器模块，让用户可以以最方便、快速及经济的方式设计适合的PXI系统。

(1) PXI系统组成

PXI系统主要包括：机箱、PXI背板(backplane)、系统控制器(system controller module)以及外设模(peripheral modules)或称PXI仪器。一个8槽的PXI系统如图11.2所示，其中系统控制器(CPU模块)，位于机箱的左边第一槽，其左方预留了3个扩充槽位给系统控制器使用，以便插入体积较大的系统卡。第2槽～第8槽被称作外设槽，可以让用户按照本身的需求插上不同的仪器模块。第2槽又被称作星形触发控制器槽(star trigger controller slot)。

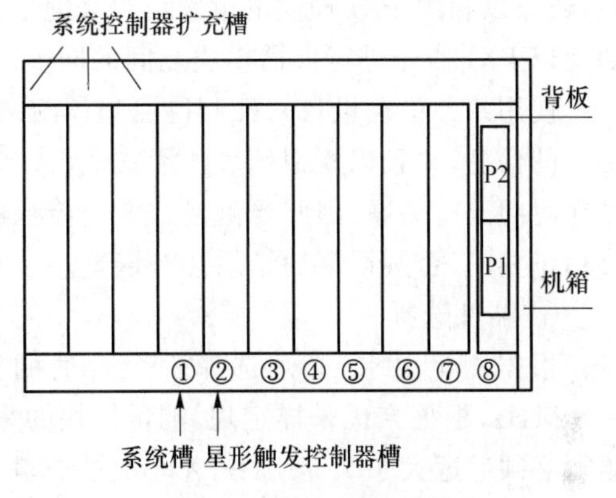

图11.2 PXI系统结构

背板上的Pl接插件上有32-bit PCI信号，P2接插件上则有64-bit PCI信号以及PXI特殊信号。

(2) PXI的信号种类

① 10 MHz参考时钟(10 MHz reference clock)：PXI的参考时钟位于背板上，并且分布至每一个外设(peripheral slot)，由时钟源(clock source)开始至每一个槽的布线长度都相等，因此每一个外设槽接收的时钟都是同一相位的，使得所接的多个仪器模块能够同步操作。

② 局部总线(local bus)：PXI系统每一个外设槽的左方和右方局部总线各有13条，这个总线可以传送模拟信号和数字信号。例如，3号外设槽上有左方局部总线，可以与2号外设槽上的右方局部总线连接，而3号外设槽上的右方局部总线，则与4号外设槽上的左方总线连接。而外设槽3号上的左方局部总线与右方局部总线在背板上是不互相连接的，除非插在3号外设槽的仪器模块将这两方信号连接起来。PXI总线架构如图11.3所示。

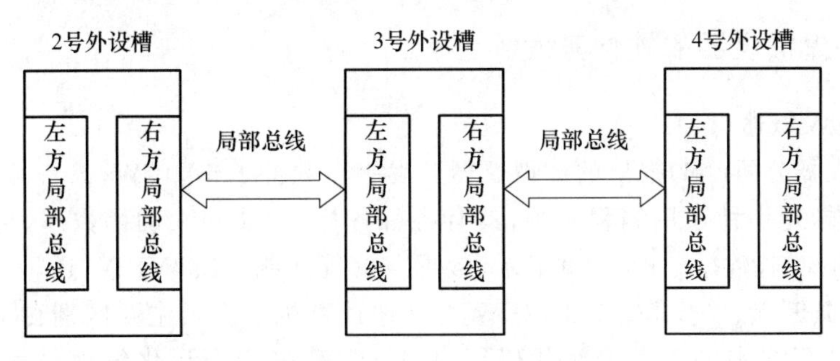

图11.3 PXI总线架构

③ 星形触发(star trigger)：外设槽2号的左方局部总线为星形触发线，这13条星形触发线被依次连接到另外的13个外设槽(如果背板支持到另外13个外设槽)，而且布线长度都相等。如果在同一时间内，2号外设槽上从这13条星形触发线发出触发信号，那么其他仪器模块都会在同一时间收到触发信号。因此，外设槽2号也叫作星形触发控制器槽(star trigger controller slot)。

④ 触发总线(trigger bus):触发总线共有8条线,在背板上从系统槽(slot 1)连接到其余的外设槽,为所有插在PXI背板上的仪器模块提供了一个共享的通信通道。这个8 bit宽度的总线可以让多个仪器模块之间传送时钟信号、触发信号以及特定的传送协议。

(3) PXI系统应用实例

PXI仪器模块与PXI平台作为测量与测试平台,不仅可以充分利用PCI的高速传输特性,还可以利用PXI提供的触发信号来完成更精密的同步功能。下面以一个简单的例子说明如何以PXI信号进行仪器模块之间的同步。

使用某种检测设备来探测待测物体的结构,这种设备具有8个传感器,用来感应待测物体传回的信息,并且以模拟信号的形式送出结果,其信号频率在7.5 MHz左右。由于这8个信号在时间上有关联,因此当测量这8个传感器信号时必须在同一时间开始采集,并且采样时钟要相位相同,否则运算的结果会有误差。

① 器件选择

根据测量要求,必须选择一个合适的测量模块,首先考虑传感器回传的信号频率为7.5 MHz,根据奈氏采样定理,测量模块的采样频率必须在15 MHz以上,且模块本身的输入频宽必须远远大于7.5 MHz,才不会造成输入信号的衰减。根据测量要求可以选择凌华科技公司的PXI-9820作为测量模块。PXI-9820为一高速的数据采集模块,本身具有两个采样通道,其采样率高达65 MS/s,前级模拟输入频带宽度达30 MHz,另外,PXI-9820本身配有锁相环电路,可以对外界的参考时钟进行相位锁定。PXI-9820也可通过PXI的星形触发,对其余13个外设槽传送精密的触发信号。

② 测量方案

一个PXI-9820只有两个采样通道,因此需要4片PXI-9820对8个传感器进行测量。

每一个测量模块的时钟必须同步,解决办法是:利用PXI背板所提供10 MHz参考时钟作为PXI-9820的外界参考时钟输入,利用PXI-9820本身的锁相回路电路进行时钟的相位锁定。

由于检测设备在开始传送传感器的模拟数据时,会一并送出数字触发信号,此触发信号可以当作每一片PXI-9820的触发条件。将其中一片PXI-9820插入星形触发控制器槽,从而传送触发信号给其余3片PXI-9820以达到同步触发。

11.1.3 虚拟仪器的软件开发平台

1. LabVIEW概述

美国国家仪器公司(NI)推出的虚拟仪器开发平台软件LabVIEW,像C或C++等计算机高级语言一样,是一种通用编程系统,具有各种各样、功能强大的函数库,包括数据采集、GPIB、串行仪器控制、数据分析、数据显示、数据存储等功能。LabVIEW还具有完善的仿真、调试工具,如设置断点、单步等。LabVIEW与其他计算机语言最主要区别在于:其他计算机语言都是采用基于文本的语言产生代码行,LabVIEW采用图形化编程语言——G语言来编程。

LabVIEW是一个功能完整的程序设计语言,拥有区别于其他程序设计语言的独特结构和语法规则。应用LabVIEW编程的关键是掌握LabVIEW的基本概念和图形化编程的基本思想。

LabVIEW程序又称虚拟仪器,它的表现形式和功能类似于实际的仪器;但LabVIEW程序很容易改变设置和功能。因此，LabVIEW 特别适用于实验室、多品种小批量的生产线等需要经常改变仪器和设备的参数、功能的场合，以及对信号进行分析研究、传输等场合。

2. Labview 软件构成

所有 LabVIEW 应用程序均包括前面板(front panel)、程序框图(block diagram)及图标/联结器(icon/connector)三部分。虚拟仪器前面板相当于标准仪器面板，而虚拟仪器程序框图相当于标准仪器的仪器箱内的组件。在许多情况下，使用虚拟仪器可以仿真标准仪器。

(1) 前面板

前面板是图形用户界面，也就是虚拟仪器面板，用于设置输入数值和观察输出量。由于Ⅵ前面板是模拟真实仪器的前面板，所以输入量被称为控制(control)，输出量被称为指示(indicator)。这一界面上有用户输入和显示输出两类对象，具体表现有开关、旋钮、图形以及其他控制(control)和显示对象(indicator)。前面板对象按照功能可以分为控制、指示和修饰三种。控制是用户设置和修改Ⅵ程序中输入量的接口。指示则用于显示Ⅵ程序产生或输出的数据。Ⅵ的前面板如图 11.4 所示，在前面板后还有一个与之配套的流程图。

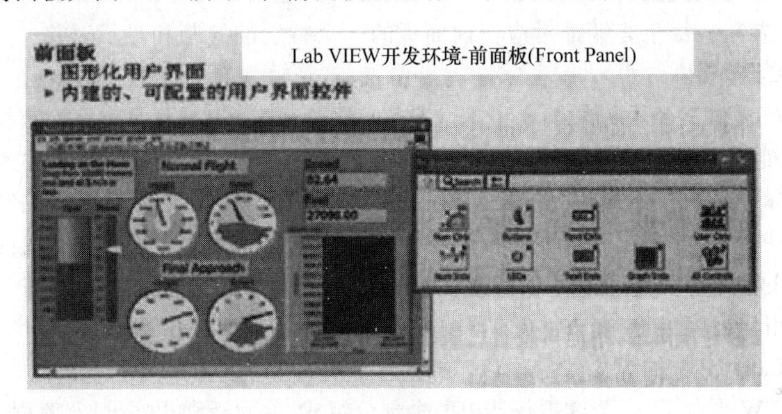

图 11.4 前面板

(2) 程序框图(流程图，后面板)

程序框图提供虚拟仪器的图形化源程序。在程序框图中对虚拟仪器编程，以控制定义在前面板上的输入和输出功能。程序框图中包括前面板上控件的连线端子，还有一些前面板上没有，但编程必须有的内容，如函数、结构和连线等。图 11.5 是与图 11.4 对应的流程图，程序框图中包括了前面板上的开关和随机数显示器的连线端子，还有一个随机数发生器的函数及程序的循环结构。随机数发生器通过连线将产生的随机信号送到显示控件，为了使它持续工作下去，设置了一个 While Loop 循环，由开关控制这一循环的结束。程序框图由节点和数据连线组成，节点是Ⅵ程序中的执行元素，类似于文本编程语言程序中的语句、函数或者子程序。

节点之间的数据连线按照一定的逻辑关系相互连接，以定义框图程序内的数据流动方向。节点之间、节点与前面板对象之间通过数据端口和数据连线来传递数据。数据端口是数据在前面板对象和框图程序之间传送的通道，是数据在框图程序内节点之间传输的接口。

(3) 图标/联结器

图标/联结器可以让用户把Ⅵ变成一个对象(子仪器)，然后在其他Ⅵ中像子程序一样被调用。图标作为子仪器(SubVI)的直观标记，当被其他Ⅵ调用时，图标代表子仪器中的所有框图程序。子仪器的控制和显示对象从调用它的仪器流程中获得数据，然后将处理后的数据返回给子仪器。连接器是对应于子仪器控制和显示对象的一系列连线端子。图标既包含虚拟仪器

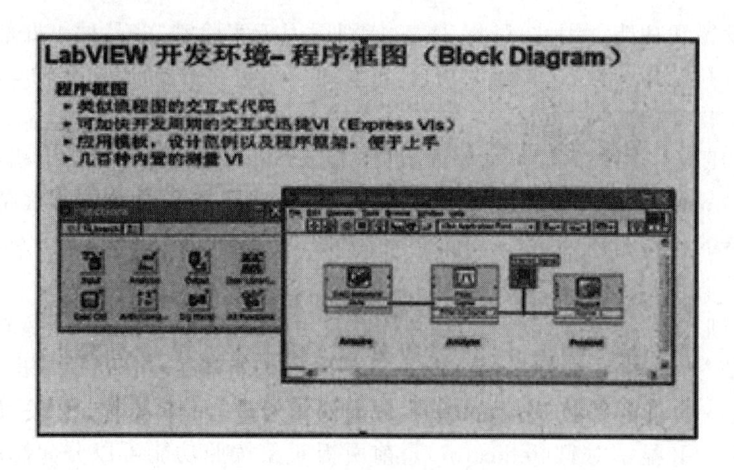

图 11.5　虚拟仪器程序框图

用途的图形化描述，也包含仪器连线端子的文字说明。连接器更像是功能调用的参数列表，连线端子相当于参数。每个终端都对应于前面板的一个特别的控制和显示对象。

3. 编程工具介绍

LabVIEW 提供三个模板来编辑虚拟仪器：工具模板（tools palettes）、控制模板（controls palettes）和功能模板（functions palettes）。工具模板提供用于图形操作的各种工具，如移动、选取、设置卷标、断点、文字输入等。控制模板则提供所有用于前面板编辑的控制和显示对象的图标以及一些特殊的图形。功能模板包含一些基本的功能函数，也包含一些已做好的子仪器（SubVI）。这些子仪器能实现一些基本的信号处理功能，具有普遍性。其中控制、功能模板都有预留端，用户可将自己制作的子仪器图标放入其中，便于日后调用。

4. 基于 LabVIEW 的虚拟仪器设计

在 LabVIEW 平台下，一个虚拟仪器由两个部分组成：前面板和程序框图（流程图，后面板）。

前面板的功能等效于传统测试仪器的前面板；程序框图的功能等效于传统测试仪器与前面板相联系的硬件电路，在设计时要根据硬件部分功能编程。虚拟仪器的设计包括 I/O 接口仪器驱动程序的设计、仪器面板的设计及仪器流程或算法的设计。

（1）I/O 接口仪器驱动程序的设计

根据仪器功能要求，确定仪器的接口标准。如果仪器设备具有 RS-232 串行接口，那么直接用连线将仪器设备与计算机的 RS-232 串行接口连接即可；如果仪器是 GPIB 接口，那么需要配备一块 GPIB-488 接口板，建立计算机与仪器设备之间的通信通道；如果使用计算机来控制 VXI 总线设备，也需要配备一块 GPIB 接口卡，通过 GPIB 总线与 VXI 总线、VXI 主机箱的零槽模块通信，零槽模块的 GPIB-VXI 翻译器将 GPIB 命令翻译成 VXI 命令，并把各模块返回的数据以一定的格式作回主控计算机。

接口仪器驱动程序是控制硬件设备的驱动程序，是连接主控计算机与仪器设备的纽带。如果没有设备驱动程序，则必须针对 I/O 接口仪器设备编写驱动程序。

（2）仪器前面板的设计

仪器前面板的设计是指在虚拟仪器开发平台上，利用各种子模板图标创建用户界面（虚拟仪器的前面板）。

（3）仪器流程或算法的设计

仪器流程或算法的设计是根据仪器功能要求，利用虚拟仪器开发平台所提供的子模板，确定程序的流程图、主要处理算法和所实现的技术方法。

从以上几个方面可以看出，在计算机和仪器等资源确定的情况下，有不同的处理算法，就有不同的虚拟仪器，由此可见软件在虚拟仪器中的重要地位。

11.2 现场总线仪表

11.2.1 概述

1. 现场总线技术概述

随着控制、计算机、通信、网络等技术的发展，信息交换沟通的领域正迅速覆盖从工厂的现场设备层到控制、管理的各个层次，覆盖从工段、车间、工厂、企业乃至世界各地的市场。信息技术的飞速发展，引起自动化系统结构的变革，逐步形成以网络集成自动化系统为基础的工业信息获取和自动化网络测控系统。现场总线(field bus)就是顺应这一形式发展起来的技术。现场总线是应用在生产现场，在微机化测量控制设备(现场总线仪表)之间实现双向串行多节点数字通信的系统。现场总线仪表也被称为开放式、数字化、多点通信的基本控制网络，它在制造业、流程工业、交通、楼宇等方面的自动化系统中具有广泛的应用前景。其主要特征如下：

① 数字式通信方式取代设备级的模拟量(如 4～20 mA，0～5 V 等信号)和开关量信号；

② 实现车间级与设备级通信的数字化网络；

③ 工厂自动化过程中现场级通信的一次数字化革命；

④ 现场总线使自控系统与设备加入工厂信息网络，成为企业信息网络底层，使企业信息沟通的覆盖范围一直延伸到生产现场；

⑤ 在 CIMS 系统中，现场总线是工厂计算机网络到现场级设备的延伸，是支撑现场级与车间级信息集成的技术基础。

现场总线是工业控制系统的新型通信标准，是基于现场总线的低成本自动化系统技术。现场总线技术的采用将带来工业控制系统技术的革命，采用现场总线技术可以促进现场仪表的智能化、控制功能分散化和控制系统开放化。

2. 现场总线类型

在现场总线的开发和研究过程中出现了多种实用的系统，每种系统都有自己特定的应用领域，因而均有其各自的结构和特性。在现场总线发展过程中，较为突出的现场总线系统有 HART、CAN、LonWork、PufiBus 和 FF。

最早的现场总线系统 HART(highway addressable remote transducer)是美国 Rosemount 公司于 1986 年提出并研制的，它在常规模拟仪表信号(4～20 mA DC)的基础上叠加了频移键控方式(frequency shift keying)数字信号(简称 FSK 数字信号)，因而既可用于 4～20 mA DC 的模拟仪表，也可以用于数字式仪表。

CAN(controller area network)是由德国 Bosch 公司提出的现场总线系统，用于汽车内部测量与执行部件之间的数据通信，专为汽车的检测和控制而设计，随后再逐步发展应用到了其他的工业部门。目前它已成为国际标准化组织(International Standard Organization)的 ISO11898 标准。

Lonworks 是美国 Echelon 公司推出的一种功能全面的测控网络，主要用于工厂及车间的环境、安全、动力分配、给水控制、库房和材料管理等。目前,Lonworks 在国内应用最多的是电力行业,如变电站自动化系统等。

ProfiBus(process field bus)是面向工业自动化应用的现场总线系统,由德国于 1991 年正式公布,其最大的特点是在防爆危险区内使用安全可靠。ProfiBus 具有几种改进型,ProfiBus-FMS 用于一般自动化;ProfiBus-PA 用于过程控制自动化;ProfiBus-DP 用于加工自动化,适用于分散的外围设备。

FF(fieldbus foundation)是现场总线基金会推出的现场总线系统。该基金会是国际公认的、唯一的非商业化国际标准化组织,FF 的最后标准已于 2000 年年初正式公布,而其相关产品和系统在标准制定的过程中已得到了一定的发展。

3. 现场总线控制系统

现场总线控制系统通常由现场总线仪表、控制器、现场总线网络、监控和组态计算机等组成。现场总线控制系统中的仪表、控制器和计算机都需要通过现场总线网卡、通信协议软件连接到网上。因此,现场总线网卡、通信协议软件是现场总线控制系统的基础和神经中枢。

现场总线控制系统特点如下。

① 全数字化:变送器、执行器等现场设备均为带有符合现场总线标准的通信接口,能够传输数字信号的智能仪表。数字信号取代模拟信号,提高了系统的精度、抗干扰性能及可靠性。

② 全分布:在 FCS 中各现场设备有足够的自主性,它们彼此之间相互通信,完全可以把各种控制功能分散到各种设备中,实现真正的分布式控制。

③ 双向传输:传统的 4~20 mA 电流信号,一条线只能传递一路信号。现场总线设备则在一条线上既可以向上传递传感器信号,也可以向下传递控制信息。

④ 自诊断:现场总线仪表本身具有自诊断功能,而且这种诊断信息可以送到中央控制室,以便于维护,而这在只能传递一路信号的传统仪表中是做不到的。

⑤ 节省布线及控制室空间:传统的控制系统每个仪表都需要一条线连到中央控制室,在中央控制室装备一个大的配线架。而在 FCS 系统中多台现场设备可串行连接在一条总线上,这样只需极少的线进入中央控制室,大量节省了布线费用,同时也降低了中央控制室的造价。

⑥ 多功能仪表:数字、双向传输方式使得现场总线仪表可以在一个仪表中集成多种功能,做成多变量变送器,甚至集检测、运算、控制于一体的变送控制器。

⑦ 开放性:1999 年年底现场总线协议已被 IEC 批准正式成为国际标准,从而使现场总线成为一种开放的技术。

⑧ 互操作性:现场总线标准保证不同厂家的产品可以互操作,在一个企业中由用户根据产品的性能、价格选用不同厂商的产品,集成在一起,降低了控制系统的成本。

⑨ 智能化与自治性:现场总线设备能处理各种参数、运行状态信息及故障信息,具有很高的智能,能在部件甚至网络故障的情况下独立工作,大大提高了整个控制系统的可靠性和容错能力。

11.2.2 CAN 总线系统

控制器局域网(controller area network,CAN)最初是由德国 Bosch 公司为汽车的检测、控制系统而设计的,主要用于各种设备检测及控制的一种现场总线。CAN 总线具有独特的设计思想、良好的功能特性和极高的可靠性,现场抗干扰能力强。具体来讲,CAN 总线具有如下特点。

① 结构简单,只有 2 根线与外部相连;

② 通信方式灵活,可以多种方式工作,各个节点均可收发数据;

③ 可以点对点、点对多点及全局广播方式发送和接收数据;

④ 网络上的节点信息可分成不同优先级,可以满足不同的实时要求;

⑤ CAN 总线通信格式采用短帧格式,每帧字节数最多为 8 个,可满足通常工业领域中控制命令、工作状态及测试数据的一般要求;

⑥ 采用非破坏性总线仲裁技术;当 2 个节点同时向总线上发送数据时,优先级低的节点主动停止数据发送,而优先级高的节点可不受影响地继续传输数据;

⑦ 直接通信距离最大可达 10 km(速率 5 kbit/s 以下),最高通信速率可达 1 Mbit/s(此时距离最长为 40 m);节点数可达 110 个;

⑧ CAN 总线通信接口中集成了 CAN 协议的物理层和数据链路层功能,可完成对通信数据的成帧处理,包括位填充、数据块编码、循环冗余检验及优先级判别等多项工作;

⑨ CAN 总线采用 CRC 检验并可提供相应的错误处理功能,保证了数据通信的可靠性。

1. CAN 总线系统的设计

(1) CAN 总线系统的构成

CAN 总线系统的组成结构如图 11.6 所示。从控制系统的角度上看,最小控制系统是一个单回路简单闭环控制系统,它由一个控制器、一个传感器或变送器和一个执行器组成。以 CAN 总线为基础的网络控制系统由多个控制回路组成,它们共享一个控制网络——CAN 总线。从现场总线控制系统的概念来说,传感器节点、执行器节点都可以集成控制器,即所谓的智能节点,形成真正的分布式网络控制系统。CAN 总线这个局域网控制系统也可以作为整个大型控制系统的一个子系统,此时 CAN 通过网关和整个系统建立联系。

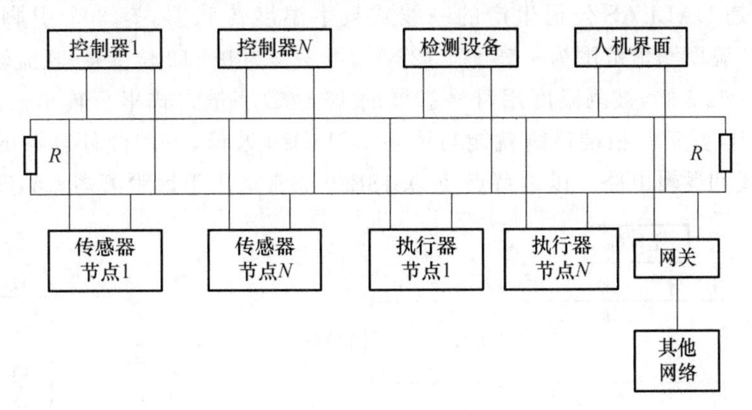

图 11.6 CAN 总线系统的组成结构

(2) CAN 总线系统的节点

CAN 总线节点可以是传感器(变送器)、执行器或控制器。CAN 总线节点的结构如图 11.7 所示。关键部分是 CAN 总线控制器和 CAN 总线收发器,由它们实现 CAN 总线的物理层和数据链路层协议。CAN 总线收发器的功能是实现电平转换、差分收发、串并转换;CAN 总线控制器实现数据的读写、中断、校验、重发及错误处理。从实现功能的角度看,如果微机中嵌入控制算法,那么这个节点就是控制器;如果微机中带有传感器接口,那么这个节点就是传感器节点;如果节点是驱动执行器的,那么这个节点就是执行器节点。

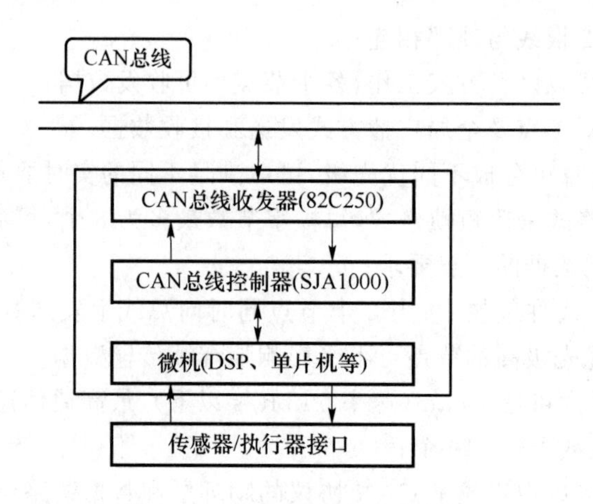

图 11.7 CAN 总线节点的结构

(3) 软件设计

软件的设计主要包括节点初始化程序、报文发送程序、报文接收程序以及 CAN 总线出错处理程序等。在初始化 CAN 内部寄存器时,注意使得各节点的位速率必须一致,而且接、发双方必须同步。报文的接收主要有两种方式:中断和查询接收方式。

2. 应用实例——基于 CAN 总线的多点温度检测系统

基于 CAN 总线的多点温度检测系统如图 11.8 所示,上位机由微机加 CAN 通信网卡构成,其功能是向下位机的命令发送、接收下位机数据及数据分析、存储及打印等。下位机由 P87C591 单片机和 DS18B20 等部分组成。采用 CAN 协议完成上位机与下位机的数据通信。

(1) 器件选择

① 温度传感器 DS18B20

DS18B20 是 DALLAS 公司生产的一线式数字温度传感器,有 3 个引脚,引脚结构如图 11.9 所示。温度测量范围为 −55～+125 ℃,可编程为 9～12 位交流-直流转换精度,测温分辨率可达 0.062 5 ℃,被测温度用符号扩展的 16 位数字量方式串行输出。多个 DS18B20 可并联使用,CPU 只需一根端口线就能与诸多 DS18B20 通信,占用微处理器的端口较少,可节省大量的引线和逻辑电路。以上特点使 DS18B20 非常适用于远距离多点温度检测系统。

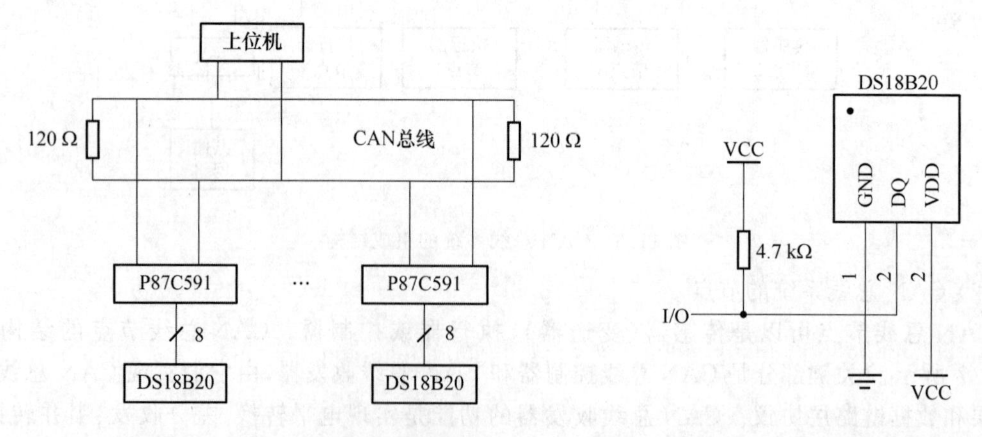

图 11.8 CAN 总线多点温度检测

图 11.9 DS18B20 引脚结构

DS18B20 主要由 4 部分组成:64 位 ROM、温度传感器、温度报警触发器 TH 和 TL、配置寄存器。ROM 中的 64 位序列号是出厂前用光刻好的,每个 DS18B20 的 64 位序列号均不相同。ROM的作用是使每一个DS18B20都各不相同，这样就可以实现一根总线上挂接多个DS18B20的目的。

② 带有片内CAN控制器单片机P87C591

P87C591是一个单片8位高性能单片机，具有片内CAN控制器，全静态内核提供了扩展的节电方式；适用温度范围为－40～＋85 ℃，振荡器可停止和恢复而不会丢失数据。P87C591具有以下特性：

• 16 KB内部程序存储器，512 Byte片内数据RAM；

• 3个16位定时/计数器，即T0、T1和T2（捕获 & 比较），1个片内看门狗定时器，即T3；

• 带6路模拟输入的10位ADC，可选择快速8位ADC，2个8位分辨率的脉宽调制输出（PWM）；

• 具有32个可编程I/O口（准双向、推挽、高阻和开漏）；

• 带硬件I2C总线接口；

• 全双工增强型UART，带有可编程波特率发生器；

• 双DPTR；

• 低电平复位信号。

P87C591在该系统中为核心器件，主要功能为接收数字传感器传送过来的温度信号进行处理，转换成相应的温度信号通过CAN总线发送给上位机，以串行通信方式控制和协调系统中器件的工作过程。

(2) 系统工作原理及实现

由温度传感器检测的温度信号经CAN总线通信电路传送给主机；主机负责向各个分机发送工作命令，接收分机传送的测量与故障自检信息，并对测量信息进行处理，以数据和曲线的方式输出测量结果。

人机交换采用直观，易懂，易操作的图形界面，主机软件采用Delphi4.0。Delphi4.0具有内置的BDE(Borland Database Engineer)从本地或远程服务器上取得和发送数据，并具有动态数据交换（DDE）、对象链接库（OLE）对数据库的管理及调用API函数功能，对系统后台检测数据和通信十分有利。上位机的主要功能包括系统组态、数据库组态、历史库组态、图形组态、控制算法组态、数据报表组态、实时数据显示、历史数据显示、图形显示、参数列表、数据打印输出、数据输入及参数修改、控制运算调节、报警处理、故障处理、通信控制和人机接口等各个方面。

11.2.3 FF总线系统

1. FF总线系统概述

FF总线系统是现场总线基金会(Fieldbus Foundation)推出的总线系统。FF现场总线是一种全数字、串行、双向通信协议，是专门针对工业过程自动化开发的，用于现场设备（如变送器、控制阀和控制器等）的互联。

FF总线系统的通信协议标准是参照国际标准化组织ISO的开放系统互连OSI模型，保留了第1层的物理层、第2层的数据链路层和第7层的应用层，并且将应用层分成了现场总线存取和应用服务两部分。此外，在第7层之上还增加了含有功能块的用户层，使用功能块的用户可以直接对系统及其设备进行组态，这样使得FF总线系统标准不但是信号标准和通信标准,而且是一个系统标准,这也是 FF 总线系统标准和其他现场总线系统标准的主要区别所在。

2. FF 总线系统构成

FF 总线提供了 H1 和 H2 两种物理层标准。H1 是用于过程控制的低速总线,传输速率为 31.25 kbit/s,传输距离为 200 m、450 m、1 200 m 和 1 900 m 四种(加中继器可以延长),可用总线供电,支持本质安全设备和非本质安全总线设备。H2 为高速总线,其传输速率为 1 Mbit/s(此时传输距离为 750 m)或 2.5 bit/s(此时传输距离为 500 m)。低速总线 H1 最多可串接 4 台中继器。采用 H1 标准可以利用现有的有线电缆,并能满足本征安全要求,同时也可利用同电缆向现场装置供电。H2 标准与 H1 标准相比虽然提高了数据传输速率,但不支持使用信号电缆线对现场装置供电。

H1 和 H2 每段节点数可达 32 个,使用中继器后可达 240 个,H1 和 H2 可通过网桥互连。FF 的突出特点在于设备的互操作性,改善的过程数据,更早的预测维护及可靠的安全性。

FF 现场总线系统包含低速总线 N 和高速总线 H2,以实现不同要求下的数据信息网络通信,这两种总线均支持总线或树型网络拓扑结构,并使用 Manchester 编码方式对数据进行编码传输。由 H1 和 H2 组成的典型 FF 现场总线控制系统,结构如图 11.10 所示。

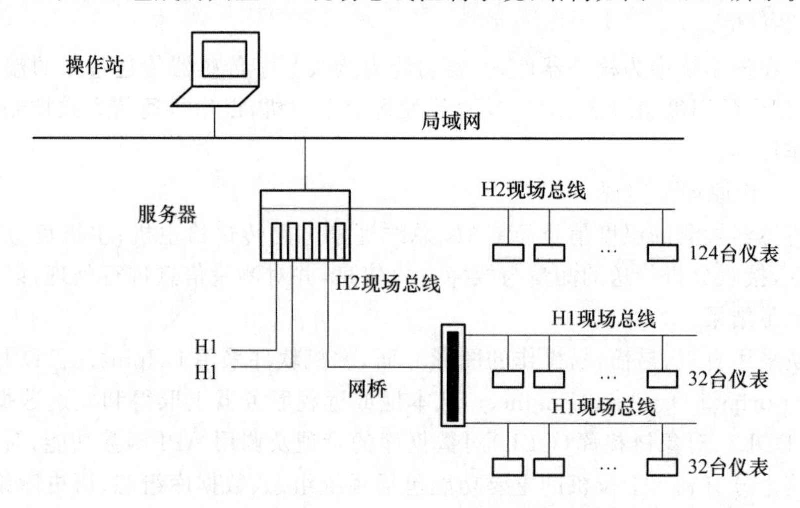

图 11.10　FF 现场总线控制系统结构

FF 总线系统中的装置可以是主站,也可以是从站。FF 总线系统采用了令牌和查询通信方式为一体的技术。在同一个网络中可以有多个主站,但在初始化时只能有一个主站。

从图 11.10 中可以看到,基于 FF 现场总线系统将现场总线仪表单元分成两类。通信数据较多,通信速率要求较高的现场总线仪表直接连接在 H2 总线系统上,每个 H2 总线系统所能够驱动的现场总线仪表单元数量为 124 台;而其他数据通信较少或实时性要求不高的现场总线仪表则连接在 H1 总线系统上。由于每个 H1 总线系统所能够驱动的现场总线仪表单元有限,最多只能到 32 台,因而多个 H1 总线系统还可通过网桥连接到 H2 总线系统上,以此提高系统的通信速率,满足系统的实时性和控制需要。

典型符合 FF 总线系统通信协议标准的总线仪表为 Smar 现场总线仪表,品种包括现场总线到电流转换器 FI302,电流到现场总线转换器 IF302、总线到气动信号转换器 FP302、压力变送器 LD302、温度变送器 TT302、阀门定位器 FY302 等。

3. 应用实例:基于FF总线的远程温度测量系统

基于FF总线的远程温度测量系统由热电偶、FF温度变送器与FF现场总线及计算机网络组成,如图11.11所示。

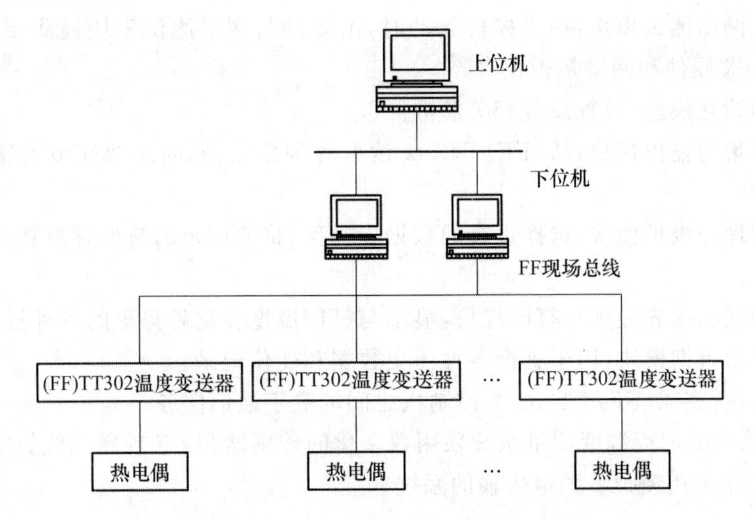

图11.11 基于FF总线的远程温度测量

(1) (FF)TT302温度变送器

本系统采用Smart公司(FF)TT302温度变送器。(FF)TT302是一种将温度、温差、毫伏等工业过程参数转变为现场总线数字信号的变送器。(FF)TT302采用数字技术后能实现以下性能:单一型号能接受多种传感器、宽量程范围、单值或差值测量;在现场和控制室之间接口容易,可大大减少安装和维护费用;能接收二路输入,也就是说有两个测量点,准确度为0.02%。

(FF)TT302测量温度配用热电阻或热电偶等温度传感器。(FF)TT302温度变送器内装AI(模拟输入)、PID(比例、积分、微分控制)、ISS(输入选择)、CHAR(线性化)和ARTH(计算)等5种功能模块。各模块都有输入、输出,并装有参数和算法,用户可通过软件Syscon进行组态。

TT302与其他现场总线仪表互连构成现场总线控制系统,用户可通过功能模块的连接建立适合控制应用所需的控制策略。

(2) 网络配置

基于现场总线测量系统中的控制机大都采用PC现场总线接口板与总线仪表通过总线连接成测量网络。PC现场总线接口板内部设有多个通道,能够将多个现场总线网络组合起来,在系统的设计过程中,首先,根据现场仪表数量及每条FF总线所能挂接的仪表数量计算出系统连接所需总线的数目;然后,根据总线的数目和PC现场总线接口板的总线接口数,求得系统所需PC现场总线接口板的数量;最后,按照系统性能指标要求,确定PC现场总线接口板型号。

基于FF现场总线系统(H1网络)布线时,首先要参照现场仪表的安装位置和测量干线及支线的长短来确定所需电缆的型号,然后根据被测信号的特点及现场环境等选择现场仪表。

(3) 系统组态及软件设计

系统组态是通过运行安装在计算机上的组态软件建立现场设备与控制设备之间的连接,

为现场设备设置相关的特征参数,并且可以绘制系统监控组态画面,在系统运行过程中,通过网络传递信息,动态地显示被测信号的变化,实现远程实时监控。

系统软件主要包含以下几个部分。

① 硬件与网络测试模块:在工控机起动时,由硬件与网络测试模块检测硬件和网络的运行状态,判断相关硬件和网络是否正常。

② 系统初始化模块:设置设备相关参数。

③ 数据采集与输出模块:从(FF)TT302读取各种数据,同时还要完成数字量的输出,以实现控制功能。

④ 数据管理与维护模块:选择适合的数据库类型,将要记录的数据存放在数据库中,以备查询和调用。

⑤ 图形、曲线、报表显示与打印模块:显示与打印温度变化趋势等的各种报表。

⑥ 历史记录查询模块:用于查询各种历史数据和变位记录。

⑦ 通信模块:完成(FF)TT302与控制机之间的数字通信任务。

基于FF总线的远程温度测量系统采用数字化的传感器和FF现场总线技术,系统抗干扰能力强,性能优于采用模拟量测量传输的系统。

11.2.4 工业以太网技术

1. 工业以太网技术的产生及发展

(1) 现有控制系统的局限性

随着计算机、通信、网络等信息技术的发展,信息交换已经渗透到工业生产的各个领域,因此,需要建立包含从工业现场设备层到控制层、管理层等各个层次的综合自动化网络平台。工业控制网络作为一种特殊的网络,直接面向生产过程,因此它通常应满足强实时性、高可靠性、恶劣的工业现场环境适应性、总线供电等特殊要求和特点。除此之外,开放性、分散化和低成本也是工业控制网络重要的特征。

现场总线技术,以全数字通信代替4～20 mA电流的模拟传输方式,使得控制系统与现场仪表之间不仅能传输生产过程测量与控制信息,而且能够传输现场仪表的大量非控制信息,使得工业企业的管理控制一体化成为可能。但是,现场总线技术也存在许多不足,具体表现如下:

① 现有的现场总线标准过多,未能统一到单一标准上来;

② 不同总线之间不能兼容,无法实现信息的无缝集成;

③ 由于现场总线是专用实时通信网络,成本较高;

④ 现场总线的速度较慢,支持的应用有限,不便于和Internet信息集成。

(2) 工业以太网的优势

目前,以太网已经成为市场上最受欢迎的通信网络之一,它不仅垄断了办公自动化领域的网络通信,而且在工业控制领域管理层和控制层等中上层网络通信中也得到了广泛应用,并有直接向下延伸于应用工业现场设备间通信的趋势。工业以太网在技术上与商用以太网(即IEEE 802.3标准)兼容,但在产品设计时,在材质的选用、产品的强度、适用性以及实时性、可互操作性、可靠性、抗干扰性和本质安全等方面能满足工业现场的需要。

与现场总线相比,以太网具有以下优点:

① 应用广泛,以太网是目前应用最为广泛的计算机网络技术,受到广泛的技术支持。采

用以太网作为现场总线,可以提高多种开发工具、开发环境选择。

② 成本低廉,由于以太网的应用最为广泛,有多种硬件产品供用户选择,硬件价格也相对低廉。目前以太网网卡的价格只有 Profibus. FF 等现场总线的十分之一。

③ 通信速率高,目前以太网的通信速率为 10 Mbit/s,100 Mbit/s 的快速以太网也开始广泛应用,1 000 Mbit/s 的以太网技术也逐渐成熟,10 Gbit/s 的以太网也正在研究,其速率比目前的现场总线快得多。

④ 软硬件资源丰富,由于以太网已应用多年,大量的软件资源和设计经验可以显著降低系统的开发和培训费用,从而可以显著降低系统的整体成本,加快系统的开发和推广速度。

⑤ 可持续发展潜力大,以太网的发展一直受到广泛的重视,并吸引大量的技术投入;当代企业的生存与发展很大程度上依赖于一个快速而有效的通信管理网络,信息技术的发展将更加迅速,由此保证了以太网技术持续不断地向前发展。

⑥ 易于与 Internet 连接,能实现办公自动化网络与工业控制网络的信息无缝集成。

(3) 以太网应用于工业控制网络时需要解决的问题

① 以太网实时通信服务质量:工业控制现场网络中传送的数据信息,除了传统的各种测量数据、报警信号、组态监控和诊断测试信息外,还有历史数据备份、工业摄像数据和工业音频视频数据等。这些信息对于实时性和通信带宽的要求各不相同,因此要求工业网络能够适应外部环境和各种信息通信要求的不断变化,满足系统要求。

② 建立满足通信一致性和可互操作性的应用层、用户层协议规范:由于工业自动化网络控制系统除了完成数据传输之外,往往还需要依靠所传输的数据和指令,执行某些控制计算与操作功能,由多个网络节点协调完成自控任务。因而它需要在应用、用户等高层协议与规范上满足开放系统的要求,满足互操作条件。

③ 网络可用性:网络可用性是指系统中任何一个组件发生故障,都不应导致操作系统、网络、控制器和应用程序,以致整个系统的瘫痪。网络可用性包括可靠性、可恢复性、可管理性等方面的内容,必须仔细设计。

④ 网络安全性:将工业现场控制设备通过以太网连接起来时,由于使用了 TCP/IP 协议,因此可能会受到包括病毒、黑客的非法入侵与非法操作等网络安全威胁。对此,一般可采用网络隔离(如网关、服务器等隔离)的办法,将控制区域内部控制网络与外部信息网络系统分开。此外,还可以通过用户密码、数据加密、防火墙等多种安全机制加强网络的安全管理。

⑤ 本质安全与安全防爆技术:对安装在易燃、易爆和有毒等气体工业现场的智能仪器以及通信设备,都必须采取一定的防爆措施来保证工业现场的安全生产。

(4)工业以太网技术的发展趋势

以太网目前已经在工业企业综合自动化系统中的资源管理层、执行制造层得到了广泛应用,并呈现向下延伸直接应用于工业控制现场的趋势。国际上的一些组织正在研究以太网应用于工业控制现场的相关技术和标准。

工业现场的通信网络是实现企业信息化的基础,随着企业信息化与自动控制技术的发展,基于以太网的网络化控制系统可广泛应用于各种行业的自动化控制领域,有着广阔的应用前景。

2. 应用实例——电梯群控系统

电梯群控系统是指在一座大楼内安装一组电梯,并将这组电梯与一个中央控制器(计算机)连接起来。该计算机可以采集到每个电梯的运行信息,并可向每个电梯发送控制信号。中央控制器对这组电梯进行统一调配,使它们合理地运行,达到提高电梯的整体服务质量、减少能耗的目的。电梯群控系统所要解决的是一个复杂的,具有非线性、不确定性的多目标随机系统的决策问题。

(1) 电梯实时监控网络的组成

电梯实时监控网络如图 11.12 所示。

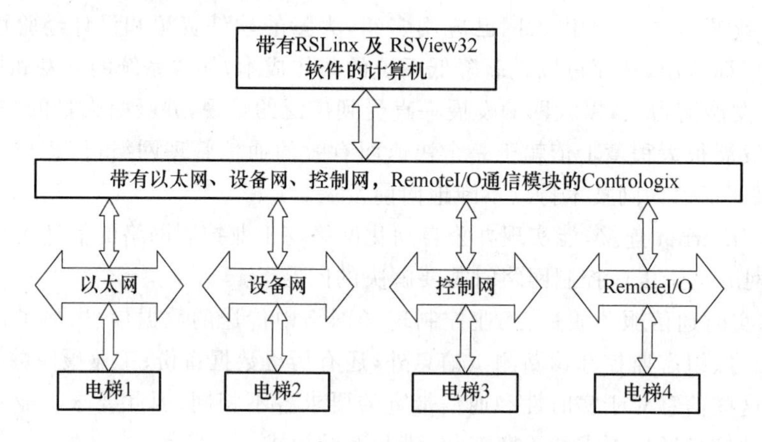

图 11.12　电梯实时监控网络

RSView32 网络组态软件通过网络连接软件 RSLinx 同支持不同网络类型的可编程处理器进行通信,这是上层的控制网。RSView32 软件利用可编程控制器中程序的 I/O 地址,把不同的地址赋给不同 Tag(标签),通过 Tag 值的变化控制或监视地址中值的变化。可编程控制器通过设备网和变频器,或 I/O 模块进行通信,这是下层的设备网,它把数字量或模拟量数据上传到可编程控制器,使可编程控制器中相对应地址中的值发生变化,或把可编程控制器地址中的值通过变频器或 I/O 模块下载到电梯模型中,从而实现 RSView32 同电梯模型之间的数据交换,即实现电梯的实时监控。

(2) 器件的选择

选用静磁栅位移传感器检测电梯轿厢位置。轿厢的位置是由静磁栅位移传感器确定,并送至 PLC 的计数器来进行控制。同时,每层楼设置一个静磁栅源用于检测系统的楼层信号。静磁栅位移传感器由“静磁栅源”和“静磁栅尺”两部分组成。“静磁栅源”使用铝合金压封的无源钕铁硼磁栅组成磁栅编码阵列;“静磁栅尺”用内置嵌入式微处理器系统特制的高强度铝合金管材封装,使用开关型的霍尔传感器件组成霍尔编码阵列。“静磁栅源”沿“静磁栅尺”轴线作无接触相对运动时,由“静磁栅尺”输出与位移相对应的数字信号。

可编程控制器选用美国 AB 公司的 Logix5555。基于 ControlLogix 平台的 Logix5555 处理器是 Rockwell 公司生产的,它兼具 PLC5 系列强大的运算处理能力和 SLC500 小巧精悍的特点,并具有强大的网络连接能力。通过 Rslinx 及 ControlLogix 网卡,一台普通的装有 Windows 操作系统的计算机就可以变为功能强大的网卡或路由器。

电梯属位能负载,并且要求频繁起停。随着载客量多少的变化、上下行的变换,要求电动机在四象限内运行,更重要的是要满足乘客的舒适感并保证平层的精度。因此变频器的选择对电梯的运行起着至关重要的作用,这里选用 A-B 公司的 160SSC 变频器实现电梯的传动控制。

输入/输出模块是把电梯所发出的信号经过隔离传送给可编程控制器，或把可编程控制器发出的控制信号经过隔离传送给电梯。这里选用 A-B 公司的 1794 FLEX I/O 模块，柔性 FLEXI/O 模块提供了一个精巧的模块化 I/O 组件，其组成包括最多 8 个 I/O 模块，可根据需要随时调换，这种灵活的设计使得实验时可方便地利用各种模块的组合。1794 FLEXI/O 模块通过 1794 FLEXI/O 设备网适配器，可以容易地连接到设备网上，实现网络化控制。

电梯群控系统监控主界面如图 11.13 所示，当有人按下按钮，电梯群控系统就会采集电梯运行状态及呼梯者位置信息，根据预先编制好的算法进行计算，根据计算结果选择最合适的电梯响应外召唤。

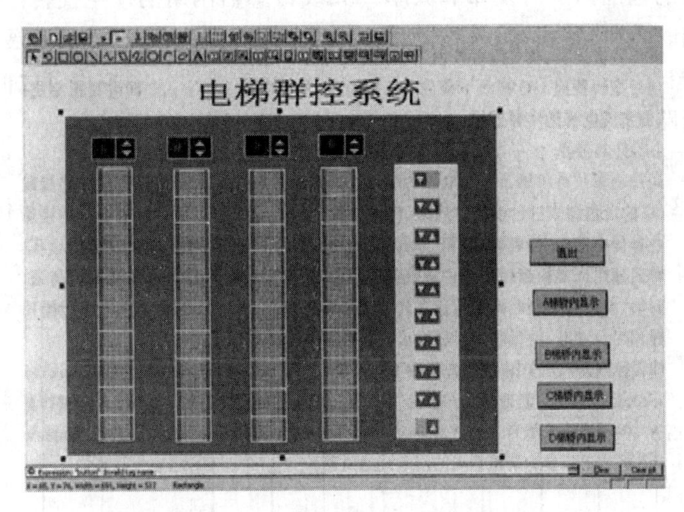

图 11.13 电梯群控系统监控主界面

(3) 电梯监控功能的实现

组态软件 RSView32 是一种基于 Windows 的用于创建和运行数据采集、监视以及控制的应用程序。RSView32 可以很容易地和 Rockwell 的集成软件产品 Microsoft 产品以及其他产品交互。通过使用 RSView32 动态显示系统(active display system)，可以使用户与远程的 RSView32 应用程序进行交互。

在此电梯群控系统中，所用的可编程控制器(PLC)是美国 AB 公司制造的可编程控制器 Contrologix5555，通过建立 RSLinx(网络连接软件)以太网驱动程序，使 RSView32 软件和可编程控制器进行通信，从而实现计算机的实时监控。

对电梯厅外召唤的分配需要掌握各个电梯的运行情况，因此要将电梯的相关信息输入 RSView32 标签数据库中，以便在进行 VBA 程序编制时进行调用。计算电梯响应一个厅外召唤所需时间，首先，要已知所发出的厅外召唤的位置(所在楼层)及召唤的类型(上召唤或下召唤；其次，要了解电梯的运行情况(上行、下行或停止)；最后，要知道各个电梯已分配的召唤，包括厅外召唤和厅内召唤。以上信息通过网络传到 Rslogix5000 的处理器中，所以要在 RSView32 的标签数据库中建立标签与所需的 Rslogix5000 中的标签相对应。电梯群控系统监控主界面如图 11.13 所示，当有人按下按钮，电梯群控系统就会采集电梯运行状态及呼梯者位置信息，根据预先编制好的算法进行计算，根据计算结果选择最合适的电梯响应外召唤。

11.3 无线传感器网络技术

11.3.1 无线传感器网络的概念

无线传感器网络是传感器在现场不经过布线实现网络协议，使现场测控数据就近登录网络，在网络所能及的范围内实时发布和共享。无线传感器网络的产生使传感器由单一功能、单一检测向多功能和多点检测发展；从被动检测向主动进行信息处理方向发展；从就地测量向远距离实时在线测控发展；使传感器可以就近接入网络，传感器与测控设备之间无须再点对点连接，减去了连接线路，节省了投资，易于系统维护，也使系统更易于扩充。

无线传感器网络的基本结构如图 11.14 所示，主要由信号采集单元、数据处理单元及网络接口单元组成。这三个单元可以是不同芯片组成的合成式的或单片式的结构。

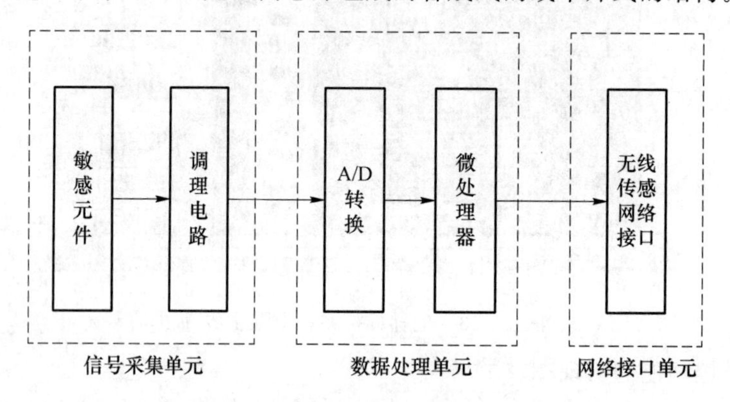

图 11.14 无线传感器网络基本结构

对于多数无线网络来说，无线传感器技术的应用目标旨在提高所传输数据的速率和传输距离。因此，这些系统必须要求传输设备具有成本低、功耗小的特点，针对这些特点和需求，表 11.1列出了几种无线传感器网络的传输技术及其各自的技术性能和应用领域。

表 11.1 几种无线传感器网络的传输技术

规范	工作频段	传输速率/($Mbit \cdot s^{-1}$)	数据/话音	最大功耗	传输方式	连接设备数	安全措施	支持组织	主要用途
ZigBee	868 MHz，915 MHz，2.4 GHz	0.02，0.04，0.25	数据	1～3 mW	点到多点	2^{16}～2^{64}	32，64，128 密钥	ZigBee 联盟	家庭、控制、传感器网络
红外	820 nm	1.521，4，16	只支持数据	数 mW	点到点	2	靠短距离、小角度传输保证	IrDA	透明可见范围数据传输
DECT	1.88～1.9 GHz	1.152	话音、数据	几十 mW	点到多点	12	鉴权及密钥	欧洲	家庭电话与数据无线连接

续表

规范	工作频段	传输速率/(Mbit·s⁻¹)	数据/话音	最大功耗	传输方式	连接设备数	安全措施	支持组织	主要用途
HomeRF	2.4 GHz	1.2	数据	100 mW	点到多点	127	50次/s跳频	HomeRF	家庭无线局域网
蓝牙	2.4 GHz	1,2,3	话音、数据	1～100 mW	点到多点	7	跳频与密钥	Blue-tooth-SIG	个人网络
IEEE 802.11b	2.4 GHz	11	数据	100 mW	点到多点	255	WEP加速	IEEE 802.11b	无线局域网
IEEE 802.1la	5.2 GHz	6,9,12,18,24,36	数据	100mW	点到多点	255	WEP加速	IEEE 802.11a	无线局域网
IEEE 802.1lg	2.4 GHz	54	数据	100 mW	点到多点	255	WEP加速	IEEE 802.11g	无线局域网
RFID	5.8 GHz	0.212	数据	不需供电	点到点	2	密钥	澳大利亚零售组织等	超市、物流管理

由表11.1可以看出，无论哪种技术都具有各自的特点，适用于不同的应用场合，互相补充，为传感器的应用提供更快捷、更方便的通信方式。

11.3.2 ZigBee技术

伴随着半导体技术、微系统技术、通信技术和计算机技术的飞速发展，无线传感器网络的研究和应用正在世界各地蓬勃发展，其中成本低、体积小、功耗低的ZigBee技术无疑成了目前无线传感器网络中的首选技术之一。因此，无论是自动控制领域、计算机领域，还是无线通信领域，都对ZigBee技术的发展、研究和应用给予了极大的关注。

1. ZigBee技术起源

ZigBee技术的命名主要来自人们对蜜蜂采蜜过程的观察，蜜蜂在采蜜过程中跳着优美的舞蹈，其舞蹈轨迹像“Z”的形状，蜜蜂自身的体积小，所需的能量小，又能传送所采集的花粉，因此人们用ZigBee技术来代表具有成本低、体积小、能量消耗小和低传输速率的无线信息传送技术，中文译名为“紫蜂”技术。

2. ZigBee技术概述

ZigBee技术是一种具有统一技术标准的无线通信技术，其物理层和MAC层协议为IEEE802.15.4协议标准，网络层由ZigBee技术联盟制定。应用层可以根据用户自己的需要进行开发，因此该技术能够为用户提供机动、灵活的组网方式。

根据IEEE 802.15.4标准协议，ZigBee的工作频段分为3个，这3个工作频段相距较大，且在各频段上的信道数目不同，因而在该项技术标准中，各频段上的调制方式和传输速率不同，分别为868 MHz、915 MHz和2.4 GHz，其中2.4 GHz频段分为16个信道，该频段为全球通用的工业、科学、医学(industrial scientific and medical，ISM)频段，该频段为免付费、免申请的无线电频段。在该频段上，数据传输速率为250 kbit/s；另外两个频段为915/868 MHz，其相应的信道个数分别为 10 个信道和 1 个信道，传输速率分别为 40 kbit/s 和 20 kbit/s。

在组网性能上，ZigBee 设备可构造为星型网络或者点对点网络，在每一个 ZigBee 组成的无线网络内，连接地址码分为 16 bit 短地址或者 64 bit 长地址，可容纳的最大设备个数分别为 2^{16} 个和 2^{64} 个，具有较大的网络容量。

在无线通信技术上，采用免冲突多载波信道接入(CSMA CA)方式，有效地避免了无线电载波之间的冲突；此外，为保证传输数据的可靠性，建立了完整的应答通信协议。

ZigBee 设备为低功耗设备，其发射输出为 0～3.6 dBm，通信距离为 30～70 m，具有能量检测和链路质量指示能力。根据这些检测结果，设备可自动调整发射功率，在保证通信链路质量的条件下，设备能量消耗最小。

为保证 ZigBee 设备之间通信数据的安全保密性，ZigBee 技术采用了密钥长度为 128 bit 的加密算法，对所传输的数据信息进行加密处理。

目前，ZigBee 芯片的成本在 3 美元左右，ZigBee 设备成本的最终目标在 1 美元以下；ZigBee 芯片的体积较小，例如，Freescal 公司生产的收发芯片 MC13192 ZigBee 大小尺寸为 5 mm×5 mm，随着半导体集成技术的发展，ZigBee 芯片的尺寸将会变得更小，成本更低。

3. ZigBee 无线数据传输网络

ZigBee 应用层和网络层协议的基础是 IEEE 802.15.4，IEEE 802.15.4 规范是一种经济、高效、低数据速率(＜250 kbit/s)、工作在 2.4 GHz 和 868/928 MHz 的无线技术，用于个人区域网和对等网络。ZigBee 依据 IEEE 802.15.4 标准，在数千个微小的传感器之间相互协调实现通信。这些传感器只需要很少的能量，以接力的方式通过无线电波将数据从一个网络节点传到另一个网络节点，效率非常高，ZigBee 无线数据传输网络如图 11.15 所示。

目前，使用较多的是一款内置协议栈 ZigBee 模块是基于 Ember 芯片的 XBee/XBeePRO 模块，如图 11.16 所示，它通过串口使用 AT 命令集和 API 命令集两种方式设置模块的参数，通过串口来实现数据的传输。

ZigBee 数传模块类似于移动网络基站。通信距离从标准的 75 米到几百米、几千米，并且支持无限扩展。多达 65 000 个无线数传模块组成的一个无线数传网络平台，在整个网络范围内，每个 ZigBee 网络数传模块之间可以相互通信，每个网络节点间的距离从标准的 75 米无限扩展。每个 ZigBee 网络节点不仅本身可以作为监控对象，而且可以自动中转其他的网络节点传过来的数据资料。除此之外，每个 ZigBee 网络节点还可在自己信号覆盖的范围内与多个不承担网络信息中转任务的(RFD)孤立子节点无线连接。在其通信时，ZigBee 模块采用自组织网通信方式，每一个传感器持有一个 ZigBee 网络模块终端，只要它们彼此之间在网络模块的通信范围内彼此自动寻找，很快就可以形成一个互联互通的 ZigBee 网络。当由于某种情况传感器移动时，彼此之间的联络还会发生变化。因而，模块还可以通过重新寻找通信对象，确定彼此之间的联络，对原有网络进行刷新。ZigBee 自组织网通信方式节点硬件结构如图 11.17 所示。

在自组织网中采用动态路由的方式，网络中数据传输的路径并不是预先设定的，而是传输数据前通过对网络当时可利用的所有路径进行搜索，分析它们的位置关系以及远近，然后选择其中一条路径进行数据传输。例如，梯度法，先选择路径最近的一条通道进行传输，如传不通，再使用另外一条稍远一点的通路进行传输，依此类推，直到数据送达目的地为止。

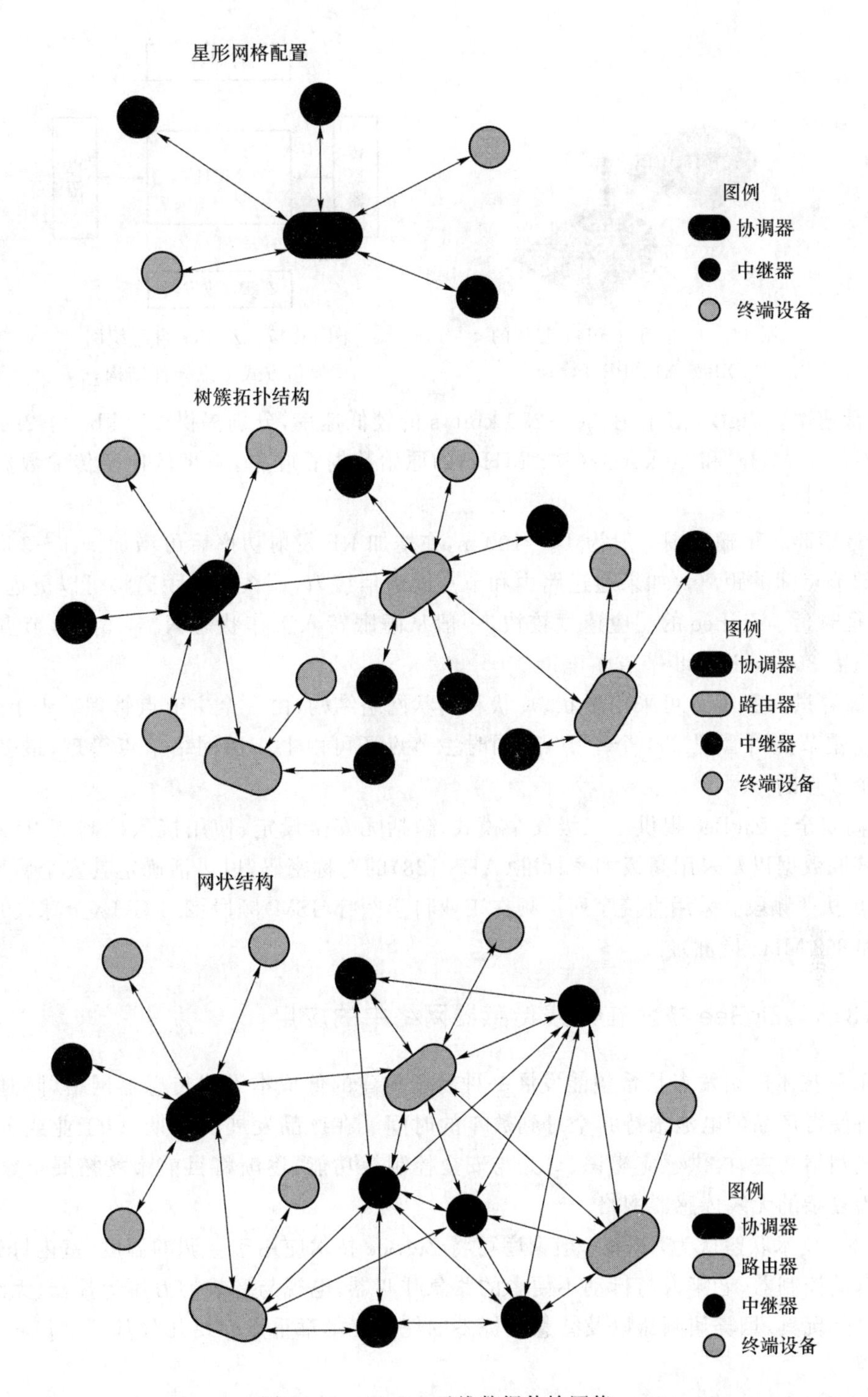

图 11.15 ZigBee 无线数据传输网络

4. ZigBee 的技术优势

① 低功耗。在低耗电待机模式下，2 节 5 号干电池可支持 1 个节点工作 6～24 个月，甚至更长。这是 ZigBee 的突出优势。

② 低成本。通过大幅简化协议，降低了对通信控制器的要求，每块芯片的价格大约为 2 美元。

图 11.16 基于 Ember 芯片的 XBee/XBeePRO 模块

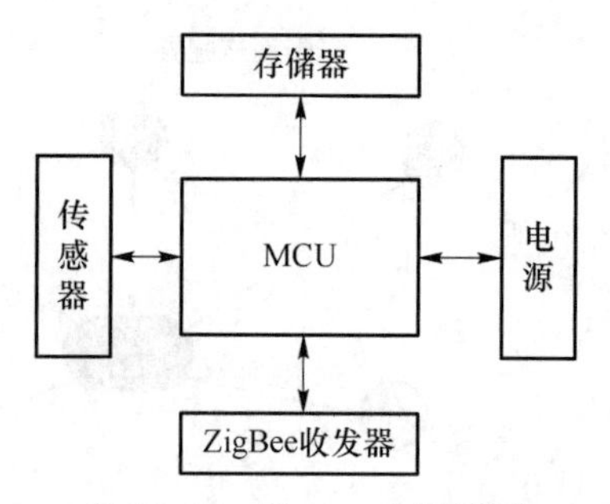

图 11.17 ZigBee 自组织网通信方式节点硬件结构

③ 低速率。ZigBee 工作在 20～250 kbit/s 的较低速率,分别提供 250 kbit/s(2.4 GHz)、40 kbit/s(915 MHz)和 20 kbit/s(868 MHz)的原始数据吞吐率,满足低速率传输数据的应用需求。

④ 近距离。传输范围一般为 10～100 m,在增加 RF 发射功率后可增加到 1～3 km,这指的是相邻节点间的距离。如果通过路由和节点间通信接力,那么传输距离将可以更远。

⑤ 短时延。ZigBee 的响应速度较快,一般从睡眠转入工作状态只需 15 ms,节点连接进入网络只需 30 ms,进一步节省了电能。

⑥ 高容量。ZigBee 可采用星状、片状和网状网络结构,由一个主节点管理若干个子节点,最多一个主节点可管理 254 个子节点;同时主节点还可由上一层网络节点管理,最多可组成 65 000 个节点的大网。

⑦ 高安全。ZigBee 提供了三级安全模式,包括无安全设定、使用接入控制清单(ACL)防止非法获取数据以及采用高级加密标准(AES 128)的对称密码,以灵活确定其安全属性。

⑧ 免执照频段。采用直接序列扩频在工业科学医疗(ISM)频段:2.4 GHz(全球)、915 MHz(美国)和 868 MHz(欧洲)。

11.3.3 ZigBee 技术在无线传感器网络中的应用

ZigBee 技术的出发点是希望能发展一种易于构建的低成本无线传感器网络,同时其低耗电性能将使得产品的电池维持 6 个月到数年的时间。在产品发展的初期,以工业或企业市场的感应式网络为主,提供感应辨识、灯光与安全控制等功能,逐渐将目前市场拓展至家庭网络以及更为复杂的无线传感器网络。

ZigBee 技术联盟认为,未来一般家庭可将 ZigBee 技术应用于空调的温度、室内灯光、室内窗帘的自动控制器,老年人与行动不便者的紧急呼叫器,电视与音响的万用遥控器、无线键盘、滑鼠、摇杆、玩具,烟雾侦测器以及智慧型标签的使用。本章重点介绍几种基于 ZigBee 技术的典型应用。

1. 基于 Chipcon 射频芯片 CC2430 的无线温、湿度传感器系统

温、湿度与生产及生活密切相关。以往的温、湿度传感器都是通过有线方式传送数据,线路冗余复杂,不适合大范围多数量放置,连线成本高,线路的老化问题也影响了其可靠性。随着大量廉价和高度集成无线模块的普及,以及其他无线通信技术的成功,实现无线的高效传感器网络成为现实。

为了满足类似于温度传感器这样小型、低成本设备无线联网的要求,这里介绍基于

Chipcon 射频芯片 CC2430 设计的无线温、湿度测控系统。

基于 ZigBee 技术的温、湿度测控系统实现了传感器的无线测控，稍加改进还可以做出集成更多传感器和更多功能的传感器网络，扩充性强，市场前景广阔。

无线温、湿度测控系统网络结构如图 11.18 所示，多个独立的终端探测器按实际需要分布在不同的地方，由敏感元件测得环境温、湿度变化的数据，通过基于 ZigBee 技术的 RF 无线收发网络传送给监控中心的接收器，最后由标准的接口输入微机进行处理。用户可以选择性地适时监控不同位置的环境变化。

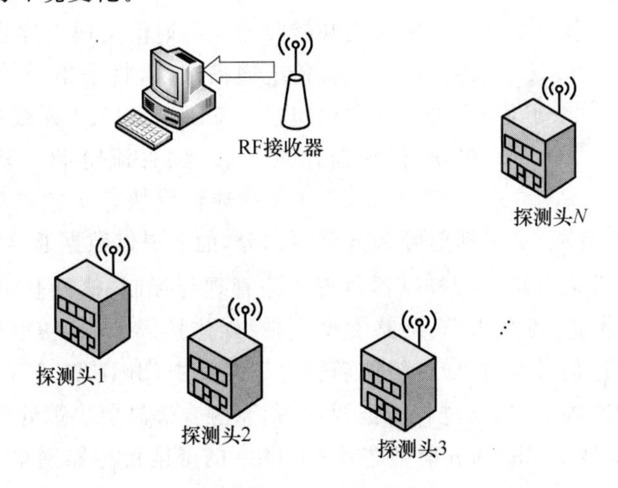

图 11.18　无线温、湿度测控系统网络

该系统硬件结构可以分为两个部分：探测头和接收器。下面分别进行介绍。

(1) 探测头

探测头系统如图 11.19 所示。

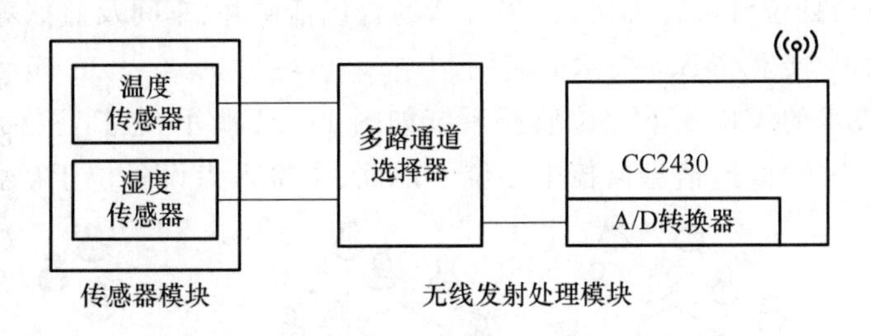

图 11.19　探测头系统

温度和湿度测量的模拟信号由一个多路选择通道控制，依次送入 A/D 转换器处理转化为数字信号，微处理器对该数字信号进行校正编码，送入基于 ZigBee 技术的 RF 发射器。

在器件选择方面，便携式系统要求同时具有最小的尺寸和最低的功耗。因此，系统中温度传感器采用 MAX6607/MAX6608 模拟温度传感器，它的典型静态电流仅有 8 mA，便携式系统的线路板空间通常都很紧张，类似于 SC70 这样的微型封装最为理想；另外，未来的处理器最有可能采用的电源电压(1.8 V)正好也是 MAX6607 和 MAX6608 的最低工作电压。

传统湿度传感器多采用湿敏电阻和电容，其测量电路复杂，精度低，调试麻烦，本系统采用 HoneyWell 公司生产的 HIH3605 湿度变送器，传感器芯体和关键部件全部采用性能优良的进口原装件，可抗尘埃、脏物及磷化氰等化学品，精度高，响应快，输出为 0～5 V，DC 对应 0～100％RH，精度为±3％RH。

为了降低耗电量和设备体积，采用待机时耗电量较低、系统集成度高的微处理器和 LSI 产品。微处理器和无线收发 LSI 设备是挪威 Chipcon 的 CC2430。该系统使用 9V 蓄电池，每隔 3 min 与网络交换一次同步信号，采用的网络拓扑结构为网眼型，工作模式和待机模式的占空比采用不足 1%的设定。

(2) 接收器

接收器系统如图 11.20 所示。RF 接收器接收到探测头发出的信号，经过解码，通过标准的微机并口接口送入计算机存储显示。

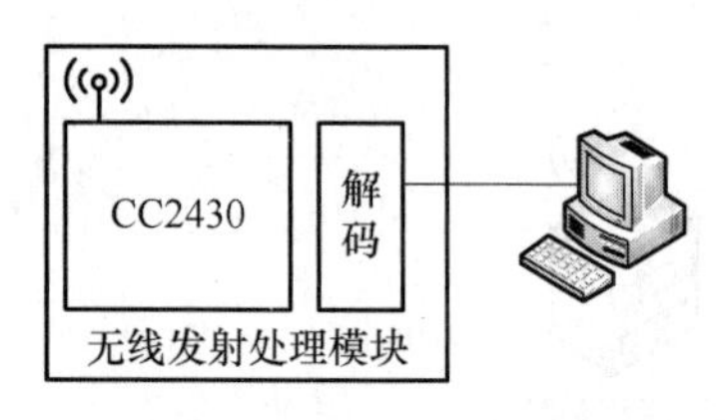

图 11.20 接收器系统

探测头和接收器无线通信实现机理是以 IEEE 802.15.4 传输模块代替传统通信模块，将采集的数据以无线方式发送出去。其主要包括 IEEE 802.15.4 无线通信模块、微控制器模块、传感器模块及接口、直流电源模块及外部存储器等。IEEE 802.15.4 无线通信模块负责数据的无线收发，主要包括射频和基带两部分，前者提供数据通信的空中接口，后者提供链路的物理信道和数据分组。微控制器负责链路管理与控制，执行基带通信协议和相关的处理过程，包括建立链接、频率选择、链路类型支持、媒体接入控制、功率模式和安全算法等。经过调理的传感器模拟信号经过 A/D 转换后暂存于缓存中，由 IEEE 802.15.4 无线通信模块通过无线信道发送到主控结点，再进行特征提取、信息融合等高层决策处理。

采用基于 ZigBee 技术 Chipcon 射频芯片 CC2430 的湿度传感器网络，在摆脱了烦杂冗余的线路下，实现了对环境温、湿度的远程监控，具备低复杂度、低功耗、低数据速率、低成本、双向无线通信的特点，可以嵌入不同的设备中，有多种网络拓扑结构选择。

2. 基于 ZigBee 技术的煤矿井下定位监控系统

利用 ZigBee 技术很容易实现对一些短距离、特殊场合的人员进行实时跟踪，以及在发生意外情况时对人员所处位置进行确定，这些特殊场合包括矿井、车间及监狱等。下面以煤矿井下定位监控系统为例介绍 ZigBee 技术的应用。

基于 ZigBee 技术的煤矿井下定位监控系统如图 11.21 所示，包括主接入点设备、从节点设备和信息监控中心等部分，信息监控中心位于地面；主接入点设备位于矿井的不同位置，可

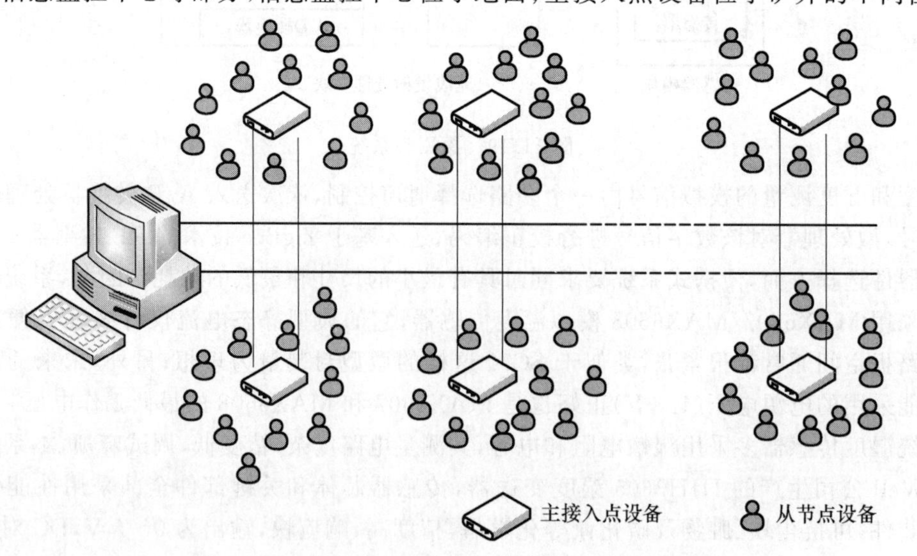

图 11.21 基于 ZigBee 技术的煤矿井下定位监控系统

以根据监控实际需要设置其间距，主接入点与信息监控中心之间通过电缆传递监控信息；从节点设备安装在下井矿工的身上（如矿工的安全帽），从节点设备和主节点设备之间通过 ZigBee 技术传递矿工的位置和其他信息。

当矿工（从节点）进入某一主接入点设备控制区域后，主接入点设备与该矿工所携带的从节点设备建立通信，并将相关信息上传至信息监控中心；同样，当矿工从主接入点设备控制范围内离开时，主接入点设备将相应信息上传至监控中心；另外，在发生异常情况（如井下瓦斯气体达到一定浓度）时，从节点设备可以主动请求和主接入点设备进行通信，将相关的异常信息及时上传至信息监控中心，给出井下报警提示。

11.4 检测系统的智能化和网络化测控技术

随着科学技术的发展，检测技术总体是向着自动化、智能化、集成化及网络化的趋势发展。伴随着这些发展，检测技术将不断扩大其应用领域，不断提高其测量准确度、测量范围、测量可靠性与自动化程度。

11.4.1 检测技术的发展趋势

自 20 世纪 70 年代微处理器诞生以来，计算机技术得到了迅猛的发展。利用微型计算机的记忆、存储、数学运算、逻辑判断和命令识别等功能，发展了微型计算机化仪器和自动测试系统。并且微型计算机与电子测量的结合，使测量系统在测量原理与方法、仪器设计、仪器使用和故障检修等方面都产生了巨大变化，出现了智能仪器、基于总线及网络的新型测量仪器。

智能仪器是计算机技术与电子测量仪器相结合的产物，是含有微型计算机或微处理器的测量仪器。由于它拥有对数据的存储、运算、逻辑判断及自动化操作等功能，因而具有一定的智能作用，所以被称为智能仪器。与传统仪器相比，智能仪器的性能明显提高，功能更加丰富，而且多半具有自动量程转换、自动校准、自动检测，甚至具有自动切换备件进行维修的能力。智能仪器大多配有通用接口，以便于多台仪器连接构成自动测试系统。从广义上说，智能检测系统包括以单片机为核心的智能仪器，以 PC 为核心的自动测试系统和目前发展势头迅猛的专家系统等，其主要特点如下。

（1）测量过程软件控制

智能检测系统可实现自稳零放大、自动极性判断、自动量程转换、自动报警、过载保护、非线性补偿及多功能测试等功能。有了计算机，上述过程可以采用软件控制，因此可以简化系统的硬件结构，缩小体积，降低功耗，提高检测系统的可靠性和自动化程度。

（2）智能化数据处理

智能检测系统利用计算机和相应的软件可以方便、快速地实现各种算法，对测量结果进行及时处理，提高系统工作效率。智能检测系统以软件为核心，功能和性能指标更改都比较方便，无须每次更改都涉及元器件和仪器结构的改变。智能检测系统配备多个测量通道，可以由计算机对多路测量通道进行高速扫描采样。因此，智能检测系统可以对多种测量参数进行检测。在进行多参数检测的基础上，根据各路信息的相关特性，实现智能检测系统的多传感器信息融合，从而提高检测系统的准确性、可靠性和容错性。

(3) 测量速度快

随着高速的数据采集、转换、处理及显示等器件的出现,智能检测系统得以实现高速测量。

(4) 智能化功能强

智能检测系统以计算机或单片机为核心,通过软件设计完成各种智能化的信息处理。

基于总线及网络的新型测量仪器伴随着以Internet为代表的网络技术及其相关技术的发展而出现,网络技术不仅将各种互联网产品带入人们的生活,而且也为测量技术带来了前所未有的发展空间和机遇,网络化测量技术与具备网络功能的新型仪器应运而生。Unix、Windows NT、Windows 2000等网络化计算机操作系统为组建网络化测试系统带来了方便。标准的计算机网络协议,如OSI的开放系统互联参考模RM、Internet上使用的TCP/IP协议,在开放性、稳定性、可靠性方面均有很大优势,采用它们很容易实现测控网络的体系结构。在开发软件方面,如NI公司的LabVIEW和LabWindows/CVI,微软公司的VB、VC等,都有开发网络应用项目的工具包。

基于计算机及网络技术,测控网络由传统的集中模式逐渐转变为分布模式,成为具有开放性、互操作性、分散性、网络化和智能化的测控系统。网络的节点上不仅有计算机、工作站,还有智能测控仪器仪表,测控网络将具有与信息网络相似的体系结构和通信模型。

美国Keithley公司在1999年的一项调查中指出:60%的工程师打算在今后几年的应用中使用远程测量技术,而实施远程测量则通过各种形式的网络实现。由于基于互联网的远程测量系统只要具有接入互联网的条件就可以实现在任何时间、任何地点获取所需的任何地方基于互联网的测量信息,因而,必将成为未来获取测量信息的重要手段。

11.4.2 智能检测系统的组成

1. 概述

智能检测系统以微处理器为核心,通过总线及接口与I/O通道及输入输出设备相连。微处理器作为控制单元来控制数据采集装置进行采样,并对采样数据进行计算及数据处理,如数字滤波、标度变换、非线性补偿等,然后把计算结果进行显示或打印。智能检测系统广泛使用键盘、LED/LCD显示器或CRT,它们由微处理器控制,显示检测结果或处理结果以及图像等。

智能仪器的软件部分主要包括系统监控程序、测量控制程序及数据处理程序等。用计算机软件代替传统仪器中的硬件具有很大的优势,可以降低仪器的成本、体积和功耗,增加仪器的可靠性;还可以通过对软件的修改,使仪器对用户的要求做出快速反应,提高产品的竞争力。

2. 智能检测系统设计要求

(1) 硬件要求

① 简化电路设计:采用集成度较高的器件,能够通过软件实现的功能尽量通过软件实现,减少硬件投入,对降低系统成本、减小体积、提高稳定性十分有利。

② 低功耗设计:智能检测系统需要在现场长期稳定工作,有些采用电池供电,要求系统中的器件与装置功耗低。所以,从电路结构设计到器件选型应遵循低功耗设计思想。

③ 通用化、标准化设计:设计中采用通用化、标准化硬件电路,有利于系统的商品化生产和现场安装、调试、维护,也有利于降低系统的生产成本,缩短加工周期。

④ 可扩展性设计:智能检测系统是大型关键设备,因此设计组建时要结合系统使用部门的发展,充分考虑系统的可扩展性,方便日后系统的升级和扩展。

⑤ 采用通用化接口：智能检测系统的设计者应当根据用户单位的其他设备情况和发展意向，选用通用化接口和总线系统，以方便用户使用。

（2）软件要求

智能检测系统的软件包括应用软件和系统软件。应用软件与被测对象有关，贯穿整个测试过程，由智能检测系统研究人员根据系统的功能和技术要求编写，包括测试程序、控制程序、数据处理程序及系统界面生成程序等。系统软件是计算机实现运行的软件，如 DOS 6.0、Windows 95 等。智能检测系统的软件应按照以下要求来设计。

① 优化界面设计，方便用户使用。

② 使用编制、修改、调试、运行和升级方便的应用软件。软件设计人员应充分考虑应用软件在编制、修改、调试、运行和升级方面的便利性，为智能检测系统的后续升级、换代设计做好准备。近年来发展较快的虚拟仪器技术也为智能检测系统的软件化设计提供了诸多方便。

③ 丰富软件功能。

智能检测系统的设计应在运行速度和存储容量允许的情况下，尽量用软件实现设备的功能，简化硬件设计。实际上利用软件设计可以方便地实现量程转换、数字滤波、故障诊断、逻辑推理、知识查询、通信及报警等多种功能，大大提高了检测系统的智能化程度。

3. 应用实例——基于 I^2C 总线多路温度测量系统

飞利浦公司发明的 I^2C 总线二线通信技术，属于多主机通信方式，主要用于单片机系统的扩展及多机通信，总线数据传送速率最高可达 400 kbit/s。

基于 I^2C 总线多路温度测量系统由带有 I^2C 总线接口的传感器、单片机及显示接口器件构成。采用飞利浦公司带有 I^2C 总线的 P87LPC764 单片机组成的多路温度测量系统，以 I^2C 总线器件作为外围设备，比传统的单片机温度测量系统使用器件少，可靠性高，运行速度快。

基于 I^2C 总线多路温度测量系统的结构如图 11.22 所示，I^2C 总线多路温度测量系统由数字温度传感器、带有 I^2C 总线接口显示器件及单片机组成。其各部分功能叙述如下。

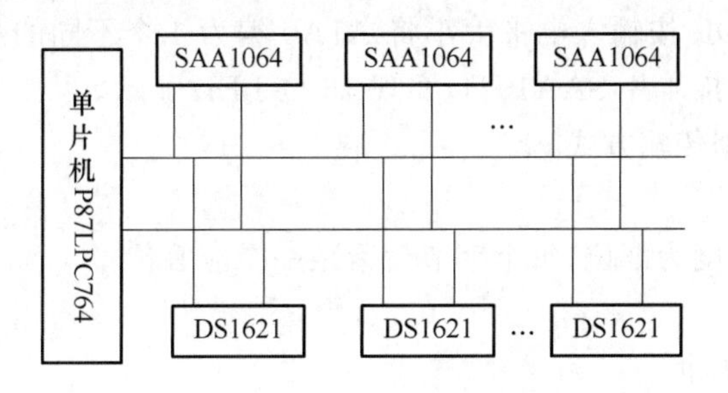

图 11.22 基 I^2C 于总线多路温度测量系统的结构

（1）温度检测环节

温度检测环节采用 DALLAS 公司生产的数字式温度传感器 DS1621，接口与 I^2C 总线兼容，DS1621 可工作在最低 2.7 V 电压下，适用于低功耗应用系统。DS1621 无须使用外围元件即可测量温度，测量结果以 9 位数字量（两字节传输）给出，测量范围为－55～＋155 ℃，精度为 0.5 ℃，典型转换时间为 1 s。DS1621 管脚如图 11.23 所示。

单片机通过 DS1621 的编码线 A2A1A0 对 DS1621 进行编码，一次最多可以控制 8 片 DS1621，完成 8 路温度采样。DS1621 的 SCA 为时钟线，SDA 为读写数据线，按照 I^2C 串行通信接口协议读写数据。系统工作时，SCA 和 SDA 线满足串口通信启动条件，首先，主器件单片机发出器件地址字节，发出 DS1621 的命令字，由 DS1621 发出 ACK 应答信号；然后，将其

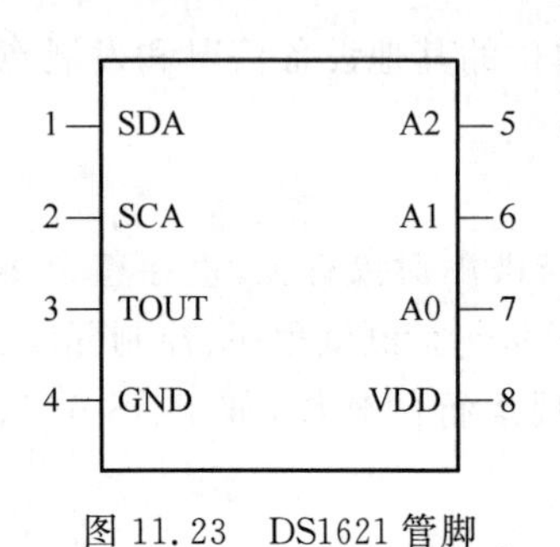

图 11.23 DS1621 管脚

转换为读取从器件 DS1621 的数据字节，主器件产生 ACK 应答信号；最后，串口通信结束条件标志完成了一次数据通信。

(2) 信号处理单元

P87LPC764 是 Philips 公司生产的一种小封装、低成本、高性能的单片机，CPU 为 80C51，其特点如下：

- 有 I^2C 总线接口；
- 4 KB OTP 程序存储器；
- 128 Byte 的 RAM；
- 32 Byte 用户代码区可用来存放序列码及设置参数；
- 2 个 16 位定时/计数器，每一个定时器均可设置为溢出时触发相应端口输出；
- 全双工 UART；
- 4 个中断优先级；
- 看门狗定时器利用片内独立振荡器，有 8 种溢出时间选择；
- 低电平复位，使用片内上电复位时不需要外接元件。

P87LPC764 作为该系统的核心器件，其主要功能为：接收数字传感器传送过来的温度信号并进行处理，转换成相应的温度值至显示器显示；以串行通信方式控制和协调系统中从器件的工作。

当激活 I^2C 总线时，P87LPC764 端口 1 中的 P1.2 与 P1.3 分别作为 SCA 和 SDA 行使 I^2C 总线功能。其 I^2C 总线由 3 个特殊功能寄存器控制，分别为 I^2C 控制寄存器 I^2CON、I^2C 配置寄存器 I^2CFG 和 I^2C 数据寄存器 I^2CDAT。

(3) 总线显示器件 SAA1064

SAA1064 是 I^2C 总线系统中典型的 LED 驱动控制器件，为双极型集成电路，有 2×8 位输出驱动接口，可静态驱动 2 位或动态驱动 4 位 8 段 LED 显示器。SAA1064 的器件地址为 0111，其引脚地址端 ADR 按输入电平大小将 A1A0 编为 4 个不同的从地址，所以在 1 个 I^2C 总线系统中最多可以挂接 4 片 SAA1064，实现 16 位 LED 显示。

(4) I^2C 总线的数据传输方式

① 数据格式

数据中每个字节长度为 8 位，每个字节后紧跟一个应答位。

② 数据识别方法

- 识别相关时钟脉冲

I^2C 总线系统中主器件在传送完每一个字节后，在 SCA 线上产生一个识别相关时钟脉冲，发送器释放 SDA 线(保持为高)，而接收器将 SDA 拉为低电平，同时发出应答信号准备接收数据。

- 停止传输的两种情况

被寻址的接收器在接收每一个字节后产生应答信号位，如果某个从接收器没有产生应答信号，数据线 SDA 必须由从机变为高电平，然后再由主器件产生停止信号。

如果从接收器识别出从器件地址，但是没有接收到数据，那么采取以下方式发出停止传输信号：从器件在第一个字节后不产生应答位，由主器件发出停止信号。

③ 器件竞争问题的解决

在信号发送过程中，当 SCA 线为高电平时 I^2C 总线上多器件的数据传输会在 SDA 线上产生竞争，造成数据传输混乱。因此，I^2C 总线硬件中设置了竞争裁决电路来解决这一问题，

SCA 线上的时钟信号是所有主器件产生的时钟信号“线与”产生的。

④ 数据传输的寻址方式

从器件地址由两部分组成:固定部分由厂家确定器件名称,可编程部分决定系统中可以连接这种器件的最大数目。例如,一个器件地址有 4 位可编程位,那么同一个 I^2C 总线上能够连接 $16(2^4)$个这样的器件。

11.4.3 检测系统网络化技术

随着仪器自动化、智能化水平的提高,多台仪器联网已推广应用,虚拟仪器、三维多媒体等新技术开始实用化。因此通过互联网,仪器用户之间可异地交换信息和浏览界面,厂商能直接与异地用户交流,及时完成如仪器故障诊断、指导用户维修或交换新仪器改进的数据、软件升级等工作。仪器操作过程更加简化,功能更换和扩展更加方便。网络化是今后测试技术发展的必然趋势。

以互联网为代表的计算机网络迅速发展及相关技术的日益完善,使测控系统的远程数据采集与控制、测量仪器设备资源的远程实时调用、远程设备故障诊断等功能得以实现。与此同时,随着高性能、高可靠性、低成本的网关、路由器、中继器及网络接口芯片等网络互联设备的出现,互联网、不同类型测控网络、企业网络之间的互联变得十分容易。利用现有互联网资源而无须建立专门的拓扑网络,使用户组建测控网络、企业内部网络以及建立与互联网的连接都十分方便,这就为实现智能检测系统网络化提供了便利条件。利用网络技术,原有的基于计算机测量体系中的基本组件,如 I/O 接口、中央处理器、存储器和显示设备等,根据应用的需要分布到各个地方,例如,可以将 I/O 操作测试模块安置在数据采集前沿,将数据分析处理模块分布在控制中心,将数据存储以及信息分析模块安置在后台数据库系统中;同时把分析结果通过网络显示分布在各地的 Web 浏览器中,从而形成了网络化的测量系统。

1. 网络化测量系统的构成

网络化测量系统包含数据采集、数据分析和数据表示 3 个模块,并分别在测量节点、测量分析服务器和测量浏览器中实现,如图 11.24 所示。

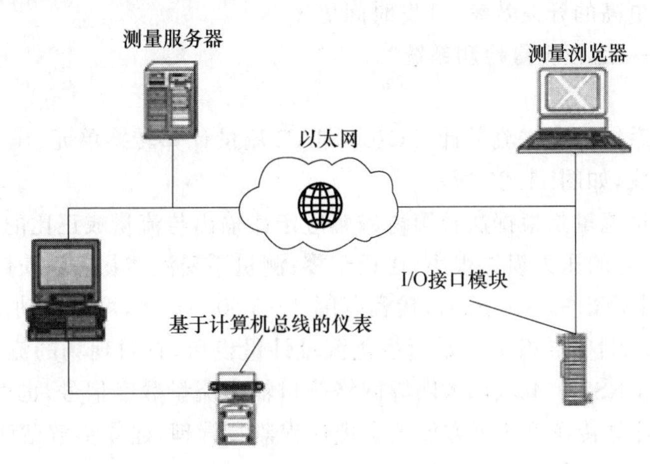

图 11.24 网络化测量系统

测量节点是能在网络中单独使用的数据采集设备,它们的形式有数据 I/O 模块、与网络相连的高速数据采集单元和连接到网络上的配置测量插卡的计算机。这些测量节点可以实现数据采集功能，并具有一定的数据分析功能，可以将原始数据或分析后的数据信息发布到网络中。

测量服务器是网络中的一台计算机，它能够管理大容量数据通道，进行数据记录和数据监控，用户可用测量服务器来存储数据并对测量结果进行分析处理。

测量浏览器是一台具有浏览功能的计算机，用来查看测量节点，查看测量服务器所发布的测量结果或经过分析的数据。

由图 11.24 可知，一个现代网络测量系统主要包括以下几个部分。

(1) 计算机

计算机是网络测量系统的核心，它能够迅速完成复杂的运算，并存储大量的测试数据。

在网络测量系统中，计算机可以表现出各种不同的形式。实际上，许多测试平台本身就是一台计算机，例如，诞生于 20 世纪 80 年代的 VX1 标准就是基于 VMEbus 总线的。随着计算机和工业自动化的发展，出现了下一代测试平台——PXI 测试平台——一个体积更小、费用更低、性能更高的基于 CompactPCI 总线的测试平台。

(2) 高速的 I/O 接口

在网络测量系统中，为了提高系统的效率，必须把采集来的数据快速地传递到计算机中去，以便在计算机中完成大部分测试计算和分析功能。

(3) 网络连接

网络连接已经成为测量技术中不可缺少的部分，利用它可以实现数据采集和数据管理以及通过互联网发布数据到其他测试系统。

(4) 测试仪器

基于计算机的网络测量系统中另一重要部分就是测试仪器，其功能是采集数据经过模数转换传递到计算机中。

(5) 测试软件

测试软件把基于计算机的网络测量中的所有组件紧密结合起来。软件的体系结构是结构化、模块化的体系结构，采用该体系结构使得基于计算机的测试系统各测试组件紧密结合，从而使得开发者具有更高的开发效率，开发时间更短。

2. 应用实例——远程流量检测系统

(1) 系统组成

远程流量检测系统由电磁流量计、FC2000-IAE 流量计算转换单元、压力温度补偿装置及计算机网络设备组成，如图 11.25 所示。

电磁流量计测量流量是根据法拉第电磁感应定律输出与流量成正比的电压信号。电磁流量计测量导电液体；它的压力损失很小，接近于零；测量不受液体物理性质影响，可测腐蚀性液体；仪表的通径范围宽(2～1 600 mm)，量程范围 2～5 000 m^3/h，可测脉动流。

FC2000-IAE 流量计算转换单元是网络化流量计量设备，它对现场的流量相关信号进行采集、补偿运算后，通过 RS232/485、以太网等网络接口输出流量数字信号，也可以输出 4～20 mA 电流信号。该流量计算转换单元可方便地实现远程监督管理，建立集散型计量管理网络。

FC2000-IAE 流量计算转换单元可完成温度、压力、湿度、密度及组分等补偿运算。节流式流量计的流出系数 C、流束可膨胀系数 ε、压缩系数 Z 等参数可作为动态量进行实时逐点运算以实现宽量程。FC2000-IAE 还具有历史数据存储、报警记录、仪表断电及修改参数设置等审计记录功能。

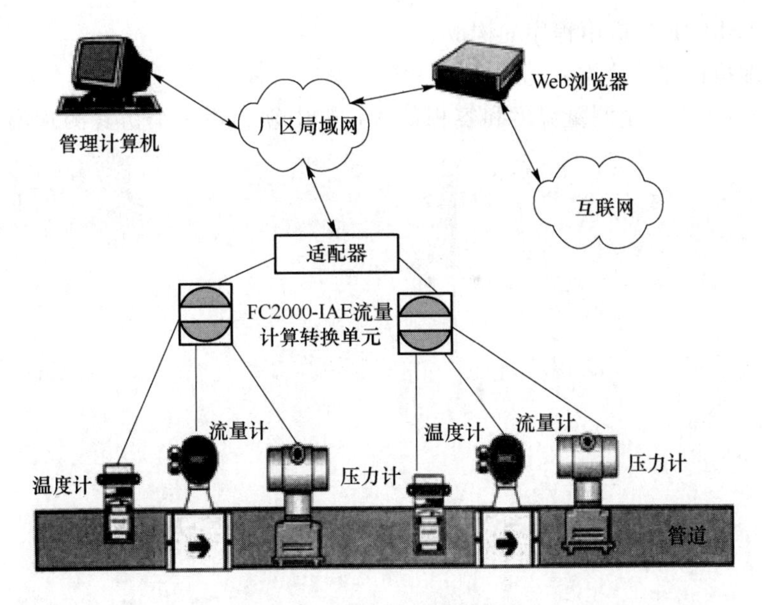

图 11.25 远程流量检测系统

(2) 系统功能实现

首先,通过上位机中的组态软件对网络中 FC2000-IAE 流量计算转换单元进行组态,设置数据采集及网络通信等相关参数;然后,运行诊断程序,确定系统内各个设备工作正常后,由上位机发出指令进行流量信号采集;最后,FC2000-IAE 流量计算转换单元采集流量、温度及压力参数后,在内部根据实际流量与现场压力温度的函数关系进行补偿运算,以此消除现场环境因素对被测量的影响。经过 FC2000-IAE 流量计算转换单元处理后的流量信号通过 RS232、RS485 接口及网络适配器连接到局域网上,并将信息发送至上位机进行显示、存储。同时,信息也可发送至 Web 浏览器通过互联网实现信息远程共享。远程流量检测系统如图 11.25 所示。

课程思政

本章习题

1. 什么是虚拟仪器?与传统仪器相比,虚拟仪器有什么特点?
2. 虚拟仪器有几种构成方式?各有什么特点?
3. 简述 LabVIEW 软件的特点与功能。
4. 什么是现场总线?现场总线控制系统有何优点?现场总线控制系统由哪几部分组成?
5. 与现场总线相比,以太网具有哪些优势?
6. 什么是无线传感器网络?无线传感器网络由哪几部分构成?
7. 简述 ZigBee 无线传感网通信的特点。
8. 什么是智能检测系统?智能检测系统由哪几部分组成?
9. 网络化测量系统有何特点?网络化测量系统由哪几部分构成?
10. 简述现代检测技术的发展趋势。
11. 简述虚拟仪器的主要特点。
12. LabVIEW 是什么?

13. 简述 LabVIEW 应用程序的构成。

14. 简述虚拟仪器的分类。

15. 设计题:建立一个测量温度和容积的 VI,其中须调用一个仿真测量温度和容积的传感器子 VI。

第12章 传感器在工程检测中的应用

在工业生产过程及工程检测中，为了对各种工业参数（如压力、温度、流量、物位等）进行检测与控制，首先要把这些参数转换成便于传送的信息，这就要用到各种传感器，把传感器与其他装置组合在一起，组成一个检测系统或调节系统，完成对工业参数的检测与控制。

考虑到系统中传感器与其他装置的兼容性与互换性，它们之间是用标准信号进行传输的，这些标准信号都是符合国际标准的信号。国际电工委员会（IEC）规定了国际统一信号，过程控制系统的模拟直流电流信号为 4～20 mA，模拟直流电压信号为 1～5 V。对一般输出为非标准信号的传感器，需把传感器的输出信号通过变送器（或变送器功能模块电路）变换成标准信号。有了统一的信号形式和数值范围，无论是仪表还是计算机，只要有同样的输入电路或接口，就可以从各种变送器获得被测变量的信息，而且便于组成检测系统或控制系统。

课件 PPT

下面重点介绍工程检测中应用的传感器。

12.1 温度测量

温度是工业生产和科学实验中一个非常重要的参数。物体的许多物理现象和化学性质都与温度有关，许多生产过程都是在一定的温度范围内进行的，需要测量温度和控制温度。因此温度测量的场合及其广泛，对温度测量的准确度有更高的要求。科学技术的发展使得测温技术迅速发展，如测温范围不断拓宽，测温精度不断提高，新的测温传感器不断出现（如光纤温度传感器、微波温度传感器、超声波温度传感器、核磁共振温度传感器等新颖测温传感器在一些领域获得了广泛的应用）。

12.1.1 温度概述

1. 温度与温标

温度是表征物体冷热程度的物理量。温度不能直接加以测量，只能借助于冷热不同的物体之间的热交换，以及物体的某些物理性质随着冷热程度不同而变化的特性间接测量。

为了定量地描述温度的高低，必须建立温度标尺（温标），温标就是温度的数值表示。各种温度计和温度传感器的温度数值均由温标确定。历史上提出过多种温标，如早期的经验温标

(摄氏温标和华氏温标),理论上的热力学温标,当前世界通用的是国际温标。热力学温标是以热力学第二定律为基础的一种理论温标,热力学温标确定的温度数值为热力学温度(符号为 T),单位为开尔文(符号为 K)。

国际温标是国际协议性温标,它是一个既能体现热力学温标(保证较高的准确度),使用方便,又容易实现的温标。建立国际温标需要三个必要条件:一是要有定义温度的固定点,一般利用一些纯物质可复现的平衡态温度作为定义温度的固定点;二是要有在不同温度范围内复现温度的基准仪器,如标准铂电阻温度计、标准光学高温计等;三是要有固定点温度间的内插公式,这些公式建立了标准仪器示值与国际温标数值间的关系。国际温标自 1927 年拟定以来几经修改而不断完善,目前实行的是 1990 年的国际温标(ITS-90),它取代了早先推行的 IPTS-68。国际温标规定仍以热力学温度作为基本温度,1K 等于水三相点热力学温度的 1/273.16。它同时定义了国际开尔文温度(符号 T_{90})和国际摄氏温度(符号 t_{90}),T_{90} 和 t_{90} 之间的关系为:

$$t_{90} = T_{90} - 273.15 \tag{12-1}$$

式中,t_{90} 的单位为℃,T_{90} 的单位为 K。在实际应用中,一般直接用 t 和 T 代替 t_{90} 和 T_{90}。

2. 温度测量的主要方法和分类

(1) 温度传感器的组成

在工程中无论是简单的还是复杂的测温传感器,就测量系统的功能而言,通常由现场的感温元件和控制室的显示装置两部分组成,如图 12.1 所示。简单的温度传感器往往是把温度传感器和显示器组成一体的,对这样一种传感器一般在现场使用。

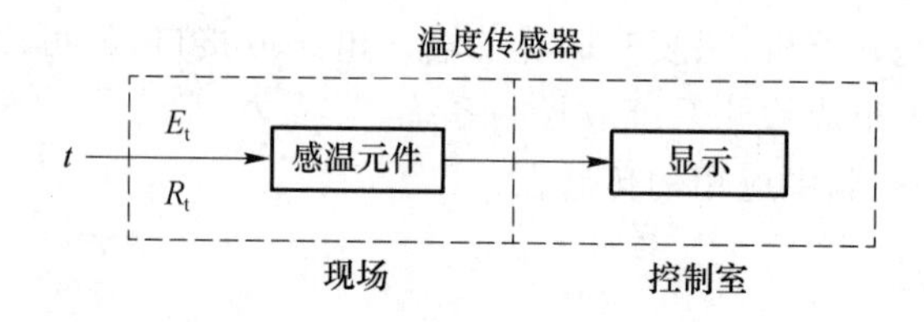

图 12.1 温度传感器组成框图

(2) 温度测量方法及分类

测量方法按感温元件是否与被测介质接触,可以分成接触式测温方法与非接触式测温方法两大类。

接触式测温方法是使温度敏感元件和被测介质相接触,当被测介质与感温元件达到热平衡时,温度敏感元件与被测介质的温度相等。这类温度传感器具有结构简单、工作可靠、精度高、稳定性好、价格低廉等优点,是目前应用最多的一类。

非接触式测温方法是应用物体的热辐射能量随温度的变化而变化的原理。众所周知,物体辐射能的大小与温度有关,并且以电磁波形式向四周辐射,当选择合适的接收检测装置时,便可测得被测对象发出的热辐射能量并且转换成可测量和显示的各种信号,实现温度的测量。非接触式温度传感器理论上不存在接触式温度传感器的测量滞后和应用范围上的限制,可测高温、腐蚀、有毒、运动物体及固体、液体表面的温度,不干扰被测温度场,但精度较低,使用不太方便。

温度测量方法及其常用测温仪表(传感器)见表 12.1。

表 12.1 温度测量方法及其传感器

测量方法	测温原理		温度传感器及其仪表
接触式	体积变化	固体热膨胀	双金属温度计
		液体热膨胀	玻璃管液体温度计
		气体热膨胀	气体温度计、充气式压力温度计
	电阻变化		金属电阻温度传感器 半导体热敏电阻
接触式	热电效应		贵金属热电偶(铂铑-铂、铂铑-铂铑、钨-铼等) 普通金属热电偶(镍铬-镍硅、镍铬-铜镍等) 非金属热电偶(石墨-碳化钛、W_{si2}-MoSi2 等)
	频率变化		石英晶体温度传感器
	光学特性		光纤温度传感器、液晶温度传感器
	声学特性		超声波温度传感器
非接触式	热辐射	亮度法	光学高温计、光电亮度高温计
		全辐射法	全辐射高温计
		比色法	比色高温计
		红外法	红外温度传感器
	气流变化		射流温度传感器

12.1.2 膨胀式温度传感器

根据液体、固体、气体受热时产生热膨胀的原理,这类温度传感器有液体膨胀式、固体膨胀式和气体膨胀式。

1. 液体膨胀式

液体膨胀式是利用液体受热后体积膨胀的原理来测量温度的。在有刻度的细玻璃管里充入液体(称为工作液,如水银、酒精等)就构成了液体膨胀式温度计(又称玻璃管液体温度计),如图 12.2 所示。玻璃管液体温度计结构简单,使用方便,精确度高,价格低廉。这种温度计远不能算传感器,它只能就地指示温度。

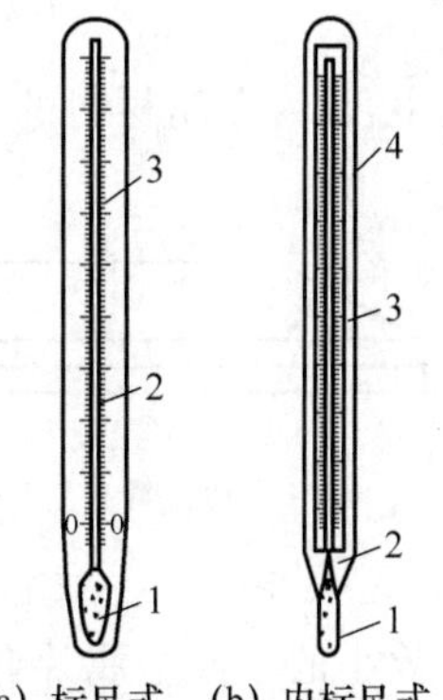

(a) 标尺式 (b) 内标尺式

1—玻璃温包; 2—毛细管;
3—刻度标尺; 4—玻璃外壳

图 12.2 玻璃管液体温度计

玻璃管液体温度计按用途可分为工业、标准和实验室三种。工业用的玻璃管液体温度计,它一般做成内标尺式的,在玻璃管外面有金属保护套管,避免使用时碰伤。其尾部有直的或弯成 90°角及 135°角的,如图 12.3 所示。

玻璃管液体温度计还可以做成电接点式,对设定的某一温度发出开关信号或进行位式控制,有固定式和可调式两种。图 12.4 所示为可调式电接点温度计的结构图,它有两根引出线,一根与感温泡中的水银相通,另一根与毛细管中的铂丝相通。旋转顶部的调节螺母,可使毛细管内的铂丝根据设定温度上下移动,当升至设定温度时,铂丝与水银柱接通,反之断开,这种温度计既可指示,又能发出通断信号,常用于温度测量和双位控制。

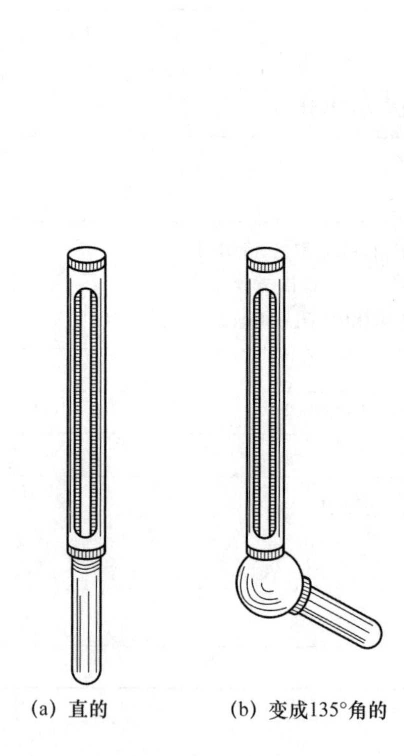

图 12.3　工业用玻璃管液体温度计

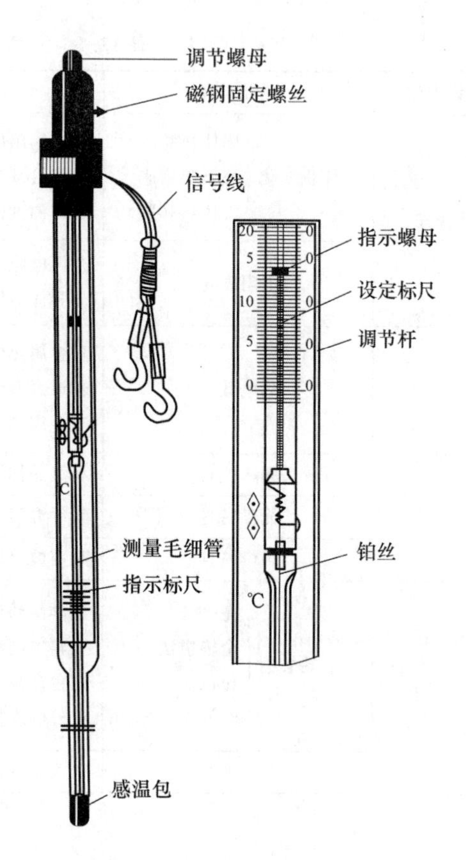

图 12.4　可调式电接点温度计

2. 固体膨胀式

固体膨胀式是利用膨胀系数不一样的两种金属，在经受同样的温度变化时，其长度的变化量不同的原理来测量温度的。长度差值 ΔL 与温度的关系为：

$$\Delta L = L(\beta_1 - \beta_2)\Delta t \tag{12.2}$$

式中：L 为金属材料的长度；β_1，β_2 分别为两种金属的线膨胀系数；Δt 为温度变化量。

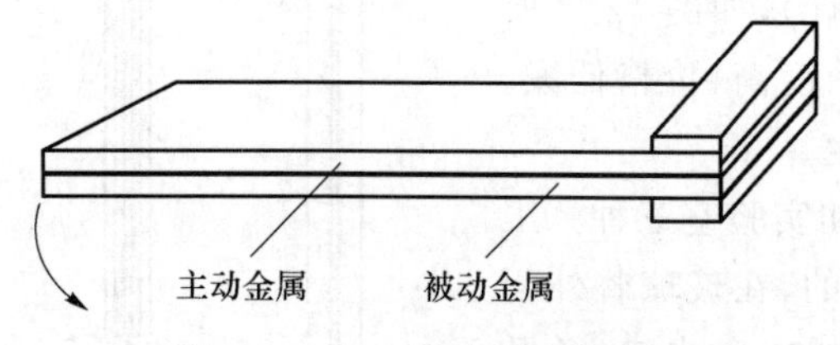

图 12.5　双金属片的基本结构

固体膨胀式温度计中用得比较多的是双金属温度计，双金属温度计的温度传感元件是双金属片。双金属片由两种线膨胀系数差别比较大的金属紧固结合而成，一端固定，另一端自由，如图 12.5 所示。当温度升高时，膨胀系数大的金属片伸长量大，使整个双金属片向膨胀系数小的一面金属片弯曲，温度越高，弯曲程度越大。双金属片的弯曲程度与温度的高低有对应的关系，从而可用双金属片的弯曲程度来指示温度。为提高灵敏度，常把双金属片作成螺旋形。图 12.5 为双金属温度计的结构示意图，螺旋形双金属片一端固定，另一端连接指针轴，当温度变化时，双金属片弯曲变形，通过指针轴带动指针偏转显示温度。它常用于测量 −80～600 ℃范围的温度，抗震性能好，读数方便，但精度不太高，用于工业过程测温、上下限报警和控制。

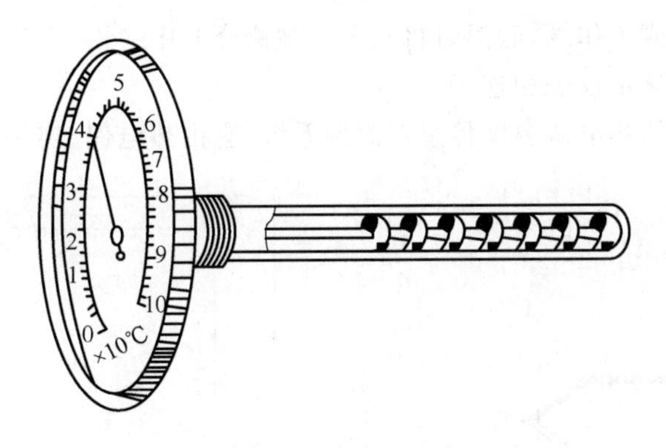

图 12.6 双金属温度计结构示意图

3. 气体膨胀式

气体膨胀式是利用封闭容器中的气体压力随温度升高而升高的原理来测温的，利用这种原理测温的温度计又称压力计式温度计，如图 12.7 所示。温包、毛细管和弹簧管三者的内腔构成一个封闭容器，其中充满工作物质（如气体常为氮气），工作物质的压力经毛细管传给弹簧管，使弹簧管产生变形，并由传动机构带动指针，指示出被测温度的数值。温包内的工作物质也可以是液体（如甲醇、二甲苯、甘油等）或低沸点液体的饱和蒸气（如乙醚、氯乙烷、丙酮等），温度变化时，温包内液体受热膨胀使液体或饱和蒸气的压力发生变化，属液体膨胀式的压力温度计。压力温度计结构简单，抗振及耐腐蚀性能好，与微动开关组合可作温度控制器用，但它的测量距离受毛细管长度限制，一般充液体可达 20m，充气体或蒸气可达 60m。

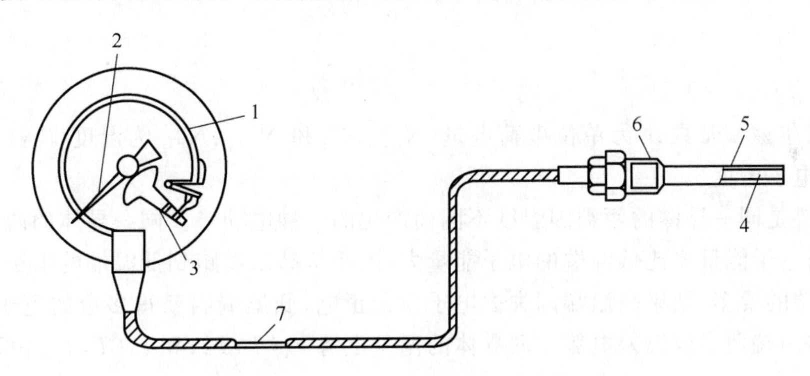

1—弹簧管；2—指针；3—传动机构；4—工作介质；
5—温包；6—螺纹连接件；7—毛细管

图 12.7 压力式温度计结构示意图

12.1.3 热电偶传感器

热电偶是工程上应用广泛的温度传感器。它具有构造简单，使用方便，准确度高，热惯性小，稳定性及复现性好，温度测量范围宽，适于信号的远传、自动记录和集中控制等优点，在温度测量中占有重要的地位。

1. 热电偶测温原理

两种不同材料的导体（或半导体）组成一个闭合回路（如图 12.8 所示），当两接点温度 T 和 T_0 不同时，在该回路中就会产生电动势，这种现象称为热电效应，该电动势称为热电势。这两种不同材料的导体或半导体的组合称为热电偶，导体 A、B 称为热电极。两个接点，一个称为热端，又称测量端或工作端，测温时将它置于被测介质中；另一个称为冷端，又称参考端或自由端，它通过导线与显示仪表相连。

图 12.9 是最简单的热电偶温度传感器测温系统，它由热电偶、连接导线及显示仪表构成。

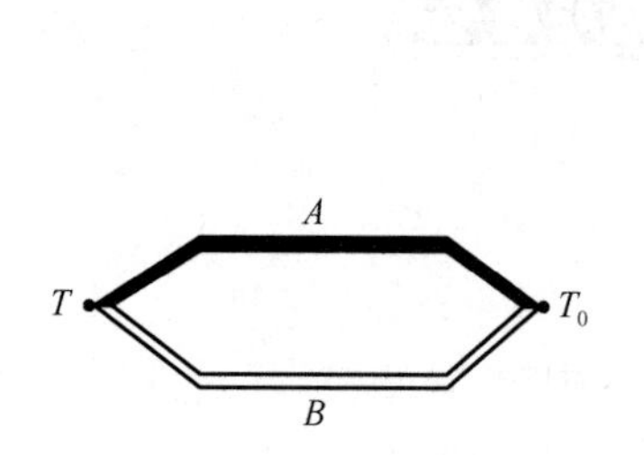

图 12.8 热电偶回路

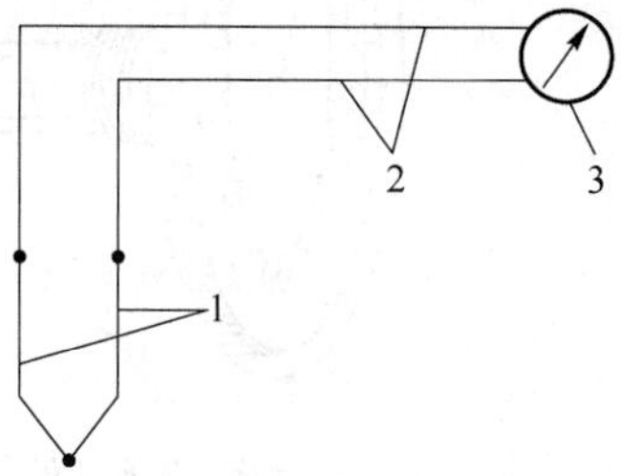

1—热电偶；2—连接导线；3—显示仪表

图 12.9 热电偶温度传感器测温系统

在图 12.8 所示的回路中，所产生的热电势由两部分组成：接触电势和温差电势。

接触电势是由于两种不同导体的自由电子密度不同而在接触处形成的电动势。两种导体接触时，自由电子由密度大的导体向密度小的导体扩散，在接触处失去电子一侧带正电，得到电子一侧带负电，扩散达到动平衡时，在接触面的两侧就形成稳定的接触电势。接触电势的数值取决于两种不同导体的性质和接触点的温度。两接点的接触电势 $e_{AB}(T)$ 和 $e_{AB}(T_0)$ 可表示为：

$$e_{AB}(T) = \frac{KT}{e}\ln\frac{N_{AT}}{N_{BT}} \tag{12-3}$$

$$e_{AB}(T_0) = \frac{KT_0}{e}\ln\frac{N_{AT_0}}{N_{BT_0}} \tag{12-4}$$

式中：K 为波尔兹曼常数；e 为单位电荷电量；N_{AT}、N_{BT} 和 N_{AT_0}、N_{BT_0} 为温度 T 和 T_0 时，A、B 两种材料的电子密度。

温差电势是同一导体的两端因温度不同而产生的一种电动势。同一导体的两端温度不同时，高温端的电子能量要比低温端的电子能量大，因而从高温端跑到低温端的电子数比从低温端跑到高温端的要多，结果高温端因失去电子而带正电，低温端因获得多余的电子而带负电，因此，在导体两端便形成温差电势。两导体的温差电势 $e_A(T,T_0)$ 和 $e_B(T,T_0)$ 由下面的公式给出：

$$e_A(T,T_0) = \frac{K}{e}\int_{T_0}^{T}\frac{1}{N_{At}}\frac{d(N_{At}t)}{dt}dT \tag{12-5}$$

$$e_B(T,T_0) = \frac{K}{e}\int_{T_0}^{T}\frac{1}{N_{Bt}}\frac{d(N_{Bt}t)}{dt}dT \tag{12-6}$$

式中，N_{At} 和 N_{Bt} 分别为 A 导体和 B 导体的电子密度，是温度的函数。

在图 12.8 所示的热电偶回路中产生的总热电势为：

$$E_{AB}(T,T_0) = e_{AB}(T) + e_B(T,T_0) - e_{AB}(T_0) - e_A(T,T_0) \tag{12-7}$$

在总热电势中，温差电势比接触电势小很多，可忽略不计，则热电偶的热电势可表示为：

$$E_{AB}(T,T_0) = e_{AB}(T) - e_{AB}(T_0) \tag{12-8}$$

对于已选定的热电偶，当参考端温度 T_0 恒定时，$e_{AB}(T_0)=c$ 为常数，则总的热电动势就只与温度 T 呈单值函数关系，即：

$$E_{AB}(T,T_0) = e_{AB}(T) - c = f(T) \tag{12-9}$$

这一关系式在实际测量中是很有用的，即只要测出 $E_{ab}(T,T_0)$ 的大小，就能得到被测温度 T，这就是利用热电偶测温的原理。

利用热电偶测温，还要掌握热电偶基本定律。下面引述几个常用的热电偶定律。

2. 热电偶基本定律

(1) 均质导体定律

由两种均质导体组成的热电偶，其热电动势的大小只与两材料及两接点温度有关，与热电偶的大小尺寸、形状及沿电极各处的温度分布无关。即如材料不均匀，当导体上存在温度梯度时，将会有附加电动势产生。这条定理说明，热电偶必须由两种不同性质的均质材料构成。

(2) 中间导体定律

利用热电偶进行测温，必须在回路中引入连接导线和仪表，接入导线和仪表后会不会影响回路中的热电势呢？中间导体定律说明，在热电偶测温回路内，接入第三种导体时，只要第三种导体的两端温度相同则对回路的总热电势没有影响。

图 12.10 为接入第三种导体热电偶回路的两种形式。在图 12.10(a)所示的回路中，由于温差电势可忽略不计，则回路中的总热电势等于各接点的接触电势之和，即：

$$E_{ABC}(t,t_0)=e_{AB}(t)+e_{BC}(t_0)+e_{CA}(t_0) \tag{12-10}$$

当 $t=t_0$ 时，有

$$e_{BC}(t_0)+e_{CA}(t_0)=-e_{AB}(t_0) \tag{12-11}$$

将式(12-11)代入式(12-10)中得：

$$E_{ABC}(t,t_0)=e_{AB}(t)-e_{AB}(t_0)=E_{AB}(t,t_0) \tag{12-12}$$

式(12-12)表明，接入第三种导体后，并不影响热电偶回路的总热电势。图 12.10(b)所示的回路可以得到相同的结论。同理，在热电偶回路中加入第四、第五种导体后，只要加入的每一种导体两端温度相等，同样不影响回路中的总热电势。这样就可以用导线从热电偶冷端引出，并接到温度显示仪表或控制仪表，组成相应的温度测量或控制回路。

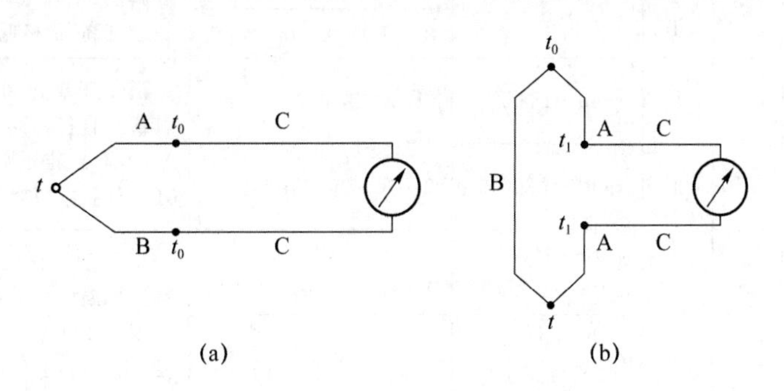

图 12.10 具有三种导体的热电偶回路

(3) 中间温度定律

在热电偶测温回路中，t_c 为热电极上某一点的温度，热电偶 AB 在接点温度为 t、t_0 时的热电势 $E_{AB}(t,t_0)$ 等于热电偶 AB 在接点温度 t、t_c 和 t_c、t_0 时的热电势 $E_{AB}(t,t_c)$ 和 $E_{AB}(t_c,t_0)$ 的代数和(如图 12.11 所示)，即：

$$E_{AB}(t,t_0)=E_{AB}(t,t_c)+E_{AB}(t_c,t_0) \tag{12-13}$$

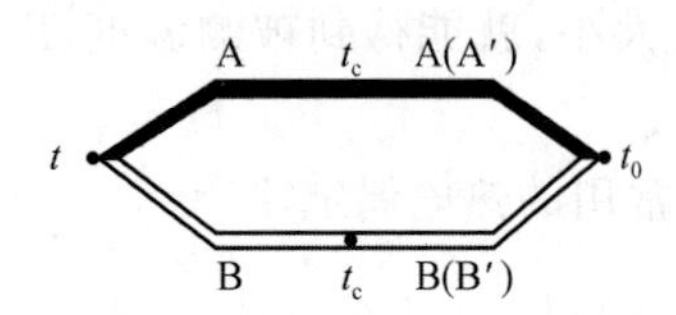

图 12.11　中间温度定律

该定律是参考端温度计算修正法的理论依据，在实际热电偶测温回路中，利用热电偶这一性质，可对参考端温度不为 0 ℃的热电势进行修正。另外根据这个定律，可以连接与热电偶热电特性相近的导体 A′和 B′(如图 12.11 所示)，将热电偶冷端延伸到温度恒定的地方，这就为热电偶回路中应用补偿导线提供了理论依据。

3. 热电偶类型

理论上讲，任何两种不同材料的导体都可以组成热电偶，但为了准确可靠地测量温度，对组成热电偶的材料必须经过严格的选择。工程上用于热电偶的材料应满足以下条件：热电势变化尽量大，热电势与温度关系尽量接近线性关系，物理、化学性能稳定，易加工，复现性好，便于成批生产，有良好的互换性。

实际上并非所有材料都能满足上述要求。目前在国际上被公认比较好的热电偶材料只有几种。国际电工委员会(IEC)向世界各国推荐 8 种标准化热电偶。所谓标准化热电偶，就是它已列入工业标准化文件中，具有统一的分度表。我国已采用 IEC 标准生产热电偶，表 12.2 为我国采用的几种标准化热电偶的型号(也称分度号)、主要性能和特点。

表 12.2　标准化热电偶的主要性能和特点

热电偶名称	分度号		允许偏差①			特点
	新	IH	等级	适用温度	允差值(±)	
铜-铜镍	T	CK	Ⅰ	−40～350 ℃	0.5 ℃或 0.004×|t|	测温精度高，稳定性好，低温时灵敏度高，价格低廉。适用于范围为−200～400 ℃内的测温
			Ⅱ		1 ℃或 0.007 5×|t|	
镍铬-铜镍	E	—	Ⅰ	−40～800 ℃	1.5 ℃或 0.004×|t|	适用于氧化及弱还原性气氛中测温，按其偶丝直径不同，测温范围为−200～900 ℃。稳定性好，灵敏度高，价格低廉
			Ⅱ	−40～900 ℃	2.5 ℃或 0.007 5×|t|	
铁-铜镍	J	—	Ⅰ	−40～750 ℃	1.5 ℃或 0.004×|t|	适用于氧化、还原气氛中测温，亦可在真空、中性气氛中测温，稳定性好，灵敏度高，价格低廉
			Ⅱ		2.5 ℃或 0.007 5×|t|	
镍铬-镍硅	K	EU-2	Ⅰ	−40～1 000 ℃	1.5 ℃或 0.004×|t|	适用于氧化和中性气氛中测温，按其偶丝直径不同，测温范围为−200～1 300 ℃。若外加密封保护管，还可在还原气氛中短期使用
			Ⅱ	−40～1 200 ℃	2.5 ℃或 0.007 5×|t|	
铂铑$_{10}$-铂	S	LB-3	Ⅰ	0～1 100 ℃ 1 100～1 600 ℃	1 ℃ 1+(t−1 000)×0.003	适用于氧化气氛中测温，其长期最高使用温度为 1 300 ℃，短期最高使用温度为 1 600 ℃。使用温度高，性能稳定，精度高，但价格高
			Ⅱ	0～600 ℃ 600～1 600 ℃	1.5 ℃ 0.002 5×|t|	
铂铑$_{30}$-铂铑$_6$	B	LL-2	Ⅰ	600～1 700℃	1.5 ℃或 0.005×|t|	适用于氧化性气氛中测温，其长期最高使用温度为 1 600 ℃，短期最高使用温度为 1 800 ℃，稳定性好，测量温度高。参比端温度在 0～40 ℃范围内可以不补偿
			Ⅱ	600～800 ℃ 800～1 700 ℃	4 ℃ 0.005×|t|	

说明：①此栏中 t 为被测温度(℃)，在同一栏给出的两种允差值中，取绝对值较大者。

表中所列的每一种热电偶中前者为热电偶的正极，后者为负极。目前工业上常用的有四种标准化热电偶，即铂铑$_{30}$-铂铑$_6$，铂铑$_{10}$-铂，镍铬-镍硅和镍铬-铜镍(我国通常称为镍铬-康铜)热电偶，分度表如表 12.3～表 12.6 所示。

表 12.3 S型(铂铑$_{10}$-铂)热电偶分度表

分度号:S (参考端温度为 0 ℃)

测量端温度/℃	0	10	20	30	40	50	60	70	80	90
	热电动势/mV									
0	0.000	0.055	0.113	0.173	0.235	0.299	0.365	0.432	0.502	0.573
100	0.645	0.719	0.795	0.872	0.950	1.029	1.109	1.190	1.273	1.356
200	1.440	1.525	1.611	1.698	1.785	1.873	1.962	2.051	2.141	2.232
300	2.323	2.414	2.506	2.599	2.692	2.786	2.880	2.974	3.069	3.164
400	3.260	3.356	3.452	3.549	3.645	3.743	3.840	3.938	4.036	4.135
500	4.234	4.333	4.432	4.532	4.632	4.732	4.832	4.933	5.034	5.136
600	5.237	5.339	5.442	5.544	5.648	5.751	5.855	5.960	6.064	6.169
700	6.274	6.380	6.486	6.592	6.699	6.805	6.913	7.020	7.128	7.236
800	7.345	7.454	7.563	7.672	7.782	7.892	8.003	8.114	8.225	8.336
900	8.448	8.560	8.673	8.786	8.899	9.012	9.126	9.240	9.355	9,470
1 000	9.585	9.700	9.816	9.932	10.048	10.165	10.282	10.400	10.517	10.635
1 100	10.754	10.872	10.991	11.110	11.229	11.348	11.467	11.587	11.707	11.827
1 200	11.947	12.067	12.188	12.308	12.429	12.550	12.671	12.792	12.913	13.034
1 300	13.155	13.276	13.397	13.519	13.640	13.761	13.883	14.004	14.125	14.247
1 400	14.368	14.489	14.610	14.731	14.852	14.973	15.094	15.215	15.336	15.456
1 500	15.576	15.697	15.817	15.937	16.057	16.176	16.296	16.415	16.534	16.653
1 600	16.771	16.890	17.008	17.125	17.245	17.360	17.477	17.594	17.711	17.826

表 12.4 B型(铂铑$_{30}$-铂铑$_{6}$)热电偶分度表

分度号:B (参考端温度为 0 ℃)

测量端温度/℃	0	10	20	30	40	50	60	70	80	90
	热电动势/mV									
0	−0.000	−0.002	−0.003	−0.002	0.000	0.002	0.006	0.011	0.017	0.025
100	0.033	0.043	0.053	0.065	0.078	0.092	0.107	0.123	0.140	0.159
200	0.178	0.199	0.220	0.243	0.266	0.291	0.317	0.344	0.372	0.401
300	0.431	0.462	0.494	0.527	0.561	0.596	0.632	0.669	0.707	0.746
400	0.786	0.827	0.870	0.913	0.957	1.002	1.048	1.095	1.143	1.192
500	1.241	1.292	1.344	1.397	1.450	1.505	1.560	1.617	1.674	1.732
600	1.791	1.851	1.912	1.974	2.036	2.100	2.164	2.230	2.296	2.363
700	2.430	2.499	2.569	2.639	2.710	2.782	2.855	2.928	3.003	3.078
800	3.154	3.231	3.308	3.387	3.466	3.546	3.626	3.708	3.790	3.873
900	3.957	4.041	4.126	4.212	4.298	4.386	4.474	4.562	4.652	4.742
1 000	4.833	4.924	5.016	5.109	5.202	5.297	5.391	5.487	5.583	5.680
1 100	5.777	5.875	5.973	6.073	6.172	6.273	6.374	6.475	6.577	6.680
1 200	6.783	6.887	6.991	7.096	7.202	7.308	7.414	7.521	7.628	7.736

续 表

测量端温度/℃	0	10	20	30	40	50	60	70	80	90
	热电动势/mV									
1 300	7.845	7.953	8.063	8.172	8.283	8.393	8.504	8.616	8.727	8.839
1 400	8.952	9.065	9.178	9.291	9.405	9.519	9.634	9.748	9.863	9.979
1 500	10.094	10.210	10.325	10.441	10.558	10.674	10.790	10.907	11.024	11.141
1 600	11.257	11.374	11.491	11.608	11.725	11.842	11.959	12.076	12.193	12.310
1 700	12.426	12.543	12.659	12.776	12.892	13.008	13.124	13.239	13.354	13.470
1 800	13.585									

表 12.5 K 型(镍铬-镍硅)热电偶分度表

分度号:K　　　　(参考端温度为 0 ℃)

测量端温度/℃	0	10	20	30	40	50	60	70	80	90
	热电动势/mV									
−0	−0.000	−0.392	−0.777	−1.156	1.527	−1.889	−2.243	−2.586	−2.920	−3.242
+0	0.000	0.397	0.798	1.203	1.611	2.022	2.436	2.850	3.266	3.681
100	4.095	4.508	4.919	5.327	5.733	6.137	6.539	6.939	7.338	7.737
200	8.137	8.537	8.938	9.341	9.745	10.151	10.560	10.969	11.381	11.793
300	12.207	12.623	13.039	13.456	13.874	14.292	14.712	15.132	15.552	15.974
400	16.395	16.818	17.241	17.664	18.088	18.513	18.938	19.363	19.788	20.214
500	20.640	21.066	21.493	21.919	22.346	22.772	23.198	23.624	24.050	24.476
600	24.902	25.327	25.751	26.176	26.599	27.022	27.445	27.867	28.288	28.709
700	29.128	29.547	29.965	30.383	30.799	31.214	31.629	32.042	32.455	32.866
800	33.277	33.686	34.095	34.502	34.909	35.314	35.718	36.121	36.524	36.925
900	37.325	37.724	38.122	38.519	38.915	39.310	39.703	40.096	40.488	40.897
1 000	41.269	41.657	42.045	42.432	42.817	43.202	43.585	43.968	44.349	44.729
1 100	45.108	45.486	45.863	46.238	46.612	46.985	47.356	47.726	48.095	48.462
1 200	48.828	49.192	49.555	49.916	50.276	50.633	50.990	51.344	51.697	52.049
1 300	52.398									

表 12.6 E 型(镍铬-铜镍)热电偶分度表

分度号:E　　　　(参考端温度为 0 ℃)

测量端温度/℃	0	10	20	30	40	50	60	70	80	90
	热电动势/mV									
−0	−0.000	−0.581	−1.151	−1.709	−2.254	−2.787	−3.306	−3.811	−4.301	−4.777
+0	0.000	0.591	1.192	1.801	2.419	3.047	3.683	4.329	4.983	5.646
100	6.317	6.996	7.633	8.377	9.078	9.787	10.501	11.222	11.949	12.681
200	13.419	14.161	14.909	15.661	16.417	17.178	17.942	18.710	19.481	20.256
300	21.033	21.814	22.597	23.383	24.171	24.961	25.754	26.549	27.345	28.143

续表

测量端温度/℃	0	10	20	30	40	50	60	70	80	90
	热电动势/mV									
400	28.943	29.744	30.546	31.350	32.155	32.960	33.767	34.574	35.382	36.190
500	36.999	37.808	38.617	39.426	40.236	41.045	41.853	42.662	43.470	44.278
600	45.085	45.891	46.697	47.502	48.306	49.109	49.911	50.713	51.513	52.312
700	53.110	53.907	54.703	55.498	56.291	57.083	57.873	58.663	59.451	60.237
800	61.022									

另外，还有一些特殊用途的热电偶，可以满足特殊测温的需要。例如，用于测量 3 800 ℃超高温的钨镍系列热电偶，用于测量 2～273 K 超低温的镍铬-金铁热电偶等。

4. 热电偶的结构形式

为了适应不同生产对象的测温要求和条件，热电偶的结构形式有普通型热电偶、铠装热电偶和薄膜热电偶等。

(1) 普通型热电偶

普通型结构热电偶工业上使用得最多，它一般由热电极、绝缘套管、保护管和接线盒组成，其结构如图 12.12 所示。普通型热电偶按其安装时的连接形式可分为固定螺纹连接、固定法兰连接、活动法兰连接、无固定装置等多种形式。

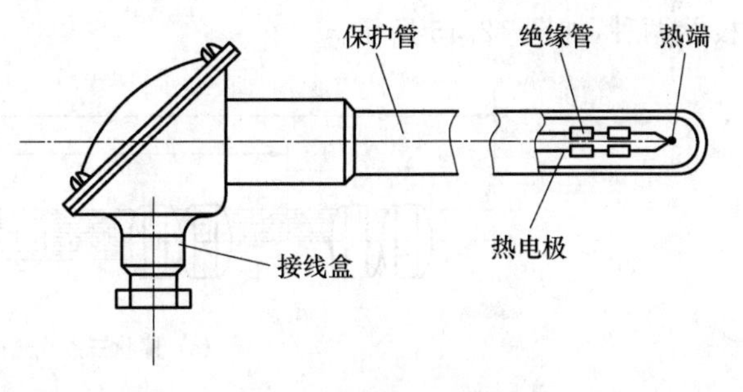

图 12.12　普通型热电偶结构

(2) 铠装热电偶

铠装热电偶又称套管热电偶。它是由热电偶丝、绝缘材料和金属套管三者经拉伸加工而成的坚实组合体，如图 12.13 所示。铠装热电偶的突出优点是挠性好，可以做得很细很长，使用中可随需要而任意弯曲，可以安装在难以安装常规热电偶的、结构复杂的装置上，如密封的热处理罩内或工件箱内。铠装热电偶结构坚实，抗冲击和抗震性能好，在高压及震动场合也能安全使用。铠装热电偶被广泛用在许多工业部门中。

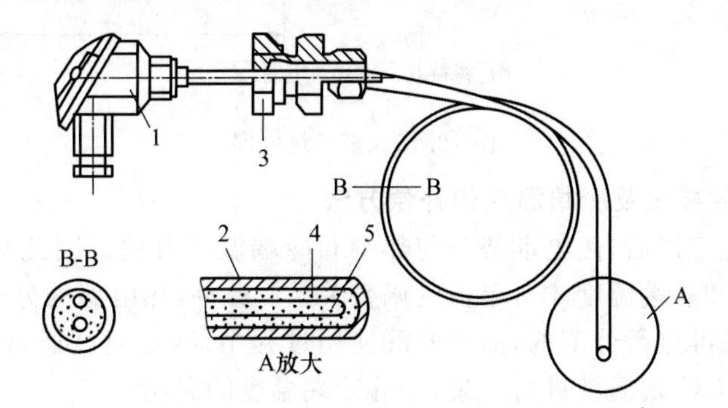

1—接线盒；2—金属套管；3—固定装置；4—绝缘材料；5—热电极

图 12.13　铠装热电偶

(3) 薄膜热电偶

薄膜热电偶是由两种薄膜热电极材料用真空蒸镀、化学涂层等办法蒸镀到绝缘基板上而制成的一种特殊热电偶，如图 12.14 所示。薄膜热电偶的热接点可以做得很小(可薄到 0.01～0.1 μm)，具有热容量小、反应速度快等特点，热响应时间达到微秒级，适用于微小面积上的表面温度以及快速变化的动态温度测量。

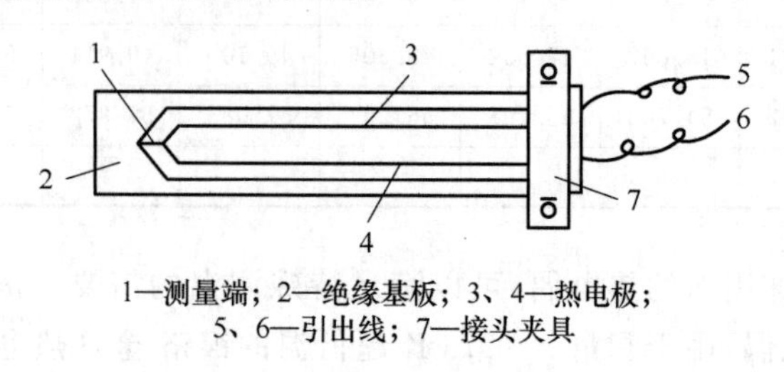

1—测量端；2—绝缘基板；3、4—热电极；
5、6—引出线；7—接头夹具

图 12.14 薄膜热电偶

(4)多点热电偶

在许多场合，有时需要同时测量几个或几十个点的温度，使用一般的热电偶则需要安装几只或几十只热电偶，此时若使用多点热电偶，则既方便又经济。常见的多点热电偶有棒状和树枝状两种，如图 12.15 所示。

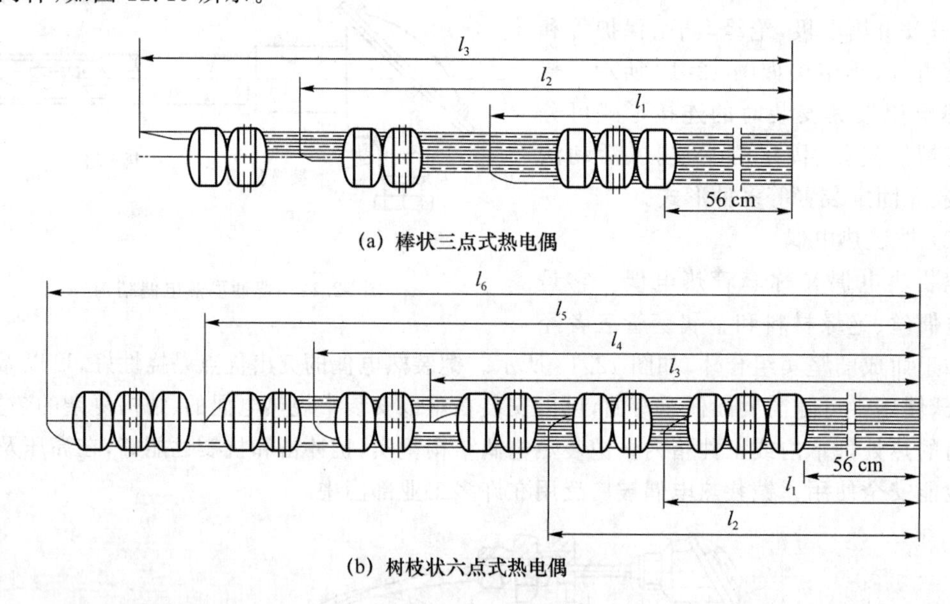

(a) 棒状三点式热电偶

(b) 树枝状六点式热电偶

图 12.15 多点热电偶

5. 热电偶的补偿导线及冷端温度的补偿方法

当热电偶材料选定以后，热电动势只与热端和冷端温度有关。因此只有当冷端温度恒定时，热电偶的热电势和热端温度才有单值的函数关系。此外，热电偶的分度表和显示仪表是以冷端温度 0 ℃作为基准进行分度的，而在实际使用过程中，冷端温度通常不为 0 ℃，而且往往是波动的，所以必须对冷端温度进行处理，消除冷端温度的影响。

通常冷端温度处理方法有以下几种。

(1) 热电偶补偿导线

由于热电偶的长度有限，在实际测温时，热电偶的冷端一般离热源较近，冷端温度波动较大，需要把冷端延伸到温度变化较小的地方；另外，热电偶输出的电势信号也需要传输到远离现场数十米远的控制室里的显示仪表或控制仪表。而热电偶通常做得较短，一般为350～2 000 mm，需要用导线将热电偶的冷端延伸出来。工程中采用一种补偿导线，它通常由两种不同性质的导线制成，也有正极和负极，而且在0～100 ℃温度范围内，要求补偿导线和所配热电偶具有相同的热电特性。

常用热电偶的补偿导线列于表12.7中。

表12.7 常用热电偶的补偿导线

补偿导线型号	配用的热电偶分度号	补偿导线		补偿导线的颜色	
		正极	负极	正极	负极
SC	S(铂铑$_{10}$-铂)	SPC(铜)	SNC(铜镍)	红	绿
KC	K(镍铬-镍硅)	KPC(铜)	KNC(铜镍)	红	蓝
KX	K(镍铬-镍硅)	KPX(镍铬)	KNX(镍硅)	红	黑
EX	E(镍铬-铜镍)	EPX(镍铬)	ENX(铜镍)	红	棕
JX	J(铁-铜镍)	JPX(铁)	JNX(铜镍)	红	紫
TX	T(铜-铜镍)	TPX(铜)	TNX(铜镍)	红	白

补偿导线也称为延伸导线。补偿导线实际上只是将热电偶的冷端温度延伸到温度变化较小或基本稳定的地方，它并没有温度补偿作用，还不能解决冷端温度不为0 ℃的问题，所以还得采用其他冷端补偿的方法加以解决。

(2) 冷端温度修正法

冷端温度修正法是对热电偶实际测得的热电动势$E_{AB}(t,t_0)$根据冷端温度进行修正，修正值为$E_{AB}(t_0,0)$，这里的t为热电偶的热端温度，t_0为冷端温度。分度表所对应的热电势$E_{AB}(t,0)$与热电偶的热电势$E_{AB}(t,t_0)$之间的关系可根据中间温度定律得到：

$$E_{AB}(t,0) = E_{AB}(t,t_0) + E_{AB}(t_0,0) \tag{12-14}$$

由热电偶分度表可得到热电偶热端对应的温度值。

例：用镍铬-镍硅热电偶测量加热炉温度。已知冷端温度$t_0=30$ ℃，测得热电势$E_{AB}(t,t_0)$为33.29 mV，求加热炉温度。

解：查镍铬-镍硅热电偶分度表得

$$E_{AB}(30,0)=1.203\ \text{mV}$$

由式(12-14)可得

$$E_{AB}(t,0) = E_{AB}(t,t_0) + E_{AB}(t_0,0) = 33.29 + 1.203 = 34.493\ \text{mV}$$

由镍铬-镍硅热电偶分度表得$t=829.5$ ℃。

(3) 冷端0 ℃恒温法

在实验室及精密测量中，通常把冷端放入0 ℃恒温器或装满冰水混合物的容器中，以便冷端温度保持0 ℃，这种方法又称冰浴法。这是一种理想的补偿方法，但工业中使用极为不便。

(4) 冷端温度自动补偿法(补偿电桥法)

补偿电桥法是利用不平衡电桥产生的不平衡电压U_{ab}作为补偿信号，自动补偿热电偶测量过程中因冷端温度不为0 ℃或变化而引起热电势的变化值。补偿电桥如图12.16所示，它由3个电阻温度系数较小的锰铜丝绕制的电阻r_1、r_2、r_3及电阻温度系数较大的铜丝绕制的电阻r_{cu}和稳压电源组成。补偿电桥与热电偶冷端处在同一环境温度，当冷端温度变化引起的热电势$E_{AB}(t,t_0)$变化时，由于r_{cu}的阻值随冷端温度变化而变化，适当选择桥臂电阻和桥路电流，就可以使电桥产生的不平衡电压U_{ab}补偿由于冷端温度t_0变化引起的热电势变化量，从而达到自动补偿的目的。

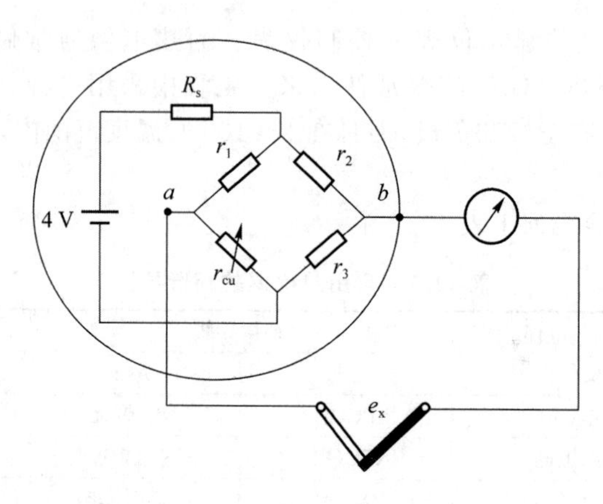

图 12.16 补偿电桥

6. 热电偶测温线路

热电偶测温时,它可以直接与显示仪表(如电子电位差计、数字表等)配套使用,也可与温度变送器配套,转换成标准电流信号,图 12.17 为典型的热电偶测温线路。例如,用一台显示仪表显示多点温度时,可按图 12.18 连接,这样可节约显示仪表和补偿导线。

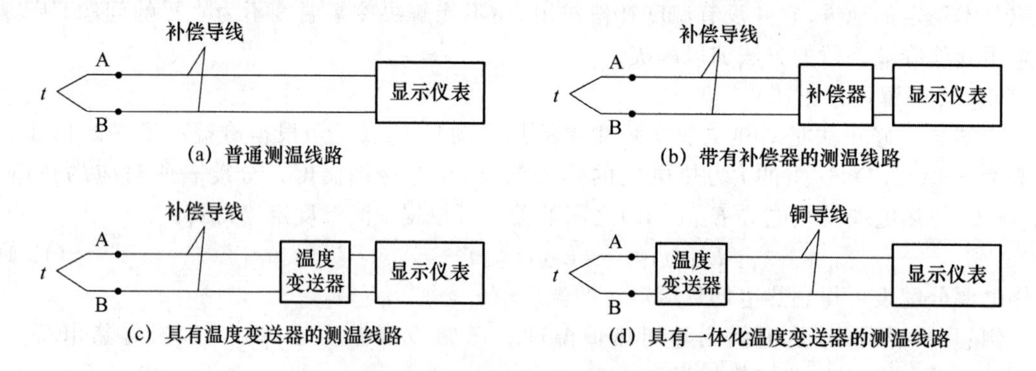

图 12.17 热电偶典型测温线路

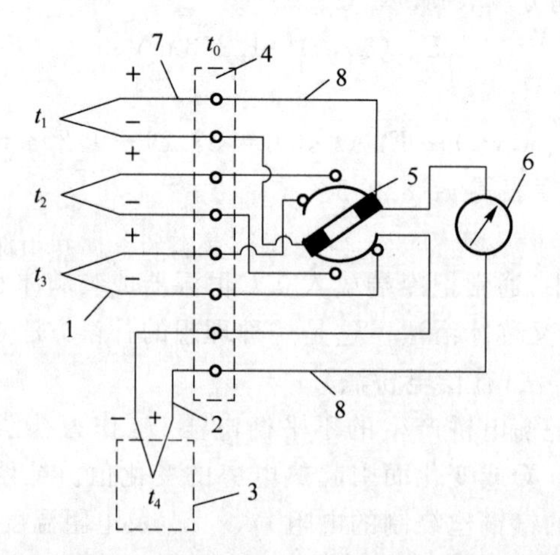

1—主热电偶; 2—辅助热电偶; 3—恒温箱; 4—接线端子排;
5—切换开关; 6—显示仪表; 7—补偿导线; 8—铜导线

图 12.18 多点测温线路

在特殊情况下,热电偶可以串联或并联使用,但只能是同一分度号的热电偶,且冷端应在同一温度下。例如,热电偶正向串联,可获得较大的热电势输出和提高灵敏度;在测量两点温差时,可采用两支热电偶反向串联;利用热电偶并联可以测量平均温度。热电偶串、并联线路如图 12.19 所示。

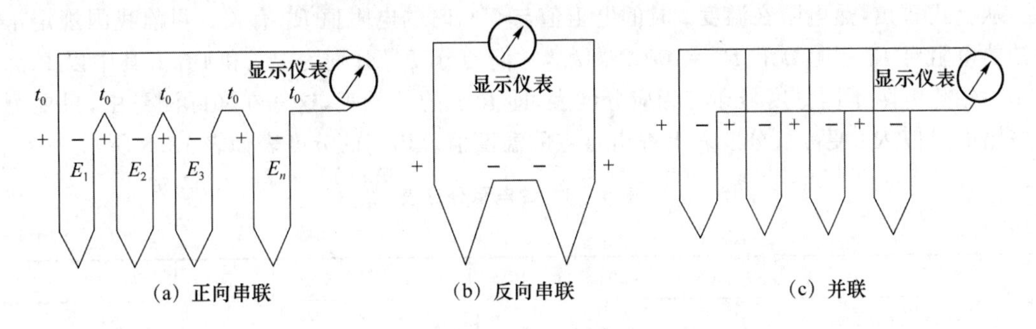

图 12.19　热电偶串、并联线路

12.1.4　热电阻传感器

热电阻传感器是利用导体或半导体的电阻值随温度变化而变化的原理进行测温的。常用热电阻传感器分为金属热电阻和半导体热电阻两大类,一般把金属热电阻称为热电阻,而把半导体热电阻称为热敏电阻。作为量值传递的电阻温度传感器,我们通常称为标准电阻温度计,如标准铂电阻温度计是作为复现国际温标的标准仪器。

用于制造热电阻的材料应具有尽可能大且稳定的电阻温度系数和电阻率,*R-t* 关系最好呈线性,物理性能和化学性能稳定,复现性好等。目前能满足上述要求的,金属材料中应用最广的是铂、铜、镍等,半导体材料有锗、硅、碳等。

热电阻被广泛用来测量－200～＋850 ℃范围内的温度,在少数情况下,低温可测量至 1 K,高温达 1 000 ℃。实际使用时热电阻传感器由热电阻、连接导线及显示仪表组成,如图 12.20 所示。热电阻也可与温度变送器连接,转换为标准电流信号输出。

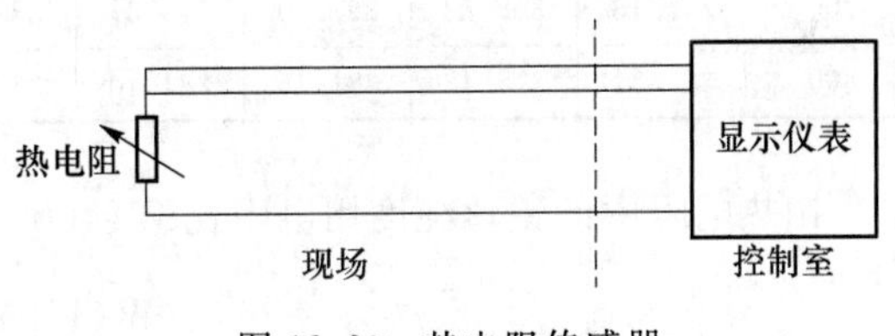

图 12.20　热电阻传感器

1. 常用热电阻

在实际应用中,应用得比较多的是金属热电阻,常用的金属热电阻有铂热电阻和铜热电阻。

(1) 铂热电阻

铂热电阻的特点是精度高、稳定性好、性能可靠,所以在温度传感器中得到了广泛应用。按 IEC 标准,铂热电阻的使用温度范围为－200～850 ℃。

铂热电阻的特性方程如下:

- 在－200～0 ℃的温度范围内,

$$R_t = R_0[1 + At + Bt^2 + Ct^3(t - 100)] \tag{12-15}$$

- 在 0～850 ℃的温度范围内,

$$R_t = R_0(1 + At + Bt^2) \tag{12-16}$$

式中:R_t 和 R_0 为铂热电阻分别在 t 和 0 ℃时的电阻值;A、B 和 C 为常数。

在ITS-90中，这些常数规定为：

$$A=3.9083\times10^{-3}/℃$$
$$B=-5.775\times10^{-7}/℃^2$$
$$C=-4.183\times10^{-12}/℃^4$$

从上式看出，热电阻在温度 t 时的电阻值与0 ℃时的电阻值 R_0 有关。目前我国规定工业用铂热电阻有 $R_0=10\ \Omega$ 和 $R_0=100\ \Omega$ 两种，它们的分度号分别为 Pt_{10} 和 Pt_{100}，其中以 Pt_{100} 为常用。铂热电阻不同分度号亦有相应分度表，即 R_t-t 的关系表，这样在实际测量中，只要测得热电阻的阻值 R_t，便可从分度表上查出对应的温度值。Pt_{100} 的分度表如表12.8所示。

表12.8 铂电阻分度表

分度号：Pt_{100}　　　　$R_0=100\ \Omega$

温度/℃	0	10	20	30	40	50	60	70	80	90
	电阻/Ω									
−200	18.49									
−100	60.25	56.19	52.11	48.00	43.87	39.71	35.53	31.32	27.08	22.80
0	100.00	96.09	92.16	88.22	84.27—	80.31	76.33	72.33	68.33	64.30
0	100.00	103.90	107.79	111.67	115.54	119.40	123.24	127.07	130.89	134.70
100	138.50	142.29	146.06	149.82	153.58	157.31	161.04	164.76	168.46	172.16
200	175.84	179.51	183.17	186.82	190.45	194.07	197.69	201.29	204.88	208.45
300	212.02	215.57	219.12	222.65	226.17	229.67	233.17	236.65	240.13	243.59
400	247.04	250.48	253.90	257.32	260.72	264.11	267.49	270.86	274.22	277.56
500	280.90	284.22	287.53	290.83	294.11	297.39	300.65	303.91	307.15	310.38
600	313.59	316.80	319.99	323.18	326.35	329.51	332.66	335.79	338.92	342.03
700	345.13	348.22	351.30	354.37	357.37	360.47	363.50	366.52	369.53	372.52
800	375.51	378.48	381.45	384.40	387.34	390.26				

铂热电阻中的铂丝纯度用电阻比 $W(100)$ 表示，即：

$$W(100)=\frac{R_{100}}{R_0} \tag{12-17}$$

式中：R_{100} 为铂热电阻在100 ℃时的电阻值；R_0 为铂热电阻在0 ℃时的电阻值。

电阻比 $W(100)$ 大得越多，其纯度越高。按IEC标准，工业使用的铂热电阻的 $W(100)\geqslant1.3850$。目前，技术水平可达到 $W(100)=1.3930$，其对应铂的纯度为99.9995%。电阻比还和材料的内应力有关，一般内应力越大，$W(100)$ 越小，因此在制造和使用电阻温度计时，一定要注意消除和避免产生内应力。

(2) 铜热电阻

由于铂是贵重金属，因此在一些测量精度要求不高且温度较低的场合，可采用铜热电阻进行测温，它的测量范围为−50～150 ℃。

铜热电阻在测量范围内其电阻值与温度的关系几乎是线性的，可近似地表示为：

$$R_t=R_0(1+\alpha t) \tag{12-18}$$

式中，α 为铜热电阻的电阻温度系数，取 $\alpha=4.28\times10^{-3}/℃$。

铜热电阻有两种分度号，分别为 Cu_{50} ($R_0=50\ \Omega$) 和 Cu_{100} ($R_{100}=100\ \Omega$)。

铜热电阻线性好，价格便宜，但它测量范围窄，易氧化，不适宜在腐蚀性介质或高温下工作。

2. 热电阻的结构

工业用热电阻的结构如图 12.21 所示。

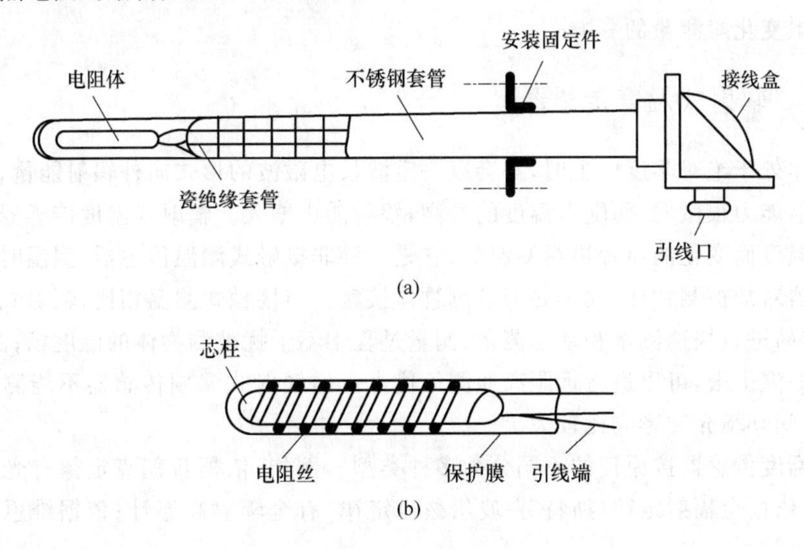

图 12.21　热电阻的结构

电阻体由电阻丝和电阻支架组成。电阻丝采用双线无感绕法绕制在具有一定形状的云母、石英或陶瓷塑料支架上，支架起支撑和绝缘作用，引出线通常采用直径 1 mm 的银丝或镀银铜丝，它与接线盒柱相接，以便与外接线路相连而测量及显示温度。

用热电阻传感器进行测温时，测量电路经常采用电桥电路，热电阻 R_t 与电桥电路的连线可能很长，因而连接导线电阻 r 因环境温度变化所引起的电阻变化量较大，对测量结果有较大的影响。热电阻的连线方式有两线制、三线制和四线制三种，如图 12.22 所示。两线制接法中，热电阻的连接导线电阻在一个桥臂中，所以连线电阻对测量影响大，用于测温精度不高的

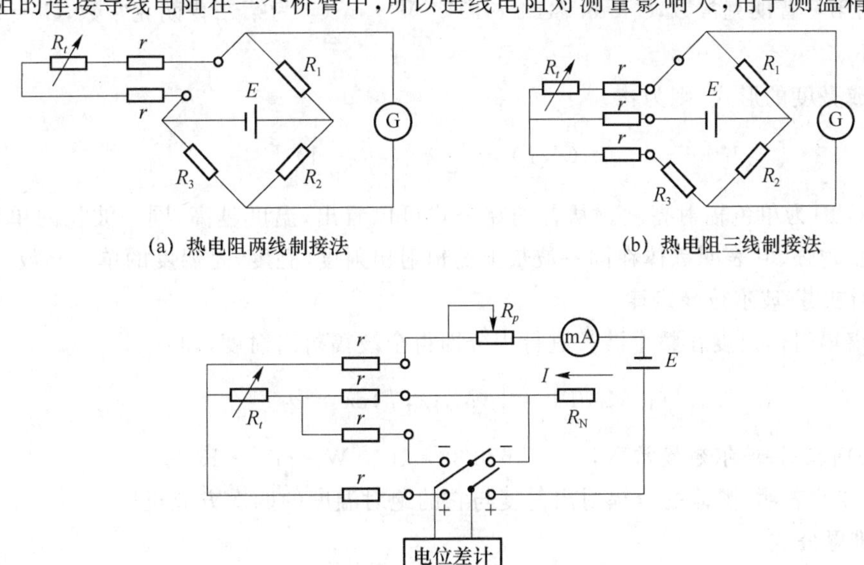

图 12.22　热电阻连线方式

场合；三线制接法中，热电阻的连接导线电阻分布在相邻的两个桥臂中，可以减小连接导线电阻变化对测量结果的影响，测温误差小，工业热电阻通常采用三线制接法；四线制接法主要用于高精度温度检测，它在热电阻的两端各引两根连接导线，其中两根连线为热电阻提供恒定电流 I，另两根连线引至电位差计，利用电位差计测量热电阻的阻值，四线制接法可以完全消除连接导线电阻变化对测量的影响。

12.1.5 辐射式温度传感器

任何物体处于绝对零度以上时，都会以一定波长电磁波的形式向外辐射能量，只是在低温段物体的辐射能力很微弱，而随着温度的升高，辐射能也增大。辐射式温度传感器是利用物体的辐射能随温度而变化的原理进行测温的，它是一种非接触式测温传感器，测温时只需把辐射式温度传感器对准被测物体，而不必与被测物体接触。与接触式测温相比，辐射式测温具有响应时间短，容易进行快速测量和动态测量；测量过程中不干扰被测物体的温度场；测温范围广，理论上没有测温上限，可以进行远距离遥测等优点。但辐射式温度传感器不能测量物体内部的温度，受中间环境介质影响比较大。

辐射式温度传感器按原理的不同分为多种类型。例如，依据普朗克定律有光学高温计和光电高温计；依据全辐射定律（斯特芬-玻尔兹曼定律）有全辐射高温计；依据维恩定律有比色温度计等。

1. 热辐射基本定律

辐射式温度传感器的工作原理是基于热辐射基本定律的。

（1）普朗克定律

对于黑体的单色辐射出射度 $M_0(\lambda,T)$ 与温度 T 和波长 λ 之间的关系，可用普朗克定律描述，其公式为：

$$M_0(\lambda,T) = C_1\lambda^{-5}(e^{\frac{C_2}{\lambda T}} - 1)^{-1} \tag{12-19}$$

式中：C_1 为第一普朗克常数，$C_1 = 3.741\,8\times10^{-16}$ W·m；C_2 为第二普朗克常数，$C_2 = 1.438\,8\times10^{-2}$ W·K。

若写成亮度的形式，则为：

$$L_0(\lambda,T) = \frac{C_1}{\pi}\lambda^{-5}(e^{\frac{C_2}{\lambda T}} - 1)^{-1}$$

式中，$L_0(\lambda,T)$ 为单色辐射亮度。从普朗克公式可以看出，温度越高，同一波长的单色辐射出射度（亮度）越强，它表明黑体在同一波长上的辐射出射度（亮度）是温度的单一函数。

（2）斯忒芬-玻尔兹曼定律

将光谱辐射出射度在整个波长进行积分即得全波辐射出射度，即：

$$M_0(T) = \int_0^{\infty} M_0(\lambda,T)\mathrm{d}\lambda = \sigma_0 T^4 \tag{12-20}$$

式中，σ_0 为斯忒芬-玻尔兹曼常数，$\sigma_0 = 5.670\,32\times10^{-8}$ W·m^{-2}·K^{-4}。

式(12-20)表明，黑体的全辐射出射度与它的绝对温度的四次方成正比。

（3）维恩公式

维恩公式是普朗克公式的近似式，维恩公式可表示为：

$$M_0(\lambda,T) = C_1\lambda^{-5}e^{\frac{C_2}{\lambda T}} \tag{12-21}$$

在 3 000 K 以下，维恩公式与普朗克公式的差别很小，用维恩公式代替普朗克公式，可以使计算和讨论大大简化。

2. 辐射式温度传感器

(1) 光学高温计

光学高温计的工作原理是基于普朗克定律的。物体在高温状态下会发光，当温度高于 700 ℃时就会明显发出可见光，具有一定的亮度。光学高温计就是利用各种物体在不同的温度下辐射的光谱亮度不同这一原理工作的。光学高温计是工业中应用较广的一种非接触式测温传感器，用来测量 700～3 200 ℃的高温。精密光学高温计可用于科学实验中的精密温度测试，标准光学高温计被作为复现国际温标的基准仪器。

若选一定波长（如 $\lambda=0.65\ \mu m$），则物体的辐射亮度与温度成单值函数关系，这是光学高温计的设计原理。图 12.23 为 WGC 型灯丝隐灭式光学高温计的外形和原理图。它是由光学系统、温度灯泡（标准灯泡）及测量线路组成的。以标定辐射温度的灯丝亮度作为比较标准，利用光学系统，将被测物体的辐射平面移到灯丝的平面上互相比较，调节滑线电阻改变灯丝电流的大小，从而改变标准灯泡的灯丝亮度，当灯丝亮度与被测物体的亮度相当时，灯丝分辨不出即隐灭，这时灯丝的亮度就是被测物体的亮度。调节灯丝亮度的三种情况如图 12.24 所示。光学系统中的物镜是一个望远镜系统，其作用是把被测物体的像聚焦到光学高温计的灯丝平面上。红色滤光片的作用是造成一个较窄的有效波长（$\lambda=0.65\ \mu m$），这个波长既有较大的辐射照度，又适合人眼的视觉范围。吸收玻璃的作用是扩展量程，当被测物体温度超过 1 500 ℃，引入吸收玻璃，将使被测物体进入高温计的亮度按比例衰减。

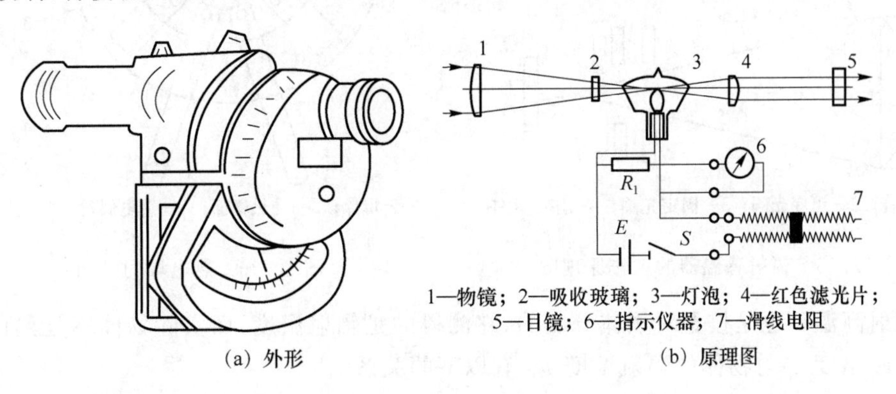

(a) 外形　　(b) 原理图

图 12.23　光学高温计的外形和原理图

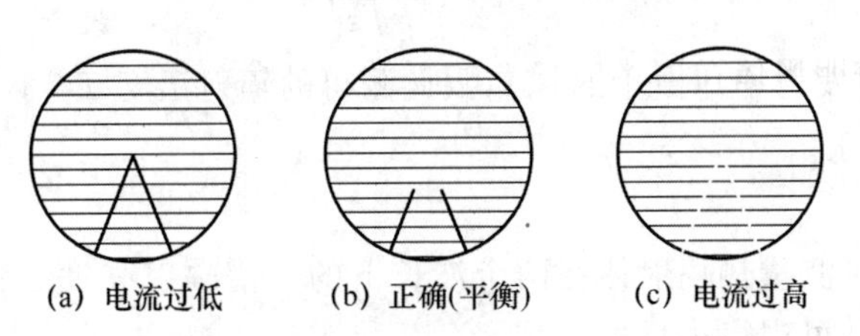
(a) 电流过低　　(b) 正确(平衡)　　(c) 电流过高

图 12.24　调节亮度时灯丝的三种情况

光学高温计是按绝对黑体的光谱辐射亮度分度的，实际物体均为非黑体，因此受被测物体发射率 ε_λ 的影响。在同一波长下黑体的光谱辐射亮度与被测物体的光谱辐射亮度相等时，黑体的温度称为被测物体在波长 λ 时的亮度温度。真实温度 T 与它的亮度温度 T_L（黑体的温度）之间有以下关系：

$$\frac{1}{T}-\frac{1}{T_L}=\frac{\lambda}{C_2}\ln\varepsilon_\lambda \tag{12-22}$$

实际测温时，光学高温计测量的温度是亮度温度，而当实际物体为非黑体时，修正式(12-22)后才能得到被测物体的实际温度。

(2) 全辐射高温计

全辐射高温计依据的是斯忒芬-玻尔兹曼定律，即测量辐射体所有波长的辐射总能量来确定物体的温度，它可用于测量 400～2 000 ℃的高温。全辐射高温计由辐射感温器和显示仪表两部分组成，多为现场安装式结构。

辐射感温器的工作原理如图 12.25 所示。聚光透镜 1 将物体发出的辐射能经过光阑 2、光阑 3 聚集到受热片 4 上，受热片上镀上一薄层铂黑，以提高吸收辐射能的能力。在受热片上装有热电堆，热电堆由 8～12 支热电偶或更多只热电偶串联而成，热电偶的热端汇集到中心一点，如图 12.26 所示。受热片接收到辐射能使其温度升高，热电堆输出的热电势与热电堆中心点温度有确定的关系，而受热片的温度高低与其接收的辐射能有关，即和辐射体的温度有关。

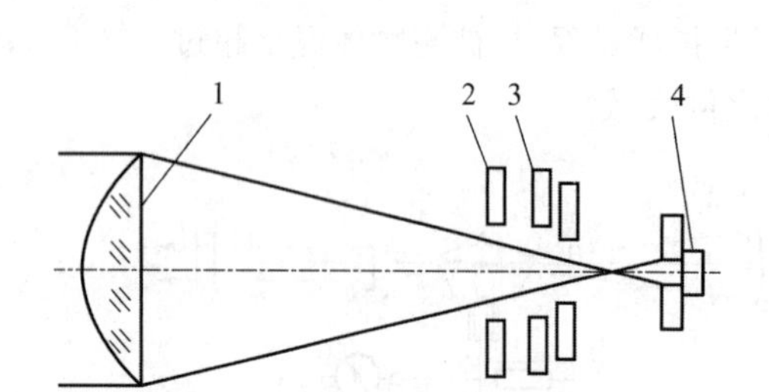

1—透镜；2—可变光阑；3—固定光阑；4—接收元件

图 12.25 辐射感温器的工作原理图

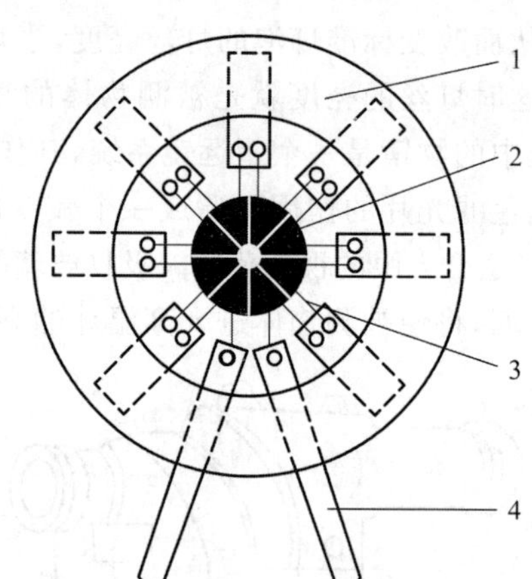

1—云母片；2—受热靶面；3—热电偶丝；4—引出线

图 12.26 热电堆的结构

全辐射高温计也是按绝对黑体分度的，它测得的是辐射温度，而实际物体不是黑体，所以物体的实际温度 T 与物体的辐射温度 T_F 有以下的关系：

$$T=T_F\sqrt[4]{\frac{1}{\varepsilon_T}} \tag{12-23}$$

式中，ε_T 为物体全辐射发射率。由于 $\varepsilon_T<1$，因此测得的辐射温度 T_F 小于物体的实际温度 T，应对式(12-23)进行修正。

(3) 比色温度计

比色温度计是通过测量热辐射体在两个波长下的光谱辐射亮度之比来测量温度的，其特点是准确度高，响应快，可观察小目标。

当黑体与实际热辐射体的两个波长下的单色辐射亮度之比相等时，黑体的温度称为实际物体的比色温度，即：

$$\frac{L_0(\lambda_1,T_s)}{L_0(\lambda_2,T_s)}=\frac{L(\lambda_1,T)}{L(\lambda_2,T)} \tag{12-24}$$

将维恩公式代入式(12-24)得：

$$\frac{1}{T}-\frac{1}{T_s}=\frac{\ln\frac{\varepsilon_{\lambda_1}}{\varepsilon_{\lambda_2}}}{C_2\left(\frac{1}{\lambda_1}-\frac{1}{\lambda_2}\right)} \tag{12-25}$$

式中：T 为热辐射体的实际温度；T_s 为黑体的温度（热辐射体的比色温度）；ε_{λ_1}、ε_{λ_2} 为分别为物体在波长为 λ_1 和 λ_2 时的发射率。

式(12-25)表示了物体的比色温度与真实温度之间的关系，对同一个物体来说，在不同波长下其发射率比较接近，所以用比色温度计测得的比色温度与物体的真实温度很接近，通常不必修正。

比色温度计是将被测物体的辐射变成两个不同波长的调制辐射，透射到探测元件上，然后转换成电信号并实现比值的。

此外，用红外温度传感器测温在辐射式传感器中已阐述，这里不再重复。

12.1.6 集成温度传感器

集成温度传感器是目前应用范围最广的一种集成传感器，它有模拟集成温度传感器和智能集成温度传感器之分。模拟集成温度传感器是最简单的一种集成化的，专门用来测量温度的传感器，其主要特点是功能单一、性能好、价格低、外围电路简单，是目前应用较为广泛的集成温度传感器。智能集成温度传感器是采用数字化技术，能以数字形式直接输出被测温度值的传感器，它具有测温误差小、分辨率高、抗干扰能力强、能够远程传输数据、带串行总线接口等优点，是研制和开发具有高性价比的新一代温度测量系统必不可少的核心器件。下面介绍应用广泛的模拟集成温度传感器。

模拟集成温度传感器是利用晶体管 PN 结的电流电压特性与温度的关系，把感温 PN 结及有关电子线路集成在一个小硅片上，构成一个小型化、一体化的专用集成电路片。由于 PN 结受耐热性能和特性范围的限制，它只能用来测 150 ℃以下的温度。模拟集成温度传感器按照输出方式可分为电流输出式、电压输出式、周期输出式、频率输出式和比率输出式。模拟集成温度传感器的输出量与温度呈线性关系，并且能以最简的方式构成测温仪表或测温系统。模拟集成温度传感器的典型产品有电流输出型 AD590、HTS1 和电压输出型 TMP17、LM35 及 LM135 等。

1. 基本工作原理

目前在集成温度传感器中，都采用一对非常匹配的差分对管作为温度敏感元件。图 12.27 是集成温度传感器基本原理图。其中 VT_1 和 VT_2 是互相匹配的晶体管，I_1 和 I_2 分别是 VT_1 和 VT_2 管的集电极电流，由恒流源提供。VT_1 和 VT_2 管的两个发射极和基极电压之差可用下式表示：

$$\Delta U_{be}=\frac{KT}{q}\ln\left(\frac{I_1}{I_2}\frac{AE_2}{AE_1}\right)=\frac{KT}{q}\ln\left(\frac{I_1}{I_2}\gamma\right) \tag{12-26}$$

式中：K 为波尔兹曼常数；q 为电子电荷量；T 为绝对温度；γ 为 VT_1 和 VT_2 管发射结的面积之比。

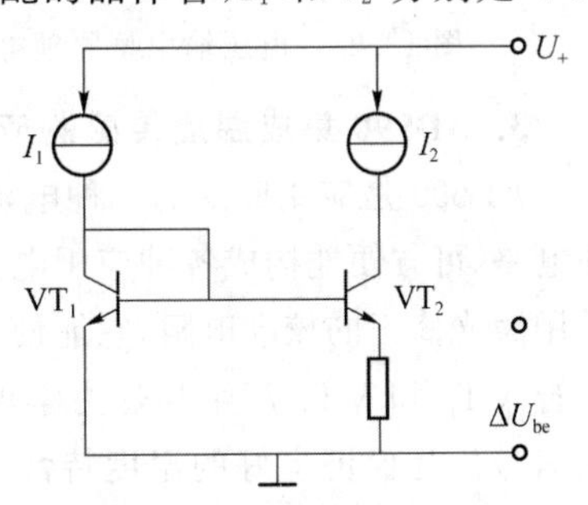

图 12.27 集成温度传感器基本原理图

从式中看出，如果保证 I_1/I_2 恒定，则 ΔU_{be} 就与温度 T 成单值线性函数关系。这就是集成温度传感器的基本工作原理，在此基础上可设计出各种不同电路以及不同输出类型的集成温度传感器。

2. 集成温度传感器的信号输出方式

(1) 电压输出型

电压输出型集成温度传感器原理电路如图12.28所示。当电流 I_1 恒定时，通过改变 R_1 的阻值，可实现 $I_1=I_2$，当晶体管的 $\beta\geqslant 1$ 时，电路的输出电压可由下式确定：

$$U_o = I_2R_2 = \frac{\Delta U_{be}}{R_1}R_2 = \frac{R_2}{R_1}\cdot\frac{KT}{q}\ln\gamma \tag{12-27}$$

若取 $R_1=940\ \Omega$，$R_2=30\ k\Omega$，$\gamma=37$ 则电路输出的温度系数为：

$$C_T = \frac{dU_o}{dT} = \frac{R_2}{R_1}\cdot\frac{K}{q}\ln\gamma = 10\ mV/K$$

(2) 电流输出型

图12.29为电流输出型集成温度传感器的原理电路图。VT_1 和 VT_2 是结构对称的两个晶体管，作为恒流源负载，VT_3 和 VT_4 管是测温用的晶体管，其中 VT_3 管的发射结面积是 VT_4 管的8倍，即 $\gamma=8$。流过电路的总电流 I_T 为：

$$I_T = 2I_1 = \frac{2\Delta U_{be}}{R} = \frac{2KT}{qR}\ln\gamma \tag{12-28}$$

式(12-28)表明，当 R 和 γ 一定时，电路的输出电流与温度有良好的线性关系。

若取 R 为358 Ω，则电路输出的温度系数为：

$$C_T = \frac{dI_T}{dT} = \frac{2K}{qR}\ln\gamma = 1\ \mu A/K$$

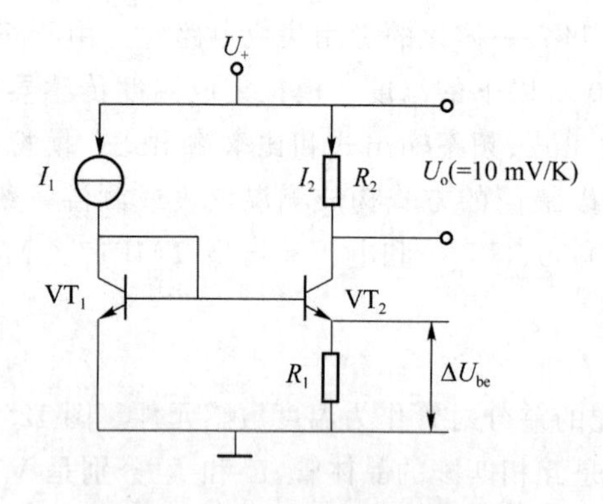

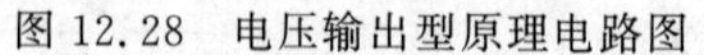

图12.28　电压输出型原理电路图

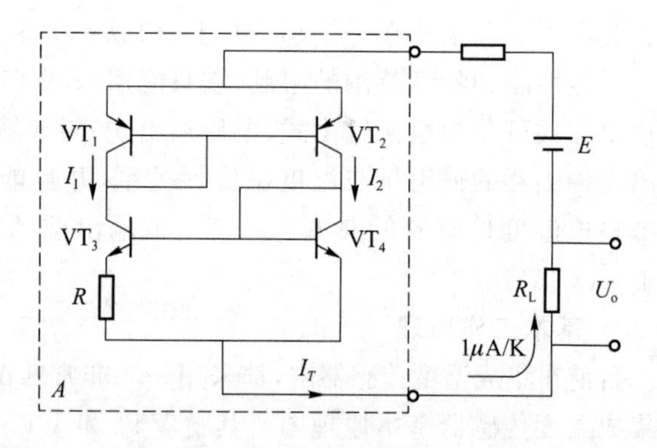

图12.29　电流输出型原理电路图

3. AD590集成温度传感器应用实例

AD590是应用广泛的一种电流输出型集成温度传感器，它内部有放大电路，再配上相应的外电路，可方便地构成各种应用电路。AD590的内部电路如图12.30所示。芯片中，R_1 和 R_2 是采用激光修正的校准电阻，它能使298.15 K(25 ℃)以下的输出电流恰好为298.15 4 μA。先由晶体管 VT_8 和 VT_{11} 产生与热力学温度成正比的电压信号，再通过 R_5、R_6 把电压信号转换成电流信号。为保证良好的温度特性，R_5、R_6 的电阻温度系数应非常小，R_5 和 R_6 需要在标准温度下校准，这里采用激光修正的SiCr薄膜电阻。VT_{10} 的集电极电流能够跟随 VT_9 和 VT_{11} 的集电极电流的变化，使总电流达到额定值。

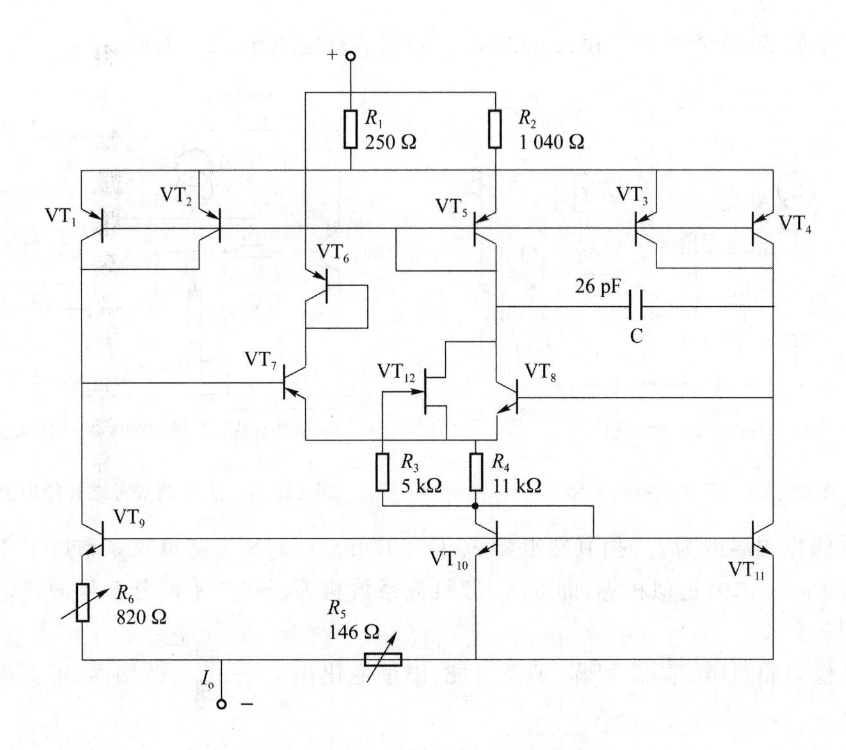

图 12.30 AD590 的内部电路

AD590 的输出阻抗大于 10 MΩ,其等效于一个高阻抗的恒流源,从而能大大减小因电源电压波动而产生的测温误差。AD590 的输出电流 I_o(μA)与热力学温度 T(K)严格成正比,热力学温度每变化 1 K,输出电流就变化 1 μA,在 298.15 K(25 ℃)时输出电流恰好等于 298.15 μA。

AD590 的电源电压范围为 4～30 V,可测温度范围为－50～＋150 ℃。

下面介绍 AD590 的几种简单应用线路。

(1) 温度测量电路

图 12.31 是一个简单的测温电路。AD590 在 25 ℃(298.2 K)时,理想输出电流为 298.2 μA,但实际上存在一定误差,可以在外电路中进行修正。将 AD590 串联一个可调电阻,在已知温度下调整电阻值,使输出电压 U_o 满足 1 mV/K 的关系(如 25 ℃时,U_o 应为 298.2 mV)。调整好以后,固定可调电阻,即可由输出电压 U_o 读出 AD590 所处的热力学温度。

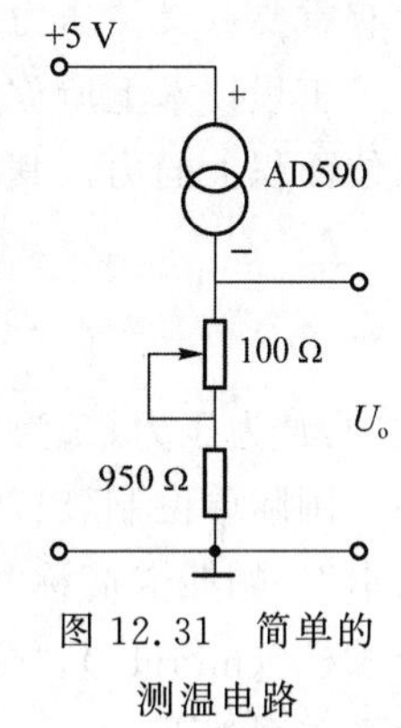

图 12.31 简单的测温电路

(2) 控温电路

简单的控温电路如图 12.32 所示。AD311 为比较器,它的输出控制加热器电流,调节 R_T 可改变比较电压,从而控制温度。AD581 是稳压器,为 AD590 提供一个合理的稳定电压。

(3) 热电偶冷端补偿电路

该种补偿电路如图 12.33 所示。AD590 应与热电偶冷端处于同一温度下。AD580 是一个三端稳压器,其输出电压为 2.5 V。电路工作时,调整电阻 R_2,使得

$$I_1 = t_0 \times 10^{-3}$$

式中,I_1 的单位是 mA,t_0 的单位是℃。

这样在电阻 R_1 上产生一个随冷端温度 t_0 变化的补偿电压 $U_1 = I_1 R_1$。

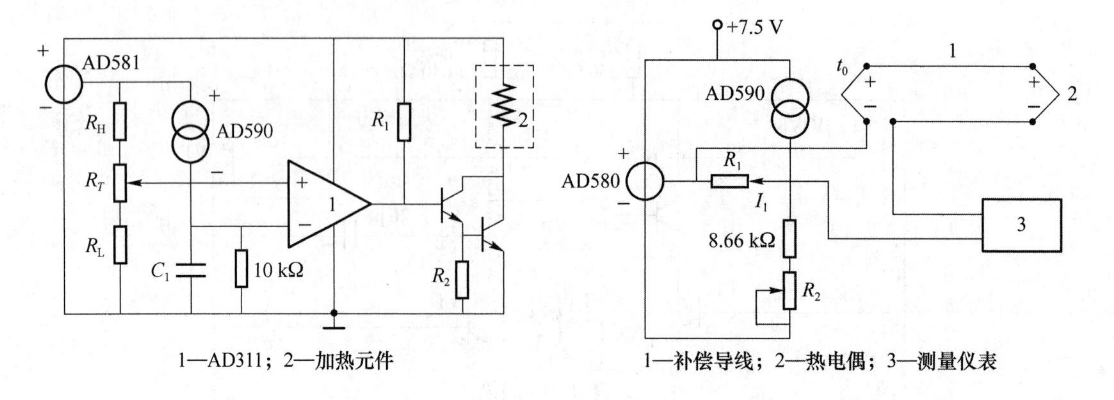

1—AD311；2—加热元件

图 12.32　简单的控温电路

1—补偿导线；2—热电偶；3—测量仪表

图 12.33　热电偶参考端补偿电路

当热电偶冷端温度为 t_0 时，其热电势 $e_{AB}(t_0,0) \approx S \cdot t_0$，$S$ 为塞贝克系数（μV/℃）。补偿时应使 U_1 与 $e_{AB}(t_0,0)$ 近似相等，即 R_1 与塞贝克系数相等。对于不同分度号的热电偶，R_1 的阻值亦不同。

这种补偿电路灵敏、准确、可靠、调整方便，温度变化在 15～35 ℃范围内，可获得±0.5 ℃的补偿精度。

12.2　压力测量

12.2.1　压力概述

压力是重要的工业参数之一，正确测量和控制压力对保证生产工艺过程的安全性和经济性有重要意义。压力及差压的测量还广泛地应用在流量和液位的测量中。

工程技术上所称的"压力"实质上就是物理学里的"压强"，通常定义为均匀而垂直作用于单位面积上的力。其表达式为：

$$P = \frac{F}{A} \tag{12-29}$$

式中：P 为压力；F 为作用力；A 为作用面积。

国际单位制（SI）中定义：1 牛顿力垂直均匀地作用在 1 平方米面积上形成的压力为 1"帕斯卡"。帕斯卡简称"帕"，单位符号为 Pa。过去采用的压力单位"工程大气压"（kgf/cm^2）、"毫米汞柱"（mmHg）、"毫米水柱"（mmH_2O）、物理大气压（atm）等均应改为法定计量单位帕，其换算关系如下：

$$1\ kgf/cm^2 = 0.980\,7 \times 10^5\ Pa$$
$$1\ mmH_2O = 0.980\,7 \times 10\ Pa$$
$$1\ mmHg = 1.333 \times 10^2\ Pa$$
$$1\ atm = 1.013\,25 \times 10^5\ Pa$$

压力有以下几种不同表示方法。

(1) 绝对压力

绝对压力是指作用于物体表面积上的全部压力,其零点以绝对真空为基准,又称为总压力或全压力,一般用大写符号 P 表示。

(2) 大气压力

大气压力是指地球表面上的空气柱重量所产生的压力,以 P_0 表示。

(3) 表压力

表压力是指绝对压力与大气压力之差,一般用 p 表示。测压仪表一般指示的压力都是表压力,表压力又称为相对压力。

当绝对压力小于大气压力时,表压力为负压,负压又可用真空度表示,负压的绝对值称为真空度。例如,测炉膛和烟道气的压力均是负压。

(4) 差压

任意两个压力之差称为差压。例如,静压式液位计和差压式流量计就是利用测量差压的大小来测量液位和流体流量的大小的。

测量压力的传感器很多,如前面介绍的应变式、电容式、差动变压式、霍尔式、压电式等传感器都能用来测量压力。下面介绍几种工程上常用的测压传感器或测压仪表。

12.2.2 液柱式压力计

液柱式压力计是根据流体静力学原理来测量压力的。它们一般采用水银或水作为工作液,用U形管或单管进行测量,常用于低压、负压或压力差的测量。

图12.34所示的U形管内装有液体,U形管一侧通压力为 p_1,另一侧通压力为 p_2。当 $p_1=p_2$ 时,左、右两管内的液面高度相等。当 $p_1<p_2$ 时,左、右两管内的液面便会产生高度差。

由液体静力学原理可知:

$$\Delta p = p_2 - p_1 = \rho g h \tag{12-30}$$

式中:ρ 为U形管内液体的密度;g 为重力加速度;h 为U形管左、右两管液柱差。

式(12-30)说明两管口的被测压力之差 Δp 与两管液柱差 h 成正比。

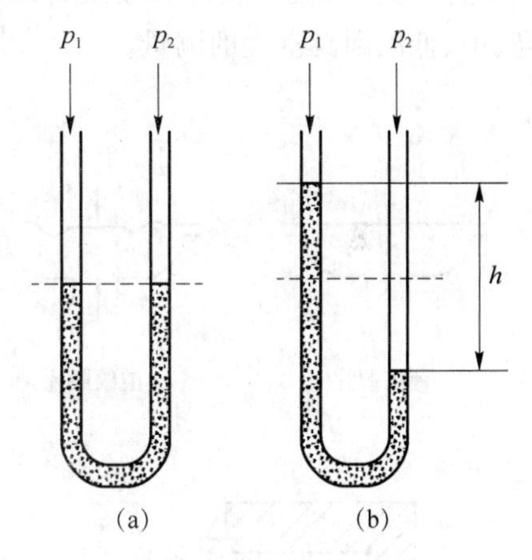

图12.34 U形玻璃管压力测量原理

若把压力 P_1 一侧改为通大气 P_0,P_2 一侧通被测压力,则式(12-30)可改写为:

$$p_2 = \rho g h \tag{12-31}$$

这样,根据两管的液柱差即可得到被测压力的大小。

如果把U形管的一个管换成大直径的杯,即可变成如图12.35所示的单管或斜管。单管或斜管的测压原理与U形管相同,当大容器通入被测压力 P 时,单管或斜管中通入大气压 P_0,因为杯径比管径大得多,所以杯内液位变化可略去不计,这使计算及读数更为简易,所以被测压力仍可写成:

$$p=\rho g h$$

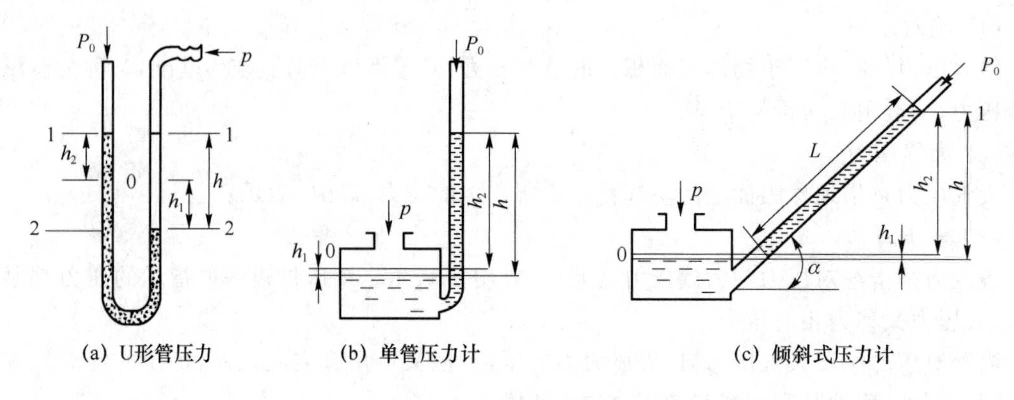

图 12.35　液柱式压力计

12.2.3　弹性式压力表

弹性式压力表是以弹性元件受压后所产生的弹性变形作为测量基础的。它结构简单，价格低廉，现场使用和维修都很方便，又有较宽的压力测量范围，因此在工程中获得了非常广泛的应用。

1. 弹性元件

采用不同材料、不同形状的弹性元件作为感压元件，可以适用于不同场合、不同范围的压力测量。目前广泛使用的弹性元件有弹簧管、波纹管和膜片等。图 12.36 给出了一些常用弹性元件。其中，波纹膜片和波纹管多用于微压和低压测量；单圈弹簧管和多圈弹簧管可用于高、中、低压和真空度的测量。

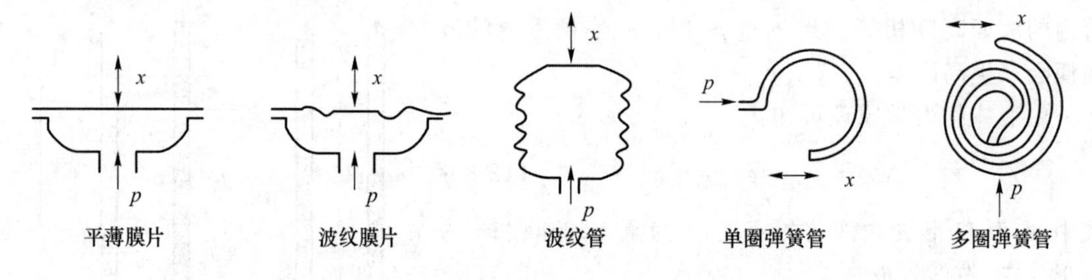

图 12.36　常用的弹性元件

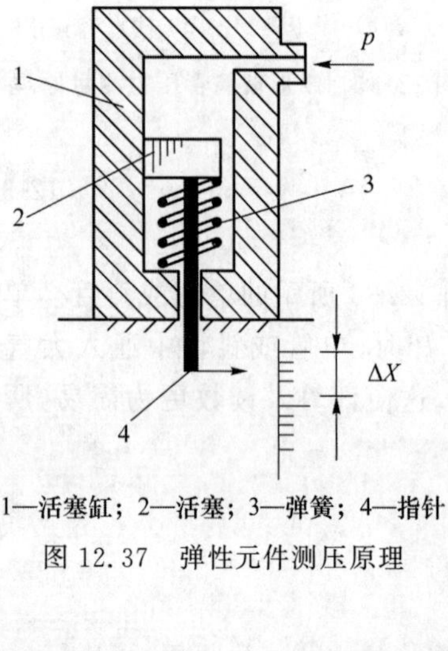

1—活塞缸；2—活塞；3—弹簧；4—指针

图 12.37　弹性元件测压原理

图 12.37 为利用弹性形变测压原理图。活塞缸的活塞底部加有柱状螺旋弹簧，弹簧一端固定，当通入被测压力 p 时，弹簧被压缩并产生一弹性力与被测压力平衡，在弹性形变的限度内，弹簧被压缩后产生的弹性位移量 Δx 与被测压力 p 的关系符合胡克定律，表示为：

$$p = c\frac{\Delta x}{A} \tag{12-32}$$

式中：c 为弹簧的刚度系数；A 为活塞的有效面积。

当 c、A 为定值时，测量压力就变为测量弹性元件的位移量 Δx。

金属弹性元件都具有不完全弹性，即在所加作用力去除后，弹性元件会出现残余变形、弹性后效和弹性滞后等现象，这将会造成测量误差。弹性元件特性与选用的材料和负载的最大值有关。若要减小这方面的误差，应注意选用合适的材料，加工成形后进行适当的热处理，使用时应选择合适的测量范围等。

2. 弹簧管压力表

弹簧管压力表在弹性式压力表中更是历史悠久，应用广泛。弹簧管压力表中压力敏感元件是弹簧管。弹簧管的横截面呈非圆形（椭圆形或扁形），弯成圆弧形的空心管子，如图 12.38 所示。

管子的一端为封闭，作为位移输出端；另一端为开口，为被测压力输入端。在开口端通入被测压力后，非圆横截面在压力 p 作用下将趋向圆形，并使弹簧管有伸直的趋势而产生力矩，其结果使弹簧管的自由端由 B 移至 B' 而产生位移，弹簧管的中心角减小 $\Delta\theta$，如图 12.38 中虚线所示。

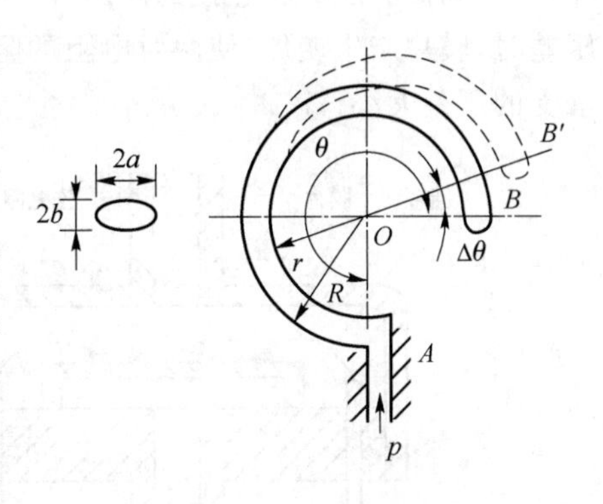

图 12.38　单圈弹簧管结构

中心角的相对变化量 $\Delta\theta/\theta$ 与被测压力 p 有如下的函数关系：

$$\frac{\Delta\theta}{\theta}=p\,\frac{1-\mu^2}{E}\,\frac{R^2}{bh}\left(1-\frac{b^2}{a^2}\right)\frac{\alpha}{\beta+k^2} \tag{12-33}$$

式中：θ 为弹簧管中心角的初始角；$\Delta\theta$ 为受压后中心角的改变量；R 为弹簧管弯曲圆弧的外半径；h 为管壁厚度；a、b 为弹簧管椭圆形截面的长、短半轴；K 为几何常数（$k=Rh/a^2$）；α、β 为与比值 a/b 有关的参数；μ 为弹簧管材料的泊松系数；E 为弹性模数。

由式(12-33)可知，若 $a=b$，则 $\Delta\theta=0$，这说明具有均匀壁厚的圆形弹簧管不能用作测压敏感元件。对于单圈弹簧管，中心角变化量 $\Delta\theta$ 比较小，要提高 $\Delta\theta$，可采用多圈弹簧管。

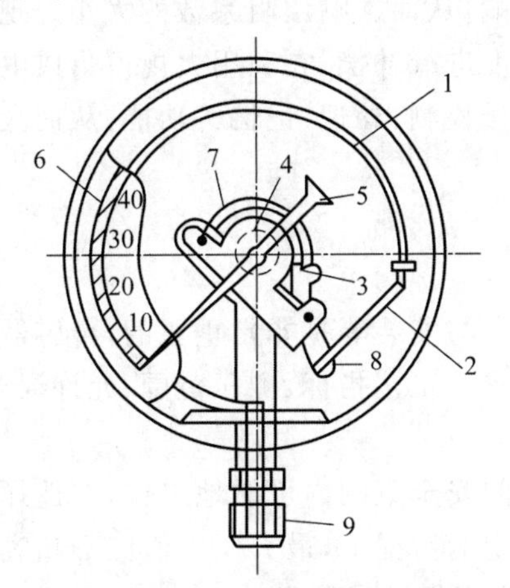

1—弹簧管；2—拉杆；3—扇形齿轮；4—中心齿轮；
5—指针；6—面板；7—游丝；8—调节螺钉；9—接头

图 12.39　弹簧管压力表

弹簧管压力表结构如图 12.39 所示。被测压力由接头 9 通入，迫使弹簧管 1 的自由端产生位移，通过拉杆 2 使扇形齿轮 3 作逆时针偏转，于是指针 5 通过同轴的中心齿轮 4 的带动而作顺时针偏转，在面板 6 的刻度标尺上显示出被测压力的数值。游丝 7 是用来克服扇形齿轮和中心齿轮所产生的仪表变差。改变调节螺钉 8 的位置（即改变机械传动的放大倍数），可以实现压力表量程的调整。

弹簧管压力表结构简单，使用方便，价格低廉，使用范围广，测量范围宽，可以测量负压、微压、低压、中压和高压，因此应用十分广泛。

3. 压阻式压力传感器

压阻式压力传感器的压力敏感元件是压阻元件，它是基于压阻效应工作的。所谓压阻元件实际上就是指在半导体材料的基片上用集成电路工艺制成的扩散电阻，当它受外力作用时，其阻值由于电阻率的变化而改变。扩散电阻正常工作时需依附于弹性元件，常用的是单晶硅膜片。

图 12.40 是压阻式压力传感器的结构示意图。压阻芯片采用周边固定的硅杯结构，封装在外壳内。在一块圆形的单晶硅膜片上，布置四个扩散电阻，两片位于受压应力区，另外两片位于受拉应力区，它们组成一个全桥测量电路。硅膜片用一个圆形硅杯固定，两边有两个压力腔，一个和被测压力相连接的高压腔，另一个是低压腔，接参考压力，通常和大气相通。当存在压差时，膜片产生变形，使两对电阻的阻值发生变化，电桥失去平衡，其输出电压反映膜片两边承受的压差大小。

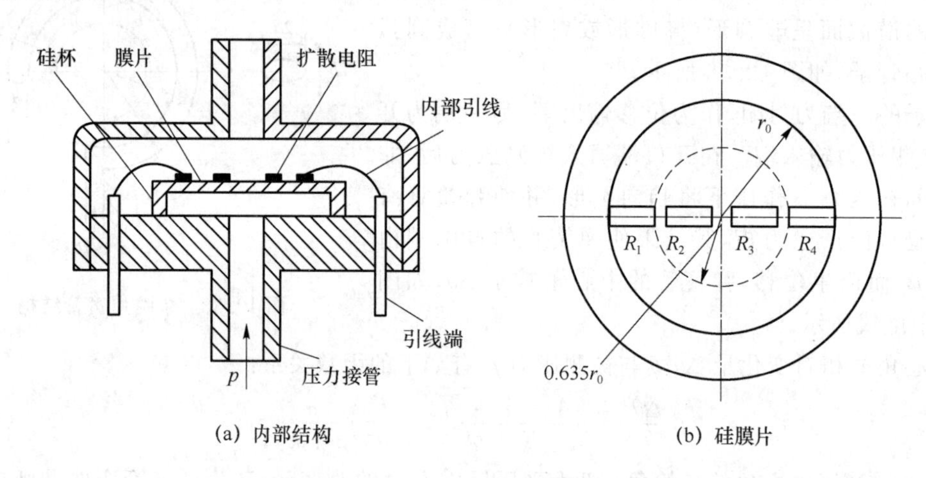

图 12.40 压阻式压力传感器的结构

压阻式压力传感器的主要优点是体积小，结构比较简单，动态响应也好，灵敏度高，能测出十几 Pa 的微压，它是一种比较理想、发展较为迅速、应用较为广泛的压力传感器。

这种传感器测量的准确度受到非线性和温度的影响，从而影响压阻系数的大小。现在出现的智能压阻压力传感器利用微处理器对非线性和温度进行补偿，它利用大规模集成电路技术，将传感器与微处理器集成在同一块硅片上，兼有信号检测、处理、记忆等功能，从而大大提高了传感器的稳定性和测量准确度。

4. 压力传感器的选用与安装

(1) 压力传感器的选用

在工业生产中，对压力传感器进行选型，确定检测点与安装等是非常重要的，传感器选用的基本原则是依据实际工艺生产过程对压力测量所要求的工艺指标、测压范围、允许误差、介质特性及生产安全等因素，要经济合理，使用方便。

对弹性式压力传感器要保证弹性元件在弹性变形的安全范围内可靠地工作，在选择传感器量程时必须留有足够的余地。一般在被测压力较稳定的情况下，最大压力值应不超过满量程的 3/4；在被测压力波动较大的情况下，最大压力值应不超过满量程的 2/3。为了保证测量精度，被测压力最小值应不低于全量程的 1/3。

若要测量高压蒸气的压力，已知蒸气压力为 $(2\sim4)\times10^5$ Pa，生产中允许最大测量误差为 10^4 Pa，且要求就地显示。如何选择压力表呢？根据已知条件及弹性式压力传感器的性质决定选 Y-100 型单圈弹簧管压力表，其测量范围为 $(0\sim6)\times10^5$ Pa（当压力从 2×10^5 Pa 变化到 4×10^5 Pa 时，正好处于量程的 1/3～2/3）。要求最大测量误差小于 10^4 Pa，即要求传感器的相对误差

$$\delta_{\max} \leqslant \pm \frac{10^4\ \text{Pa}}{(6-0)\times10^5\ \text{Pa}} = \pm 1.7\%$$

所以应选精度为 1.5 级的表。

(2) 压力传感器的安装

传感器测量结果的准确性，不仅与传感器本身的精度等级有关，而且还与传感器的安装、使用是否正确有关。

压力检测点应选在能准确及时地反映被测压力的真实情况处。因此，取压点不能处于流束紊乱的地方，即要选在管道的直线部分，离局部阻力较远的地方。

当测量高温蒸气压力时，应装回形冷凝液管或冷凝器，以防止高温蒸气与测压元件直接接触，如图 12.41(a)所示。

测量腐蚀、高黏度、有结晶等介质时，应加装充有中性介质的隔离罐，如图 12.41(b)所示。隔离罐内的隔离液应选择沸点高、凝固点低、化学与物理性能稳定的液体，如甘油、乙醇等。

压力传感器安装高度应与取压点相同或相近。对于图 12.42 所示情况，压力表的指示值要比管道内的实际压力高，应对取压管道的液柱附加的压力误差进行修正。

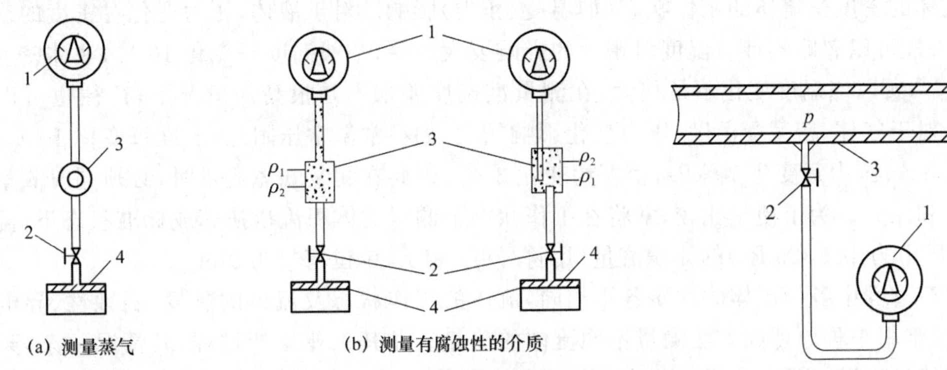

1—压力表；2—切断阀；3—隔离罐；4—生产设备；ρ_1、ρ_2—隔离液和被测介质的密度

图 12.41　测量高温、腐蚀介质压力表的安装

1—压力表；2—切断阀；3—生产设备

图 12.42　压力表位于生产设备下时的安装

12.3　流量测量

12.3.1　流量概述

流量是工业生产中的一个重要参数。在工业生产过程中，很多原料、半成品、成品都是以流体状态出现的。流体的流量成为决定产品成分和质量的关键，也是生产成本核算和合理使用能源的重要依据。因此，流量的测量和控制是生产过程自动化的重要环节。

单位时间内流过管道某一截面的流体数量，称为瞬时流量。瞬时流量有体积流量和质量流量之分。而在某一段时间间隔内流过管道某一截面的流体量的总和，即瞬时流量在某一段时间内的累积值，称为总量或累积流量。瞬时流量有体积流量和质量流量之分。

(1) 体积流量 q_v

体积流量是单位时间内通过某截面的流体的体积，单位为 m^3/s。根据定义，体积流量可用下式表示：

$$q_v = \int_A v\mathrm{d}A \tag{12-34}$$

式中,v 为截面 A 中某一面积元 $\mathrm{d}A$ 上的流速。

若流体在该截面上的流速处处相等,则体积流量可写成:

$$q_v = vA \tag{12-35}$$

(2) 质量流量 q_m

质量流量是单位时间内通过某截面的流体的质量,单位为 kg/s。根据定义,质量流量可用下式表示:

$$q_m = \int_A \rho v\mathrm{d}A \tag{12-36}$$

由式(12-35)可得:

$$q_m = \rho q_v = \rho vA \tag{12-37}$$

工程上讲的流量常指瞬时流量,以下若无特别说明流量均指瞬时流量。

流体的密度受流体的工作状态(如温度、压力)影响。对于液体,压力变化对密度的影响非常小,一般可以忽略不计。温度对密度的影响要大一些,一般温度每变化 10 ℃,液体密度的变化约 1%,所以当温度变化不是很大,在测量准确度要求不是很高的情况下,往往也可以忽略不计。对于气体,密度受温度、压力变化影响较大,如在常温常压附近,温度每变化 10 ℃,密度变化约 3%;压力每变化 10 kPa,密度约变化 3%。因此在测量气体流量时,必须同时测量流体的温度和压力。为了便于比较,常将在工作状态下测得的体积流量换算成标准状态下(温度为 20 ℃,压力为 101 325 Pa)的体积流量,用符号 q_{vN} 表示,单位符号为 $\mathrm{Nm^3/s}$。

生产过程中各种流体的性质各不相同,流体的工作状态及流体的黏度、腐蚀性、导电性也不同,很难用一种原理或方法测量不同流体的流量。尤其工业生产过程,其情况复杂,某些场合的流体是高温、高压,有时是气液两相或液固两相的混合流体。所以目前流量测量的方法很多,测量原理和流量传感器(或称流量计)也各不相同,测量方法一般可分为以下三大类。

① 速度式:速度式流量传感器大多是通过测量流体在管路内已知截面流过的流速大小来实现流量测量的。它是利用管道中流量敏感元件(如孔板、转子、涡轮、靶子、非线性物体等)把流体的流速变换成压差、位移、转速、冲力、频率等对应的信号来间接测量流量的。差压式、转子、涡轮、电磁、旋涡和超声波等流量传感器都属于此类。

② 容积式:容积式流量传感器是根据已知容积的容室在单位时间内所排出流体的次数来测量流体的瞬时流量和总量的。常用的有椭圆齿轮、旋转活塞式和刮板等流量传感器。

③ 质量式:质量流量传感器有两种。一种是根据质量流量与体积流量的关系,测出体积流量再乘被测流体的密度的间接质量流量传感器,如工程上常用的采取温度、压力自动补偿的补偿式质量流量传感器。另一种是直接测量流体质量流量的直接式质量流量传感器,如热式、惯性力式、动量矩式等质量流量传感器。直接法测量具有不受流体的压力、温度、黏度等变化影响的优点,是一种正在发展中的质量流量传感器。

测量流量的传感器很多,可以满足不同的流量检测的要求。下面针对有代表性的、工业上应用较为广泛的流量传感器作介绍,对于应用也很广泛的超声波流量传感器前面已介绍,不再重复。

12.3.2 差压式流量传感器

差压式流量传感器又称为节流式流量传感器,它是利用管路内的节流装置,将管道中流体的瞬时流量转换成节流装置前后的压力差的原理来实现的。差压式流量传感器流量测量系统主要由节流装置和差压计(或差压变送器)组成,如图 12.43 所示。节流装置的作用是把被测流体的流量转换成压差信号,差压计则对压差信号进行测量并显示测量值,差压变送器能把差压信号转换为与流量对应的标准电信号,以供显示、记录或控制。

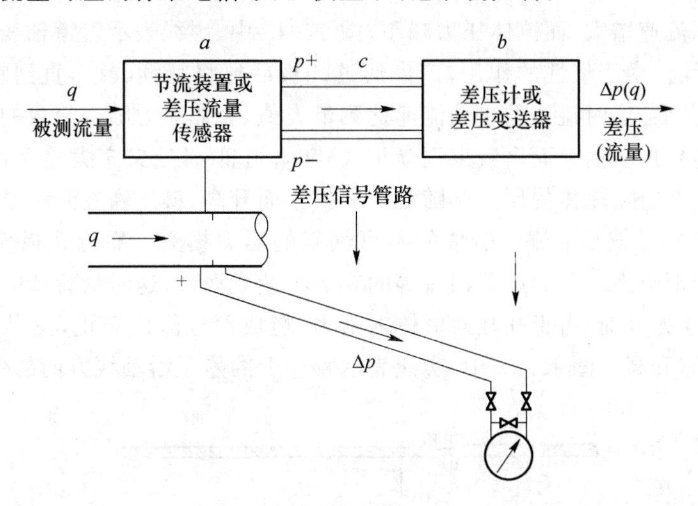

图 12.43　差压式流量传感器流量测量系统

差压式流量传感器发展较早,技术成熟且完善,结构简单,对流体的种类、温度、压力限制较少,因而应用广泛。

1. 节流装置

节流装置是由节流元件、取压装置和前后直管段组成。其中节流元件是差压式流量传感器的流量敏感检测元件,是安装在流体流动的管道中的阻力元件。常用的节流元件有孔板、喷嘴、文丘里管。它们的结构形式、相对尺寸、技术要求、管道条件和安装要求等均已标准化,故又称标准节流元件,如图 12.44 所示。其中孔板最简单又最为典型,加工制造方便,在工业生产过程中常被采用。

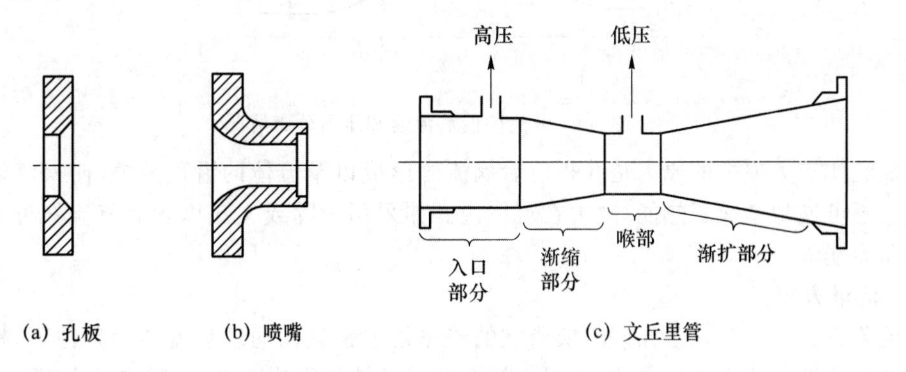

图 12.44　标准节流元件

标准节流装置按照规定的技术要求和试验数据来设计、加工、安装,无须检测和标定,可以直接投产使用,并可保证流量测量的精度。

2. 节流装置测量原理与流量方程式

(1) 测量原理

在管道中流动的流体具有动压能和静压能,在一定条件下这两种形式的能量可以相互转换,但参加转换的能量总和不变。用节流元件测量流量时,流体流过节流装置前后产生压力差$\Delta p(\Delta p=p_1-p_2)$,且流过的流量越大,节流装置前后的压差也越大,流量与压差之间存在一定关系,这就是差压式流量传感器测量原理。

图 12.45 为孔板节流件前后流速和压力分布情况。流体流过孔板前已经开始收缩,流体随着流束的缩小,流速增大,而流体压力减小,图 12.45 中,虚线表示管道轴线上流体静压沿轴线方向的分布曲线。由于惯性的作用,流束通过孔板后还将继续收缩,直到在节流件后Ⅱ-Ⅱ处达到最小流束截面,这时流体的平均流速达到最大值,流体压力随着流束的缩小及流速的增加而降低,直到达到最小值。而后流束逐渐扩大,在管道Ⅲ-Ⅲ处又充满整个管道,流体的速度也恢复到孔板前的流速,流体的压力又随流束的扩张而升高,最后恢复到一个稍低于原管中的压力。图 12.45 中,δ_p 就是节流件造成的不可恢复的压力损失。靠近孔板前后的角落处,由于流体的黏性、局部阻力以及静压差回流等的影响将造成涡流,这时沿管壁的流体的静压变化和轴线上不同。在孔板前,由于孔板对流体的阻力,造成部分流体滞止,使得管道壁面上的静压比上游压力稍有升高。图 12.45 中,实线表示管壁上的静压沿轴线方向的变化曲线。

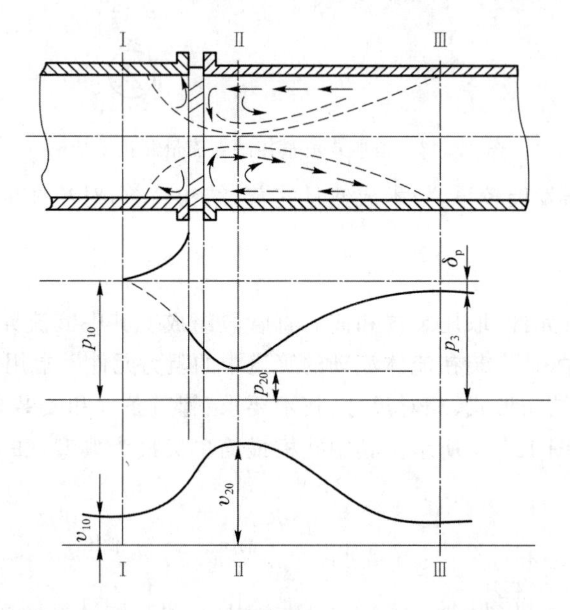

图 12.45 节流件前后流速和压力分布情况

造成流体压力损失的原因是孔板前后涡流的形成以及流体的沿程摩擦,使得流体的一部分机械能不可逆地变成了热能,散失在流体内。如采用喷嘴或文丘里管等节流件可大大减小流体的压力损失。

(2) 流量方程式

节流装置的流量公式是在假定所研究的流体是定常流动的理想流体的条件下,根据伯努利方程和连续性方程推导出来的,而对不符合假设条件的影响因素,则需进行修正。

图 12.45 中,当连续流动的流体流经Ⅰ-Ⅰ截面时,管中心的流速为 v_{10},静压为 p_{10},密度为 ρ_1;流体流经Ⅱ-Ⅱ截面时,管中心的流速为 v_{20},静压为 p_{20},密度为 ρ_2。对于不可压缩理想流体,流体流过节流件时,流体不对外做功,和外界没有热交换,而且节流件前后的流体密度相等,即 $\rho_1=\rho_2=\rho$。根据伯努利方程,在两截面Ⅰ、Ⅱ处,管中心流体的能量方程为:

$$\frac{p_{10}}{\rho}+\frac{v_{10}^2}{2}=\frac{p_{20}}{\rho}+\frac{v_{20}^2}{2} \tag{12-38}$$

考虑流速分布的不均匀，及实际流体有黏性，在流动时会产生摩擦力，其损失的能量为$\frac{\xi}{2}v_2^2$。在两截面Ⅰ、Ⅱ处的能量方程可写成：

$$\frac{p_{10}}{\rho}+\frac{C_1^2}{2}v_1^2=\frac{p_{20}}{\rho}+\frac{C_2^2}{2}v_2^2+\frac{\xi}{2}v_2^2 \tag{12-39}$$

式中：C_1、C_2 为截面Ⅰ、Ⅱ处流速分布不均匀的修正系数，$C_1=v_{10}/v_1$，$C_2=v_{20}/v_2$；v_1、v_2 为截面Ⅰ、Ⅱ的平均流速。

由于流体流动的连续性，则有

$$A_1v_1\rho=A_2v_2\rho \tag{12-40}$$

这样我们可得：

$$v_2=\frac{1}{\sqrt{C_2^2+\xi-C_1^2\mu^2m^2}}\sqrt{\frac{2}{\rho}(p_{10}-p_{20})} \tag{12-41}$$

式中：m 为开口截面比，$m=A_0/A_1$，A_1 为Ⅰ-Ⅰ截面的流通面积；μ 为收缩系数，$\mu=A_2/A_0$，A_2 为Ⅱ-Ⅱ截面流束的流通面积。

另外实际取压是在管壁取的，所测得的压力是管壁处的静压力，设实际取得的压力为 p_1 和 p_2，需引入一个取压系数 ψ，并取

$$\psi=\frac{p_{10}-p_{20}}{p_1-p_2} \tag{12-42}$$

根据流量的定义，我们可以得到体积流量与压差 $\Delta p=p_1-p_2$ 之间的流量方程式为：

- 体积流量

$$q_v=v_2A_2=aA_0\sqrt{\frac{2}{\rho}\Delta p} \tag{12-43}$$

- 质量流量

$$q_m=v_2A_2\rho=aA_0\sqrt{2\rho\Delta p} \tag{12-44}$$

式中，α 为流量系数，$\alpha=\frac{\mu\sqrt{\psi}}{\sqrt{C_2^2+\xi-C_1^2\mu^2m^2}}$。

对于可压缩流体，如各种气体及蒸气，通过节流元件时，由于压力变化必然会引起密度 ρ 的改变，即 $\rho_1\neq\rho_2$，这时在公式中应引入流束膨胀系数 ε，可压缩性流体流束膨胀系数 $\varepsilon<1$，如果是不可压缩性流体，则 $\varepsilon=1$。对于可压缩性流体，规定流体密度用节流件前的流体密度 ρ_1，则流量方程式变为：

$$q_v=a\varepsilon A_0\sqrt{\frac{2\Delta p}{\rho_1}} \tag{12-45}$$

$$q_m=a\varepsilon A_0\sqrt{2\rho_1\Delta p} \tag{12-46}$$

上述流量方程式中，流量—压差关系虽然比较简单，但流量系数 a 却是一个影响因素复杂、变化范围较大的重要参数，也是节流式流量计能否准确测量流量的关键所在。流量系数 a 与节流装置的结构形式、取压方式、节流装置开孔直径、流体流动状态(雷诺数)及管道条件等因素有关。对于标准节流装置，查阅有关手册便可计算出流量系数 a 值。

3. 差压式流量检测系统

差压流量检测系统由节流装置、差压引压导管及差压计或差压变送器等组成。图 12.46 所示为一个差压式流量检测系统的结构示意图。

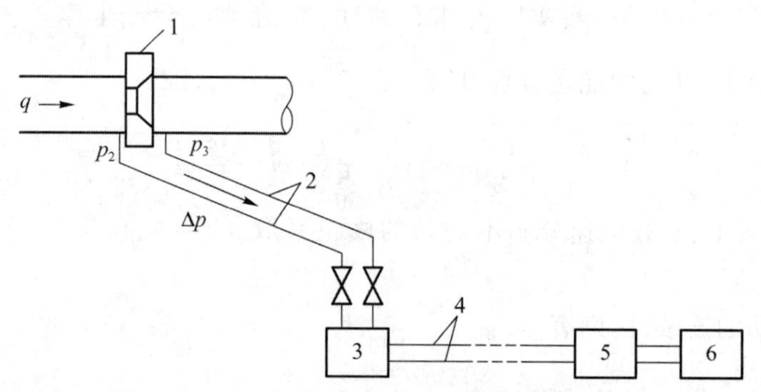

1—节流装置；2—压力信号管路；3—差压变送器；4—电流信号传输线；5—开方器；6—显示仪表

图 12.46 差压式流量检测系统结构示意图

节流装置将被测流体的流量值变换成差压信号 Δp。节流装置输出的差压信号由压力信号管路输送到差压变送器(或差压计)。差压变送器是一个把差压信号转换成电流(或电压)的装置,它通常将差压信号转换为 4～20 mA 的标准电流信号。差压计用来直接测量差压信号并显示流量的大小。由于节流装置是一个非线性环节,因此流量显示仪表的指示标尺也是非线性的。为了解决非线性的问题,需要在流量检测系统中增加一个非线性补偿环节,增加开方运算电路或加开方器。这样差压流量变送器的输出电流就能与流量呈线性关系,流量显示仪表的指示标尺也就是线性的了。

12.3.3 电磁流量传感器

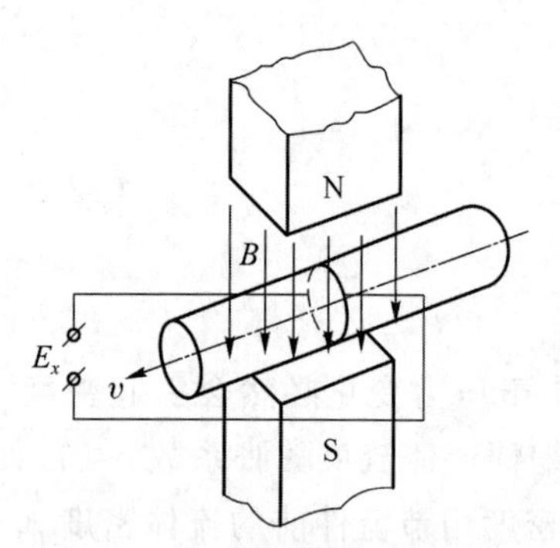

图 12.47 电磁流量传感器原理

电磁流量传感器是根据法拉第电磁感应定律来测量导电性液体的体积流量的。如图 12.47 所示,在磁场中安置一段不导磁、不导电的管道,管道外面安装一对磁极,当有一定电导率的流体在管道中流动时,就切割磁力线。与金属导体在磁场中的运动一样,在导体(流动介质)的两端也会产生感应电动势,由设置在管道上的电极导出。该感应电势大小与磁感应强度、管径大小、流体流速大小有关。即:

$$E_x = BDv \tag{12-47}$$

式中:B 为磁感应强度(单位为 T);D 为管道内径,相当于垂直切割磁力线的导体长度(单位为 m);v 为导体的运动速度,即流体的流速(单位为 m/s);E_x 为感应电动势(单位为 V)。

体积流量 q_v 与流体流速 v 的关系为:

$$q_v = \frac{1}{4}\pi D^2 v \tag{12-48}$$

将式(12-48)代入式(12-47),可得:

$$E_x = \frac{4B}{\pi D} q_v = K q_v \tag{12-49}$$

式中,K 为仪表常数,$K = \frac{4B}{\pi D}$。

若磁感应强度 B 及管道内径 D 固定不变,则 K 为常数,两电极间的感应电动势 E_x 与流

量 q_v 呈线性关系，便可通过测量感应电动势 E_x 来间接测量被测流体的流量 q_v 值。

电磁流量传感器的磁场有三种励磁方式：直流励磁、交流正弦波励磁和低频方波励磁。直流励磁的优点是受交流磁场干扰小，因而液体中的自感现象可以忽略不计，缺点是在电极上产生的直流电势引起管内被测液体的电解，产生极化现象，破坏了原来的测量条件。交流正弦波励磁一般采用工频(50 Hz)交变电流产生的交变磁场。交流正弦波励磁的优点是能消除极化现象，输出信号是交流信号，放大和转换比较容易，但也会带来一系列的干扰，如 90°干扰、同相干扰等。低频方波励磁交流干扰影响小，又能克服极化现象，是一种比较好的励磁方式。

电磁流量传感器产生的感应电动势信号是很微小的，需通过电磁流量转换器来显示流量。常用的电磁流量转换器能把传感器的输出感应电动势信号放大并转换成标准电流(0～10 mA 或 4～20 mA)信号或一定频率的脉冲信号，配合单元组合仪表或计算机对流量进行显示、记录、运算、报警和控制等。

电磁流量传感器只能测量导电介质的流体流量。它适用于测量各种腐蚀性酸、碱、盐溶液，固体颗粒悬浮物，黏性介质(如泥浆、纸浆、化学纤维、矿浆)等溶液；也可用于各种有卫生要求的医药、食品等部门的流量测量(如血浆、牛奶、果汁、卤水、酒类等)，还可用于大型管道自来水和污水处理厂流量测量以及脉动流量测量等。

12.3.4 涡轮流量传感器

涡轮流量传感器类似于叶轮式水表，是一种速度式流量传感器。图 12.48 为涡轮流量传感器的结构示意图。它是在管道中安装一个可自由转动的叶轮，流体流过叶轮使叶轮旋转，流量越大，流速越高，则动能越大，叶轮转速也越高。测量出叶轮的转速或频率，就可确定流过管道的流体流量总和。

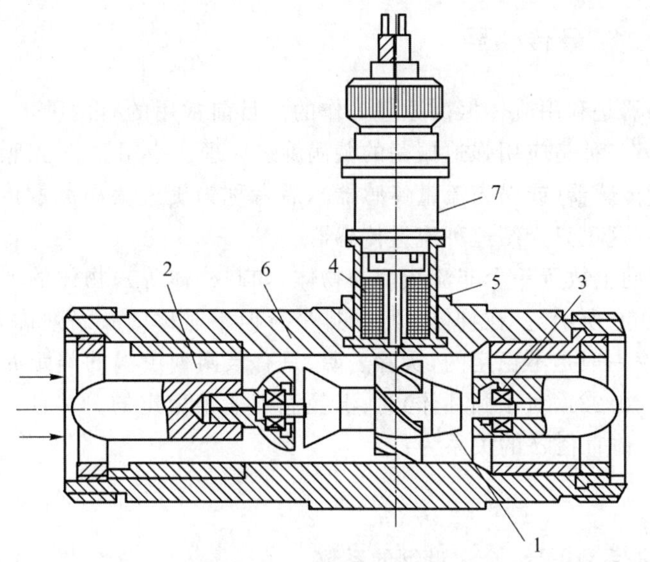

1—涡轮；2—导流器；3—轴承；4—感应线圈；5—永久磁钢；6—壳体；7—前置放大器

图 12.48 涡轮流量传感器结构示意图

涡轮由高导磁的不锈钢制成，线圈和永久磁钢组成磁电感应转换器。测量时，当流体通过涡轮叶片与管道间的间隙时，流体对叶片前后产生压差推动叶片，使涡轮旋转，在涡轮旋转的同时，高导磁性的涡轮叶片周期性地改变磁电系统的磁阻值，使通过线圈的磁通量发生周期性的变化，因而在线圈两端产生感应电势，该电势经过放大和整形，便可得到足以测出频率的方波脉冲，脉冲的频率与涡轮转速成正比。例如，将脉冲送入计数器就可求得累计总量。

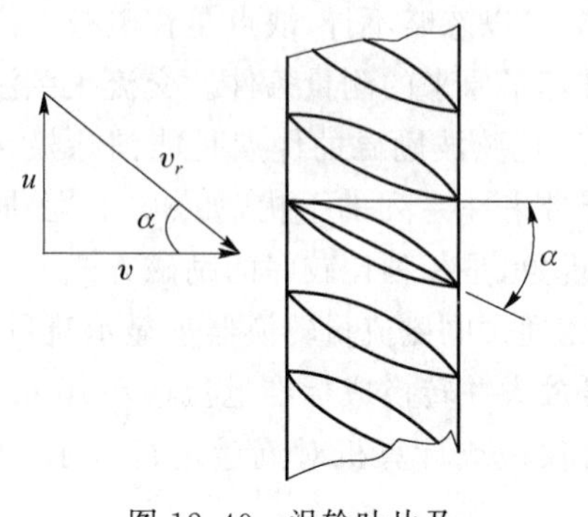

图 12.49　涡轮叶片及流体的速度分析

在涡轮叶片的平均半径 r_c 处取断面，并将圆周展开成直线，便可画出图 12.49。

设流体速度 v 平行于轴向，叶片的切线速度 u 垂直于 v，若叶片的倾斜角为 α，便可写出：

$$u = \omega r_c = v\tan\alpha$$

或

$$v = \frac{\omega r_c}{\tan\alpha} = \frac{2\pi n r_c}{\tan\alpha} \tag{12-50}$$

式中：n 为涡轮的转速；ω 为涡轮的角速度。

设叶片缝隙间的有效流通面积为 A，则瞬时体积流量为：

$$q_v = vA = \frac{2\pi n r_c}{\tan\alpha}A \tag{12-51}$$

若涡轮上叶片总数为 z，则线圈输出脉冲频率 f 就是 nz，代入式(12-51)可得：

$$q_v = \frac{2\pi n r_c A}{z\tan\alpha}f = \frac{1}{\xi}f \tag{12-52}$$

式中，ξ 为仪表常数，$\xi=\dfrac{z\tan\alpha}{2\pi r_c A}$。

涡轮流量传感器具有安装方便、精度高(可达 0.1 级)、反应快、刻度线性及量程宽等特点，此外还具有信号易远传、便于数字显示、可直接与计算机配合进行流量计算和控制等优点。它广泛应用于石油、化工、电力等工业领域，气象仪器和水文仪器中也常用涡轮测风速和水速。

12.3.5　漩涡式流量传感器

漩涡式流量传感器是利用流体振荡原理工作的。目前常用的有两种：一种是应用自然振荡的卡曼涡列原理；另一种是应用强迫振荡的漩涡旋进原理。应用振荡原理的流量传感器，前者称为卡曼涡街流量传感器(或涡街流量传感器)，后者称为旋进漩涡流量传感器。涡街流量传感器应用相对较多，这里只介绍这种流量传感器。

在流体的流动方向上放置一个非流线型的物体(如圆柱体等)，物体的下游两侧有时会交替出现漩涡(如图 12.50 所示)。在物体后面两排平行但不对称的漩涡列称为卡曼涡列(也称为涡街)。漩涡的频率一般是不稳定的，实验表明，只有当两列漩涡的间距 h 与同列中相邻漩涡的间距 l 满足 $h/l=0.281$(对于圆柱体)时，卡曼涡列才是稳定的。并且每一列漩涡产生的频率 f 与流速 v、圆柱体直径 d 的关系为：

$$f = S_t\frac{v}{d} \tag{12-53}$$

式中，S_t 为斯特罗哈尔系数，是一个无量纲的系数。

S_t 主要与漩涡发生体的形状和雷诺数有关。在雷诺数为 500～150 000 的区域内，基本上是一个常数，如图 12.51 所示。对于圆柱体 $S_t=0.20$，三角柱体 $S_t=0.16$。工业上测量的流速实际上几乎不超过这个范围，所以可以认为频率 f 只受流速 v 和漩涡发生体的特征尺寸 d 的支配，而不受流体的温度、压力、密度、粘度等的影响。所以当测得漩涡的频率后，就可得到流体的流速 v，即可以求得流体的体积流量 q_v。

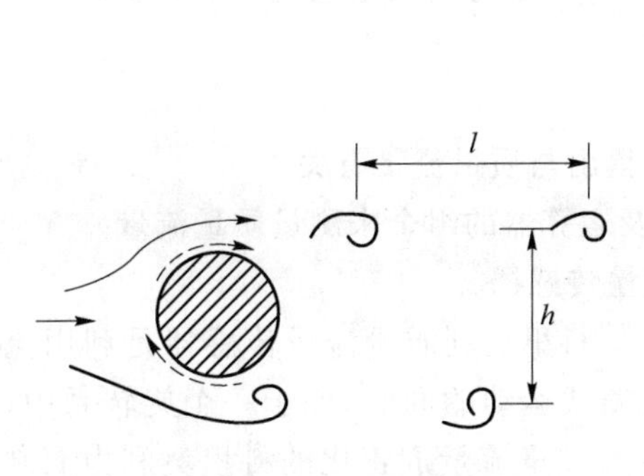

图 12.50 卡曼漩涡

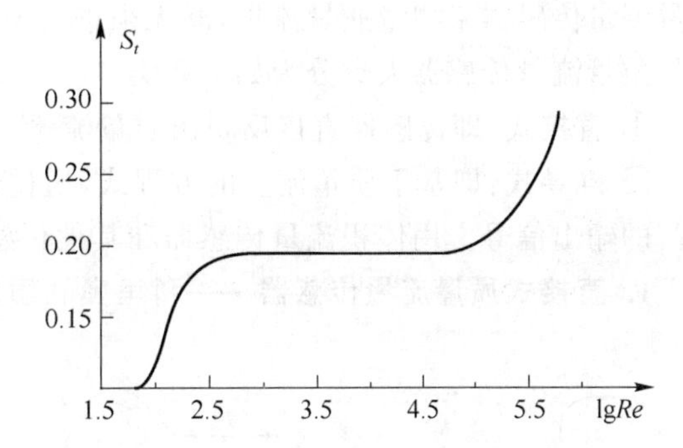

图 12.51 斯特罗哈尔系数与雷诺数的关系

漩涡频率检测元件一般是附在漩涡发生体上。圆柱体漩涡发生体采用铂热电阻丝检测法，铂热电阻丝在圆柱体的空腔内，如图 12.52 所示。当圆柱体的右下方产生漩涡时，作为漩涡回转运动的反作用，在圆柱周围产生环流，如图 12.50 中的虚线所示。这环流的速度分量加在原来的流动上，所以圆柱体上侧有增加流速的作用，圆柱体下侧有减少流速的作用。这样，有个从下到上的升力作用到圆柱体上，结果有部分流体从下方导压孔吸入，从上方的导压孔吹出。如果把铂热电阻丝用电流加热到比流体温度高出某个温度，流体通过铂热电阻丝时，带走它的热量，从而改变它的电阻值，此电阻值的变化与发出漩涡的频率相对应，即由此便可检测出与流速成比例的频率。

三角柱漩涡发生体的漩涡频率检测原理图如图 12.53 所示。埋在三角柱正面的两只热敏电阻与其他两只固定电阻构成一个电桥，电桥通以恒定电流使热敏电阻的温度升高。由于产生漩涡处的流速较大，使热敏电阻的温度降低，阻值改变，电桥输出信号。随着漩涡交替产生，电桥输出一系列与漩涡发生频率相对应的电压脉冲。

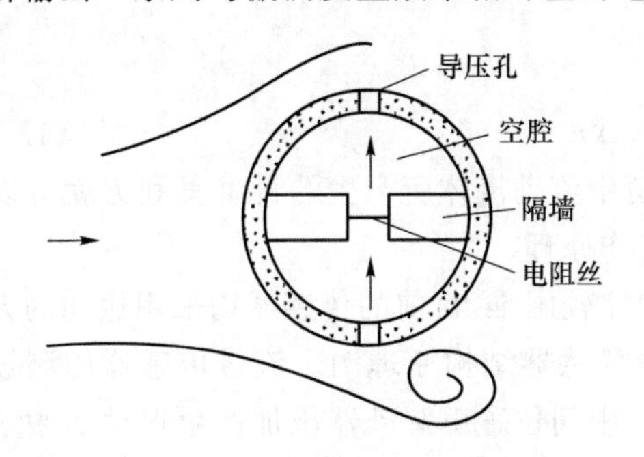

图 12.52 圆柱体漩涡检测原理图

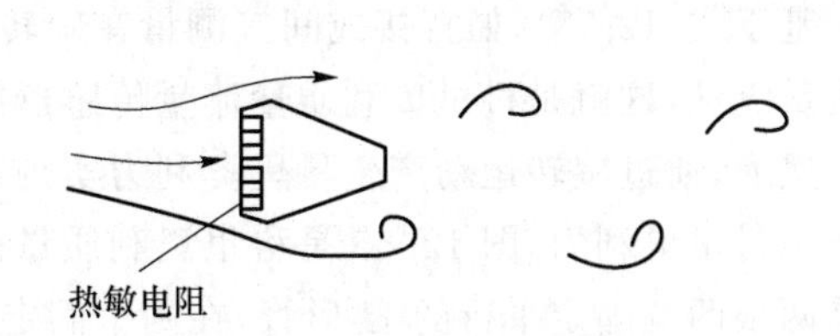

图 12.53 三角柱体漩涡检测原理图

漩涡式流量传感器在管道内没有可动部件，使用寿命长，线性测量范围宽，几乎不受温度、压力、密度、黏度等变化的影响，压力损失小，传感器的输出是与体积流量成比例的脉冲信号，这种传感器对气体、液体均适用。

12.3.6 质量流量传感器

在工业生产和产品交易中，如在物料平衡、热平衡以及储存、经济核算等过程中，人们常常需要的是质量流量，因此在测量工作中，常常将已测出的体积流量乘以密度换算成质量流量。而对于相同体积的流体，在不同温度、压力下，其密度是不同的，尤其对于气体流体，这就给质量流量的测量带来了麻烦，有时甚至难以达到测量的要求。在此类应用场景下，便希望直接用质量流量传感器来测量质量流量，既无须进行换算，又有利于提高流量测量的准确度。

质量流量传感器大致分为如下两类。

① 直接式：即传感器直接反映出质量流量。

② 推导式：即基于质量流量的方程式，通过运算得出与质量流量有关的输出信号。用体积流量传感器和其他传感器及运算器的组合来测量质量流量。

1. 直接式质量流量传感器——科里奥利质量流量传感器

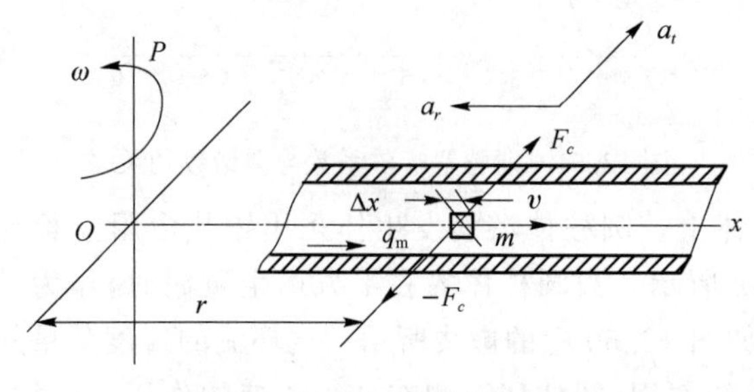

图 12.54 科里奥利力分析图

科里奥利质量流量传感器是利用流体在直线运动的同时，处于一个旋转系中，产生与质量流量成正比的科里奥利力而制成的一种直接式质量流量传感器。

当质量为 m 的质点在对 P 轴作角速度为 ω 旋转的管道内移动时，如图 12.54 所示，质点具有两个分量的加速度及相应的加速度力。

① 法向加速度：即向心加速度 a_r，其量值为 $\omega^2 r$，方向朝向 P 轴。

② 切向加速度：即科里奥利加速度 a_t，其量值为 $2\omega v$，方向与 a_r 垂直。

由于复合运动，在质点的 a_t 方向上作用着科里奥利力 F_c 为 $2\omega vm$，而管道对质点作用着一个反向力，其值为 $-2\omega vm$。

当密度为 ρ 的流体以恒定速度 v 在管道内流动时，任何一段长度为 Δx 的管道都受到一个大小为 ΔF_c 的切向科里奥利力，即：

$$\Delta F_c = 2\omega v\rho A\Delta x \tag{12-54}$$

式中，A 为管道的流通内截面积。

因为质量流量 $q_m=\rho vA$，所以

$$\Delta F_c = 2\omega q_m\Delta x \tag{12-55}$$

基于式(12-55)，如直接或间接测量在旋转管道中流动流体所产生的科里奥利力就可以测得质量流量，这就是科里奥利质量流量传感器的工作原理。

然而，通过旋转运动产生科里奥利力实现起来比较困难，目前的传感器均采用振动的方式来产生科里奥利力，图 12.55 是科里奥利质量流量传感器结构原理图。流量传感器的测量管道是两根两端固定平行的 U 形管，在两个固定点的中间位置由驱动器施加产生振动的激励能量，在管内流动的流体产生科里奥利力，使测量管两侧产生方向相反的挠曲。位于 U 形管的两个直管管端的两个检测器用光学或电磁学方法检测挠曲量以求得质量流量。

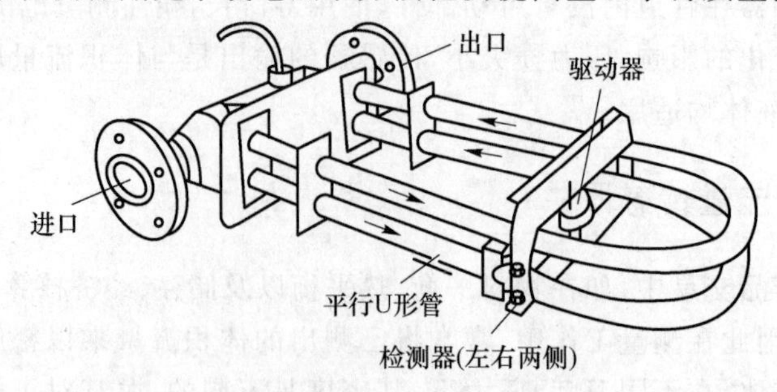

图 12.55 科里奥利质量流量传感器结构原理图

当管道充满流体时，流体也成为转动系的组成部分，流体密度不同，管道的振动频率会因此而有所改变，而密度与频率有一个固定的非线性关系，因此科里奥利质量流量传感器也可测量流体密度。

2. 推导式质量流量传感器

推导式质量流量传感器实际上是由多个传感器组合而成的质量流量测量系统，根据传感器的输出信号间接推导出流体的质量流量。组合方式主要有以下几种。

① 差压式流量传感器与密度传感器组合方式

差压式流量传感器的输出信号是差压信号，它正比于 ρq_v^2，若与密度传感器的输出信号进行乘法运算后再开方即可得到质量流量。即：

$$\sqrt{K_1\rho q_v^2 K_2\rho} = \sqrt{K_1K_2}\rho q_v = Kq_m \tag{12-56}$$

② 体积流量传感器与密度流量传感器组合方式

能直接用来测量管道中的体积流量 q_v 的传感器有电磁流量传感器、涡轮流量传感器、超声波流量传感器等，利用这些传感器的输出信号与密度传感器的输出信号进行乘法运算即可得到质量流量。即：

$$K_1q_vK_2\rho = Kq_m \tag{12-57}$$

③ 差压式流量传感器与体积式流量传感器组合方式

差压式流量传感器的输出差压信号 Δp 与 ρq_v^2 成正比，而体积流量传感器输出信号与 q_v 成正比，将这两个传感器的输出信号进行除法运算也可得到质量流量。即：

$$\frac{K_1\rho q_v^2}{K_2q_v} = Kq_m \tag{12-58}$$

12.4 物位测量

12.4.1 物位概述

物位是指各种容器设备中液体介质液面的高低、两种不溶液体介质的分界面的高低和固体粉末状颗粒物料的堆积高度等的总称。根据具体用途它可分为液位、界位、料位等传感器。

工业上通过物位测量能正确获取各种容器和设备中所储物质的体积量和质量，能迅速正确反映某一特定基准面上物料的相对变化，监视或连续控制容器设备中的介质物位，或对物位上下极限位置进行报警。

物位传感器种类较多，按其工作原理可分为下列几种类型。

① 直读式：它根据流体的连通性原理来测量液位。

② 浮力式：它根据浮子高度随液位高低而改变或液体对浸沉在液体中的浮筒（或称沉筒）的浮力随液位高度变化而变化的原理来测量液位。前者称为恒浮力式，后者称为变浮力式。

③ 差压式：它根据液柱或物料堆积高度变化对某点上产生的静（差）压力的变化的原理测量物位。

④ 电学式：它根据把物位变化转换成各种电量变化的原理来测量物位。

⑤ 核辐射式：它根据同位素射线的核辐射透过物料时，其强度随物质层的厚度变化而变化的原理来测量液位。

⑥ 声学式：它根据物位变化引起声阻抗和反射距离变化来测量物位。

⑦ 其他形式:如微波式、激光式、射流式、光纤维式传感器等。

利用不同的检测方法检测物位的传感器很多,比如前面已作介绍的电容式物位传感器、核辐射物位传感器、超声波物位传感器及微波物位传感器等。本节将重点介绍浮力式物位传感器和静压式物位传感器。

12.4.2 浮力式液位传感器

浮力式液位传感器是利用液体浮力来测量液位的。它结构简单、使用方便,是目前应用较广泛的一种液位传感器。根据测量原理,它分为恒浮力式和变浮力式两大类型。

1. 恒浮力式液位传感器

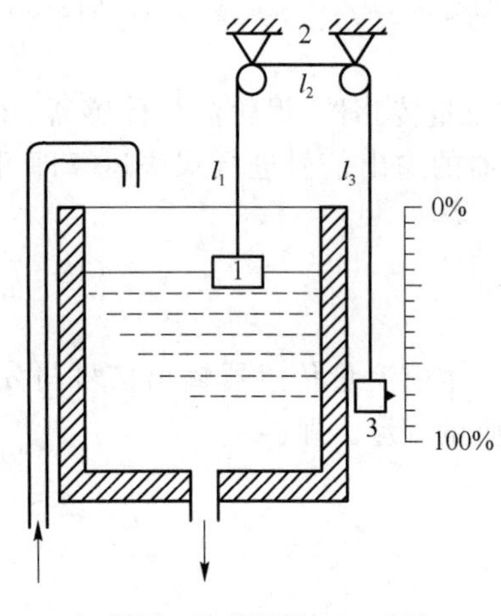

1—浮子;2—滑轮组;3—重锤

图 12.56 水塔水位测量示意图

最原始的恒浮力式液位传感器,是将一个浮子置于液体中,它受到浮力的作用漂浮在液面上,当液面变化时,浮子随之同步移动,其位置就反映了液面的高低。水塔里的水位常用这种方法指示,图 12.56 是水塔水位测量示意图。液面上的浮子由绳索经滑轮与塔外的重锤相连,重锤上的指针位置便可反映水位。但与直观印象相反,标尺下端代表水位高,若使指针动作方向与水位变化方向一致,应增加滑轮数目,但引起摩擦阻力增加,误差也会增大。

例如,把浮子换成浮球,测量从容器内移到容器外,浮球用杠杆直接连接浮球,可直接显示罐内液位的变化,如图 12.57 所示。这种液位传感器适合测量温度较高、黏度较大的液体介质,但量程范围较窄。例如,在该液位传感器的基础上增加机电信号变换装置,当液位变化时,浮球的上下移动通过磁钢变换成电触点(如图 12.58 所示)的上下位移。当液位高于(或低于)极限位置时,电触点 4 与报警电路的上下限静触点接通,报警电路发出液位报警信号。若将浮球控制器输出与容器进料或出料的电磁阀门执行机构配合,则可实现阀门的自动启停,进行液位的自动控制。

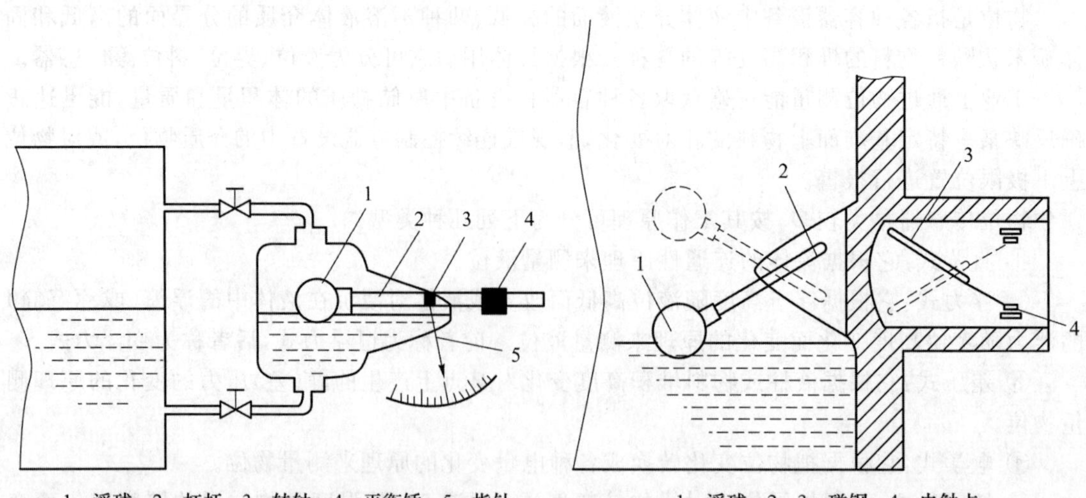

1—浮球;2—杠杆;3—转轴;4—平衡锤;5—指针

图 12.57 外浮球式液位传感器

1—浮球;2、3—磁钢;4—电触点

图 12.58 浮球式液位控制器

2. 变浮力式液位传感器

沉筒式液位传感器是利用变浮力的原理来测量液位的。它利用浮筒在被测液体中浸没高度不同以致所受的浮力不同来检测液位的变化。

图12.59是液位检测原理图。将一横截面积为A、质量为m的空心金属圆筒（浮筒）悬挂在弹簧上，弹簧的下端被固定，当浮筒的重力与弹簧力达到平衡时，则有：

$$mg = Cx_0 \tag{12-59}$$

式中：C为弹簧的刚度；x_0为弹簧由于浮筒重力产生的位移。

当液位高度为H时，浮筒受到液体对它的浮力作用而向上移动，设浮筒实际浸没在液体中的长度为h，浮筒移动的距离即弹簧的位移变化量为Δx，即$H=h+\Delta x$。当浮筒受到的浮力与弹簧力和浮筒的重力平衡时，有：

$$mg - Ah\rho g = C(x_0 - \Delta x) \tag{12-60}$$

式中，ρ为浸没浮筒的液体密度。

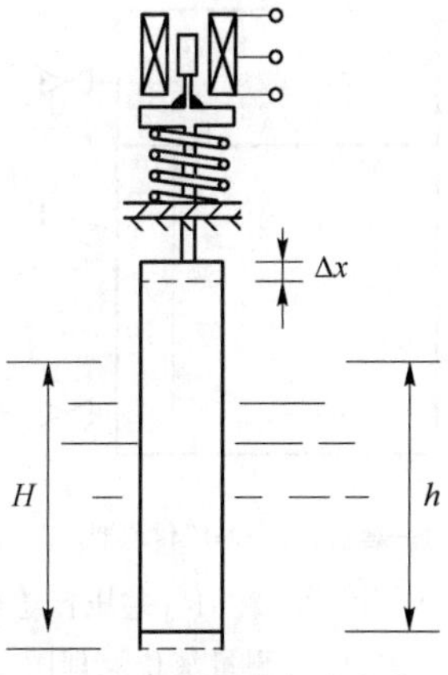

图12.59 变浮力式液位传感器原理图

将式(12-59)代入式(12-60)，整理后便得：

$$Ah\rho g = C\Delta x \tag{12-61}$$

在一般情况下，$h \gg \Delta x$，所以$H \approx h$，从而被测液位H可表示为：

$$H = \frac{C}{A\rho g}\Delta x \tag{12-62}$$

由式(12-62)可知，当液位变化时，浮筒产生的位移变化量Δx与液位高度H成正比关系。从以上分析表明，变浮力式液位传感器实际上是将液位转化成敏感元件（浮筒）的位移。如在浮筒的连杆上安装一铁芯，可随浮筒一起上下移动，通过差动变压器使输出电压与位移成正比关系。

沉筒式液位传感器适应性能好，对黏度较高的介质、高压介质及温度较高的敞口或密闭容器的液位等都能测量。对液位信号可远传显示，与单元组合仪表配套，可实现液位的报警和自动控制。

12.4.3 静压式液位传感器

静压式液位传感器是基于液位高度变化时，由液柱产生的静压也随之变化的原理来检测液位的。利用压力或差压传感器测量静压的大小，可以很方便地测量液位，而且能输出标准电流信号，这种传感器习惯上称为变送器，这里主要讨论压力或差压传感器液位测量原理。

对于上端与大气相通的敞口容器，利用压力传感器（或压力表）直接测量底部某点压力，如图12.60所示。通过引压导管把容器底部静压与测压传感器连接，当压力传感器与容器底部处在同一水平线时，由压力表的压力指示值可直接显示出液位的高度。压力与液位的关系为：

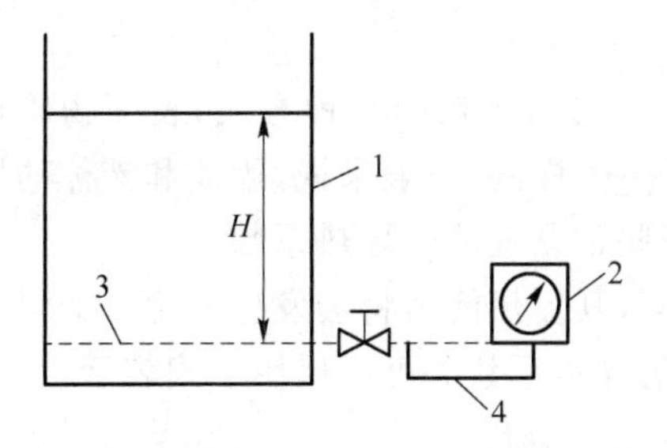

1—容器；2—压力传感器；3—液压零面；4—导压管

图12.60 压力传感器测量液位（静压）原理图

$$H = \frac{p}{\rho g} \tag{12-63}$$

式中：H为液位高度（单位为m）；ρ为液体的密度

(单位为 kg/m^3);g 为重力加速度(单位为 m/s^2);p 为容器底部的压力(单位为 Pa)。

如果压力传感器与容器底部不在相同高度处,那么导压管内的液柱压力必须用零点迁移的方法解决。

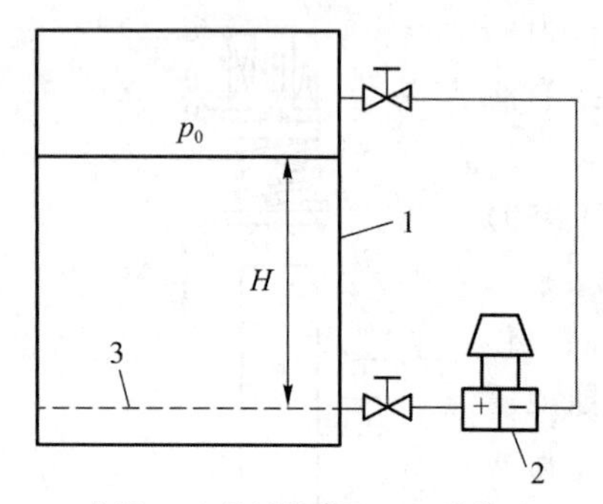

1—容器; 2—差压传感器; 3—液位零面

图 12.61 差压传感器测量液位原理图

对于上端与大气隔绝的闭口容器,容器上部空间与大气压力大多不等,所以在工业生产中普遍采用差压传感器来测量液位,如图 12.61 所示。

设容器上部空间的压力为 p_0,差压传感器正、负压室所受到的压力分别为 p_+ 和 p_-,则

$$p_+ = \rho g H + p_0 \tag{12-64}$$

$$p_- = p_0 \tag{12-65}$$

因此可得到正负室压差为:

$$\Delta p = p_+ - p_- = \rho g H \tag{12-66}$$

由式(12-66)可知,被测液位 H 与差压力 Δp 成正比。但这种情况只限于上部空间为干燥气体,而且压力传感器与容器底部在同一高度时。假如上部为蒸汽或其他可冷凝成液态的气体,则 p_- 的导压管里必然会形成液柱,这部分的液柱压力也必须要进行零点迁移。

12.5 气体成分测量

随着国民经济的快速发展,及时、准确地对易燃、易爆、有毒、有害气体进行监测、预报和自动控制已成为煤炭、石油、化工、电力等部门急待解决的重要课题;在工业生产及科学实验中,也需要检测各种气体的成分;同时,人类文明的高度发展造成的环境破坏是 21 世纪所面临的一个严肃而尖锐的问题。为了生存和发展,必须对大气环境中污染物的排放量进行严格检测。检测气体成分的关键部件是气体传感器。由于各种气体的物理化学特性不同,因此不同的气体需要用不同的传感器和传感技术去检测。

气体成分检测的方法主要有电化学式、热学式、光学式及半导体气敏式等。电化学式有恒电位电解式、伽伐尼电池式、氧化锆浓差电池式等;热学式有热导式、接触燃烧式等;光学式有红外吸收式等。

12.5.1 热导式气体传感器

1. 热导检测原理

热传导是同一物体各部分之间或互相接触的两物体之间传热的一种方式,表征物质导热能力的强弱用导热系数表示。不同物质其导热能力是不一样的,一般来说,固体和液体的导热系数比较大,而气体的导热系数比较小。表 12.9 为一些常见气体的导热系数。

对于多组分组成的混合气体,随着组分含量的不同,其导热能力将会发生变化。如混合气体中各组分彼此之间无相互作用,实验证明混合气体的导热系数 λ 可近似用下式表示:

$$\lambda = \lambda_1 C_1 + \lambda_2 C_2 + \cdots + \lambda_n C_n = \sum_{i=1}^{n} \lambda_i C_i \tag{12-67}$$

式中:λ_i 为混合气体中第 i 组分的导热系数;C_i 为混合气体中第 i 组分的体积百分含量。

表 12.9 常见气体的导热系数

气体名称	0 ℃时的导热系数 $\lambda_0/(W\cdot(m\cdot K)^{-1})$	0 ℃时的相对导热系数$\frac{\lambda_0}{\lambda_{a0}}$	气体名称	0 ℃时的导热系数 $\lambda_0/(W\cdot(m\cdot K)^{-1})$	0 ℃时的相对导热系数$\frac{\lambda_0}{\lambda_{a0}}$
氢气	0.174 1	7.130	一氧化碳	0.023 5	0.964
甲烷	0.032 2	1.318	氨气	0.021 9	0.897
氧气	0.024 7	1.013	氩气	0.016 1	0.658
空气	0.024 4	1.000	二氧化碳	0.015 0	0.614
氮气	0.024 4	0.998	二氧化硫	0.008 4	0.344

若混合气体中只有两个组分，则待测组分的含量与混合气体的导热系数之间的关系可写为：

$$C_1=\frac{\lambda-\lambda_2}{\lambda_1-\lambda_2} \tag{12-68}$$

式(12-68)表明，两种气体组分的导热系数差异越大，测量的灵敏度越高。

但对于多组分($i>2$)的混合气体，由于各组分的含量都是未知的，因此应用式(12-68)时，还应满足两个条件：除待测组分外，其余组分的导热系数相等或接近；待测组分的导热系数与其余组分的导热系数应有显著的差异。

在实际测量中，对于不能满足以上条件的多组分混合气体，可以采取预处理方法。例如，分析烟气中的 CO_2 含量，已知烟气的组分有 CO_2、N_2、CO、SO_2、H_2、O_2 及水蒸气等。其中 SO_2、H_2 的导热系数与其他组分的导热系数相差太大，其存在会严重影响测量结果，一般将它们称为干扰气体，应在预处理时去除干扰组分，则剩余背景的气体导热系数相近，并与被测气体 CO_2 的导热系数有显著差别，这样就可用热导法分析烟气中的 CO_2 含量。

应当指出，即使是同一种气体，导热系数也不是固定不变的，气体的导热系数将随着温度的升高而增大。

2. 热导检测器

热导检测器是把混合气体导热系数的变化转换成电阻值变化的部件，它是热导传感器的核心部件，又称为热导池。

图 12.62 所示是热导池的一种结构示意图。热导池是金属制成的圆柱形气室，气室的侧壁上开有分析气体的进出口，气室中央装有一根细的铂或钨热电阻丝。热丝通以电流后产生热量，并向四周散热，当热导池内通入待分析气体时，电阻丝上产生的热量主要通过气体进行传导，热平衡时，即电阻丝所产生的热量与通过气体热传导散失的热量相等时，热丝的电阻值也维持在某一值。电阻的大小与所分析混合气体的导热系数 λ 存在对应关系。气体的导热系数愈大，说明导热散热条件愈好。热平衡时热电阻丝的温度愈低，电阻值也愈小。

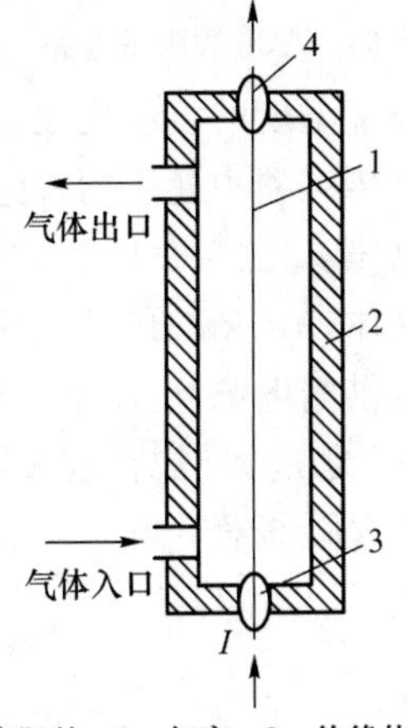

1—电阻丝；2—气室；3—绝缘体；4—引线

图 12.62 热导池的结构示意图

这就实现了把气体的导热系数的变化转换成热丝电阻值的变化。

根据分析气体流过检测器的方式不同，热导检测器的结构可以分为直通式、扩散式和对流扩散式。图 12.63 为热导检测器的结构图。图 12.63(a)为扩散式结构，其特点是反应缓慢，滞后较大，但受气体流量波动影响较小；图 12.63(b)为目前常用的对流扩散式结构，气体由主气路扩散到气室中，然后由支气路排出，这种结构可以使气流具有一定速度，并且气体不产生倒流。

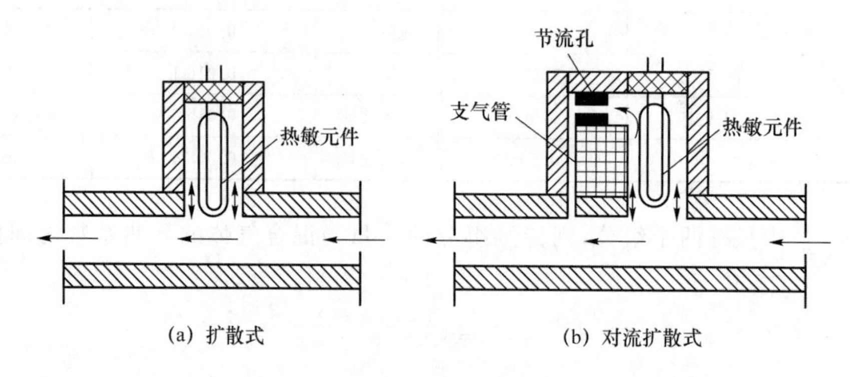

图 12.63　热导检测器的结构

3. 测量电路

热导式气体传感器采用不平衡电桥电路测量电阻的变化。电桥电路有单电桥电路和双电桥电路之分。

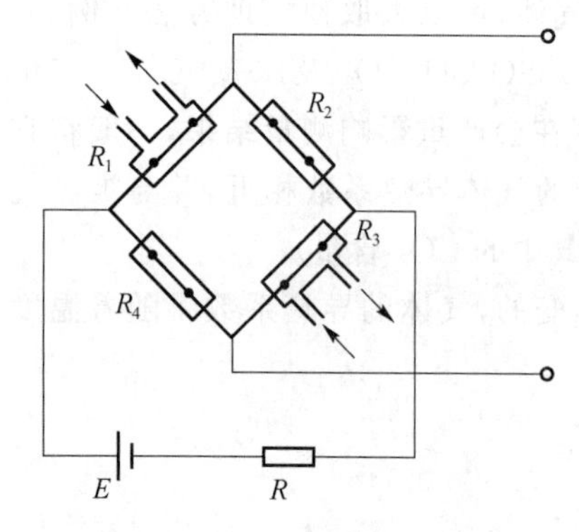

图 12.64　单电桥测量电路

图 12.64 为热导气体传感器中常用的单电桥电路。电桥由四个热导池组成，每个热导池的电阻丝作为电桥的一个桥臂电阻。R_1、R_3 的热导池称为测量热导池，通以被测气体；R_2、R_4 的热导池称为参比热导池，气室内充以测量的下限气体。当通过测量热导池的被测组分含量为下限时，由于四个热导池的散热条件相同，四个桥臂电阻相等，因此电桥输出为零。当通过测量热导池的被测组分含量发生变化时，R_1、R_3 电阻值将发生变化，电桥失去平衡，其输出信号的大小反映了被测组分的含量。

不平衡单电桥电路结构简单，但单电桥的输出对电源电压以及环境温度的波动比较敏感，采用双电桥电路可以较好地解决这些问题。图 12.65 是热导式气体传感器中使用的双电桥原理电路图。Ⅰ为测量电桥，它与单电桥电路相同，其输出的不平衡电压 u_{cd} 的大小反映了被测组分的含量。Ⅱ为参比电桥，R_5、R_7 的热导池中密封着测量上限的气体，R_6、R_8 的热导池中密封着测量下限的气体，其输出的电压 u_{hg} 是一固定值。电桥采用交流供电电源，变压器副边提供的两个电桥的电压是相等的。u_{cd} 与滑线电阻触点 A、C 间的电压 u_{AC} 之差 Δu 加在放大器输入端，信号经放大后驱动可逆电机，带动滑线电阻滑触点 C 向平衡点方向移动。当 $u_{cd}=u_{AC}$ 时，系统达到平衡，平衡点 C 的位置反映了混合气体中被测组分的含量。

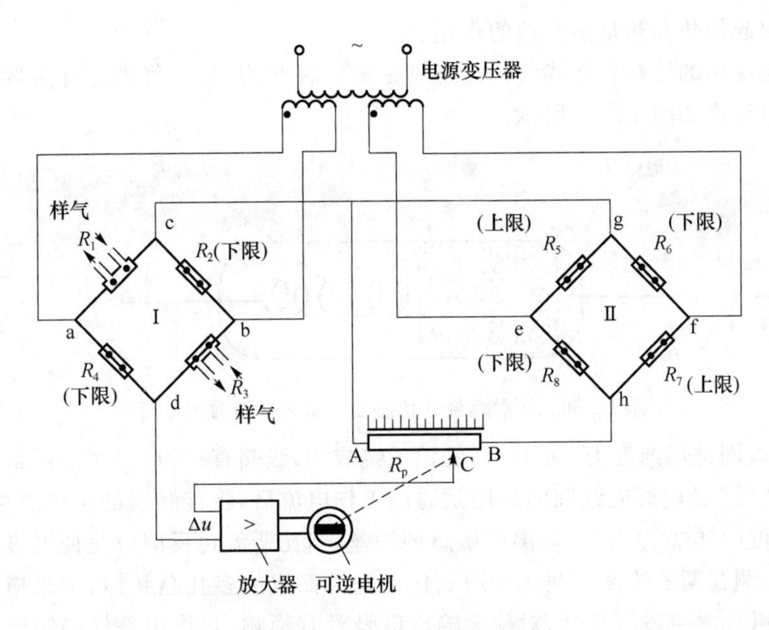

图 12.65 双电桥测量电路

12.5.2 接触燃烧式气体传感器

1. 概述

接触燃烧式气体传感器是煤矿瓦斯检测的主要传感器,这种传感器的应用对减少和避免矿井瓦斯爆炸事故,保障煤矿安全生产发挥了重要的作用。

接触燃烧式气体传感器的特点如下:

① 对于可燃性气体爆炸下限以下浓度的气体含量,其输出信号接近线性;

② 每个气体成分的相对灵敏度与相对分子质量或分子燃烧热成正比;

③ 对不可燃气体没有反应,只对可燃性气体有反应;

④ 不受水蒸气的影响;

⑤ 仪器工作温度较高,表面温度一般在 300～400 ℃之间,而在内部可达到 700～800 ℃;

⑥ 对氢气有引爆的风险;

⑦ 元件易受硫化物、卤化物及砷、氯、铅、硒等化合物的中毒影响;

⑧ 易受高浓度可燃性气体的破坏。

其中,⑤～⑧条特点为其缺点。

2. 基本工作原理

当易燃气体(低于 LEL——下限爆炸浓度)接触这种被催化物覆盖的传感器表面时会发生氧化反应而燃烧,故得名接触燃烧式传感器,也可称为催化燃烧式传感器。传感器工作温度在高温区,目的是使氧化作用加强。气体燃烧时释放出热量,导致铂丝温度升高,使铂丝的电阻阻值发生变化。将铂丝电阻放在一个电桥电路中,测量电桥的输出电压即可反映出气体的浓度。

接触燃烧式传感器由加热器、催化剂和热量感受器三要素组成。它有两种形式:一种是用裸铂金丝作气体成分传感器件,催化剂涂在铂丝表面,铂丝线圈本身既是加热器,又是催化剂,同时又是热量感受器;另一种是载体作为气体成分传感器,催化剂涂于载体上,铂丝线圈不起催化作用，而仅起加热和热量感受器的作用。

目前，广泛应用的接触燃烧式气体传感器是第二种结构形式，气敏元件主要由铂丝、载体和催化剂组成，结构如图 12.66 所示。

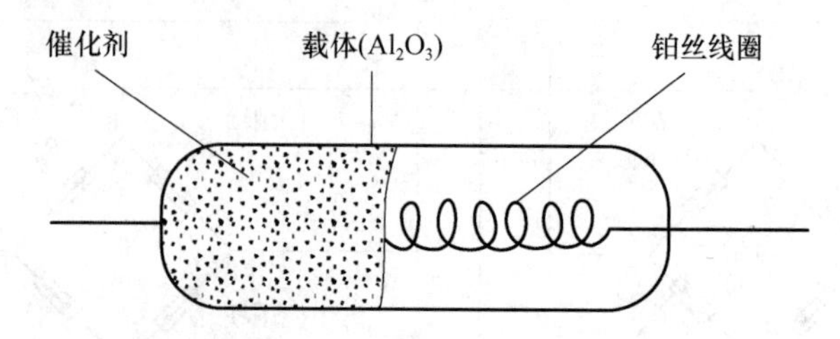

图 12.66　接触燃烧式传感器气敏元件结构示意图

铂丝螺旋线圈是用纯度为 99.999%的铂丝绕成的，线圈直径为 0.007～0.25 mm，20 ℃时的阻值为 5～8 Ω。铂丝螺旋线圈的作用是通以工作电流后，将传感器的工作温度加热到瓦斯氧化的起始温度(450 ℃左右)。对温度敏感的铂丝，当瓦斯氧化反应放热使温度升高时，其阻值增大，以此检测瓦斯的浓度。载体是用氧化铝烧结而成的多孔晶状体，用来掩盖铂丝线圈，承载催化剂。载体本身没有活性，对检测输出信号没有影响，其作用是保护铂丝线圈，消除铂丝的升华，保证铂丝的热稳定性和机械稳定性。承载催化剂，使催化剂形成高度分散的表面，提高催化剂的效用。催化剂多采用铂、钯或其他过渡金属氧化物，其作用是促使接触元件表面的瓦斯气体发生氧化反应。在催化剂的作用下，瓦斯中的主要成分沼气与氧气在较低的温度下发生强烈的氧化反应(无焰燃烧)，化学反应方程式为：

$$CH_4+2O_2=CO_2+2H_2O+Q \tag{12-69}$$

在实际应用中，往往将气体敏感元件和物理结构完全相同的补偿元件放入隔爆罩内，如图 12.67 所示。隔爆罩由铜粉烧结而成，其作用是隔爆，限制扩散气流，以削弱气体对流的热效应。传感器工作时，在隔爆罩内的燃烧室气体与外界大气中的 CH_4、CO_2、O_2、H_2O(水蒸气)等四种气体存在浓度差，因而产生扩散运动。外界大气中的沼气分子(CH_4)和氧气分子(O_2)一起经隔爆冶金罩扩散进入燃烧室，氧化反应生成的高温气体 CO_2 和水蒸气通过铜粉末冶金隔爆罩传递出较多的热量，使得扩散到大气中的气体温度低于引燃瓦斯的最低温度，确保传感器的安全检测。

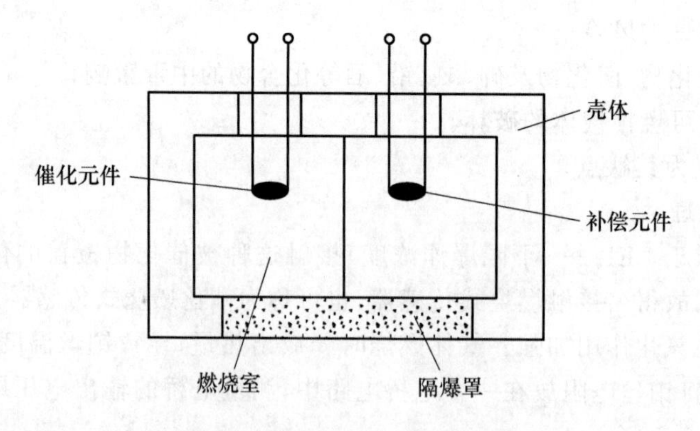

图 12.67　接触燃烧式传感器的结构图

当气体温度低，而且是完全燃烧时，有这样一个关系式：

$$\Delta R = \alpha \cdot \Delta T = \frac{\alpha \cdot \Delta H}{C} = \frac{a \cdot \alpha \cdot m \cdot Q}{C} \tag{12-70}$$

式中：ΔR 为气体传感器的阻值变化；α 为气体传感器的电阻温度系数；ΔT 为气体燃烧引起的温度上升值；ΔH 为气体燃烧所产生的热量；C 为气体传感器的热容量；m 为气体浓度；Q 为气体的分子燃烧热；a 为常数。

气体传感器的材料、形状和结构被决定以后，若被测气体的种类固定，则传感器的电阻变化与被测气体浓度成正比，即 $\Delta R=\alpha \cdot k \cdot m$。

3. 测量电路

接触燃烧式气体传感器基本测量电路如图12.68所示，测量电路是个电桥电路。气体敏感元件被置于可通入被测气体的气室中，温度补偿元件的参数与催化敏感元件相同，并与催化敏感元件保持在同一温度上，但不接触被测气体，放置在与催化敏感元件相邻的桥臂上，以消除周围环境温度、电源电压等变化带来的影响。

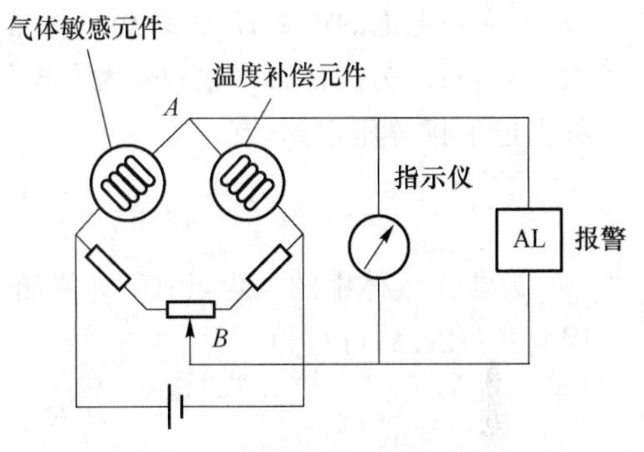

图12.68 接触燃烧式传感器测量电路

接触燃烧式传感器可产生正比于易燃气体浓度的线性输出，测量范围高达100%LEL。在测量时，周围的氧浓度要大于10%，以支持易燃气体的敏感反应。这种传感器可以检测空气中的许多种气体或汽化物，包括甲烷、乙烷及氢气等，但是它只能测量一种易燃气体总体或混合气体的存在与否，而不能分辨其中单独的化学成分。实际中应用接触燃烧式气体传感器时，人们感兴趣的是易燃危险气体是否存在，检测是否可靠，而不管其气体内部成分如何。

接触燃烧式传感器具有响应时间快、重复性好和精度高，并且不受周围温度和湿度变化的影响等优点。接触燃烧式传感器不适宜高浓度（>LEL）易燃气体的检测，因为这类传感器在高浓度下会造成过热现象，使氧化作用效果变坏。另外，传感器元件容易被硅化物、硫化物和氯化物所腐蚀，在氧化铝表面造成不易消除的破坏。

12.5.3 氧化锆氧气传感器

1. 检测原理

氧化锆（ZrO_2）是一种具有氧离子导电性的固体电解质。纯净的氧化锆一般是不导电的，但当它掺入一定量（通常为15%）的氧化钙 CaO（或氧化钇 Y_2O_3）作为氧化剂，并经高温焙烧后，就变为稳定的氧化锆材料，这时被二价的钙或三价的钇置换，同时产生氧离子空穴，空穴的多少与掺杂量有关，在较高的温度下，就变成了良好的氧离子导体。

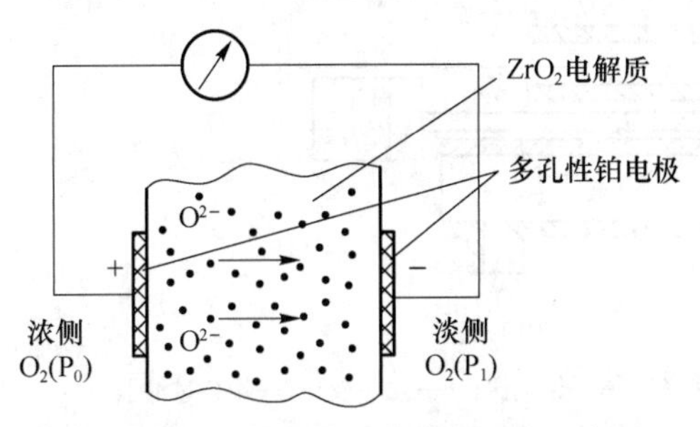

图12.69 氧化锆氧气传感器原理示意图

氧化锆氧气传感器测量氧含量是基于固体电解质产生的浓差电势来测量的，其基本结构如图12.69所示。在一块掺杂 ZrO_2 电解质的两侧分别涂敷一层多孔性铂电极，当两侧气体的氧分压不同时，由于氧离子进入固态电解质，氧离子从氧分压高的一侧向氧分压低的一侧迁移，结果使得氧分压高的一侧铂电极带正电，而氧分压低的一侧铂电极带负电，因而在两个铂电极之间构成了一个氧浓差电池，此浓差电池的氧浓差电势在温度一定时只与两侧气体中的氧含量有关。

在电极上发生的电化学反应如下：

$$电池正极\quad O_2(P_0)+4e\rightarrow 2O^{2-} \tag{12-71}$$

$$电池负极\quad 2O^{2-}\rightarrow O_2(P_1)+4e \tag{12-72}$$

浓差电势的大小可由能斯特方程表示，即：

$$E=\frac{RT}{nF}\ln\frac{P_0}{P_1} \tag{12-73}$$

式中：E 为浓差电池的电势；R 为理想气体常数；T 为氧化锆固态电解质温度；N 为参加反应的电子数($n=4$)；F 为法拉第常数；P_0 为参比气体的氧分压；P_1 为待测气体的氧分压。

根据道尔顿分压定律，有：

$$\frac{P_0}{P_1}=\frac{C_0}{C_1} \tag{12-74}$$

式中：C_0 为参比气体中的氧含量；C_1 为待测气体中的氧含量。

因此式(12-73)可写为：

$$E=\frac{RT}{nF}\ln\frac{C_0}{C_1} \tag{12-75}$$

由式(12-75)可知，若温度 T 保持某一定值，并选定一种已知氧浓度的气体作参比气体，一般都选用空气，因为空气中的氧含量为常数，则被测气体(如锅炉烟气或汽车排气)的氧含量就可以用氧浓差电势表示，测出浓差电势，便可知道被测气体中的氧含量。如温度改变，即使气体中氧含量不变，输出的氧浓差电势也要改变，所以氧化锆氧气传感器均有恒温装置，以保证测量的准确度。

2. 氧化锆氧气传感器的探头

图 12.70 为检测烟气的氧化锆氧气传感器探头的结构示意图。氧化锆探头的主要部件是氧化锆管，它是用氧化锆固体电解质材料做成一端封闭的管状结构，内、外电极采用多孔铂，电极引线采用铂丝制成的。被测气体(如烟气)经陶瓷过滤器后流经氧化锆管的外部，参比气体(空气)从探头的另一头进入氧化锆管的内部。氧化锆管的工作温度在 650～850 ℃之间，并且测量时温度需恒定，所以在氧化锆管的外围装有加热电阻丝，管内部还装有热电偶，用来检测管内温度，并通过温度控制器调整加热丝电流的大小，使氧化锆的温度恒定。

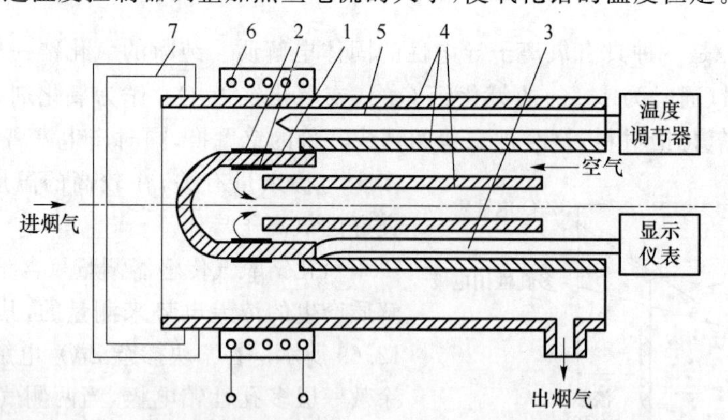

1—氧化锆管；2—内、外铂电极；3—电极引线；4—Al_2O_3管；5—热电偶；6—加热丝；7—陶瓷过滤器

图 12.70　氧化锆氧气传感器探头的结构示意图

氧化锆氧气传感器输出的氧浓差电势与被测气体氧浓度之间为对数关系，而且氧化锆电解质浓差电池的内阻很大，所以对后续的测量电路有特别的要求，不仅要进行放大，而且要求输入阻抗要高，还要具有非线性补偿的功能。

12.5.4 恒电位电解式气体传感器

恒电位电解式气体传感器是一种湿式气体传感器，它通过测定气体在某个确定电位电解时所产生的电流来测量气体浓度。

恒电位电解式气体传感器的原理是：使电极与电解质溶液的界面保持一定电位进行电解，由于电解质内的工作电极与气体进行选择性的氧化或还原反应时，在对比电极上发生还原或氧化反应，使电极的设定电位发生变化，从而能检测气体浓度，传感器的输出是一个正比于气体浓度的线性电位差。对特定气体来说，设定电位由其固有的氧化还原电位决定，同时还随电解时作用电极的材质、电解质的种类不同而变化。电解电流和气体浓度之间的关系如下式表示：

$$I = \frac{nFADC}{\delta} \tag{12-76}$$

式中：I 为电解电流；N 为每 1 mol 气体产生的电子数；F 为法拉第常数；A 为气体扩散面积；D 为扩散系数；C 为电解质溶液中电解的气体浓度；δ 为扩散层的厚度。

因同一传感器的 n、F、A、D 及 δ 是固定的数值，所以电解电流与气体浓度成正比。

下面以 CO 气体检测为例来说明这种传感器的结构和工作原理，其基本结构如图 12.71 所示。

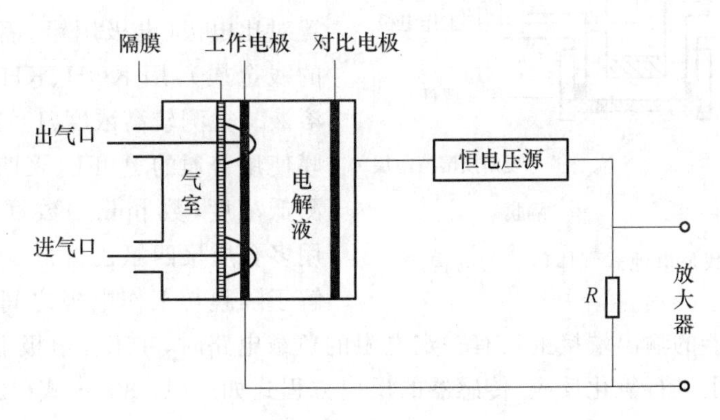

图 12.71 恒电位电解式气体传感器的基本构造

在容器内的相对两壁安置作用电极和对比电极，其内充满电解质溶液，容器构成一密封结构。再在作用电极和对比电极之间加以恒定电位差而构成恒压电路。透过隔膜(多孔聚四氟乙烯膜)的 CO 气体，在作用电极上被氧化，而在对比电极上 O_2 被还原，于是 CO 被氧化而形成 CO_2。式(12-77)～式(12-79)为气体与电极之间的氧化还原反应方程式。

氧化反应：

$$CO + H_2O \rightarrow CO_2 + 2H^+ + 2e \tag{12-77}$$

还原反应：

$$\frac{1}{2}O_2 + 2H^+ + 2e \rightarrow H_2O \tag{12-78}$$

总反应方程：

$$CO+\frac{1}{2}O_2 \to CO_2 \tag{12-79}$$

在这种情况下，CO分子被电解，通过测量作用电极与对比电极之间流过的电流，即可得到CO的浓度。

利用这种原理制造的传感器体积小、重量轻且具有极高的灵敏度，在低浓度下线性度较好。恒电位电解式气体传感器可用于检测各种可燃性气体和有毒气体，如 H_2S、NO、NO_2、SO_2、HCl、Cl_2、PH_3 等。

12.5.5 伽伐尼电池式气体传感器

伽伐尼电池式气体传感器与上述恒电位电解式传感器一样，通过测量电解电流来检测气体浓度，但由于传感器本身就是电池，因此不需要由外界施加电压。这种传感器主要用于 O_2 的检测，检测缺氧的仪器几乎都使用这种传感器，它还可以测定可燃性气体和毒性气体。伽伐尼电池式气体传感器的电解电流与气体浓度的关系，与恒电位电解式气体传感器的计算公式(12-76)相同。

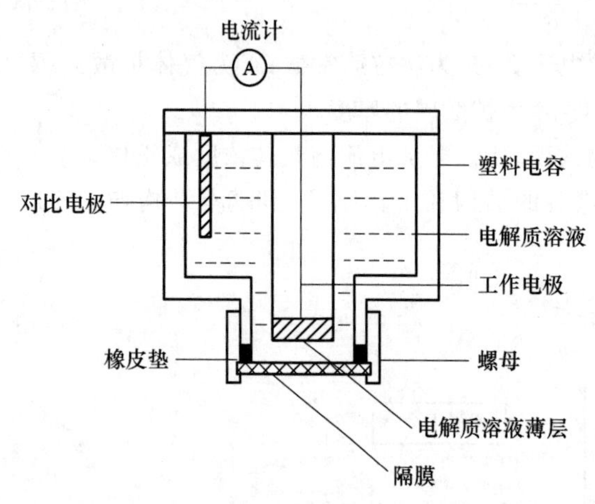

图 12.72　迦伐尼电池式气体传感器的构造

下面以 O_2 检测为例来说明这种传感器的构造和原理，其基本结构如图 12.72 所示。

在塑料容器内安置厚 10～30 μm 的透氧性好的PTFE(聚四氟乙烯)隔膜，靠近该膜的内面设置工作电极(电极用铂、金、银等金属)，在容器中其他内壁或容器内空间设置对比电极(电极用铅、镉等离子化倾向大的贱金属)，用 KOH、$KHCO_3$ 作为电解质溶液。检测较高浓度(1～100％)气体时，隔膜使用普通的PTFE(聚四氟乙烯)膜；而检测低浓度(数 ppm～数百 ppm)气体时，则用多孔质聚四氟乙烯膜。氧气通过隔膜溶解于隔膜与工作电极之间的电解质溶液的薄层中，当此传感器的输出端接上具有一定电阻的负载电路时，在工作电极上发生氧气的还原反应，在对比电极上进行氧化反应，传感器的反应方程式如式(12-80)～式(12-83)所示。

还原反应：

$$O_2+H_2O+4e \to 4OH^- \tag{12-80}$$

氧化反应：

$$2Pb \to 2Pb^{2+}+4e \tag{12-81}$$

$$2Pb^{2+}+4OH^- \to 2Pb(OH)_2 \tag{12-82}$$

总反应方程：

$$O_2+2Pb+2H_2O \to 2Pb(OH)_2 \tag{12-83}$$

对比电极的铅被氧化成氢氧化铅(一部分进而被氧化成氧化铅)而消耗，因此负载电路中有电流流动，该电解电流与氧气浓度成比例关系。此电流在负载电路的两端产生电压变化，将此电压变化放大则可表示浓度，可以使 0～100％范围内氧气浓度与端电压呈线性关系。

12.6　振动测量

12.6.1　振动概述

机械振动是自然界、工程技术和日常生活中普遍存在的物理现象，任何一台运行着的机器、仪器和设备都存在着振动现象。

在通常情况下，振动是有害的，它不仅影响机器、设备的正常工作，而且会降低设备的使用寿命，甚至导致机器破坏。强烈的振动噪声会对人的生理健康产生影响，甚至会危及人的生命。在一些情况下，振动也被作为有用的物理现象用在某些工程领域中，如钟表、振动筛、振动搅拌器、输送物料的振动输矿槽、振动夯实机、超声波清洗设备等。因此，除了有目的地利用振动原理工作的机器和设备外，对其他种类的机器设备均应将它们的振动量控制在允许的范围之内。

振动测试的目的如下：

① 检查机器运转时的振动特性，检验产品质量，为设计提供依据；

② 考核机器设备承受振动和冲击的能力，并对系统的动态响应特性(动刚度、机械阻抗等)进行测试；

③ 分析查明振动产生的原因，寻找振源，为减振和隔振措施提供资料；

④ 对工作机器进行故障监控，避免重大事故发生。

振动的测量一般分为两类：一类是测量机器和设备运行过程中存在的振动；另一类则是对设备施加某种激励，使其产生受迫振动，然后对它的振动状况做检测。振动测量的方法按振动信号转换方式的不同，可分为机械法、光学法和电测法，其简单原理和优缺点如表12.10所示。

表12.10　振动测量方法的比较

名称	原　理	优缺点及用途
机械法	利用杠杆传动或惯性原理	使用简单，抗干扰能力强，频率范围和动态线性范围窄，测试时会给工件加上一定的负荷，影响测试结果。主要用于低频大振幅振动及扭振的测量
光学法	利用光杠杆原理、读数显微镜、光波干涉原理、激光多普勒效应	不受电磁声干扰，测量精确度高。适于对质量小及不易安装传感器的试件做非接触测量，在精密测量和传感、测振仪表中用得较多
电测法	将被测试件的振动量转换成电量，然后用电量测试仪器	灵敏度高，频率范围及线性范围宽，便于分析和遥测，但易受电磁声干扰。这是目前广泛采用的方法

目前广泛使用的是电测法测振。图12.73是以电测法为基础所画的振动测量系统的结构框图，该振动系统由被测对象、激励装置、传感与测量装置、振动分析装置和显示及记录装置所组成。

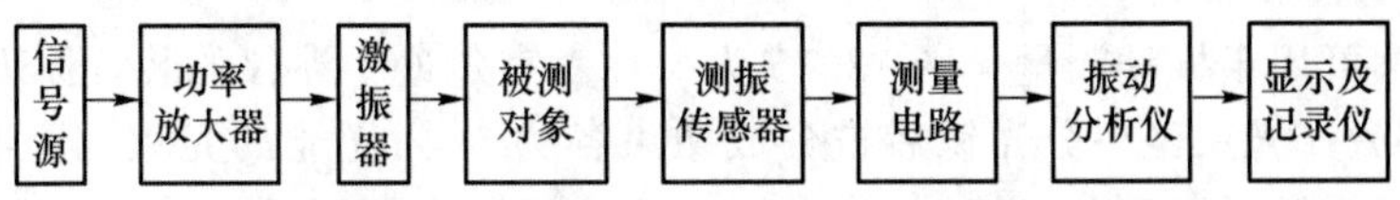

图12.73　振动测量系统结构框图

① 被测对象:亦称试验模型,它是承受动载荷和动力的结构或机器。

② 激励装置:由信号源、功放和激振器组成,用于对被测结构或机器施加某种形式的激励,以获取被测结构对激励的响应。对于运行中的机器设备的振动测量来说,这一环节是没有的,此时,机器设备直接从外部得到振动的激励。

③ 传感与测量装置:由测振传感器及其关联的测量和中间变换电路组成,用于将被测振动信号转换为电信号。

④ 振动分析装置:它的作用是对振动信号做进一步的分析与处理,以获取所需的测量结果。

⑤ 显示及记录装置:用于将最终的振动测试结果以数据或图表的形式进行记录或显示。这方面的仪器包括幅值相位检测仪器、电子示波器、x-y 函数记录仪、数字绘图仪、打印机以及计算机磁盘驱动器等。

本节着重讨论振动测试系统中的测振传感器及激振器的结构和工作原理。

12.6.2 测振传感器

测振传感器的种类很多,这里主要介绍电测法测振传感器。电测法测振传感器按参数变换原理的不同分为压电式、电动式、电磁式、电容式、电感式、电阻式、磁致伸缩式及激光式等,其中压电式、电磁式、电容式、电感式等测振传感器在前文中已做过介绍,下面重点讲述一些新型的电测法测振传感器。

1. 磁致伸缩式振动传感器

当一个铁磁材料被磁化时,元磁体(分子磁体)极化方向的改变将会引起其外部尺寸的改变,这一现象称磁致伸缩(magnetostriction)。这种长度的相对变化 dl/l 在饱和磁化时其值约为 10^{-6}~10^{-5}。如果施加的是一种交变的磁场,那么这种现象便会导致一种周期性的形状改变和机械振动。在变压器中这一效应会产生交流噪声,而这一效应也可被用于磁致伸缩转换器产生超声波。

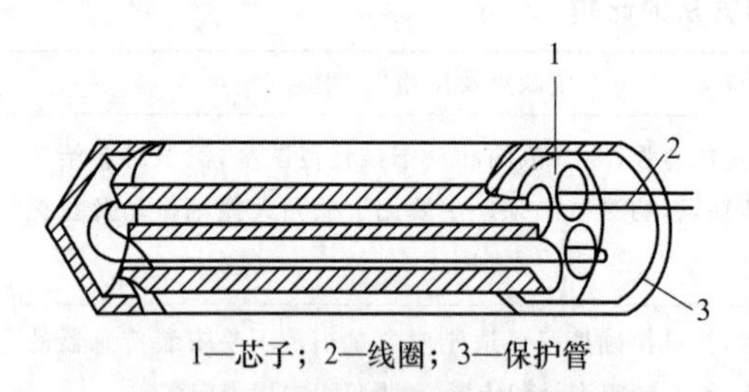

1—芯子; 2—线圈; 3—保护管

图 12.74 磁致伸缩式声传感器

磁致伸缩现象的逆效应称为磁弹性效应,即铁磁材料在受拉或压应力作用时会改变其磁化强度,利用此效应可制造磁弹性振动传感器。图 12.74 所示为一种磁致伸缩式声传感器。其中探测器的芯是由一块铁氧体或由一叠铁磁性铁片组成,芯子中间绕制有一线圈,当芯子上作用一交变压力时,它的磁通密度改变,从而在其周围的线圈中感应出交变电压来。

用这种传感器可测量液体中的声压或超声波声压。传感器的灵敏度取决于声音的频率,振动频率为 1 kHz 时约为 1 μV/Pa。这种传感器经设计可在高温条件下工作,比如在 1 000 ℃的高温介质中仍能可靠工作。

2. 激光振动传感器

激光干涉法可用于振动测量。图 12.75 为一种麦克尔逊干涉仪的装置原理图。

由图可见,激光光束经一分光镜后被分成两束各为 50%光能的光束,分别导到两反射镜上。两束光被反射后返回到分光镜,每束光的一部分穿过光阑到达光电检测器。由于光程差的关系,两束光在检测器中发生干涉,从而产生明暗交替的干涉条纹。当图 12.75 中的可移动

反光镜移动一距离 δ 时，光束的光程增加 2δ，那么在光电检测器中所产生的暗条纹数则等于在该路程改变中的波长数 N，于是有：

$$2\delta = N\lambda \tag{12-84}$$

由式(12-84)即可确定移动的距离 δ。这种方法的分辨率可达一个条纹的 1/100，因此干涉法一般用于测量量级很小(约为 10^{-5} mm)的位移。若将该移动反射镜连接到一个振动表面，则反射回来的光束与起始的分光光束结合，在光电检测器中便可看到明暗交替的干涉条纹，每单位时间里的条纹数便代表了振动表面的振动速度。这种装置的工作距离一般为 1 m。由于这是一种非接触式的速度传感器，因此它不影响被测体的结构。这种传感器的典型应用有：

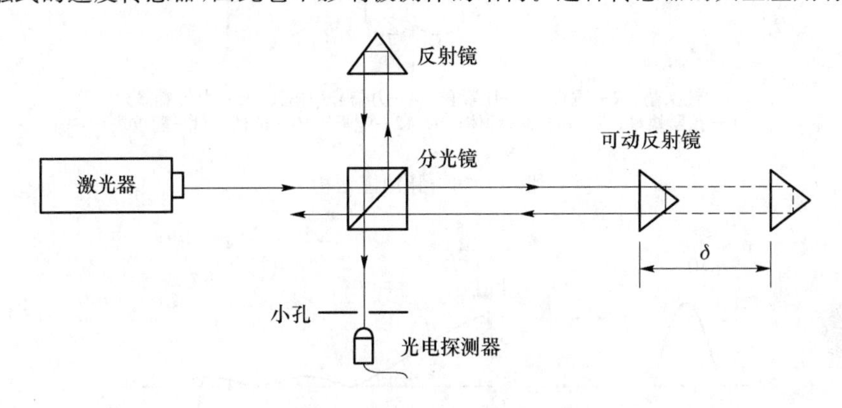

图 12.75　麦克尔逊干涉仪原理图

① 内燃机进气管道热表面的速度监测；

② 振动膜片的速度监测；

③ 旋转机械转轴的轨道分析；

④ 不能连接地震式传感器的机器零件的速度检测。

12.6.3　激振器

激振的目的是通过激振的手段使被测对象处于一种受迫振动的状态中，从而来达到试验的目的。因此激振器应该能在所要求的频率范围内提供稳定的交变力。另外，为减小激振器质量对被测对象的影响，激振器的体积应小，重量应轻。

激振器的种类很多，按工作原理可分为机械式、电磁式、压电式以及液压式等。本章仅介绍其中常用的几种激振器。

1. 脉冲锤

脉冲锤又称冲击锤或力锤，用来在振动试验中给被测对象施加一局部的冲击激励。图 12.76 为一种常用的脉冲锤的结构示意图。脉冲锤由锤头、锤头垫、力传感器、锤体、配重块和锤柄等组成。锤头和锤头垫用来冲击被测试件。

脉冲锤实际上是一种手持式冲击激励装置。力锤的锤头垫可采用不同的材料，以获得具有不同冲击时间的冲击脉冲信号。这种敲击力并非是理想的脉冲 $\delta(t)$ 函数，而是如图 12.77 所示的近似半正弦波，其有效频率范围取决于脉冲持续时间 τ。持续时间 τ 与锤头垫材料有关，锤头垫越硬，τ 越小，频率范围越宽。选用适当的锤头垫材料可以得到所要求的频带宽度。改变锤头配重块的质量和敲击加速度，可调节激振力的大小。在使用脉冲锤时应根据不同的结构和分析的频带来选择不同的锤头垫材料。

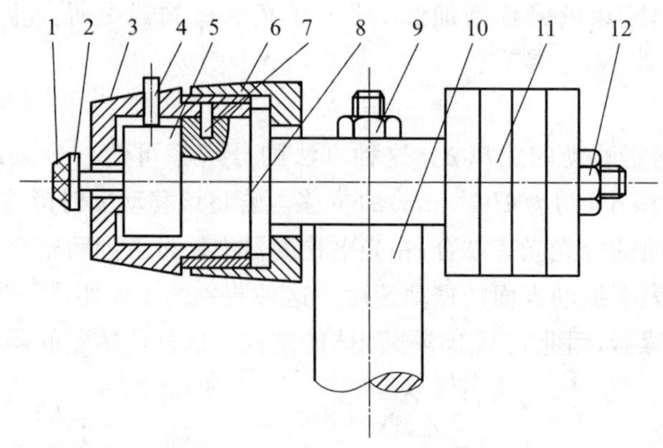

1—锤头垫；2—锤头；3—压紧套；4—力信号引出线；5—力传感器；
6—预紧螺母；7—销；8—锤体；9、12—螺母；10—锤柄；11—配重块

图 12.76　脉冲锤结构

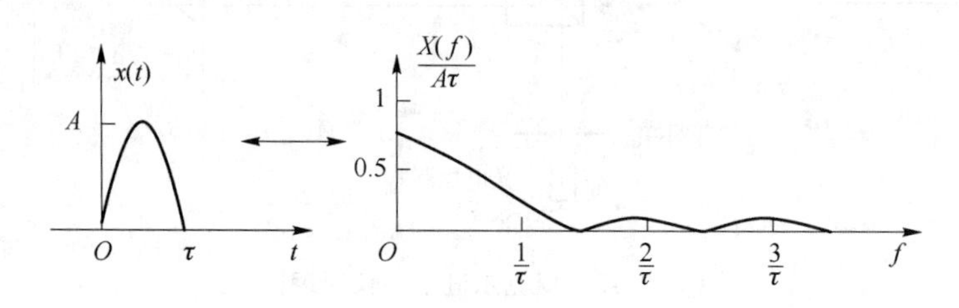

图 12.77　半正弦波及其频谱

常用脉冲锤质量小至数克，大至数十千克，因此可用于不同的激励对象，现场使用时比较方便。

2. 电动力式激振器

电动力式激振器又称磁电式激振器，其工作原理与电动力式扬声器相同，主要是利用带电导体在磁场中受电磁力作用这一物理现象工作的。电动力式激振器按其磁场形成的方式分为永磁式和励磁式两种，前者一般用于小型的激振器，后者多用于较大型的激振台。

电动力式激振器结构如图 12.78 所示。电动力式激振器是由永磁铁、激励线圈(动圈)、芯杆与顶杆组合体以及簧片组组成的。动圈产生的激振力经芯杆和顶杆组件传给被试验物体。采用做成拱形的弹簧片组来支撑传感器中的运动部分。弹簧片组具有很低的弹簧刚度，并能在试件与顶杆之间保持一定的预压力，防止它们在振动时发生脱离。激振力的幅值与频率由输入电流的强度和频率所控制。

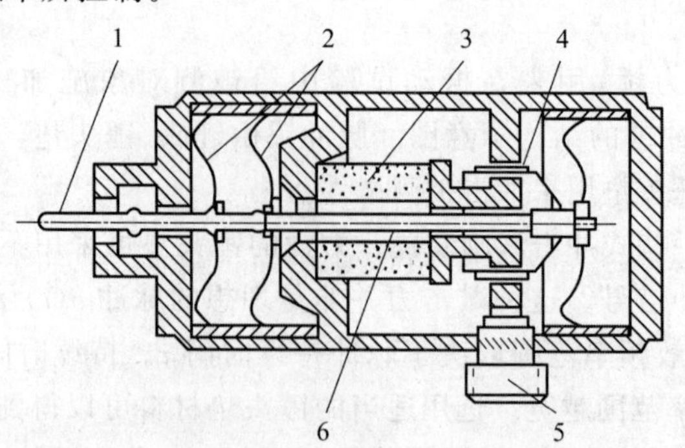

1—顶杆；2—簧片组；3—永磁铁；4—动圈；5—接线头；6—芯杆

图 12.78　电动力式激振器

顶杆与试件的连接一般可用螺钉、螺母来直接连接,也可采用预压力使顶杆与试件相顶紧。直接连接法要求在试件上打孔和制作螺钉孔,从而破坏试件。而预压力法不损伤试件,安装较为方便,但安装前需要首先估计预压力对试件振动的影响。在保证顶杆与试件在振动中不发生脱离的前提下,预压力应该越小越好。最小的预压力可由下式来估计:

$$F_{\min} = ma \tag{12-85}$$

式中:m 为激振器可动部分质量(单位为 kg);a 为激振器加速度峰值(单位为 m/s^2)。

激振器安装的原则是尽可能使激振器的能量全部施加到被试验物体上。图 12.79 示出了几种激振器的安装方式。图 12.79(a)中的激振器刚性地安装在地面上或刚性很好的架子上,在这种情况下,安装体的固有频率要高于激振频率 3 倍以上。图 12.79(b)采用激振器弹性悬挂的方式,通常使用软弹簧来实现,有时加上必要的配重,以降低悬挂系统的固有频率,从而获得较高的激振频率。图 12.79(c)为悬挂式水平激振的情形,在这种情况下,为能对试件产生一定的预压力,悬挂时常要倾斜一定的角度。激振器对试件的激振点处会产生附加的质量、刚度和阻尼,这些点将对试件的振动特性产生影响,尤其对质量小、刚度低的试件影响尤为显著。另外,在作振型试验时,若将激振点选在节点附近固然可以减少上述影响,但同时也减少了能量的输入,反而不容易激起该阶振型。因此,只能在两者之间选择折中的方案,必要时甚至可以采用非接触激振器。

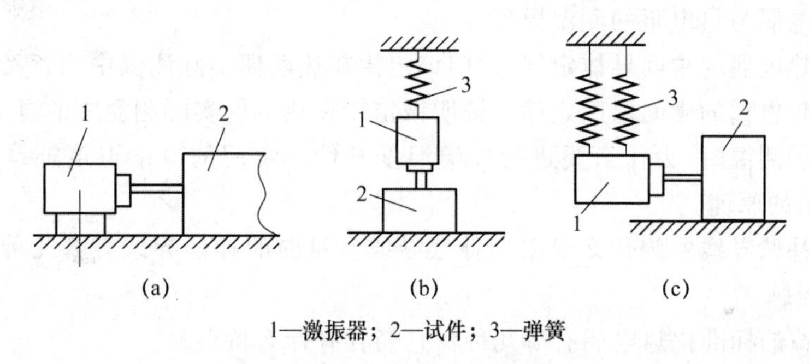

1—激振器; 2—试件; 3—弹簧

图 12.79 激振器的安装方式

电动力式激振器的优点是频率范围宽(最高可达 10 000 Hz),其可动部分质量较小,故对试件的附加质量和刚度的影响较小,但一般仅用于激振力不很大的场合。

3. 液压式激振台

机械式和电动力式激振器的一个共同缺点是承载能力和频率较小。与此相反,液压式激振台的振动力可达数千牛顿以上,承载质量能力以吨计。液压式激振台的工作介质主要是油,主要用在建筑物的抗震试验、飞行器的动力学试验以及汽车的动态模拟试验等方面。

液压式激振台的工作原理如图 12.80 所示,其中用一个电驱动的伺服阀来操纵一个主控制阀,从而来调节流至主驱动器油缸中的油流量。这种激振台最大承载能力可达 250 t,频率可达 400 Hz,而振动幅度可达 45 cm。当然,上述指标并不是同时达到的。在振动台的设计中,主要的问题是如何研制具有足够承载能力的阀门以及确定系统对所要求速度的相应特性。另外,振动台台面的振动波形会直接受到油压及油质性能的影响,压力的脉动、油液温度变化的影响均会影响台面振动的情况。因此,较之电动力式激振台,液压式激振台的波形失真度相对较大,这是其主要的缺点之一。

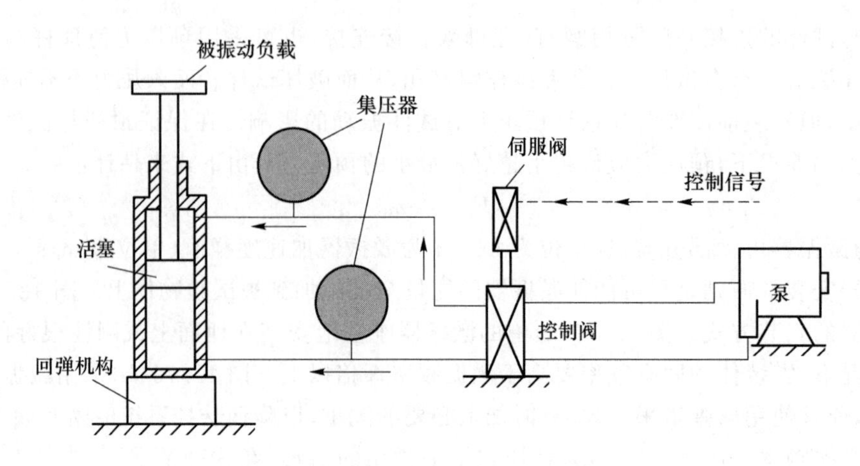

图 12.80　液压式激振台的工作原理

本章习题

1. 简述热电偶与热电阻的测温原理。

2. 试证明热电偶的中间导体定律，说明该定律在热电偶实际测温中的意义。

3. 什么是热电偶的中间温度定律？说明该定律在热电偶实际测温中的意义。

4. 用热电偶测温时，为什么要进行冷端温度补偿？常用的冷端温度补偿的方法有哪几种？说明其补偿的原理。

5. 什么是补偿导线？为什么要采用补偿导线？目前的补偿导线有哪几种类型？在使用中应注意哪些问题？

6. IEC 推荐的标准化热电偶有哪几种？它们各有什么特点？

7. 用 K 型热电偶测量温度如图 12.10(a)所示。显示仪表测得热电势为 30.18 mV，其参考端温度为 30 ℃，求测量端的温度。

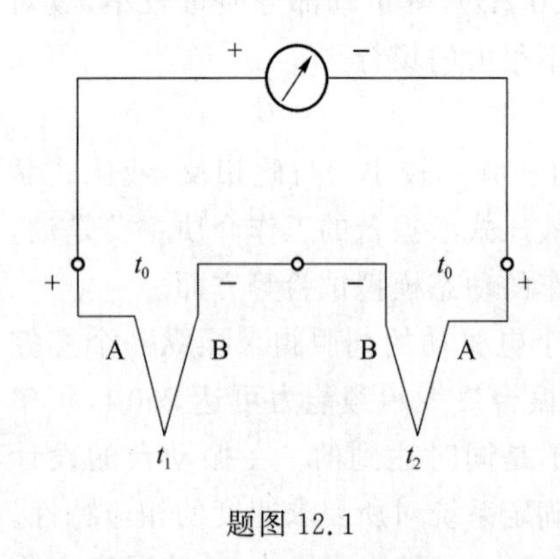

题图 12.1

8. 用两只 K 型热电偶测量两点温差，其连接线路如题图 12.1 所示。已知 $t_1=420$ ℃，$t_0=30$ ℃，测得两点的温差电势为 15.24 mV，试问两点的温差为多少？后来发现，在 t_1 温度下的那只热电偶错用 E 型热电偶，其他都正确，试求两点实际温差。

9. 非接触测温方法的理论基础是什么？辐射测温仪表有几种？

10. 试分析被测温度和波长的变化对光学高温计、全辐射高温计、比色高温计的相对灵敏度的影响。

11. 试述压力的定义。什么是大气压力、绝对压力、表压力、负压力和真空度？说明它们之间的关系。

12. 测量某管道蒸气压力，压力表低于取压口 8 m，如题图 12.2 所示，已知压力表示值力 $p=6$ MPa，当温度为 60 ℃时冷凝水的密度为 985.4 kg/m^3，求蒸气管道内的实际压力及压力表低于取压口所引起的相对误差。

13. 某容器的正常工作压力为1.2～1.6 MPa，工艺要求能就地指示压力，并要求测量误差不大于被测压力的5%。试选择一只合适的压力传感器(类型、测量范围、精度等级)，并说明理由。

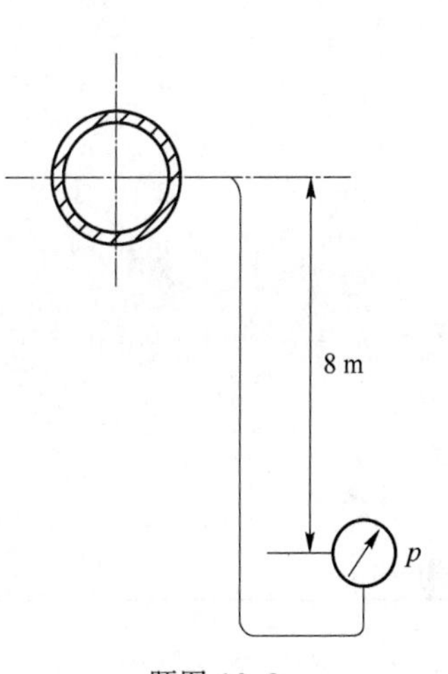

题图 12.2

14. 试述流量的定义。何谓体积流量和质量流量？

15. 已知管径 $D=120$ mm，管道内水流动的平均速度 $v=1.8$ m/s，水的密度 $\rho=988$ kg/m^3，确定该状态下水的质量流量和体积流量。

16. 利用差压式流量传感器测量流量时，其系统应由哪几部分组成？画出系统构成图，说明各个部分的作用。

17. 试述差压式流量传感器测量流量的基本原理。

18. 用标准孔板节流装置配DDZ型电动差压变送器(不带开方器)，测量某管道的流量，差压变送器最大的差压对应的流量为32 m^3/h，输出为4～20 mA。试求当变送器输出电流为16 mA时，实际流过管道的流量是多少？

19. 有一台电动差压变送器配标准孔板测量流量，差压变送器的量程为16 kPa，输出为4～20 mA，对应的流量为0～50 t/h，工艺要求在40 t/h时报警，试问：

① 差压变送器不带开方器时，报警值设定在多少mA？

② 带开方器时，报警值又设定在多少mA？

20. 试述电磁流量传感器、涡轮流量传感器的测量原理、特点及使用场合。

21. 涡街流量传感器是根据什么原理做成的？传感器产生的频率是如何测量的？

22. 简述科里奥利质量流量传感器的基本工作原理。

23. 推导式质量传感器有哪几种组合方式？试分别说明其工作原理并画出原理图。

24. 测量物位传感器有哪几种类型？简述其工作原理。

25. 用差压传感器测量物位时，为什么会产生零点迁移的问题？如何进行零点迁移？试举例说明。

26. 恒浮力法液位测量与变浮力法液位测量的原理有何不同？

27. 试述热导式气体传感器的工作原理，说明能否用热导式气体传感器分析烟气中CO_2的含量。

28. 氧化锆氧量计是如何将氧含量信号转换成电信号的？

29. 采用氧化锆氧量计分析炉烟中的氧含量，设氧化锆管的工作温度为800 ℃，试确定锅炉烟气氧含量不变情况下，工作温度变化100 ℃引起的相对测量误差。

30. 简述测振系统的组成，并说明各部分作用。

31. 何为激振器？激振器的作用是什么？

第13章 传感器实验

13.1 温度传感器实验

13.1.1 铂热电阻实验

1. 实验原理

Pt100 铂热电阻的电阻值在 0 ℃时为 100Ω，测温范围一般为－200～650 ℃，铂热电阻的阻值与温度的关系近似线性，当温度在 0 ℃≤T≤650 ℃时，

$$R_T = R_0(1 + AT + BT^2)$$

式中：R_T 为铂热电阻 T ℃时的电阻值，单位为 Ω；R_0 为铂热电阻在 0 ℃时的电阻值，单位为 Ω；A 为系数（$=3.968\,47\times10^{-31}$/℃）；B 为系数（$=-5.847\times10^{-71}$/℃^{2}）。

将铂热电阻作为桥路中的一部分在温度变化时电桥失衡便可测得相应电路的输出电压变化值。

2. 实验所需部件

铂热电阻(Pt100)、加热炉、温控器、温度传感器实验模块、数字电压表、水银温度计或半导体点温计。

3. 实验步骤

(1) 观察已置于加热炉顶部的铂热电阻，连接主机与实验模块的电源线及传感器与模块处理电路接口，铂热电阻电路输出端 U_o 接电压表，温度计置于热电阻旁感受相同的温度。

(2) 开启主机电源，调节铂热电阻电路调零旋钮，使输出电压为零，电路增益适中，由于铂电阻通过电流时产生自热，其电阻值要发生变化，因此电路有一个稳定过程。

(3) 开启加热炉，设定加热炉温度为≤100 ℃，观察随炉温上升铂电阻的阻值变化及输出电压变化，(实验时主机温度表上显示的温度值是加热炉的炉内温度，并非是加热炉顶端传感器感受到的温度)。并记录数据填入表 13.1 中。

表 13.1 铂热电阻实验数据记录表

$T/℃$												
U_o/mV												

(4) 作出 U-T 曲线，观察其工作线性范围。

4. 注意事项

加热器温度一定不能过高，以免损坏传感器的包装。

13.1.2 温度变送器实验

1. 温度变送器工作原理

温度变送器的作用是把温度敏感元件(如热电阻、热电偶等)所产生的微弱的电压信号，变换成工业控制系统中通用的电压或电流信号。本实验所采用的温度变送器为两线制，即将敏感元件的微弱电压信号变换成变送器的直流馈电电源中电流的变化，在工业控制系统中，该电流的变化规定为 4～20 mA。

两线制温度变送器具有以下优点：

(1) 温度变送器体积小，可以和温度敏感元件做成一体安装在现场，且为电流输出，故抗干扰能力强，可远距离传输。

(2) 对馈电电源的稳压精度要求低。一般说来，电源电压在－30%～＋15%之间波动不影响输出电流的精度。

(3) 两线制温度变送器将电源线与信号线合二为一，从而节省了设备投资，降低了成本。

图 13.1 为两线制温度变送器的原理方框图。由方框图可知，温度变送器由热敏元件、稳压源、测量电桥及 U/I 变换电路组成。

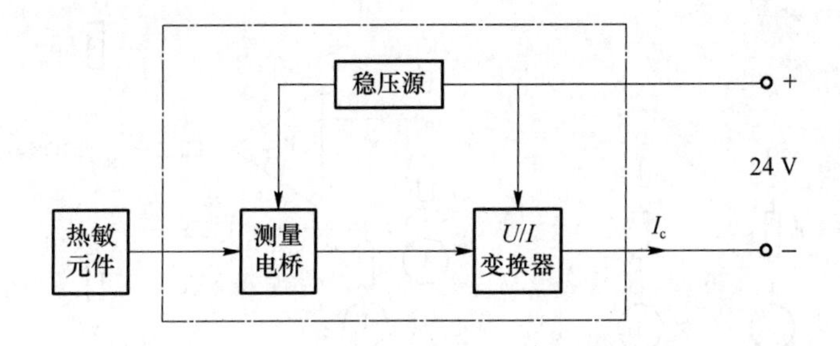

图 13.1 两线制温度变送器的原理方框图

图 13.2 为温度变送器的电路原理图。稳压源由恒流管 2DH10-D、稳压二极管 2CW72 及运算放大器 IC_1 组成。稳压二极管 2CW72 输出电压为 7 V。运算放大器接成电压跟随器的形式，以提高稳压源的带负载能力，其输出电压作为测量电桥的电源。

测量电桥：由 R_3、R_4、R_5、R_{P1} 及 R_t 组成。其等效电路可简化为图 13.3。

图 13.2 中：$R_3=R_4$，$R_3 \gg R_5$，R_t，R_{P1}

$$E_1 \approx \frac{R_t}{R_4+R_t}E \approx \frac{R_t}{R_4}E$$

$$E_2 \approx \frac{R_5}{R_3+R_5}E \approx \frac{R_5}{R_3}E$$

$$r_1 \approx R_t$$

$$r_2 \approx R_5$$

E 为电压跟随器输出电压，约为 7 V。

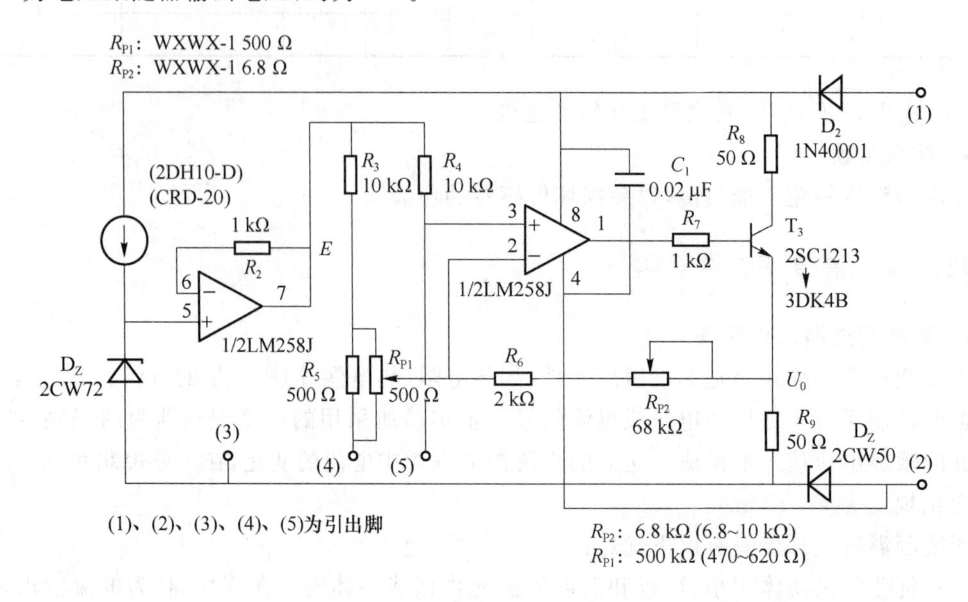

图 13.2　温度变送器的电路原理图

当温度发生变化时，R_t 的阻值产生相应变化，电桥产生不平衡电压，输出给 U/I 变换器，进行电压放大及电压—电流变化。

U/I 变换器：由运算放大器 IC_2、R_6、R_7、R_8、R_9 及三极管 3DK4B 组成。其简化电路如图 13.4 所示。

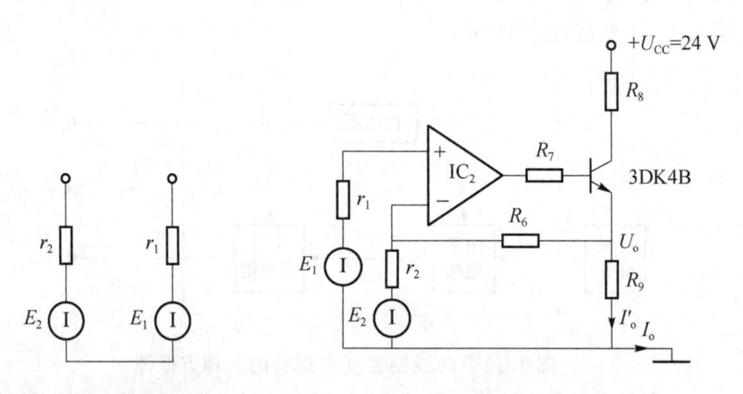

图 13.3　等效电路　　　　图 13.4　简化电路

U/I 变换器的输入/输出关系推导如下：

$$U_o = \left(1 + \frac{R_6}{r_2}\right)E_1 - \frac{R_6}{r_2}E_2 = \left(1 + \frac{R_6}{R_5}\right)\frac{R_t}{R_4}E - \frac{R_6}{R_5}\frac{R_5}{R_3}E$$

代入热电阻和温度的关系公式得：

$$R_t = R_0(1 + Kt)$$

则
$$U_o = \left(1 + \frac{R_6}{R_5}\right)\frac{R_0(1 + Kt)}{R_4}E - \frac{R_6}{R_3}E$$

式中：R_0 为零温度电阻，单位为 Ω；K 为热电阻的电阻温度系数。

由上式可知，运算放大器输出电压 U_o 包括两项，第一项为与温度无关的常量；第二项是温度的线性函数。改变 R_6 可以调节放大倍数。

通过三极管 3DK4B 将 U_o 变换成电流 I'_0。

$$
\begin{aligned}
I'_0 &= \frac{U_o}{R_9} = \left[\left(1+\frac{R_6}{R_5}\right)\frac{R_0}{R_4} - \frac{R_6}{R_3}\right]\frac{E}{R_9} + \left(1+\frac{R_6}{R_5}\right)\frac{R_0}{R_4}\frac{E}{R_9}Kt \\
&= \left(1+\frac{R_6}{R_5}\right)\frac{R_0}{R_4}E - \frac{R_6}{R_3}E + \left(1+\frac{R_6}{R_5}\right)\frac{R_0}{R_4}EKt \\
&= \left[\left(1+\frac{R_6}{R_5}\right)\frac{R_0}{R_4} - \frac{R_6}{R_3}\right]E + \left(1+\frac{R_6}{R_5}\right)\frac{R_0}{R_4}EKt
\end{aligned}
$$

同理,I'_0 也包含两项,第一项为常量,称为输出零点电流,通过调节 $R_5(R_{P1})$ 可调节零点电流大小;第二项是温度 t 的函数,通过调节 $R_6(R_{P2})$ 可以调节温度-电流变换系数。

流过供电电源的总电流 I_0

$$
I_o = I'_o + I_z + I_c + I_Q
$$

式中:I_z 为流过稳压二极管 2CW72 的电流;I_c 为流过运算放大器 IC 电源的电流;I_Q 为流过测量电桥的电流。这几项电流均为常量。

2. 实验内容

(1) 零点及满度调整。

使 $R_t=100\ \Omega$,调节电位器 R_{P1} 使流过电源的电流 $I_o=4$ mA。

使 $R_t=138.50\ \Omega$,调节电位器 R_{P2} 使流过电源的电流 $I_o=20$ mA。

反复调节 R_{P1} 及 R_{P2},使 $R_t=100\ \Omega$ 和 $R_t=138.50\ \Omega$ 时,通过电源的电流分别为 4 mA 和 20 mA。

(2) 变送器的温度-电流特性。

使 R_t 按表 13.2 中的阻值变化,分别读取电源中电流 I_o 的值,填入表 13.2 中。

表 13.2 实验记录表

温度/℃		0	10	20	30	40	50	60	70	80	90	100
阻值/Ω		100	104	107.8	111.7	115.5	119.4	123.2	127.1	130.9	134.7	138.5
电流/mA	正程											
	逆程											
基本误差/%												
线性度/%												

3. 实验报告

(1) 绘制变送器的温度-电流特性曲线。以温度横坐标,电流为纵坐标,将曲线绘制在坐标纸上。

(2) 计算变送器的基本误差,填入表 13.2 中。

$$
基本误差=\frac{实测值-理论值}{满度值}\times 100\%
$$

(3) 计算变送器的线性度,填入表 13.2 中。

$$
线性度=\frac{正程实测值-拟合值}{满度值}\times 100\%
$$

13.1.3 热电偶测温实验

1. 实验原理

由两根不同质的导体熔接而成的闭合回路称为热电回路，当其两端处于不同温度时则回路中产生一定的电流，这表明电路中有电动势产生，此电动势即为热电动势。

图 13.5 中，T 为热端，T_0 为冷端，热电动势 $E_t = l_{AB}(T) - l_{AB}(T_0)$

本实验中选用两种热电偶镍铬-镍硅（K 分度）和镍铬-铜镍（E 分度）。

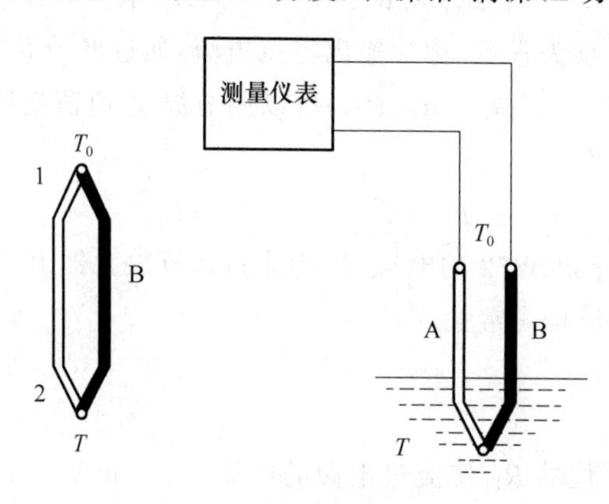

图 13.5 热电偶测温系统图

2. 实验所需部件

K（也可选用其他分度号的热电偶）、E 分度热偶、温控电加热炉、温度传感器实验模块、$4\frac{1}{2}$位数字电压表（自备）。

3. 实验步骤

(1) 观察热电偶结构（可旋开热电偶保护外套），了解温控电加热器工作原理。

温控器：作为热源的温度指示、控制、定温之用。温度调节方式为时间比例式，绿灯亮时表示继电器吸合电炉加热，红灯亮时加热炉断电。

温度设定：拨动开关拨向"设定"位，调节设定电位器，仪表显示的温度值 ℃随之变化，调节至实验所需的温度时停止，然后将拨动开关扳向"测量"侧。

(2) 首先将温度设定在 50 ℃左右，打开加热开关（加热电炉电源插头插入主机加热电源插座），热电偶插入电加热炉内，K 分度热电偶为标准热电偶，冷端接"测试"端，E 分度热电偶接"温控"端，注意热电偶极性不能接反，而且不能断偶，$4\frac{1}{2}$位万用表置 200 mV 挡。当钮子开关倒向"温控"时，测 E 分度热电偶的热电动势，并记录电炉温度与热电动势 E 的关系。

(3) 因为热电偶冷端温度不为 0 ℃，则需对所测的热电动势值进行修正。

$$E(T,T_0)=E(T,t_1)+E(T_1,T_0)$$

实际电动势＝测量所得电动势＋温度修正电动势

查阅热电偶分度表，上述测量与计算结果对照。

(4) 继续将炉温提高到 70 ℃、90 ℃、110 ℃、130 ℃和 150 ℃，重复上述实验，观察热电偶的测温性能。

4. 注意事项

加热炉温度请勿超过 200 ℃。当加热开始，热电偶一定要插入炉内，否则炉温会失控，同样做其他温度实验时,也需用热电偶来控制加热炉温度。

因为温控仪表为 E 分度,加热炉的温度就必须由 E 分度热电偶来控制,E 分度热电偶必须接在面板的"温控"端,所以当钮子开关倒向"测试"方接入 K 分度热电偶时,数字温度表显示的温度并非为加热炉内的温度。

13.1.4 热电偶标定实验

1. 实验原理

以 K 分度热电偶作为标准热电偶来校准 E 分度热电偶,由于被校热电偶热电动势与标准热电偶热电动势的误差为

$$\Delta e = e_{校测} + \frac{e_{校分} - e_{标测}}{s_{标}} s_{标} - e_{校分}$$

式中:$e_{校测}$ 为被校热电偶在标定点温度下测得的热电动势平均值;$e_{标测}$ 为标准热电偶在标定点温度下测得的热电动势平均值;$e_{标分}$ 为标准热电偶分度表上标定温度的热电动势值;$e_{校分}$ 为被校热电偶标定温度下分度表上的热电动势值;$S_{标}$ 为标准热电偶的微分热电动势。

2. 实验所需部件

K、E 分度热电偶、温控电加热炉、温度传感器实验模块、$4\frac{1}{2}$ 位数字电压表(自备)。

3. 实验步骤

(1) 进行热电偶测温实验中(1)、(2)步骤,待设定炉温达到稳定时用 $4\frac{1}{2}$ 位电压表 200 mV 挡分别测试温控(E)和测试(K)两个热电偶的热电动势(需用钮子开关转换),每个热电偶至少测两次求平均值。

(2) 根据上述公式计算被测热电偶的误差,计算中应对冷端温度不为 0 ℃进行修正。

(3) 分别将炉温升高,求被校热电偶的误差 Δe,并将结果填入表 13.3 中。

表 13.3 实验记录表

热电偶		被测量温度/℃				
标准热电偶/K 热电动势/mV	1	50	70	90	110	130
	2					
	平均					
被校热电偶/E 热电动势/mV	1					
	2					
	平均					
	分度表值					
	误差					

(4) 分别画出热电动势与温度曲线,得出标定值。

13.1.5 PN结温敏二极管实验

1. 实验原理

半导体PN结具有良好的温度线性,根据PN结特性表达公式可知,当一个PN结制成后,

其反向饱和电流基本上只与温度有关，温度每升高 1 ℃，PN 结 $I=I_s(l^{\frac{qu}{KT}}-1)$正向压降就下降 2 mV，利用 PN 结的这一特性就可以测得温度的变化。

2. 实验所需部件

温敏二极管、温度传感器实验模块、温控加热炉、电压表、温度计。

3. 实验步骤

(1) 观察已置于加热炉上的温敏二极管，连接主机与实验模块的电源及传感器探头(二极管符号对应相接)，温度计置于与传感器同一感温处，模块温敏二极管输出电路 U_o 端接电压表。

(2) 开启加热电源，设定加热炉温度，拨动开关置“测量”挡，观察随炉温上升 U_o 端电压的变化，并将结果记入表 13.4 中。

表 13.4 实验记录表

T/℃											
U_o/V											

(3) 作出 U-T 曲线，求出灵敏度 $S=\Delta U/\Delta T$。

13.1.6 半导体热敏电阻实验

1. 实验原理

热敏电阻是利用半导体的电阻值随温度升高而急剧下降这一特性制成的热敏元件。它呈负温度特性，灵敏度高，可以测量小于 0.01 ℃的温差变化。图 13.6 为金属与热敏电阻温度曲线的比较。

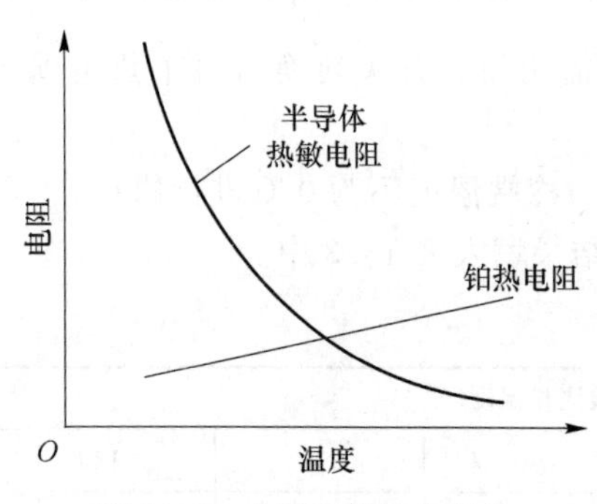

图 13.6 金属和热敏电阻的温度特性曲线

2. 实验所需部件

MF 型热敏电阻、温控电加热器、温度传感器实验模块、电压表、温度计。

3. 实验步骤

(1) 观察已置于加热炉上的热敏电阻，温度计置于与传感器相同的感温位置；连接主机与实验模块的电源线及传感器接口线，热敏电阻测温电路输出端接数字电压表。

(2) 打开主机电源，调节模块上的热敏转换电路电压输出电压值，使其值尽量大但不饱和。

(3) 设定加热炉加热温度后开启加热电源。

(4) 观察随温度上升时输出电压值变化，待温度稳定后将 U-T 值填入表 13.5 中。

表 13.5 实验记录表

T/℃											
U_T/V											

(5) 作出 U_T-T 曲线(因为热敏电阻负温度特性呈非线性，所以实验时建议多采几个点)，得出用热敏电阻测温结果的结论。

4. 注意事项

热敏电阻感受到的温度与温度计上的温度相同，并不是加热炉数字表上显示的温度，而且热敏电阻的阻值随温度不同变化较大，故应在温度稳定后记录数据。

13.1.7 集成温度传感器

1. 实验原理

用集成工艺制成的双端电流型温度传感器，在一定的温度范围内按 1 μA/K 的恒定比值输出与温度成正比的电流，通过对电流的测量即可得知温度值（开氏温度），经开氏-摄氏转换电路直接显示 ℃温度值。

2. 实验所需部件

集成温度传感器、温控电加热炉、温度传感器实验模块、电压表、温度计。

3. 实验步骤

(1) 观察置于加热炉上的集成温度传感器，温度计置于传感器同一感温处。连接主机与实验模块电源，按图标对应连接传感器接口与处理电路输入端，输出端接电压表。

(2) 打开主机电源，根据温度计示值调节转换电路电位器，使电压表（2 V 挡）所示为当前温度值（已设定电压显示值最后一位为 1/10 ℃值，如电压表 2 V 挡显示 0.256 就表示 25.6 ℃）。

(3) 开启加热开关，设定加热器温度，观察随温度上升，电路输出的电压值，并与温度计显示值比较，得出定性结论。

几种温度传感器性能比较见表 13.6。

表 13.6 几种温度传感器性能比较表

传感器	测温范围/℃	精度/℃	线性	重复性/℃	灵敏度
热电偶	−200～1 600	0.5～3.0	较差	3.0～1.0	不高
铂热电阻	−200～650	0.1～1.0	较好	0.3～1.0	不高
PN 结温敏	−40～150	1.0	良	0.2～1.0	高
热敏电阻	−50～300	0.2～2.0	不好	0.2～2.0	高
集成温度	−55～155	1.0	优	0.3	高

13.2 电涡流传感器实验

13.2.1 电涡流传感器静态标定

1. 实验原理

电涡流传感器由平面线圈和金属涡流片组成，其基本结构及工作原理如图 13.7 所示。当线圈中通以高频交变电流后，在与其平行的金属片上会感应产生电涡流，电涡流的大小影响线圈的阻抗 Z，而涡流的大小与金属涡流片的电阻率、磁导率、厚度、温度以及与线圈的距离 X 有关，当平面线圈、被测体（涡流片）、激励源确定，并保持环境温度不变，阻抗 Z 只与距离 X 有关，将阻抗变化转为电压信号 V 输出，则输出电压是距离 X 的单值函数。

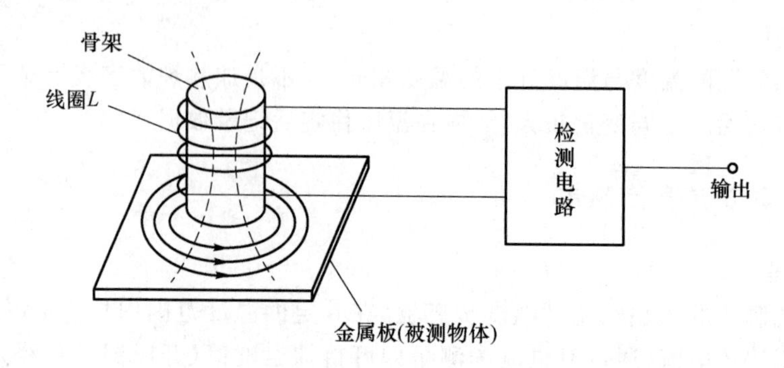

图 13.7　电涡流传感器的基本结构及工作原理

2. 实验所需部件

电涡流传感器、电涡流传感器实验模块、螺旋测微仪、电压表、示波器。

3. 实验步骤

(1) 连接主机与实验模块电源及传感器接口，电涡流线圈与涡流片需保持平行，安装好测微仪，涡流变换器输出接电压表 20 V 挡。

(2) 开启主机电源，用测微仪带动涡流片移动，当涡流片完全紧贴线圈时输出电压为零(如不为零可适当改变支架中的线圈角度)，然后旋动测微仪使涡流片离开线圈，从电压表有读数时每隔 0.2 mm 记录一个电压值，将 U、X 数值填入表 13.7 中，作出 U-X 曲线，指出线性范围，求出灵敏度。

表 13.7　实验记录表

X/mm	0	0.2	0.4	0.6	0.8	1	1.2	1.4	1.6	1.8	2	2.2	2.4	2.6	2.8
U/V															

(3) 示波器接电涡流线圈与实验模块输入端口，观察电涡流传感器的激励信号频率，随着线圈与电涡流片距离的变化，信号幅度也发生变化，当涡流片紧贴线圈时，电路停振，输出为零。

4. 注意事项

模块输入端接入示波器时由于一些示波器的输入阻抗不高(包括探头阻抗)以致影响线圈的阻抗，使输出 U_o 变小，并造成初始位置附近的一段死区，示波器探头不接输入端即可解决这个问题。

13.2.2　被测材料对电涡流传感器特性的影响

1. 实验所需部件

电涡流传感器、多种金属涡流片、电涡流传感器实验模块、电压表、测微仪、示波器。

2. 实验步骤

(1) 按电涡流传感器静态标定实验分别对铁、铜、铝涡流片进行测试与标定，记录数据，在同一坐标上作出 U-X 曲线。

(2) 分别找出不同材料被测体的线性工作范围、灵敏度、最佳工作点(双向或单向)，并进行比较，作出定性的结论。

3. 注意事项

换上铜、铝和其他金属涡流片时，线圈紧贴涡流片时输出电压并不为零，这是因为电涡流线圈的尺寸是为配合铁涡流片而设计的，换了不同材料的涡流片，线圈尺寸需改变输出才能为零。

13.2.3 电涡流传感器振幅测量

1. 实验所需部件

电涡流传感器、电涡流传感器实验模块、公共电路实验模块、直流稳压电源、激振器、示波器。

2. 实验步骤

(1) 连接主机与实验模块电源，并在主机上的振动圆盘旁的支架上安装好电涡流传感器，按图13.8接好实验线路，根据电涡流传感器静态标定实验结果，将线圈安装在距涡流片最佳工作位置，直流稳压电源置±10 V挡(也可选用±6～8 V挡，原则是接入电路的负电压值一定要高于电涡流变换电路的电压输出值以便调零)，差分放大器增益调至最小(增益为1)，仅作为一个电平移动电路。

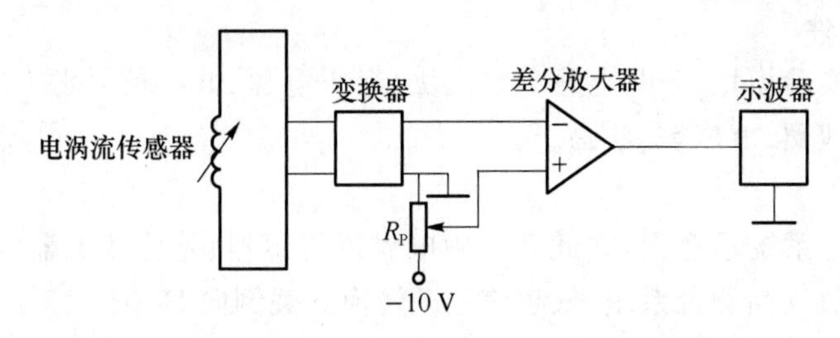

图13.8 振幅测量实验线路图

(2) 开启主机电源，调节电桥 R_p 电位器，使系统输出为零。

(3) 开启激振I，调节低频振荡频率，使振动平台在15～30 Hz范围内变化，用示波器观察输出波形，记下 U_{P-P} 值，利用电涡流传感器静态标定实验结果求出波形变化范围内的 X 值。

(4) 降低激振频率，提高振幅范围，用示波器就可以看出输出波形有失真现象，这说明电涡流传感器的振幅测量范围是很小的。

3. 注意事项

直流稳压电源−10V、接地端接电桥 R_p 电位器两端。

13.2.4 涡流传感器测转速实验

1. 实验原理

当电涡流线圈与金属被测体的位置周期性地接近或脱离时，电涡流传感器的输出信号也转换为相同周期的脉动信号。

2. 实验所需部件

电涡流传感器、电涡流传感器实验模块、测速电机、电压/频率表、示波器。

3. 实验步骤

(1) 按电涡流传感器振幅测量实验安装，将电涡流支架顺时针旋转约70°，安装于电机叶片之上。线圈尽量靠近叶片，以不碰擦为标准，线圈面与叶片保持平行。

(2) 开启主机电源，调节电机转速，根据示波器波形调整电涡流线圈与电机叶片的相对位置，使波形较为对称。

(3) 仔细观察示波器中两相邻波形的峰值，如有差异则是电机叶片不平行或是电机振动所致，可利用电涡流传感器静态标定实验特性曲线大致判断叶片的不平行度。

(4) 用电压/频率表 2 kHz 挡测得电机转速，转速=频率表显示值÷2。

13.2.5 综合传感器—力平衡式传感器实验

1. 实验目的

掌握利用多种传感器和电路单元组成测试系统的原理。

2. 实验原理

图 13.9 是一个带有反馈的闭环系统传感器，它与一般传感器的区别在于它有一个“反向传感器”的反馈回路，即把系统的输出信号反馈到系统输入端进行比较和平衡。由于在此系统中所用的传感器主要是以力或力矩平衡的方式，所以称为力平衡传感器，力平衡传感器主要用于能将被测量转换成敏感元件的微小位移的场合。

3. 实验所需部件

电涡流传感器实验模块、公共电路实验模块、稳压电源、低频信号源 U_i 端(作电流放大器用)、磁电传感器的线圈、电压表、砝码。

4. 实验步骤

(1) 图 13.10 是系统示意图，在此系统中电涡流传感器、差分放大器、电流放大器和磁电式传感器组成一个负反馈测量系统，低频信号源转换开关倒向 U_i 侧。

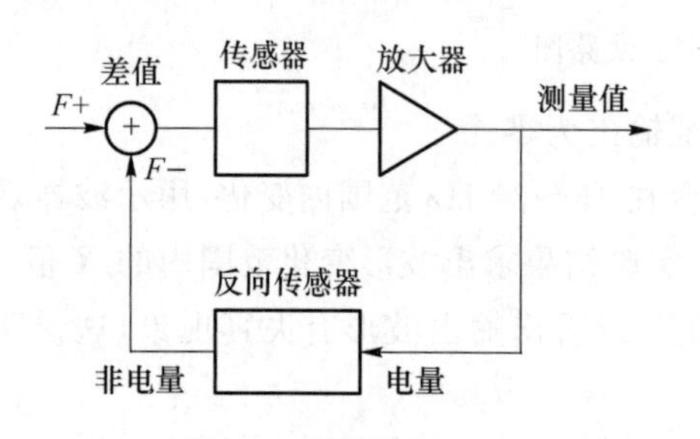

图 13.9 带有反馈的闭环系统传感器

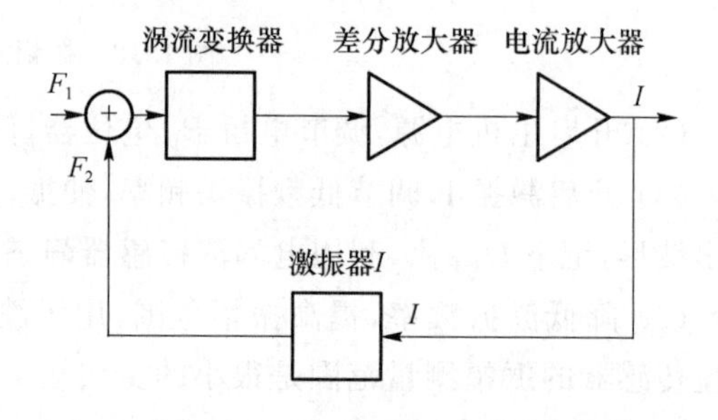

图 13.10 系统示意图

(2) 按电涡流传感器振幅测量实验的方法安装和调试好电涡流传感器，使差分放大器输出为零，差分放大器的输出电压用连接线接至低频信号源的 U_i 端口，电流放大器的输出口即低频信号源 U_o 端，U_o 端分别接电压表和“磁电”线圈的一端，“磁电线圈”的另一端接地。

(3) 确认接线无误后开启电源，如发现振动平台偏向一边或形成正反馈(产生抖动现象)，可将“磁电”线圈两端接线对调，使其形成负反馈。

(4) 用手提压振动台如系统输出电压能正、负两方向过零变化，说明接线正确，此时可在振动平台上加载砝码做测试实验。

(5) 调节系统使输出为零且正、负变化对称，向上、下分别位移(以圆盘上加 5 个砝码为位置中点)，每加(减)一砝码，记录一数据并填入表 13.8 中。

表 13.8 实验记录表

M/g														
U_o/V														

在坐标上作出U-M曲线，求出灵敏度和线性度。

(6) 根据以上实验结果将力平衡式传感器与前面所熟悉的传感器进行性能比较。

5. 注意事项

差分放大器不能与“磁电”线圈直接相接，因为差分放大器无功率放大作用，低频信号源中转换开关倒向U_i端时，低频信号源中的功放电路作电流放大之用，输出为U_o端，此时低频信号被断开，故此实验结束后应将转换开关倒向U_o侧。

13.3 光电传感器实验

13.3.1 光敏电阻实验

1. 实验原理

光敏电阻又称为光导管，是一种均质的半导体光电器件，其结构如图 13.11 所示。由于半导体在光照的作用下，电导率的变化只限于表面薄层，因此将掺杂的半导体薄膜沉积在绝缘体表面就制成了光敏电阻，不同材料制成的光敏电阻具有不同的光谱特性。光敏电阻采用梳状结构是由于在间距很近的电阻之间有可能采用大的灵敏面积，提高灵敏度。

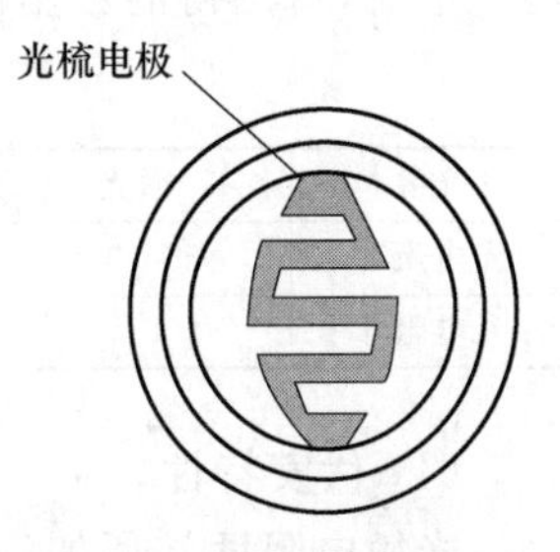

图 13.11 光敏电阻结构图

2. 实验所需部件

稳压电源、光敏电阻、负载电阻(选配单元)、电压表、各种光源、遮光罩、激光器、光照度计。

3. 实验步骤

(1) 测试光敏电阻的暗电阻、亮电阻、光电阻、光敏电阻的结构。用遮光罩将光敏电阻完全掩盖，用万用表测得的电阻值为暗电阻$R_{暗}$。移开遮光罩，在环境光照下测得的光敏电阻的阻值为亮电阻。暗电阻与亮电阻之差为光电阻。光电阻越大，则灵敏度越高。在光电器件模板的试件插座上接入另一光敏电阻，试进行性能比较。

(2) 光敏电阻的暗电流、亮电流、光电流。

按照图 13.12 所示接线，电源可从+2～+8 V间选用，分别在暗光和正常环境光照下测出输出电压$U_{暗}$和$U_{亮}$，则暗电流$I_{暗}=U_{暗}/R_L$，亮电流$I_{亮}=U_{亮}/R_L$，亮电流与暗电流之差称为光电流，光电流越大，则灵敏度越高。分别测出两种光敏电阻的亮电流，并进行性能比较。

(3) 光敏电阻的光谱特性。

用不同的材料制成的光敏电阻有着不同的光谱特性，如图 13.13 所示。当不同波长的入射光照到光敏电阻的光敏面上，光敏电阻就有不同的灵敏度。

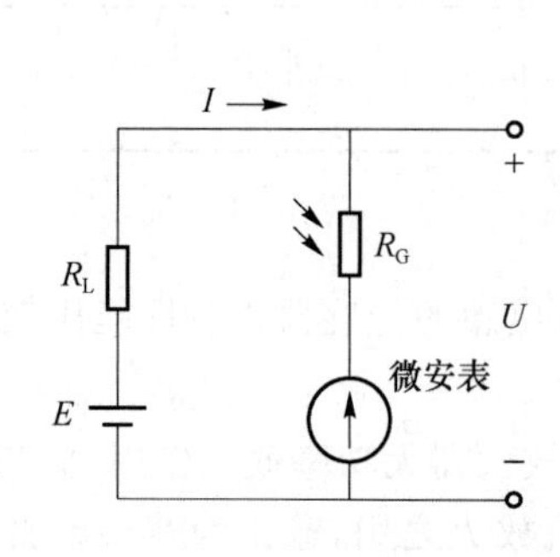

图 13.12 光敏电阻的测量电路

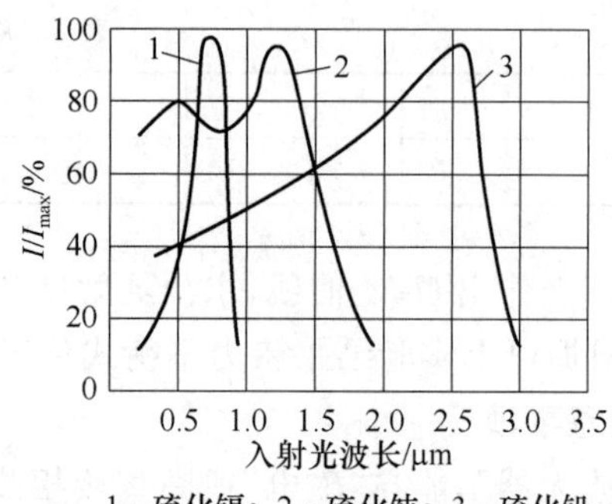

图 13.13 几种光敏电阻的光谱特性

按照图 13.13 所示接线，电源电压可采用直流稳压电源的负电源。用高亮度 LED(红、黄、绿、蓝、白)作为光源，其工作电源可选用直流稳压电源的正电源。限流电阻用选配单元上的 1～100 k 挡电位器，首先应置电位器阻值为最大，打开电源后缓慢调小阻值，使发光管逐步发光并至最亮，当发光管达到最高亮度时不应再减小限流电阻阻值，确定限流电阻阻值后不再改变，依次将各发光管接入光电器件模板上的发光管插座(各种光源的发光亮度可用照度计测得并可调节发光管电路使之光照度一致)。发光管与光敏电阻顶端可用附件中的黑色软管连接。分别测出光敏电阻在各种光源照射下的光电流，再用激光教鞭、固体激光器作为光源，测得光电流，将测得的数据记入表 13.9 中，据此作出两种光电阻大致的光谱特性曲线。

表 13.9 实验记录表

光源	激光	红	黄	绿	蓝	白
光电阻Ⅰ						
光电阻Ⅱ						

(4) 伏安特性。

光敏电阻两端所加的电压与光电流之间的关系。

按照图 13.12 分别测得偏压为 2 V、4 V、6 V、8 V、10 V、12 V 时的光电流，并尝试高照射光源的光强，测得给定偏压时光强度的提高与光电流增大的情况。将所测得的结果填入表 13.10 中，并作出 U/I 曲线。

表 13.10 实验记录表

偏压	2 V	4 V	6 V	8 V	10 V	12 V
光电阻Ⅰ						
光电阻Ⅱ						

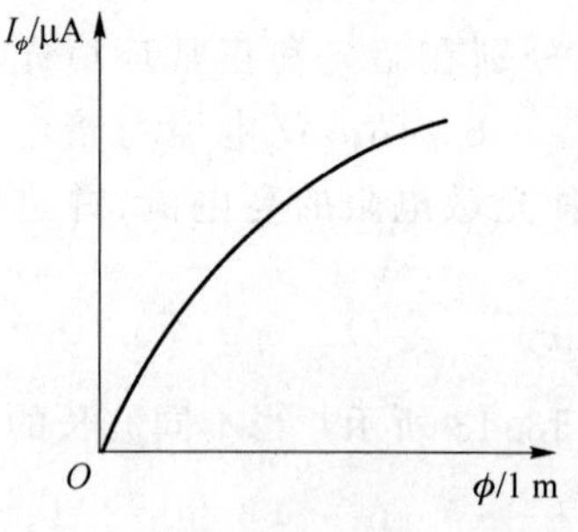

图 13.14 光敏电阻的光电特性

(5) 温度特性。

光敏电阻与其他半导体器件一样，性能受温度影响较大。随着温度的升高，电阻值增大、灵敏度下降。按图 13.12 所示测试电路，分别测出常温下和加温(可用电烙铁靠近加温或用电吹风加温，电烙铁切不可直接接触器件)后的伏安特性曲线。

(6) 光敏电阻的光电特性。

在一定的电压作用下，光敏电阻的光电流与照射光通量的关系为光电特性，如图 13.14 所示。图 13.12 所示的实验电路电源可选用＋12 V稳压电源，适当串入一选配单元上的可变电阻，阻值在10 kΩ左右。发光二极管接直流稳压电源的2～10 V电压挡，调节电路使发光管刚好发光，将发光管与光敏电阻顶端相连接，盖上遮光罩，测得光电流，然后依次将发光管工作电压提高为4 V、6 V、8 V、10 V，用照度计依次测得光强，并测得光电流。将所测数据记入表13.11中。或置于暗光条件下，打开高亮度光源灯光，调节光源与光敏电阻的距离和照射角度，改变光敏电阻上入射光的光通量，观察光电流的变化。

表13.11 实验记录表

发光管偏压	4 V	6 V	8 V	10 V
光电阻Ⅰ				
光电阻Ⅱ				

4. 注意事项

(1) 实验时请注意不要超过光电阻的最大耗散功率P_{max}。

(2) 光源照射时灯胆及灯杯温度均很高，请勿用手触摸，以免烫伤。

(3) 实验时各种不同波长的光源的获取可以采用在仪器上的光源灯泡前加装各色滤色片的办法，同时也需考虑到环境光照的影响。

13.3.2 光敏电阻的应用——暗光亮灯电路

1. 实验原理

如图13.15所示，在放大电路中，当光照度下降时，三极管VT的基极电压升高，VT导通，集电极负载LED流过的电流增大，LED发光，这是一个暗通电路。

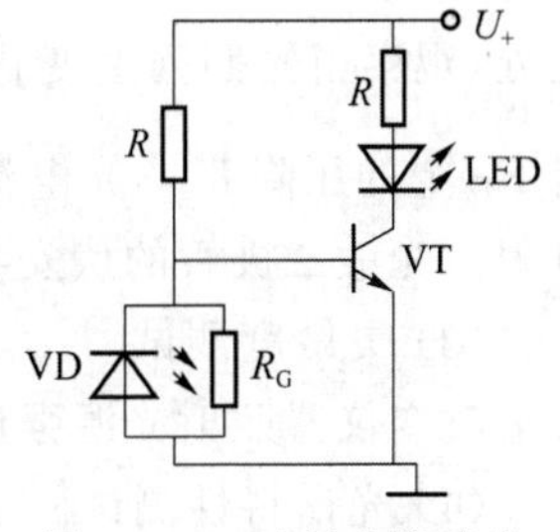

图13.15 光敏电阻暗光灯控电路原理

2. 实验所需部件

光敏电阻、光敏灯控电路(或实验选配单元)、电压表。

3. 实验步骤

(1) 将光敏电阻接入光敏灯控电路。调节控制电位器，使其在自然光下负载发光二极管不亮。

(2) 分别用白纸、带色的纸、书本和遮光罩改变光敏电阻的光照，观察灯控电路的亮灯情况。其原理与马路灯光控制情况是否相同？

(3) 根据图13.15所示暗通电路原理，设计一个亮通电路。

13.3.3 光敏二极管特性实验

1. 实验原理

光敏二极管与半导体二极管在结构上是类似的，其管芯是一个具有光敏特征的PN结，具有单向导电性，因此工作时需加上反向电压。无光照时，有很小的饱和反向漏电流，即暗电流，此时光敏二极管截止；当受到光照时，饱和反向漏电流大大增加，形成光电流，它随入射光强度的变化而变化。光敏二极管结构如图13.16所示。

2. 实验所需部件

光敏二极管、稳压电源、负载电阻、遮光罩、光源、电压表(自备$4\frac{1}{2}$位万用表)、微安表、照度计。

3. 实验步骤

按图 13.17 所示接线，注意光敏二极管是工作在反向工作电压的。由于硅光敏二极管的反向工作电流非常小，所以应视实验情况适当提高工作电压，必要时可用稳压电源上的±10 V 或±12 V 串接。

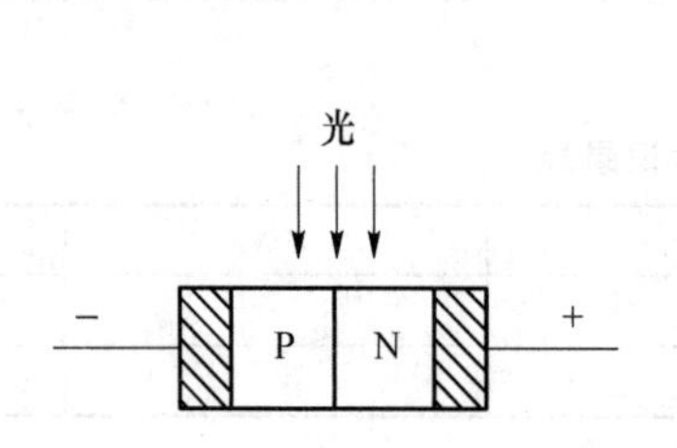

图 13.16　光敏二极管工作原理

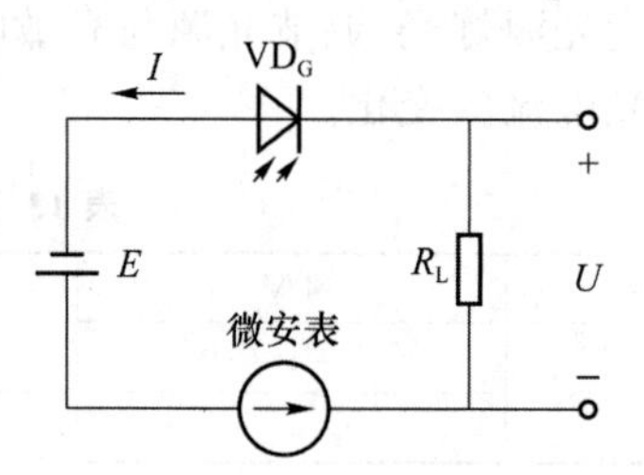

图 13.17　光敏二极管测试电路

(1) 暗电流测试。

用遮光罩盖住光电器件模板，电路中反向工作电压接±12 V，选择适当的负载电阻。打开电源，调节负载电阻值，微安表显示的电流值即为暗电流，或用 $4\frac{1}{2}$ 位万用表 200 mV 挡测得负载电阻 R_L 上的压降 $U_暗$，则暗电流 $I_暗=U_暗/R_L$。一般锗光敏二极管的暗电流要大于硅光敏二极管暗电流数十倍，可在试件插座上更换其他光敏二极管进行测试，并作性能比较。

(2) 光电流测试。

缓慢揭开遮光罩，观察微安表上电流值的变化(也可将照度计探头置于光敏二极管同一感光处，观察当光照强度变化时光敏二极管光电流的变化)，或是用 $4\frac{1}{2}$ 位万用表 200 mV 挡测得 R_L 上的压降 $U_光$，光电流 $I_光=U_光/R_L$。如光电流较大，则可减小工作电压或调节加大负载电阻。光敏二极管的伏安特性曲线如图 13.18 所示。

(3) 灵敏度测试。

改变仪器照射光源强度及相对于光敏器件的距离，观察光电流的变化情况。

(4) 光谱特性测试。

不同材料制成的光敏二极管对不同波长的入射光反应灵敏度是不同的，其特性曲线如图 13.19所示。由图 13.19 可以看出，硅光敏二极管和锗光敏二极管的响应峰值约为 80～100 μm，试用附件中的红外发射管、各色发光 LED、光源光、激光光源照射光敏二极管，测得光电流并将测试数据填入表 13.12 中。

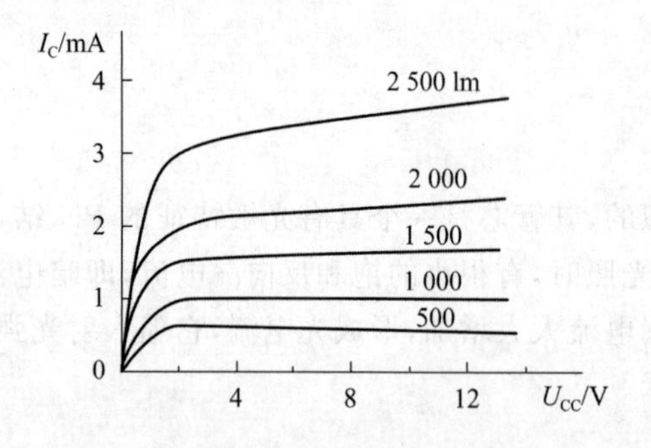

图 13.18　光敏二极管的伏安特性曲线

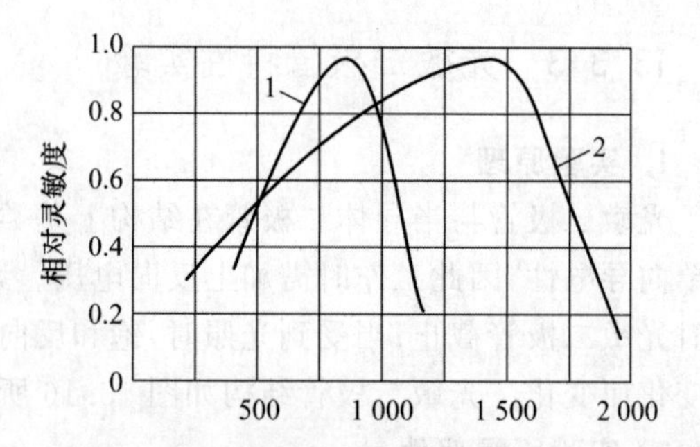

1—硅光敏二极管；2—锗光敏二极管

图 13.19　光敏二极管的光谱特性曲线

表 13.12 实验记录表

光源 / 光电流 / 照度	红外	红	黄	绿	蓝	白

4. 注意事项

本实验中暗电流测试最高反向工作电压受仪器电压条件限制定为±12 V(24 V),硅光敏二极管暗电流很小,有可能不易测得。测试光电流时要缓慢地改变光照度,以免测试电路中的微安表指针打表。

13.3.4 光敏三极管特性测试

实验步骤

(1) 判断光敏三极管 C、E 极性,方法是用万用表 20 M 电阻测试挡,测得管阻小时,红表笔端触脚为 C 极,黑表笔为 E 极。

(2) 暗电流测试。按图 13.20 所示接线,稳压电源用±12V,调整负载电阻 R_L 阻值,使光敏器件模板被遮光罩盖住时,微安表显示有电流,这即是光敏三极管的暗电流,或是测得负载电阻 R_L 上的压降 $U_{暗}$,暗电流 $I_{CEO}=U_{暗}/R_L$。如是硅光敏三极管,则暗电流可能要小于 10^{-9} A,一般不易测出。

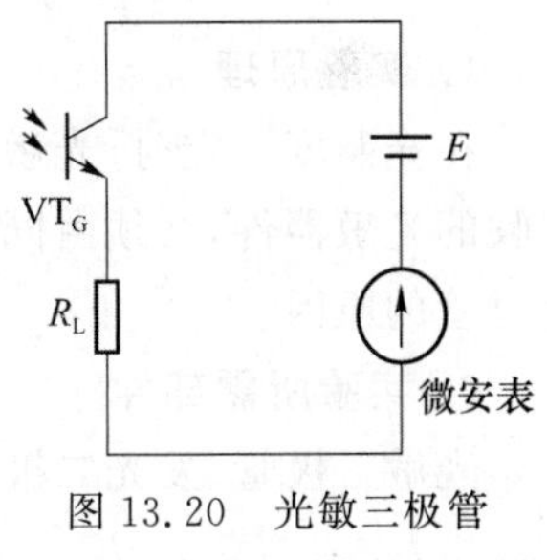

图 13.20 光敏三极管测试电路

(3) 光电流测试。缓慢地取开遮光罩,观察随光照度变化测得的光电流 I 光的变化情况,并将所测数据填入表 13.13 中。

表 13.13 实验记录表

光源 / 光电流 / 照度	红外	红	黄	绿	蓝	白

通过实验比较可以看出,光敏三极管与光敏二极管相比能把光电流放大$(1+h_{FE})$倍,具有更高的灵敏度。

(4) 伏安特征测试。光敏三极管在给定的光照强度与工作电压下,将所测得的工作电压 U_{ce} 与工作电流记录,工作电压可从±4～±12 V 变换,并作出一组 U-I 曲线。

(5) 光谱特性测试。对于一定材料和工艺制成的光敏三极管,必须对应一定波长的入射光才有响应。按图 13.20 所示接好光敏三极管测试电路,参照光敏二极管的光谱特性测试方法,用各种光源照射光敏三极管,测得光电流,并作出定性的结论。

(6) 光电特性测试。在外加工作电压恒定的情况下,入射光角度与光电流的关系如图 13.22 所示。用各种光源照射光敏三极管,记录光电流的变化。

(7) 温度特性测试。光敏三极管的温度特性曲线如图 13.21 所示,试在图 13.20 所示电路中,加热光敏三极管,观察光电流随温度升高的变化情况。

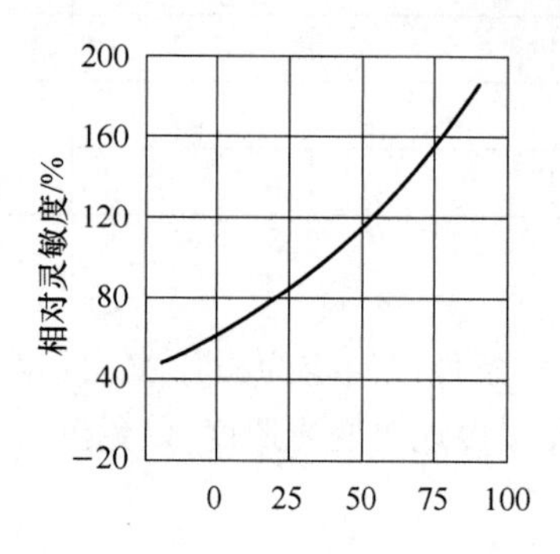

图 13.21 光敏三极管的温度特性

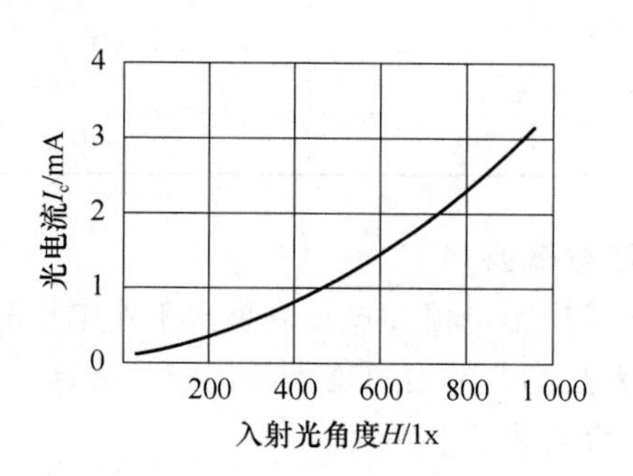

图 13.22 光敏三极管的光电特性曲线

13.3.5 光敏三极管对不同光谱的响应

1. 实验原理

在光照度一定时,光敏三极管输出的光电流随波长的改变而变化。一般来说,对于发射与接收的光敏器件,必须由同一种材料制成才能有比较好的波长响应,这就是光学工程中使用光电对管的原因。

2. 实验所需部件

光敏三极管、发光二极管(包括红外发射管、各种颜色的 LED)、试件插座、直流稳压电源、电压表$\left(自备 4\frac{1}{2}位\right)$。

3. 实验步骤

(1) 按图 13.23 所示接好光敏三极管测试电路,电路中的光敏三极管为红外接收管,电路中的光源采用红外发光二极管,必须注意发光二极管的接线方向。发光二极管的光都是通过顶端的透镜发射的,因此实验时必须注意二极管与三极管的相对位置。

(2) 接好如图 13.24 所示的发光二极管电路,注意发光二极管限流电阻阻值的调节(电位器阻值的调节一定要按从大到小的原则),发光二极管可插在试件插座上。实验中发光源可用多种颜色的 LED。

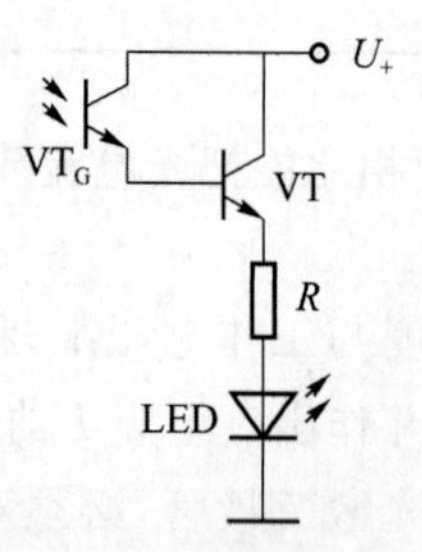

图 13.23 光敏三极管对不同光谱的响应

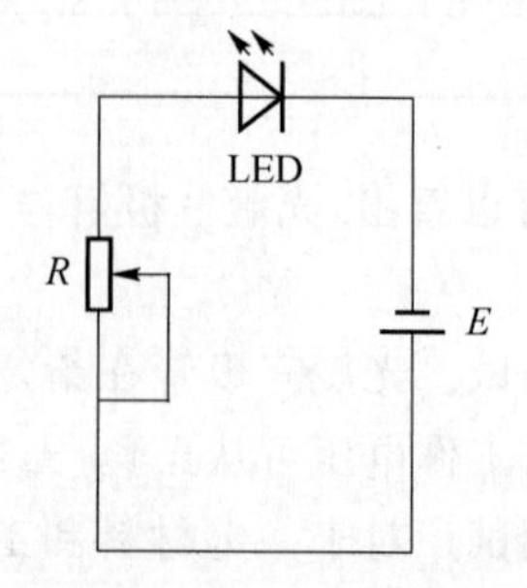

图 13.24 发光二极管电路

(3) 用黑色胶管将发光二极管与光敏三极管对顶相连,并用遮光罩将它们罩住。若光谱一致,则测试电路,输出端信号变化较大;反之,则说明发射与接收不配对,需更换发光源。

(4) 调整发光二极管发光强度(可调节电位器)或改变与光敏三极管的相对位置,重复上述实验。

4. 注意事项

发光二极管限流电阻一定不能太小,否则将损坏发光源。

13.3.6 光电开关——红外发光管与光敏三极管

1. 实验原理

光敏三极管与半导体三极管结构类似,但通常引出线只有两个。当具有光敏特性的PN结受到光照时,形成光电流。不同材料制成的光敏三极管具有不同的光谱特性,光敏三极管较之光敏二极管能将光电流放大$(1+h_{FE})$倍,因此具有很高的灵敏度。

与光敏管相似,不同材料制成的发光二极管也具有不同的光谱特性。由光谱特性相同的发光二极管与光敏三极管组成对管,安装成如图13.25所示形式,就形成了光电开关,即光断续器或光耦合器。

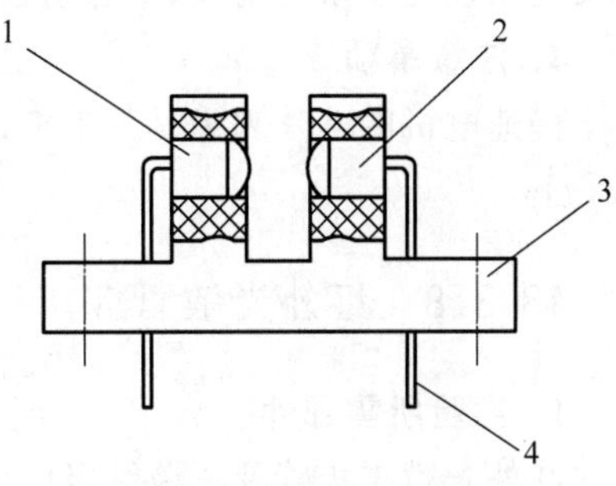

1—近红外发光二极管; 2—光敏三极管; 3—支架; 4—引脚

图13.25 透过型光断续器结构图

2. 实验所需部件

光电开关、测速电机、示波器、电压/频率表、光纤光电传感器实验模块。

3. 实验步骤

(1) 观察光电开关结构:传感器是一个透过型的光断续器,工作波长为3 μm左右,可以用来检测物体的有无、物体运动方向等。

(2) 连接主机与实验模块电源线及传感器接口,示波器接光电输出端。

(3) 开启主机电源,用手转动电机叶片,分别挡住与离开传感光路,观察输出端信号波形。

(4) 开启转速电机,调节转速,观察U_o端连续方波信号输出,并用电压/频率表2 kHz挡测转速(转速=频率表显示值÷2)。

(5) 如欲用数据采集卡中的转速采集功能,需将U_o输出端信号送入整形电路以便得到5 VTTL电平输出的信号;整形电路输出端请接实验仪主机面板上的"转速信号入"端口,与内置的数据采集卡中的频率记数端接定。

13.3.7 光电传感器——热释电红外传感器性能实验

1. 实验原理

热释电红外传感器的具体结构和内部电路如图13.26所示,主要由滤光片、PZT热电元件、结型场效应管FET及电阻、二极管组成。其中滤光片的光谱特性决定了热释电传感器的工作范围。本仪器所用的滤光片对5 μm以下的光具有高反射率,而对于从人体发出的红外热源则有高穿透性,传感器接收到红外能量信号后就有电压信号输出。

2. 实验所需部件

热释电红外传感器、慢速电机、热释电处理电路单元、电加热器、电压表。

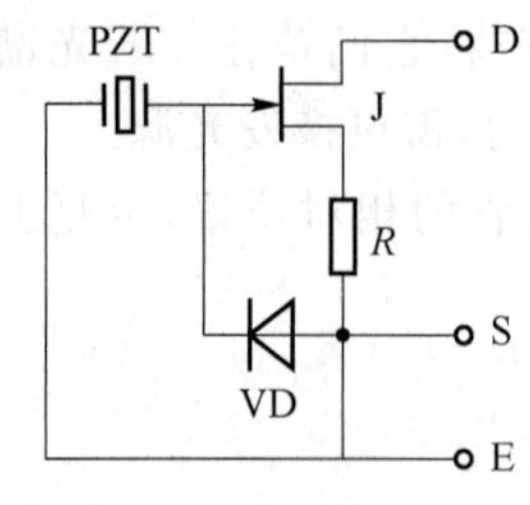

图 13.26 热释电红外传感器结构原理图

3. 实验步骤

(1) 将菲涅尔透镜装在热释电红外传感器探头上,探头方向对准慢速电机支座下透孔前的热源方向,按图标符号将传感器接入处理电路,接好发光二极管。开启电源,待电路输出稳定后开启热源,同时将慢速电机叶片拨开,使其不挡住热源透射孔。

(2) 随着热源温度缓慢上升,观察热释电红外传感器的 U_o 端输出电压变化情况。可以看出传感器并不因为热源温度上升而有所反应。

(3) 开启慢速电机,调节转速旋钮,使电机叶片转速尽量慢,不断地将透热孔开启一遮挡。此时,用电压表或示波器观察输出电压端 U_o 就会发现输出电压也随之变化。当达到告警电压时,发光管闪亮。

(4) 逐步提高电机转速,当电机转速加快,叶片断续热源的频率增高到一定程度时,传感器又会出现无反映的情况,请分析这是什么原因造成的?

4. 注意事项

慢速电机的叶片因为是不平衡形式,加之电机功率较小,所以开始转动时可能需要用手拨动一下。

13.3.8 红外光敏管应用——红外检测

1. 实验所需部件

红外光敏二极管及三极管、红外检测电路单元、红外发射管、其他热源、LED 发光二极管。

2. 实验步骤

(1) 按图 13.27 所示将红外光敏二极管(三极管)及发光二极管 LED 接入电路,注意元件极性。

(2) 将红外发光二极管接入图 13.24 所示工作电路,发光二极管逐步靠近红外光敏管,调节发光二极管限流电阻,观察电路输出端电压是否有变化。

(3) 将热源逐步靠近红外光敏二极管,观察电路反应情况。

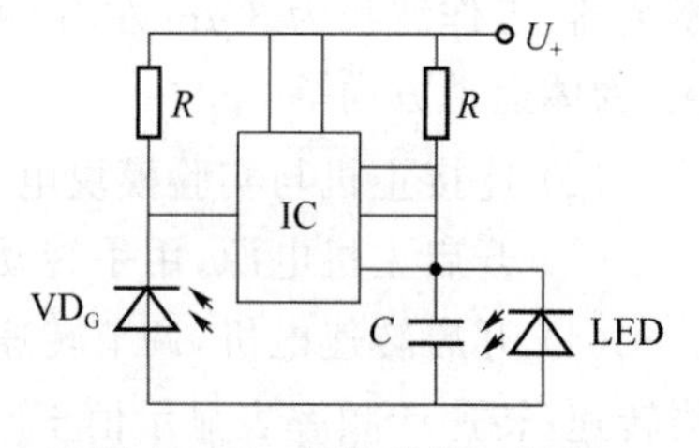

图 13.27 红外光敏二极管

(4) 用其他类型的发光二极管代替红外发光二极管,看电路是否能动作。

3. 注意事项

红外发射与红外接收光敏二极管必须光谱特性一致,红外发射管的发射功率如太小也会使电路不动作。实验时发光管 LED 应接入单元相应插口。

13.3.9 光电池特性测试

1. 实验原理

光电池的结构(如图 13.28 所示)其实是一个较大面积的半导体 PN 结,工作原理即是光生伏特效应,当负载接入 PN 两极后即得到功率输出。

2. 实验所需器件

两种光电池、各类光源、测试电路、电压表$\left(4\frac{1}{2}\text{位}\right)$自备、微安表、激光器、照度计。

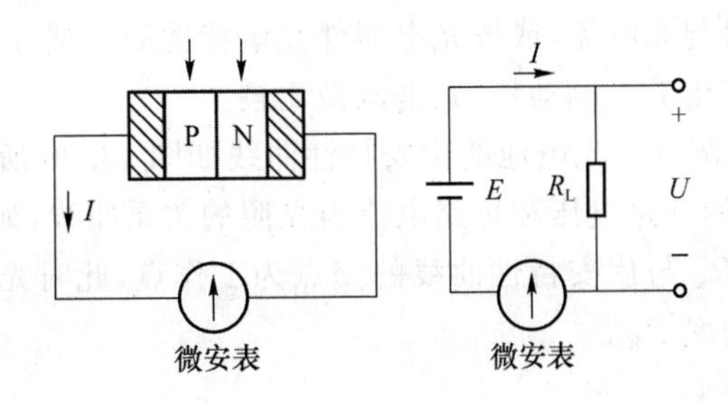

图 13.28 光电池结构原理及测试电路

3. 实验步骤

(1) 光电池短路电流测试。光电池的内阻在不同光照时是不同的，所以在测得暗光条件下光电池的内阻后，应选用相对小得多的负载电阻（这样所测得的电流近似短路电流）。试用阻值为 1 Ω、5 Ω、10 Ω、20 Ω、30 Ω 的负载电阻接入测试电路。打开光源，在不同的距离和角度照射光电池，记录光电流的变化情况。可以看出，负载电阻越小，光电流与光强的线性关系就越好。

(2) 光电池光电特性测试。光电池的光生电动势与光电流和光照度的关系为光电池的光电特性。用遮光罩盖住光电器件模板，用电压表或 $4\frac{1}{2}$ 位万用表测得光电池的电动势，取走遮光罩，打开光源灯光，改变灯光投射角度与距离（可用照度计测照），即改变光电池接收的光通量，测量光生电动势与光电流的变化情况，并将测试数据填入表 13.14 中。

表 13.14 实验记录表

光强/lx						
光生电动势/mV						
光电流/mA						

可以看出，它们之间的关系是非线性的，当达到一定程度的光强后，开路电压就趋于饱和了。

(3) 光电池光谱特性测试。光电池的光谱特性如图 13.29 所示，硒光电池的光谱响应范围为 30～70 μm，硅光电池的光谱响应范围为 50～100 μm。

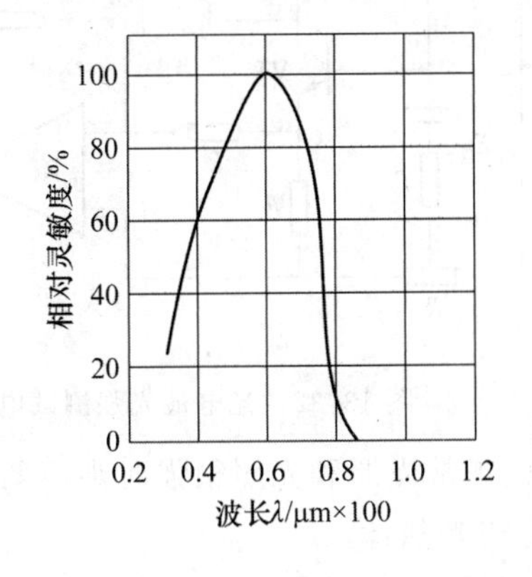

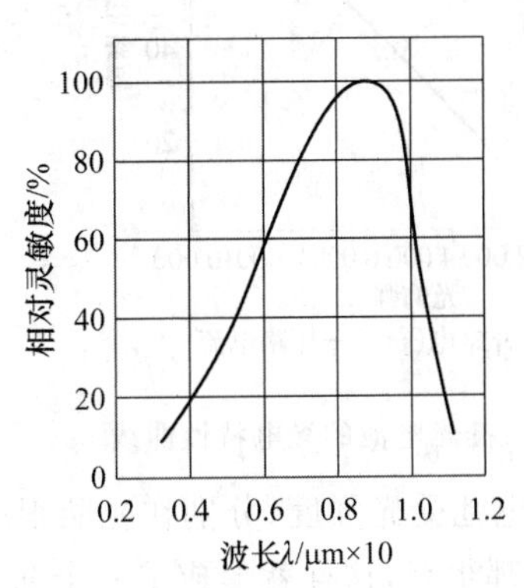

图 13.29 光电池的光谱特性曲线

光电池接入图 13.28 所示测试电路。在各种光照条件下（自然光、白炽灯、日光灯、光源光、激光)测得光生电动势与光电流,或按光电器件光谱特性的测试方法,将各种光源在额定工作电压下光照光电池时产生的光电动势、光电流做比较。

(4) 光电池伏安特性测试。光电池的伏安特性曲线如图 13.30 所示。当光电池负载为电阻时,光照射下的光电池的开路电压和短路电流与光照的关系曲线,如图 13.31 所示。当接入负载电阻 R_L 时,负载线 R_L 与伏安特性曲线的交点为工作点,此时光电池的输出电流与电压的乘积为光电池的输出功率 $P_光$。

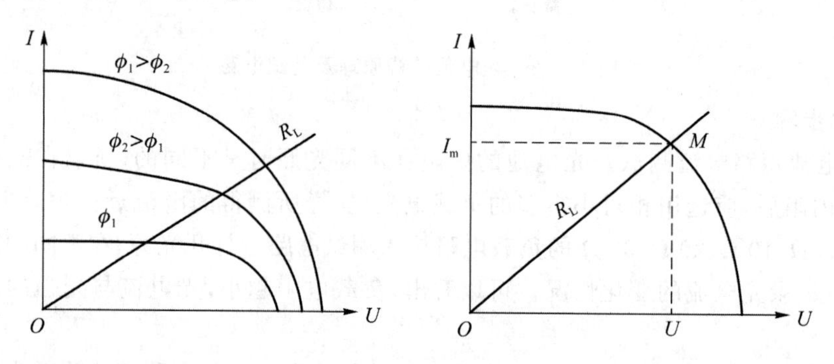

图 13.30 光电池的伏安特性曲线

(5) 按照本实验步骤(1),分别测得在不同负载条件下,光电池的输出功率,求得最佳工作点。

(6) 将光电池分别串、并联,测出其工作性能与输出功率,并得出定性的结论。

4. 注意事项

光电池串、并联时请注意电压极性,以免电压相互抵消或短路。

5. 光电池应用——光强计

(1) 图 13.32 所示为光电池测光实验电路单元的原理图。光电池接入时请注意极性。发光二极管已在电路中接入。

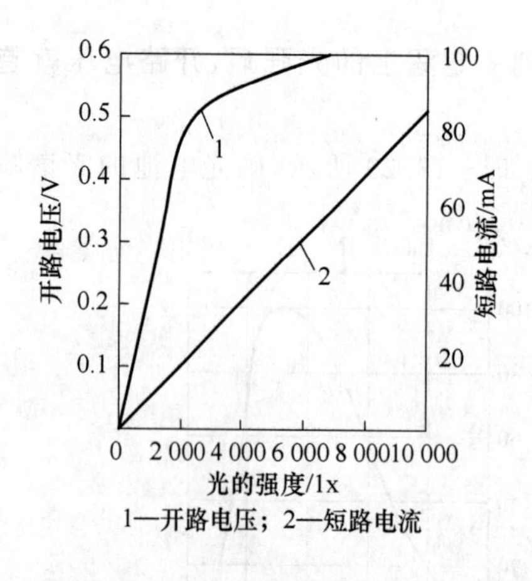

图 13.31 硅光电池的光电特性曲线

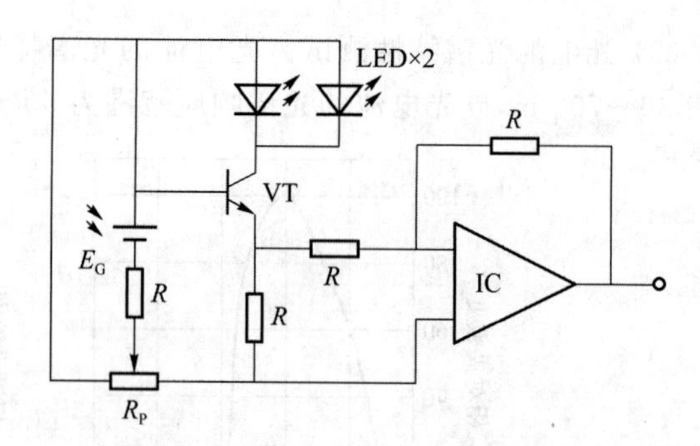

图 13.32 光电池光强测试电路

(2) 调节光电池受光强度,分别在光照很暗、正常光照和光照很强时观察两个发光二极管不亮、稍亮、两个都很亮,这样就形成了一个简易的光强计。

13.3.10 光纤位移传感器原理

1. 实验原理

本实验仪中所用的为传光型光纤传感器，光纤在传感器中起到光的传输作用，因此是属于非功能性的光纤传感器。光纤传感器的两个多模光纤分别为光源发射及接收光强之用，其工作原理如图 13.33 所示。

光纤传感器工作特性曲线如图 13.34 所示。一般都选用线性范围较好的前坡为测试区域。

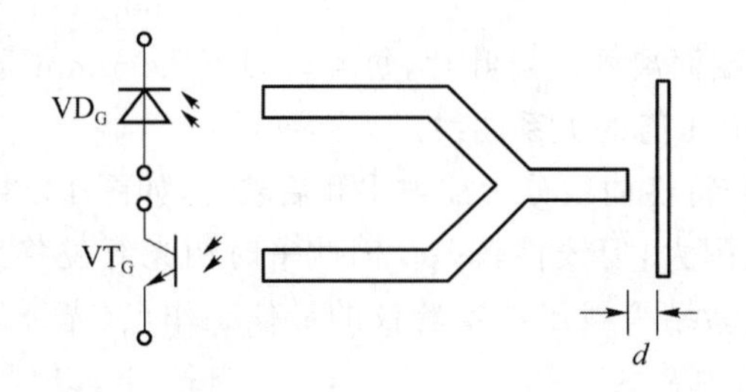

图 13.33 光纤位移传感器工作原理图

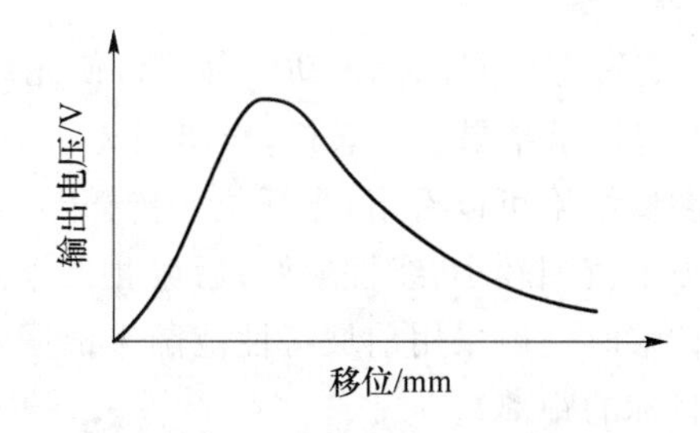

图 13.34 反射式光纤位移传感器输出特性

2. 实验所需部件

光纤、光电变换器、放大稳幅电路、近红外发射及检测电路（光纤变换电路内）、反射物（电机叶面）、电压表。

3. 实验步骤

（1）观察光纤结构：一根为发射光纤，另一根为接收的多模光纤，两端合并处为半圆形结构，光纤质量的优劣可通过对光照射观察光通量的大小而得出结论。

（2）光电传感器内发射光源是近红外光，接收电路接收近红外信号后经稳幅及放大输出。判断光电变换器上两个光纤安装孔位置具体为发射还是接收可采用如下方法：将光纤变换器单元电压输出 U_o 端接电压表输入端，光电变换组件的四芯航空插头接入光纤变换器四芯插座，将两根光纤的其中一根插入光纤安装孔中的一孔，观察电压表输出情况；将接通电源的红外发光管顶端靠近光纤探头，如 U_o 端有电压输出，则此孔为接收放大端，如单独插入另一孔，光纤探头靠近接通电源的红外光敏三极管，探测电路动作，则说明此孔为红外光源发射。

（3）将两根光纤均装入光电变换组件（装入时注意不要过分用力，以免影响到组件中光电管的位置）。分别将光纤探头置于全暗无反射和对准较强光源的照射，光纤变换器输出电压应分别为零和最大值。

4. 注意事项

两根光纤三端面均经过精密光学抛光，其端面的光洁度直接会影响光源损耗的大小，需仔细保护。禁止使用硬物、尖锐物体碰触，遇脏可用镜头纸擦拭。如非必要，最好不要自行拆卸，观察光纤结构一定要在实验老师的指导下进行。

13.3.11 光纤传感器——位移测试

1. 实验所需部件

光纤、光电变换块、光纤变换电路、电压表、反射片（电机叶片）、位移平台。

2. 实验步骤

(1) 将光纤、光电变换块与光纤变换电路相连接(同一实验室如有多台光电传感器实验仪时)。由于光电变换块中的光电元件特性存在不一致,所以光纤变换电路中的发射/接收放大电路的参数也不一致,故做实验之前应将光纤/光电变换块和实验仪对应编号,不要混用,以免影响正常实验。

(2) 光纤探头安装于位移平台的支架上用紧固螺钉固定,电机叶片对准光纤探头,注意保持两端面的平行。

(3) 尽量降低室内光照,移动位移平台使光纤探头紧贴反射面,此时变换电路输出电压 U_o 应约等于零。

(4) 旋转螺旋测微仪带动位移平台使光纤端面离开反射叶片,每旋转 1 圈(0.5 mm)记录 U_o 值,并将记录结果填入表格,作出距离 X 与电压值的关系曲线。

从测试结果可以看出,光纤位移传感器工作特性曲线分为前坡Ⅰ和后坡Ⅱ,如图 13.34 所示。前坡Ⅰ范围较小,线性较好;后坡Ⅱ工作范围大,但线性较差。因此平时用光纤位移传感器测试位移时一般采用前坡特性范围。根据实验结果找出本实验仪的最佳工作点(光纤端面距被测目标的距离)。

13.3.12 光纤传感器应用——测温传感器

1. 实验原理

光纤变换电路中的近红外接收——放大部分如接收热源中的近红外光,输出电压就会随温度变化。

2. 实验所需部件

光纤、光电变换块、光纤变换电路、电压表、热源、移动平台。

3. 实验步骤

(1) 将一根光纤插入实验中已确定的光电变换块中的接收孔,并将端面朝向光亮处,使输出电压 U_o 变化,确定无误,并用紧固螺钉固定位置。

(2) 将光纤探头端面垂直对准一黑色平面物体(最好是黑色橡胶、皮革等)压紧,此时光电变换器 U_o 端输出电压为零。

(3) 将光纤探头放入一个完全暗光的环境中,电路 U_o 端输出为零。用手指压住光纤端面,即使在暗光环境中,电路也有输出,这是因为人体散射的体温红外信号通过光纤被近红外接收管接收后经放大后转换成电信号输出。

(4) 将光纤探头靠近热源(或是探头垂直与散热片紧贴),打开热源开关,观察随热源温度上升,光电变换器 U_o 端输出变化情况。

4. 注意事项

光纤探头应避免太靠近热源电加热丝,以免损坏探头及护套。实验者请勿用手触摸加热片,以免烫伤。

13.3.13 光纤传感器——动态测量

1. 实验所需部件

光纤、光纤光电传感器实验模块、安装支架、反射镜片、转速电机、电压表、示波器、低频信号源。

2. 实验步骤

(1) 利用13.4.12实验结果,将光纤探头装至主机振动平台旁的支架上,在圆形振动台上的安装螺钉上装好反射镜片,选择"激振Ⅰ",调节低频信号源,反射镜片随振动台上下振动。

(2) 调节低频振荡信号频率与幅值,以最大振动幅度时反射镜片不碰到探头为宜,用示波器观察振动波形,并读出振动频率。

(3) 将光纤探头支架旋转约70°,探头对准转速电机叶片,距离以光纤端面居于特性曲线前坡的中点位置为好。

(4) 开启电机调节转速,用示波器观察U_o端输出波形,调节示波器扫描时间及灵敏度,以能观察到清晰稳定的波形为好,必要时应调节光纤放大器的增益。

仔细观察示波器上两个连续波形峰值的差值,根据输出特性曲线,大致判断电机叶片的平行度及振幅。

3. 注意事项

光纤探头在电机叶片上方安装后需用手转动叶片确认无碰擦后方可开启电机,否则极易擦伤光纤端面。

13.3.14 光栅衍射实验——光栅距的测定

1. 实验目的

了解光栅的结构及光栅距的测量方法。

2. 实验所需部件

光栅、激光器、直尺与投射屏。

3. 实验步骤

(1) 激光器放入光栅正对面的支座中用紧固螺钉固定,接通激光电源后使光点对准光栅中点。

(2) 在光栅后面安放好投射屏,观察到一组有序排列的衍射光斑,与激光器正对的光斑为中央光斑,依次向两侧为一级、二级、三级衍射光斑,如图13.35所示。请观察光斑的大小及光强的变化规律。

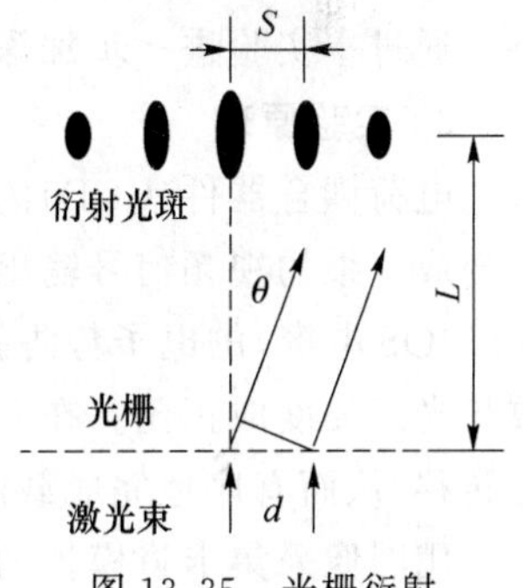

图13.35 光栅衍射光斑排列

(3) 根据光栅衍射规律,光栅距D与激光波长λ、衍射距离L、中央光斑与一级光斑的间距S存在下列的关系:

$$D=\lambda\frac{\sqrt{L^2+S^2}}{S}$$

式中:L为衍射距离,单位为mm;S为中央光斑与一级光斑的间距,单位为mm;λ为激光波长,单位为nm;D为光栅距,单位为μm。

根据此关系式,已知固体激光器的激光波长为650 nm,用直尺量得衍射距离L、光斑距S,即可求得实验所用的光栅的光栅距。

(4) 尝试用激光器照射用作莫尔条纹的光栅,测定光栅距,了解光斑间距与光栅距的关系。

(5) 将激光器换成激光教鞭,测定其波长。

13.3.15 光栅传感器——衍射演示及测距实验

1. 实验原理

激光照射光栅时光栅的衍射特性可用公式

$$d = \lambda / \sin\theta = \lambda \sqrt{L^2 + S^2} / S$$

表示，根据这一公式可进行光栅距的测定和光栅至投射屏距离的测试，图 13.36 为光栅衍射示意图。

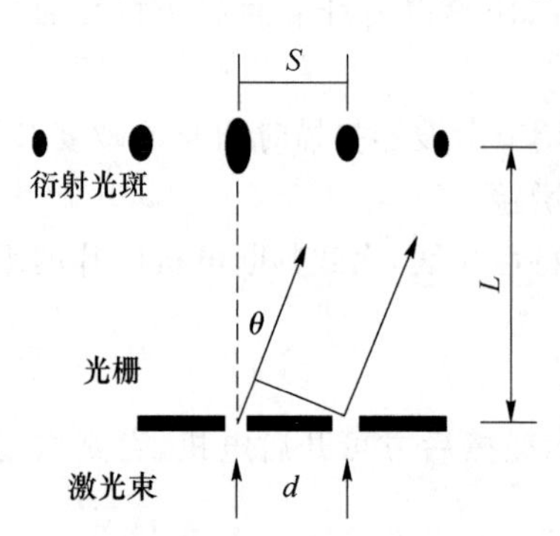

图 13.36 光栅衍射示意图

2. 实验所需部件

固体激光器、光栅、投射屏、直尺。

3. 实验步骤

(1) 观察光栅，衍射光栅上每片有两组栅线相差 90°的光栅，调整激光器位置，与其中的一组光栅中心对准。

(2) 打开主机电源，接通激光器。经一束激光照射后的光栅在前方投射屏上出现一行衍射光斑，正中为中央光斑，从中央光斑两侧向外依次为一级、二级、三级衍射光斑，观察与分析光斑的大小及光强变化规律。

(3) 根据光栅衍射公式，用直尺量一级光斑与中央光斑的距离 S，光栅至投射屏的距离 L，就可得光栅距心 d。反之，如果已知实验所用的光栅的光栅距，则量取 S 后就可求得距离 L。

4. 注意事项

激光照射光栅时注意光路勿受阻挡，实验仪上所配的衍射光栅为 50 线/mm。

13.3.16 电荷耦合图像传感器——CCD 摄像法测径实验

1. 实验目的

通过本实验进一步加深对 CCD 器件工作原理和具体应用的认识。

2. 实验原理

电荷耦合器件(CCD)的重要应用是作为摄像器件，它将二维光学图像信号通过驱动电路转变成一维的视频信号输出。当光学镜头将被摄物体成像在 CCD 的光敏面上，每一个光敏单元(MOS 电容)的电子势阱就会收集根据光照强度而产生的光生电子，每个势阱中收集的电子数与光照强度成正比。在 CCD 电路时钟脉冲的作用下，势阱中的电荷信号会依次向相邻的单元转移，从而有序地完成载流子的运输—输出，成为视频信号。

用图像采集卡将模拟的视频信号转换成数字信号，在计算机上实时显示，用实验软件对图像进行计算处理，就可获得被测物体的轮廓信息。

3. 实验所需部件

CCD 摄像机、被测目标(圆形测标)、CCD 图像传感器实验模块、视频线、图像采集卡、实验软件。

4. 实验步骤

(1) 根据图像采集卡光盘安装说明在计算机中安装好图像卡驱动程序与实验软件。

(2) 被测物前安装好摄像头，连接 12 V 稳压电源，视频线连接图像卡与摄像头。

(3) 查无误后开启主机电源，进入测量程序。启动图像采集后，屏幕窗口即显示被测物的图像，适当地调节 CCD 的镜头与前后位置与光圈，使目标图像最为清晰。

(4) 尺寸标定：先取一标准直径圆形目标（$D_0=10$ mm），根据测试程序测定其屏幕图像的直径 D_1（单位用像素表示），则测量常数 $K=D_1/D_0$。

(5) 保持 CCD 镜头与测标座距离不变，更换另一未知直径的圆形目标，利用测试程序测得其在屏幕上的直径，除以系数 K，即得该目标的直径。

5. 注意事项

CCD 摄像机电源禁止乱接，以免造成损坏。